高职高专立体化教材　计算机系列

网络服务器配置与管理项目化教程
(Windows Server 2012+Linux)

王宝军　王永平　编　著

清华大学出版社

北　京

内 容 简 介

本书将一个典型的实际中小企业网络信息服务项目精选并优化为 8 个教学项目。其中，项目一主要让读者掌握企业网络信息服务项目的工程概况、需求分析、项目规划以及服务平台的部署；项目二至项目八是为整个项目实施而划分的 7 个子项目，包括 DHCP、DNS、Web、FTP、E-mail、VPN、CA 服务器的配置与管理，项目八还包含了 CA 在基于 SSL 安全 Web 服务中的应用、初步的网络服务器运维与安全设置等。每个网络服务项目都从知识预备与方案设计，到 Windows Server 2012 和 Linux 两种平台下实施基本配置，再到服务器运维与深入配置，由浅入深、从简到难、层层递进地组织教学内容，便于理论与实际一体化教学实施。

本书还提供了 3 个实用附录。其中，附录 A 浓缩了 Linux 系统管理基础知识和基本操作(部分包含在项目一)，既使 Linux 初学者能顺利入门网络服务的配置实施，同时也为具有一定基础的读者提供常用命令的速查工具；附录 B 补充了本书涉及的较复杂难懂的配置与命令详解，为读者深入学习提供帮助；附录 C 提供了简化的项目文档格式，以锻炼读者撰写项目文档的能力，也为项目化教学提供参考。

本书特点可以概括为：融合目前最流行的 Windows 和 Linux 网络服务平台于一体；真正以实际项目引领、工作任务驱动的方式组织教学内容；书中所有项目均可在普通的网络实训条件下顺利完成。本书专为高职计算机类专业培养网络信息服务配置这一核心职业技能而量身定做，也可作为中专、中职教材，同时还非常适合作为读者自学自练的参考用书。

图书在版编目(CIP)数据

网络服务器配置与管理项目化教程：Windows Server 2012+Linux /王宝军，王永平编著. —北京：清华大学出版社，2021.1(2021.2重印)

高职高专立体化教材计算机系列

ISBN 978-7-302-56631-1

Ⅰ. ①网… Ⅱ. ①王… ②王… Ⅲ. ①Windows 操作系统—网络服务器—高等职业教育—教材 ②Linux 操作系统—网络服务器—高等职业教育—教材 Ⅳ. ①TP316.8

中国版本图书馆 CIP 数据核字(2020)第 192775 号

责任编辑：章忆文　刘秀青
封面设计：刘孝琼
责任校对：王明明
责任印制：宋 林

出版发行：清华大学出版社
　　　　　网　　　址：http://www.tup.com.cn, http://www.wqbook.com
　　　　　地　　　址：北京清华大学学研大厦 A 座　　　　邮　　编：100084
　　　　　社 总 机：010-62770175　　　　　　　　　邮　　购：010-62786544
　　　　　投稿与读者服务：010-62776969, c-service@tup.tsinghua.edu.cn
　　　　　质量反馈：010-62772015, zhiliang@tup.tsinghua.edu.cn
　　　　　课件下载：http://www.tup.com.cn, 010-62791865

印 装 者：三河市科茂嘉荣印务有限公司
经　　销：全国新华书店
开　　本：185mm×260mm　　印　张：26.25　　字　数：639 千字
版　　次：2021 年 1 月第 1 版　　印　次：2021 年 2 月第 2 次印刷
定　　价：59.00 元

产品编号：087637-01

前　言

在当今的信息化浪潮下，基于已构建的企业网络硬件而配置各种网络服务，是为企业提供丰富、实用、完整的信息服务乃至整个企业信息化的基础性工作，也是计算机网络技术、计算机信息管理等专业高技能应用型人才所必须掌握的重要职业能力之一。

根据高等职业教育的特点和专业人才的规格和定位，作者结合长期教学实践以及专业建设与改革经验，本着注重技能训练、追求实用创新的总体思想，摒弃传统以学科体系为主线的内容组织方式，采用"项目引导、任务驱动"的方式组织教学内容，并将目前最流行的 Windows 和 Linux 两种操作系统平台下的网络服务配置融合在一起，编著了这部删繁就简、弃旧图新、浅显实用的教材。

本教程将一个典型的实际中小型企业网络信息服务项目精选并优化为 8 个学习领域的项目。其中，项目一主要是让读者掌握企业网络信息服务项目的工程概况、需求分析、项目规划以及服务平台的部署；项目二至项目八实际上是整个项目具体实施所划分的 7 个子项目，包括 DHCP、DNS、Web、FTP、E-mail、VPN、CA 服务器的配置与管理，项目八还包含了 CA 在基于 SSL 安全 Web 服务中的应用、初步的网络服务器运维与安全设置等内容。作为岗位能力和职业素质培养并举的学习项目，每个项目具体实施时都从简明的知识预备与方案设计开始，首先以精细到每一次击键、每一条命令、每一处提醒注意的"手把手"方式，教会读者在 Windows Server 2012 和 Linux 两种平台下完成网络服务最基本的架设，然后启发读者对网络服务实施更深入的配置与运维。在各项工作任务的驱动下，由浅入深、从简到难、层层递进地组织教学内容。读者只要仔细阅读教材并按给定的步骤操作，就可以在普通网络实训条件下顺利实施这些网络服务器配置与管理项目，从"做到"所收获的喜悦和成就感中"学到"相关知识，领会操作要领，进而懂得举一反三。

本教程在具体实施各项网络服务的配置与管理时，Windows 平台均以 Windows Server 2012 R2 为蓝本，同时对 Windows Server 2008 等版本中某些配置的不同之处会加以特别说明；Linux 平台均以 CentOS 6.5 为蓝本，同时对 Red Hat、Fedora 以及 RHEL/CentOS 7 等版本中某些配置的不同之处会加以特别说明。鉴于多数读者对 Windows 平台下的基本操作都较为熟练，而对 Linux 接触较少，尤其是字符界面的命令操作能力较为薄弱，为照顾不同基础的读者学习本课程，附录 A 浓缩了 Linux 系统管理基础知识和基本操作(部分包含在项目一)，既使 Linux 初学者能顺利地进入网络服务配置项目的实施，还为具有一定基础的读者提供了常用命令的速查工具；而附录 B 补充了本书涉及的较复杂难懂的配置与命令详解，为读者进一步深入学习提供帮助。

本课程建议学时数为 60~80。在课堂教学组织实施时，建议采用项目分组方式的"理实一体"教学模式，每个项目组可由 4~6 人组成，并且具备模拟实际企业网络服务项目配置的实训环境，各项目组成员可以扮演项目执行经理、安全评估顾问、信息技术顾问、系统管理员等不同角色，通过项目实施过程将"教、学、做"融于一体。课程的考核评价建议以项目实施情况的过程化考核为主，结合一定比例的理论知识考试以及课后完成的项目文档评价。为此，附录 C 提供了简化的项目文档格式，包括项目规划书、项目实施报告以及个人工作总结，用以锻炼读者撰写项目文档的能力，也为教学提供参考。

　　本教程虽是一部专为高职计算机类专业培养企业网络信息服务配置与管理这一核心职业技能而量身定做的教材，但同样也适用于中专、中职计算机类专业教学，并且也非常适合对架设 Windows 和 Linux 服务器有兴趣的读者自学自练。本教程还配套提供教学课件、项目文档格式电子版等教学资源，可以大大减轻教师备课负担。

　　本教程的特点可以概括为：

- 融合目前最流行的 Windows 和 Linux 网络服务平台于一体。
- 真正以实际项目引领、工作任务驱动的方式组织教学内容。
- 书中所有项目均可在普通的网络实训条件下顺利完成实施。

　　本书由浙江交通职业技术学院王宝军、王永平编著，李锦伟主审。其中，企业网络信息服务项目的规划、知识预备与方案设计、Linux 平台部署和各项网络服务的配置与管理以及附录由王宝军编著；Windows Server 2012 平台部署和各项网络服务的配置与管理由王永平编著。在本书的写作及有关项目的方案设计与实施过程中，得到了浙江交通职业技术学院江锦祥、戎成等老师的热情帮助，他们以渊博的学识和丰富的教学实践经验，对书中内容的构思提出了许多宝贵建议；编者还参考了多部优秀教材、专著及网络资料，并获得了许多写作灵感，受益匪浅。在此，向各位老师和作者一并表示诚挚的感谢。同时，感谢清华大学出版社的大力支持和悉心指导，使本书得以顺利出版。

　　鉴于编者水平所限，谬误之处在所难免，恳请读者不吝指正。

编　者

目　　录

目录

V

项目一　网络服务项目规划与平台部署

能力目标

- 能根据企业需求合理规划和设计企业网络信息服务总体方案
- 能正确安装与部署 Windows 和 Linux 两种网络信息服务平台
- 具备 Linux 字符界面基本操作、引导配置与系统管理的能力

知识要点

- 企业网络信息服务的基本概念与作用
- 规划和设计企业网络信息服务总体方案的基本内容
- Windows 和 Linux 两种网络信息服务平台的特点

任务一　企业网络信息服务项目规划

一、企业网络信息化需求分析

1．企业内部网概述

随着 WWW 服务的日益增长和浏览器的广泛使用，计算机技术人员开始考虑将成熟可靠的 Internet(因特网)技术，特别是 WWW 服务与企业内部的局域网结合起来，于是，一种特殊的内部网络 Intranet 出现了。

Intranet 又称企业内部网，因在企业的局域网内部采用了 Internet 技术而得名，指的是基于 TCP/IP 协议为用户提供信息服务的任何私人、公司或企业的内部网络。例如，公司安装的 Web 服务器可以在内部员工之间发布公司业务通信、销售图表及其他的公共文档，公司员工使用 Web 浏览器可以访问其他员工发布的信息。

因此，Intranet 对内可提供一个灵活、高效、快速、廉价、可靠的信息交流与共享及企业管理的理想环境，对外又可以全面展示企业形象、宣传和发布产品信息、保持与客户的密切联系，真正实现企业管理的电子化、科学化和自动化，大大提高了工作效率。

1997 年年初，正当 Intranet 热潮到来之际，Extranet 又成为最火爆的新概念之一。Extranet 一词来源于 Extra 和 Network，可译为企业外部网。Extranet 是一种以最简单、安全、有效的形式扩展 Intranet 的解决方案。企业外部网可看作是企业网络的一部分，它使用防火墙技术来隔离企业的保密信息，使得企业的重要客户和贸易合作伙伴能获取以前只供内部员工使用的重要信息。Intranet 关心的主要问题是如何组织企业内部的信息以及信息的交流与共享，而 Extranet 主要关心的是如何保持核心信息数据的安全。

在企业内部网络中，服务器是网络环境下为客户提供某种服务的专用计算机，其规划是否合理，将直接影响所提供服务甚至整个网络信息服务的性能以及项目建设的成败。规

划网络服务器除了要考虑硬件选型、IP 地址、网络拓扑等问题外，还要合理选择其运行的操作系统平台。主流的服务器操作系统主要有 Windows、UNIX、Linux 和 NetWare 等，而对于中小企业网络来说，目前使用最多的莫过于 Windows 和 Linux 操作系统。

2．项目背景与需求分析

总部位于杭州的新源公司是一家主营高品质汽车功放、分频器、滤波器和电源转换器等系列产品的中小型民营企业，下设有行政部、开发部、财务部、销售部等部门，并计划在上海组建分公司。近几年来随着公司业务的迅速发展，公司规模不断扩大，员工数量已从早期的 20 人增加至目前的 300 余人，总部的工作站数量已有近 150 台，分公司的工作站数量预设有 50 多台，部分员工使用笔记本式计算机。预计在未来 3～5 年内，这个数字还会有一定幅度的增加。

目前，新源公司总部已建设好局域网络，各个局域网通过千兆光纤接入 Internet，分公司在建设初期仅通过普通的家庭宽带接入 Internet。该公司迫切希望通过信息化建设项目的实施，将分散的 IT 基础结构整合成一个完善的企业级网络，员工不仅可以通过整合后的平台进行便利的信息沟通，实名访问 Internet，还可以透明地访问公司内部网络上的所有信息资源。同时，公司网络要求支持远程访问，使上海分公司的员工能通过 VPN 访问总部的各个服务器，实现共享资源。

当然，这一切需要在确保安全的前提下获得，同时还要便于管理，满足不断扩充的网络需求，具体需求如下。

(1) 使用全新的 x86-64 架构服务器，系统平台为 Windows Server 2012 R2 和 Linux。
(2) 统一规划各服务器 IP 地址，客户机能够动态获取 IP 地址。
(3) 架构多个 Web 站点，实现企业信息的共享、交流与沟通平台。
(4) 能够方便、安全地实现企业文件资源管理和共享。
(5) 为每个员工配置邮箱，员工之间可以互通电子邮件。
(6) 支持企业网络的远程访问，实现总部与分部协同办公。
(7) 充分考虑企业信息特别是电子商务的安全，防范病毒和非法入侵。

二、项目总体规划与设计

1．设计网络拓扑结构

根据对企业信息化建设的需求分析，设计的新源公司网络信息服务项目的网络拓扑结构如图 1-1 所示，这是一个典型企业的网络信息服务项目拓扑结构。

其中，DMZ 是 Demilitarized Zone 的缩写，俗称非军事化隔离区。DMZ 是一个位于内网和外网之间的特殊区域，一般用于放置公司对外开放的服务器，如 Web 服务器、VPN 服务器、CA 服务器等。事实上，DMZ 就是一个网络，但是为什么需要 DMZ 这个单独的网络，而不把这些服务器直接放在公司的内网中呢？从技术的可能性上来说，对外网发布的服务器放置在内网中也是可以的，但这样做并非最佳选择，因为内网中还有其他的计算机，这些计算机和对外发布的服务器在安全设置上可能并不相同。例如，有些服务器并不开放给外网用户访问；财务部人员使用的计算机会要求有更严格的安全防护。如果把对外发布的服务器与这些计算机一起放在内网中，对其访问控制权限的分配非常不利，一旦对外发布的服务器出现安全问题，就可能危及内网中其他计算机的安全。因此，比较安全的解决方法是把对外发布的服务器放在一个单独的隔离网络中，管理员可以针对隔离网络进行有别于内网的安全配置，这样做显然更有利于提高企业网络的安全性。

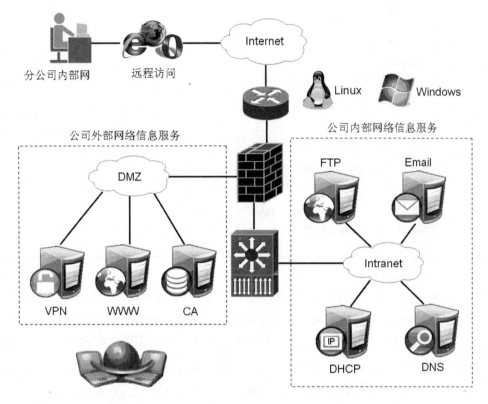

图 1-1　新源公司网络信息服务项目的网络拓扑结构

为了便于在有限的网络实训条件下采用模拟项目分组和角色扮演等方法实施"理实一体化"教学，使读者能快速学会各种常规网络服务的基本配置与管理。作为学习项目，本书把上述新源公司网络信息服务项目的网络拓扑结构做如下简化。

(1) 不架设 DMZ 区域，仍然把 Web 服务器、VPN 服务器、CA 服务器与其他服务器一起放置在同一个网络(即企业内部网络)中。

(2) 分公司网络目前尚未正式组建，可以考虑只允许部分管理工作人员在公司外使用普通家庭宽带接入 Internet 时，能通过公司 VPN 服务器访问总公司内部网络。

(3) 如果没有配置企业级防火墙和路由器设备，总部也可能只通过 Optical Modem(光猫)接入 Internet 上网，使用单网卡实现 VPN 服务，有许多小型企业也确实是这样做的。

2. 规划网络服务器

新源公司安装有 DHCP 服务器、DNS 服务器、Web 服务器、FTP 服务器、E-mail 服务器、VPN 服务器和 CA 认证服务器等。本书从项目二至项目八就是将这 7 个网络服务器的每一个作为一个子项目，利用当前最流行的 Windows Server 2012 R2 和 Linux 两种网络服务平台, 分别实施其配置与管理。

新源公司各网络服务器的用途及 IP 地址和域名规划如表 1-1 所示。

表 1-1　新源公司各网络服务器的用途及 IP 地址和域名规划

服务器	用　途	IP 地址	域　名
DHCP	为总部局域网内的工作站分配 IP 地址、网关和 DNS 等信息	192.168.1.1	
DNS	解析公司的域名	192.168.1.1	dns.xinyuan.com
Web	对外发布公司的新闻、公告、产品信息等	192.168.1.2	www.xinyuan.com
FTP	提供文件传输服务, 让公司员工可以下载各种公司内部的文件和资料	192.168.1.4	ftp.xinyuan.com
E-mail	提供公司员工之间相互收发电子邮件的服务	192.168.1.3	mail.xinyuan.com
VPN	提供虚拟专用网服务, 实现总部与分公司互连互通, 使总部与分公司就像一个大的内部局域网一样	192.168.1.2	
CA	数字证书认证中心(Certification Authority, CA)主要负责产生、分配并管理所有参与网上交易的实体所需的身份认证数字证书	192.168.1.2	

至此, 读者可根据实际企业需求, 考虑分组实训的条件, 对企业网络信息服务项目进行规划和设计, 并撰写项目规划书。如果各项目组所拥有的服务器数量不够, 还可以进一步把多个不同的网络服务架设在同一台服务器上。在完成后续项目二至项目八的每个网络服务器配置项目实施后, 都要求撰写一份项目实施报告, 以锻炼读者撰写项目文档的能力。

💡 注意:　在实际企业中, 各种网络服务器可以架设在不同操作系统平台上。本书在介绍这些服务器配置与管理时, Windows 平台均以 Windows Server 2012 R2 为蓝本, 同时对 Windows Server 2008 版本中某些配置的不同之处加以特别说明; Linux 平台均以 CentOS 6.5 为蓝本, 同时对较早的 Red Hat、Fedora 以及较新的 RHEL/CentOS 7 版本中某些配置的不同之处加以特别说明。

在各个网络服务器配置项目实施之前, 本项目首先对 Windows Server 2012 R2 和 Linux 两种网络服务平台进行部署。

任务二　部署 Windows Server 2012 R2

一、Windows Server 2012 R2 简介

云计算技术是当今社会最热门的信息技术之一, 它利用非本地或远程服务器(集群)的分布式计算机为互联网用户提供计算、存储以及其他软、硬件等服务。Windows Server 2012 R2 是微软在 Windows Server 2012 版本基础上升级而推出的一款支持云环境的新一代服务器操作系统, 它基于 Windows 8/8.1 以及 Windows 8RT/8.1RT 界面, 提供了企业级数据中

心和混合云解决方案，相比于 Windows Server 2008 新增了 300 多项功能，涵盖了服务器虚拟化、存储、软件定义网络、服务器管理及自动化、Web 和应用程序平台、访问与信息保护、虚拟桌面基础结构等。

Windows Server 2012 有标准版和数据中心版两个版本，每一个版本在安装时又有两种不同的选择，即：带有 GUI(图形用户界面)的服务器安装和服务器核心(Server Core)安装。一般来说，标准版适用于对服务器虚拟化要求不高的场合，而数据中心版适用于对服务器虚拟化要求较高的场合；带有 GUI 的服务器安装对习惯于图形界面操作的用户较为合适，而服务器核心安装则更适合熟悉命令行操作和远程管理技术的用户。

Windows Server 2012 R2 除发布标准版和数据中心版外，还增加了基础版和精华版两个版本。这些不同的版本在功能、适用场合及授权许可的价格等方面有所不同。

(1) 标准版。这是一款企业级云服务器，也是旗舰版的操作系统。该版本的服务器系统功能丰富，几乎可以满足所有的一般组网需求，既可用于多种用途，也可专机专用。如果对安全和性能的要求很高，还可以删减服务器配置，只留下包含核心的功能部件。

(2) 数据中心版。这是微软的"重型"虚拟化服务器版本，由于具有无限虚拟化实例权限，所以最适合应用于高度虚拟化的环境中。

(3) 基础版。该版本虽然包含了其他版本的大多数核心功能，但这些功能会受到某种限制。例如，Active Directory 证书服务角色仅限于证书颁发机构，最大用户数为 15、服务器信息块连接数为 30、路由和远程访问连接数为 50、Internet 验证服务连接数为 10。它仅支持一个 CPU 套接字，既不能作为虚拟主机使用，也不能作为访客虚拟机使用。

(4) 精华版。该版本为小型企业组网提供了一种极具成本效益的解决方案，适合于用户数少于 25 个、服务数不超过 50 个的服务器使用。

Windows Server 2012 R2 不提供 32 位或 x86 版本，只提供 64 位产品。因此，用户在安装 Windows Server 2012 R2 之前，最好先审核一下服务器硬件，确定它是否支持 64 位。虽然大部分 32 位应用程序都可以在仅支持 x64 的 Windows Server 2012 R2 上运行，但不能将 Windows Server 2003/2008 的 x86 安装升级到 Windows Server 2012 R2，将服务器由 x86 更改为 x64 需要从一台物理服务器迁移到另一台物理服务器。

与先前的 Windows Server 2008/2003 相比，Windows Server 2012 改进了很多重要的新特性，比如桌面的变化、活动目录及域服务的变化、虚拟化、组网技术等。

(1) 桌面的变化。Windows Server 2012 的桌面功能与操作有较多的变化，这里仅列举较突出的 3 个方面：①提供了 GUI 版与 Server Core 版的相互切换功能，使得在服务器需求发生变化时，管理员可以便捷地切换两种版本的服务器环境；②在"服务器管理器"窗口中新增了"仪表板"功能，当服务器出现问题时，仪表板上会显示醒目的彩色警告，便于管理员随时监视服务器的工作状况；③管理员通过右击"开始"按钮弹出的功能丰富的快捷菜单，就可以快速进入大部分有关服务器的设置与管理操作。

(2) 活动目录及域服务的变化。活动目录(Active Directory，AD)是组建 Windows 域架构网络的关键技术，通过目录数据库(Directory Database)实现了域内用户的身份验证。Windows Server 2012 R2 不仅提供了 Active Directory 证书服务、Active Directory 权限管理服务和 Active Directory 域服务，还具备以下新功能或特性：①可以通过克隆现有域控制器来提高部署速度；②使用服务器管理器中的域控制器界面可以升级单个域控制器，也可以在该域中部署其他虚拟域控制器;③通过 Active Directory Recycle Bin 技术可以轻松地还原 Active Directory 对象,而无须经历 Windows Server 2008 那样冗长的恢复过程;④引入了 PowerShell History 查看器,允许管理员使用 Active Directory Administrative Center 查看已执行的 Windows PowerShell 命令。

(3) 虚拟化。虚拟化就是将一台物理计算机分割成多个虚拟计算机(简称虚拟机)来使用,每个虚拟机可以独立运行不同的操作系统。服务器虚拟化使服务器的管理发生了深刻的变化,使用虚拟机管理器(Virtual Machine Manager,VMM),可以将一台功能强大、性能可靠的大型物理服务器分割成多个虚拟服务器,并部署相应的服务器功能(如文件服务器、Web 服务器、邮件服务器、AD 域控制器、数据库服务器等),这样可以充分发挥这台物理服务器的处理效率。在 Windows Server 2012 R2 中,虚拟桌面基础架构(Virtual Desktop Infrastructure,VDI)有了较大的改进,通过对资源的虚拟化解决了不同设备之间的兼容性问题,使得用户进行跨设备部署和管理虚拟资源变得更加容易。

二、Windows Server 的网络架构

Windows Server 的网络架构大致可分为工作组(Workgroup)架构、域(Domain)架构、工作组与域的混合架构 3 种。其中,工作组架构实现的是分散的管理模式,适用于小型企业网络;域架构实现的是集中的管理模式,适用于中、大型企业网络。

1. 工作组架构的网络

工作组网络也称为对等(peer-to-peer)网络,因为网络中每一台计算机的地位都是平等的,所以网络资源及其管理都分散在各台计算机上。这种网络的特点是,每台 Windows 计算机都有一个本地安全账户管理器(Security Accounts Manager,SAM)数据库。某个用户若想访问网络上其他计算机上的资源,就必须在这些计算机的 SAM 数据库内都为该用户创建一个账户,并设置其权限,因此这种架构的账户与权限管理比较麻烦。例如,当用户需要更改密码时,就需要修改该用户在每一台计算机内的密码。但工作组架构的网络可以不需要有安装 Windows Server 网络操作系统的服务器级别的计算机,也就是说,即使只有 Windows 10/7/XP 等客户机级别的计算机,也同样能架设工作组架构的网络。如果公司内部计算机数量较少(如 10 台或 20 台),可以采用工作组架构的网络。

2. 域架构的网络

域是网络安全与集中管理的基本单位。换句话说,域是一个网络安全管理的逻辑边界。在一个域架构的网络中,至少有一台充当域控制器(Domain Controller)角色的服务器,其中存储了一份域内所有计算机共享的、包含域内所有用户账号及相关数据的目录数据库(Directory Database),不论用户在网络的哪个物理位置登录,只要域控制器能够通过用户账号和密码的验证,那么该用户就是这个域内的合法用户。

事实上,一个域内可以有多个地位平等的域控制器,它们各自存储着一份几乎完全相同的目录数据库。管理员在任何一台域控制器内添加、删除或更改用户账号数据,这份数据就会被自动复制到其他域控制器的目录数据库中,确保对所有域控制器内目录数据库的操作都能够同步,即保持数据一致。当用户在域内某台计算机登录时,会由其中一台域控

制器依据目录数据库内的账号数据，审核用户输入的账号和密码是否合法。

一个域内创建多台域控制器的好处主要有两个方面：一是可以分散审核用户登录身份的负担，特别是当大量用户同时登录时，这些域控制器就可以平衡系统的负载；二是可以提供排错，当其中一台域控制器出现故障时，其他的域控制器仍然能够正常地管理用户的登录过程、身份验证等，提高了域架构网络的可靠性。

Windows Server 2012 R2 家族包含标准版和数据中心版，每个版本都可以充当域控制器的角色。在 Windows Server 2012 R2 域内提供目录服务(Directory Service)的组件为 Active Directory(简称 AD)域服务，它负责目录数据库的添加、删除、修改和查询等工作。

当然，在域架构网络中，并不是安装了 Windows Server 2012 服务器操作系统的计算机就一定要充当域控制器的角色，它也可以只是充当成员服务器的角色。成员服务器内没有目录数据库，也不负责审核域用户的账号与密码。如果安装了 Windows Server 2012 的服务器没有加入域，则只能称之为独立服务器或成员服务器。无论是独立服务器还是成员服务器，它们都有一个本地安全账户管理器(SAM)，系统可以用它来审核本地用户(而非域用户)的身份。在 Windows 网络环境下，独立服务器或成员服务器可以升级为域控制器，也可以将域控制器降级为独立服务器或成员服务器。

三、安装 Windows Server 2012 R2

1．系统的硬件需求及安装方式

Windows Server 2012 R2 对系统硬件的最小配置和建议配置需求如表 1-2 所示。

表 1-2　Windows Server 2012 R2 的系统需求

硬　件	最小配置	建议配置
CPU	1.4 GHz(×64)	≥2 GHz
内存(RAM)	512 MB	≥4 GB
磁盘可用空间	32 GB	≥60 GB
显示器和显示卡	Super VGA(1024×768)	更高分辨率
光盘驱动器	DVD-ROM	
其他设备	键盘和鼠标	

Windows Server 2012 R2 的安装方式有很多种，可以通过系统安装光盘或 U 盘启动计算机来进行安装，也可以在现有的操作系统上进行全新安装或升级安装。如果读者安装 Windows Server 2012 R2 仅为学习之用，又不想更换自己正在使用的操作系统，则可以先安装一个虚拟机软件(如 Vmware、VirtualPC)，然后新建并启动虚拟机，通过光盘引导或者直接选用 Windows Server 2012 R2 系统的映像文件(扩展名为.iso)来进行安装。

💡 注意：　如果在现有系统上全新安装 Windows Server 2012 R2，则应注意在安装前要对系统中存放的重要数据进行备份，以防新的操作系统安装失败而造成数据丢失。如果要多系统共存，则建议每个操作系统各使用一个分区，并且分区的文件系统需采用所有操作系统都能识别的文件系统。但是，作为企业网络中真实使用的服务器，最好不要安装多系统。

2. 全新安装 Windows Server 2012 R2

读者对于安装 Windows 操作系统一定不会感到困难，何况 Windows Server 2012 R2 的安装比先前的操作系统版本要更为简单。因此，这里仅以光盘引导启动安装为例，简要说明几个大致的安装步骤，更具体的安装细节则不再赘述。

将 Windows Server 2012 R2 的安装光盘插入光驱并启动计算机后，就会直接进入 Windows Server 2012 R2 的安装界面。在选择要安装的语言为"中文(简体)"、输入产品序列号、选择要安装的操作系统版本为"Windows Server 2012 R2 Standard(带有 GUI 的服务器)"、接受许可条款、选择"自定义安装"以及配置磁盘分区等步骤之后，安装向导就进入如图 1-2 所示的"正在安装 Windows"界面。

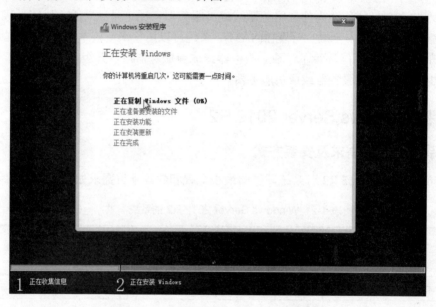

图 1-2　"正在安装 Windows"界面

注意：　上述是安装过程中的收集信息阶段，其中选择要安装的操作系统版本和配置磁盘分区对初学者来说相对较为困难。由于新源公司是一家中小型企业，公司的网络信息化项目对服务器虚拟化的要求不高，因此本书选择要安装的操作系统版本为"Windows Server 2012 R2 Standard(带有 GUI 的服务器)"，即带有图形用户界面的标准版，这对于大多数习惯于 Windows 图形界面操作的读者来说也较为合适。配置磁盘分区时需要注意的是，要尽可能为安装操作系统的分区留出大约 60 GB 或更大的可用磁盘空间。

"正在安装 Windows"这一过程将持续较长时间，其速度的快慢与系统配置等因素有关，通常需要几十分钟。在安装完成后会自动重启计算机，进入登录界面。由于在安装前的步骤中没有为系统设置管理员(Administrator)的密码，所以第一次登录系统时会要求设置管理员密码。成功设置管理员密码后即可登录系统，显示 Windows Server 2012 R2 的桌面，同时会自动打开"服务器管理器"窗口，如图 1-3 所示。

图 1-3 "服务器管理器"窗口

💡 **注意：** 作为企业网络服务器，必须为管理员设置强密码。强密码要求长度至少为 8 个字符，并且密码应至少包含小写字母、大写字母、数字和特殊字符中的 3 类字符。Windows Server 2008 安装前收集信息的步骤也基本相同，但安装过程中可能会有两次自动重启，而且登录系统后除了会自动打开"服务器管理器"窗口外，还会自动打开一个"初始配置任务"窗口，其中集合了设置计算机名字、时区和 IP 地址等信息的各项系统初始化任务。

3．设置桌面图标与服务器管理器

从 Windows Server 2012 R2 启动并登录后的桌面可以看到，桌面上仅显示有一个"回收站"图标，其他诸如"这台电脑""网络""Internet Explorer""控制面板"等工具都被放置在"开始"菜单中。有的用户可能更习惯于将这些常用工具以图标的形式放置在桌面上，那么可以右击桌面的空白处，在弹出的快捷菜单中选择"个性化"命令，打开"个性化"窗口；然后在该窗口的左窗格中单击"更改桌面图标"选项，打开"桌面图标设置"对话框，如图 1-4 所示。

💡 **注意：** 由于 Windows Server 2012 R2 遵循的是最简安装，因此刚安装好的系统桌面上右击空白处所弹出的快捷菜单中并无"个性化"命令，必须首先通过"服务器管理器"窗口来添加"媒体基础"功能(操作方法可参考后续介绍的添加服务器角色)，此后才能打开"个性化"窗口进行桌面图标的设置。

在"桌面图标设置"对话框中，用户可以勾选要放置到桌面上的图标名称复选框，并保持"允许主题更改桌面图标"复选框默认被勾选，然后单击"确定"按钮，这些被选中的桌面图标就会显示在桌面上。

图1-4　"桌面图标设置"对话框

随着Windows Server 2012 R2的启动，系统自动打开一个"服务器管理器"窗口，其中集合了用于管理服务器的绝大多数功能。该窗口的左窗格中列出了4个按管理功能分类的选项，即"仪表板""本地服务器""所有服务器"和"文件和存储服务"，单击这些选项就会在右窗格中显示该选项所包含的全部子功能。

(1) 仪表板。通过仪表板中带有彩色标题行的缩略图，可以监控角色、服务器和服务器组的运行状况，单击缩略图中的某一小标题行，还可以打开相应的详细信息视图，供管理员查看具体的监控信息。例如，当服务器管理器捕捉到DNS事件日志中出现某种错误信息后，就会自动创建监控对象DNS的缩略图，并将其标题行显示为红色以示警报。另外，仪表板中还提供了有助于设置和自定义服务器的信息以及关键功能配置任务的快速访问，如添加角色和功能等。

(2) 本地服务器。该选项设置界面中显示了本地服务器相关的几乎全部信息。其中的"服务器属性"栏相当于Windows Server 2008中的"初始配置任务"，可以配置服务器的时间、计算机名及网络等基本信息。在"服务器属性"栏的下方还有服务器的详细日志、服务以及用于性能评估和分析的各种工具。

(3) 所有服务器。通过该选项设置界面中的功能配置，可以让多个服务器在同一个控制台进行控制，使管理员能够方便、快速地管理多个服务器。与"本地服务器"选项设置界面类似，该选项设置界面中同样包含服务器的详细日志、服务以及用于性能评估和分析的工具。

(4) 文件和存储服务。该选项设置界面中的功能分为服务器和卷两部分。其中，服务器部分主要显示当前所管理的服务器；卷又分为磁盘和存储池，可以查看所有的物理磁盘和虚拟磁盘，还可以查看文件服务器的结构。

"服务器管理器"窗口右上角的工具栏中还提供了"管理""工具""视图"和"帮助"共4个下拉式菜单。其中，"管理"菜单中包含了用于添加、删除角色和功能以及添加服务器、创建服务器组等操作的命令；"工具"菜单中包含的每个命令对应于"管理工具"窗口(可通过"开始"菜单或"控制面板"打开)中的一个图标，即两者具有相同的功能；"视图"菜单可用于调整整个面板的显示大小，方便在不同分辨率的显示器间进行相互切换；"帮助"菜单则用于显示服务器管理器的帮助信息。

💡 **注意：** 默认情况下，每次开机启动 Windows Server 2012 R2 时都会自动打开"服务器管理器"窗口，Windows Server 2008 也是如此。这对管理员来说虽然有其方便之处，但也会使系统的启动时间略有延迟。Windows Server 2008 的"服务器管理器"窗口中有一个"登录时不要显示此控制台"复选框，勾选它即可关闭此窗口的自动启动。但在 Windows Server 2012 R2 的"服务器管理器"窗口中没有直接呈现此类复选框，用户若要关闭其自动启动功能，则可以选择"管理"→"服务器管理器属性"命令，打开"服务器管理器属性"对话框，勾选"在登录时不自动启动服务器管理器"复选框，如图 1-5 所示，再单击"确定"按钮即可。此后若要手动打开"服务器管理器"窗口，则可以选择"开始"→"服务器管理器"命令；或者右击桌面上的"这台电脑"图标，在弹出的快捷菜单中选择"管理"命令；或者打开"控制面板"窗口后依次选择"系统和安全"→"管理工具"→"服务器管理器"选项。

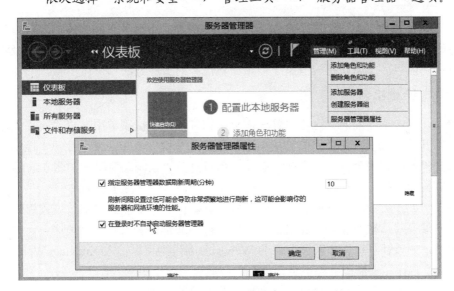

图 1-5　在"服务器管理器"窗口中关闭服务器管理器的自动启动功能

4．升级安装 Windows Server 2012 R2

目前，有很多企业或机构的服务器运行的是 Windows Server 2008 甚至 2003 版本的操作系统，并且部署了 DNS、Web、FTP、E-mail 等各种网络服务器。如果希望在原有的网络上部署 Windows Server 2012 R2 而无须重新构建服务器，或者将应用程序迁移到新的硬件上，则可以采用系统的升级安装。

表 1-3 列举了 Windows Server 2012 R2 支持从现有操作系统升级的版本对应关系。

表 1-3 Windows Server 2012 R2 支持从现有操作系统升级的版本对应关系

现有操作系统的版本	支持升级的操作系统版本
Windows Server 2008 Standard 或 Enterprise	Windows Server 2012 R2 Standard 或 Datacenter
Windows Web Server 2008	Windows Server 2012 R2 Standard
Windows Server 2008 Datacenter	Windows Server 2012 R2 Datacenter
Windows Server 2008 R2 Standard 或 Enterprise	Windows Server 2012 R2 Standard 或 Datacenter
Windows Web Server 2008 R2	Windows Server 2012 R2 Standard
Windows Server 2008 R2 Datacenter	Windows Server 2012 R2 Datacenter

💡 **注意：** 在升级安装 Windows Server 2012 R2 时，不能从现有的 x86 版本升级为 x64 版本，反之亦然；也不能从现有的 Windows Server 2003 直接升级，必须先升级到 Windows Server 2008，然后再升级到 Windows Server 2012 R2。此外在升级到更高的版本之前，应确保拥有有效的 Windows 许可证。

四、部署 Windows Server 2012 R2 服务器环境

在运行 Windows Server 2012 R2 操作系统的服务器上架设各种网络服务之前，还需要对服务器系统进行一些初始化配置，包括设置计算机名、配置 TCP/IP 网络参数以及添加服务器角色和功能等。下面介绍这些系统初始配置任务的实施方法和操作步骤。

1．设置计算机名

步骤 1 右击桌面上的"这台电脑"图标，在弹出的快捷菜单中选择"属性"命令；或者右击"开始"按钮，在弹出的快捷菜单中选择"系统"命令；或者打开"控制面板"窗口后选择"系统和安全"→"系统"选项，都将打开"系统"窗口，如图 1-6 所示。其中，"计算机名、域和工作组设置"信息栏显示了当前这台计算机的名称。

步骤 2 如果要更改计算机名，则可以单击计算机名称右侧的"更改设置"链接，打开"系统属性"对话框。在"计算机描述"文本框中通常是输入一句有关这台计算机用途的简要说明，如该计算机用作新源公司的 Web 服务器，则可以输入 XinYuan Web Server，如图 1-7 所示。计算机描述信息不是必须有的，所以也可以不输入。

步骤 3 要重命名这台计算机，或者更改其所属的域或工作组，可以单击"更改"按钮，打开"计算机名/域更改"对话框，然后在"计算机名"文本框中输入所要设置的计算机名称，这里输入 XY-WBJ，如图 1-8 所示。由于新源公司未使用域架构的网络，所以该计算机只隶属于工作组，工作组名称保持默认的 WORKGROUP 即可。

步骤 4 单击"确定"按钮，将弹出"计算机名/域更改"提示信息对话框，告知用户必须重新启动计算机才能使这些更改生效，如图 1-9 所示。

步骤 5 单击"确定"按钮返回到"系统属性"对话框。此时若单击"应用"按钮则再次弹出提示信息对话框，要求用户确定是否立即重新启动计算机。这里可根据用户需要选择单击"立即重新启动"或者"稍后重新启动"按钮，如图 1-10 所示。

图 1-6　"系统"窗口

图 1-7　"系统属性"对话框

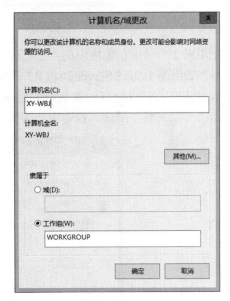

图 1-8　"计算机名/域更改"对话框

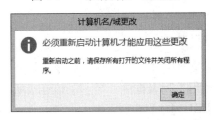

图 1-9　"计算机名/域更改"提示信息对话框

图 1-10　Windows 提示信息对话框

2．设置 TCP/IP 网络参数

要将计算机连接到 TCP/IP 网络中，就必须为网络连接配置 IP 地址、子网掩码、默认网关和 DNS 服务器地址等参数，配置方法和步骤如下。

步骤 1 右击桌面上的"网络"图标，在弹出的快捷菜单中选择"属性"命令；或者右击桌面任务栏右侧的当前"网络连接"图标，在弹出的快捷菜单中选择"打开网络和共享中心"命令；或者打开"控制面板"窗口后选择"网络和 Internet"→"网络和共享中心"选项，打开"网络和共享中心"窗口，如图 1-11 所示。

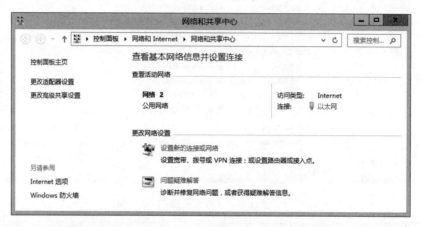

图 1-11 "网络和共享中心"窗口

步骤 2 单击左窗格中的"更改适配器设置"链接，打开"网络连接"窗口，如图 1-12 所示。如果 Windows Server 2012 R2 操作系统安装时已识别用户计算机上的网卡(一般品牌网卡均能识别)，就会自动安装网卡驱动程序，那么在"网络连接"窗口中就会有代表本地网卡的"以太网"图标，否则用户需要先安装网卡驱动程序。

图 1-12 "网络连接"窗口

步骤 3 右击"以太网"图标，在弹出的快捷菜单中选择"属性"命令，打开"以太网 属性"对话框。在"网络"选项卡的"连接时使用"列表框中，显示了该连接所使用的网卡设备；如果不使用 IPv6，则建议在"此连接使用下列项目"列表框中取消勾选"Internet 协议版本 6 (TCP/IPv6)"复选框，如图 1-13 所示。

步骤 4 勾选"Internet 协议版本 4 (TCP/IPv4)"复选框，单击"属性"按钮，或者直接双击该选项，就会打开"Internet 协议版本 4 (TCP/IPv4) 属性"对话框。若在安装 Windows Server 2012 R2 时没有配置网络，则默认选中的是"自动获得 IP 地址"和"自动获得 DNS 服务器地址"单选按钮。但充当服务器的计算机通常都使用固定 IP 地址，所以这里应该选中"使用下面的 IP 地址"和"使用下面的 DNS 服务器地址"两个单选按钮，然后按照项目规划中这台计算机充当哪个服务器，分别在"IP 地址""子网掩码""默认网关"和"首选 DNS 服务器"文本框中输入相应的值。这里，假设这台计算机是新源公司的 Web 服务器，则"IP 地址"应设置为 192.168.1.2，"子网掩码"使用默认的 255.255.255.0，"默认网关"设置为 192.168.1.254；新源公司的域名由公司内部的 DNS 服务器解析，所以"首选 DNS 服务器"地址设置为 192.168.1.1，如图 1-14 所示。设置完成后单击"确定"按钮即可。

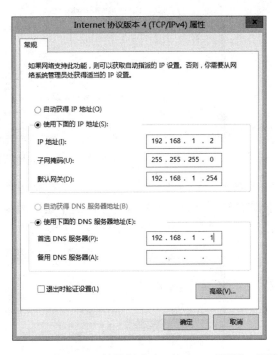

图 1-13　"以太网 属性"对话框　　图 1-14　"Internet 协议版本 4(TCP/IPv4)属性"对话框

3．添加服务器角色和功能

与 Windows Server 2008 类似，Windows Server 2012 R2 在网络中可以扮演各种服务器角色，不同的服务器角色都是通过服务器管理器来统一安装和管理的。这里，仍然以在新源公司内网 IP 地址为 192.168.1.2 的这台计算机上添加 Web 服务器角色和功能为例，介绍在 Windows Server 2012 R2 中添加服务器角色和功能的操作步骤。

步骤 1 右击桌面上的"这台电脑"图标，在弹出的快捷菜单中选择"管理"命令；或者选择"开始"→"服务器管理器"命令；或者打开"控制面板"窗口，选择"系统和安全"→"管理工具"→"服务器管理器"选项，打开"服务器管理器"窗口(见图 1-3)。

步骤 2 在左窗格中选择"仪表板"选项后，在右窗格中选择"添加角色和功能"选项；或者直接选择"管理"→"添加角色和功能"命令，打开"添加角色和功能向导"对话框。向导首先显示有关注意事项的"开始之前"界面，若以后安装角色时不希望再显示此页面，可勾选"默认情况下将跳过此页"复选框，如图1-15所示。

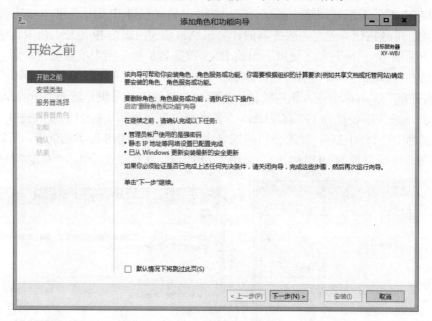

图 1-15　"添加角色和功能向导"对话框的"开始之前"界面

步骤 3　单击"下一步"按钮，向导将进入"选择安装类型"界面。因为就在当前运行的这台物理计算机上安装角色，而不是在虚拟机或脱机虚拟硬盘上安装角色，所以保持默认选中的"基于角色或基于功能的安装"单选按钮，如图1-16所示。

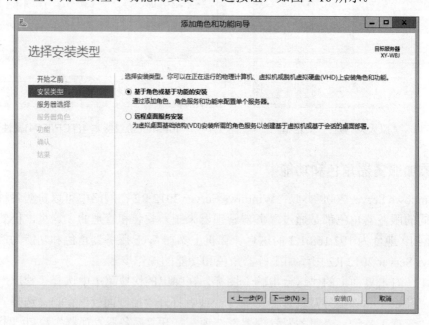

图 1-16　"添加角色和功能向导"对话框的"选择安装类型"界面

步骤 4　单击"下一步"按钮，向导进入"选择目标服务器"界面。因为安装的目标服务器就是当前这台物理计算机，而不是虚拟机或虚拟硬盘，所以保持默认选中的"从服务器池中选择服务器"单选按钮，此时在"服务器池"列表框中就会看到当前这台物理计算机的名称(XY-WBJ)、IP 地址(192.168.1.2)和使用的操作系统，如图 1-17 所示。

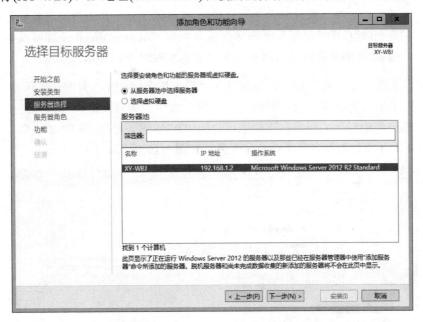

图 1-17　"添加角色和功能向导"对话框的"选择目标服务器"界面

步骤 5　单击"下一步"按钮，向导进入"选择服务器角色"界面。在"角色"列表框中显示了 Windows Server 2012 R2 可供用户选择的多个角色。这里只需勾选"Web 服务器(IIS)"复选框，如图 1-18 所示。

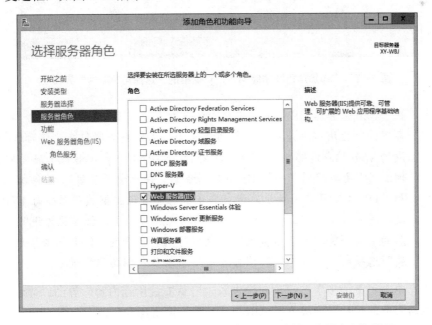

图 1-18　"添加角色和功能向导"对话框的"选择服务器角色"界面

💡 **注意：** 根据项目规划,新源公司内网 IP 地址为 192.168.1.2 的这台计算机不仅充当着 Web 服务器角色,同时还充当着 VPN 服务器和 CA 服务器这两个角色。但这里仅作为案例来介绍通过 Windows Server 2012 R2 的"服务器管理器"安装角色的方法,所以只勾选了"Web 服务器(IIS)"复选框,而其他两个服务器角色(对应于"网络策略和访问服务"和"Active Directory 证书服务"两个选项)的添加将在后续的项目七和项目八实施时予以介绍。

步骤 6 单击"下一步"按钮,向导进入"Web 服务器(IIS)"界面,显示 Web 服务器(IIS)简介及注意事项等信息。直接单击"下一步"按钮,向导将进入"选择角色服务"界面以进一步选择角色包含的服务。这些选项分为"Web 服务器""FTP 服务器"和"管理工具"共 3 部分,可以根据需要选择角色服务,如图 1-19 所示。

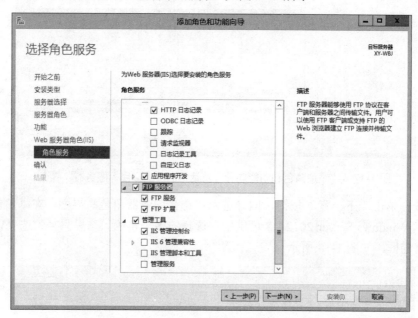

图 1-19　"添加角色和功能向导"对话框的"选择角色服务"界面

💡 **注意：** 在"Web 服务器(IIS)"角色中包含的 3 种角色服务中,"Web 服务器"角色服务下的"应用程序开发"服务功能包含的选项应全部勾选,使后续项目四架设的 Web 站点能够支持 HTML、ASP、ASP.NET 等 Web 技术应用扩展;"管理工具"主要提供了一个 IIS 管理控制台,便于管理员对网站(包括 Web 站点和 FTP 站点)及应用地址池进行集中配置和管理。虽然新源公司 FTP 站点架设在另一台 IP 地址为 192.168.1.4 的物理服务器上,但这里为说明 FTP 服务器的安装,将"FTP 服务器"角色服务及其包含的"FTP 服务"和"FTP 扩展"选项也一并选中,在项目五中不再单独介绍其安装过程。

步骤 7 单击"下一步"按钮,向导进入"确认安装所选内容"界面,显示了此前所选择的角色与服务,此时原为灰色不可用的"安装"按钮变为有效,如图 1-20 所示。如果核对后发现选择有错误,则可以单击"上一步"按钮回到此前的步骤重新选择;如果确认无误则单击"安装"按钮，向导就会进入"安装进度"界面，几分钟后即可完成安装并进入"安装结果"界面，显示已成功安装的角色与服务，此时单击"关闭"按钮即可。

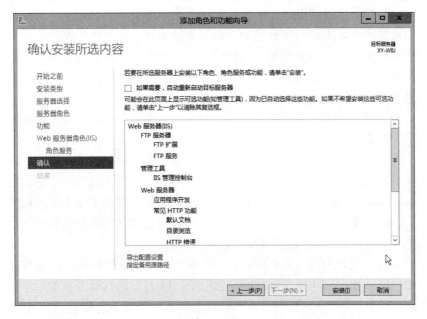

图 1-20　"添加角色和功能向导"对话框的"确认安装所选内容"界面

注意：　成功添加"Web 服务器(IIS)"角色后，在 Windows Server 2012 R2 的"管理工具"窗口中就会增加一个名称为"Internet Information Services (IIS)管理器"的图标，在"服务器管理器"窗口的"工具"菜单中也会增加一个同名的命令，用以打开 IIS8 的管理控制台。需要特别强调的是，从用户的操作使用角度来说，Windows Server 2012 R2 的"开始"菜单较之前的 Windows Server 2008/2003 有一个突出的变化，右击"开始"按钮会弹出一个选项丰富的菜单，包括"程序和功能""事件查看器""系统""设备管理器""网络连接""磁盘管理""计算机管理""命令提示符""任务管理器""控制面板""搜索""运行""关机或注销"等命令，使许多操作都变得更加便捷，比如前面在配置 TCP/IP 网络参数时，直接右击"开始"按钮，从弹出的快捷菜单中选择"网络连接"命令来打开"网络连接"窗口则要方便得多。

任务三　部署 Linux

一、Linux 简介

1．Linux 的起源与发展

在 20 世纪 60 年代末至 70 年代，诞生于贝尔实验室的 UNIX 操作系统的源程序大多是可以任意传播的。Internet 的基础协议 TCP/IP 就产生于那个年代。在那个时期，人们在各自的程序创作中享受着从事科学探索、创新活动所带来的那种特有的激情和成就感。那时候的程序员，并不依靠软件的知识产权向用户收取版权费。

1979 年，AT&T 宣布了 UNIX 的商业化计划，随之出现了各种二进制的商业 UNIX 版本。于是就兴起了基于二进制机读代码的"版权产业(Copyright Industry)"，使软件业成为一种版权专有式的产业，围绕程序开发的那种创新活动也就被局限在某些骨干企业的小圈子里，源码程序被视为核心商业机密。这种做法一方面产生了大批商业软件，极大地推动了软件业的发展，诞生了一批软件巨人；但在另一方面，正是封闭式的开发模式阻碍了软件业的进一步深化和提高，人们为商业软件的 Bug 也付出了巨大的代价。

1984 年，理查德•马修•斯托曼(Richard Matthew Stallman)面对程序开发的这种封闭模式，发起了一项关于国际性源代码开放的"牛羚(GNU)计划"(gnu 是产自南非的像牛一样的大羚羊，故称牛羚)，力图重返 20 世纪 70 年代基于源代码开放来从事程序创作的美好时光。为了保护源代码开放的程序库不会再度受到商业性的封闭式利用，他创立了自由软件基金会(Free Software Foundation)，制定了一项 GPL 条款，称为 Copyleft 版权模式。GNU 是 Gnu's Not Unix 的递归缩写，即类似于 UNIX 且是自由软件的完整操作系统。后来将各种使用 Linux 内核的 GNU 操作系统都称为 GNU Linux。

斯托曼最大的影响是为自由软件运动树立道德、政治及法律框架，后来被誉为美国自由软件运动的精神领袖。1987 年 6 月，斯托曼完成了 11 万行源代码开放的"编译器"(GNU gcc)，获得了一项重大突破，为国际性源代码开放做出了极大的贡献。

1989 年 11 月，M.Tiemann 以 6000 美元开始创业，创造了专注于经营 Cygnus Support(天鹅座支持公司)源代码的开放计划(注意，Cygnus 中隐含着 GNU 的 3 个字母)。Cygnus 是世界上第一家也是最终获得成功的一家专营源代码程序的商业公司。Cygnus 的"编译器"是最优秀的，它的客户有许多是一流 IT 企业，包括世界上最大的微处理器公司。

1991 年 11 月，芬兰赫尔辛基大学的学生林纳斯•本纳第克特•托瓦兹(Linus Benedict Torvalds)写了一个小程序，取名为 Linux 并放在 Internet 上。他最初是希望开发一个运行在基于 Intel x86 系列 CPU 的计算机上、能代替 Minix 的操作系统内核。这原本完全是一件偶然的事情，但出乎意料的是 Linux 在 Internet 上刚一出现，便受到了广大牛羚计划追随者们的喜爱，他们很快将 Linux 加工成了一个功能完备的操作系统，把它称作 GNU Linux。可以说，Linux 内核的横空出世与 GNU 项目成为天作之合，而现在人们习惯把这个完全免费和开源的 GNU Linux 操作系统简称为 Linux，事实上是不够确切和完整的。

从此，在 Richard Stallman、Linus Torvalds 等一批前辈们的精神感召下，无数人接受了开源(Open Source，开放源代码)的思想和理念，兴起了开源文化运动。1994 年 3 月，Linux 1.0 内核发布，也可以说是一种正式的独立宣言，Linux 转向 GPL 版权协议；此后 Linux 的第一个商业发行版 Slackware 也于同年问世。

1995 年 1 月，Bob Young 创办的 Red Hat(红帽)公司以 GNU Linux 为核心，集成了 400 多个源代码开放的程序模块，开发出一种冠以品牌的称作 Red Hat Linux 的发行版在市场上出售，这在经营模式上是一个创举。Bob Young 称："我们从不想拥有自己的'版权专有'技术，我们卖的是'方便'(给用户提供支持和服务)，而不是自己的'专有技术'。"源代码开放程序促使各种品牌发行版出现，极大地推动了 Linux 的普及和应用。

1996 年，美国国家标准技术局的计算机系统实验室确认由 Open Linux 公司打包的 Linux 1.2.13 版本符合 POSIX 标准。1998 年 2 月，以 Eric Raymond 为首的一批年轻的"老牛羚骨干分子"终于认识到 GNU Linux 体系产业化道路的本质并非是自由哲学,而是市场竞争的驱动,因此创办了 Open Source Initiative(开放源代码促进会),树起了"复兴"的大旗,在 Internet 世界里展开了一场历史性的 Linux 产业化运动。以 IBM 和 Intel 为首的一大批国际性重量级 IT 企业对 Linux 产品及其经营模式的投资与全球性技术支持,进一步促进了基于源代码开放模式的 Linux 产业的兴起。

因此可以说,Linux 是一个诞生于网络、成长于网络并且成熟于网络的操作系统,没有互联网就没有 Linux,它不是一个人在开发,而是由世界各地成千上万的程序员协同设计和实现的。Linux 之所以受到广大计算机爱好者的喜爱,最根本的原因主要有两个:第一,由于 Linux 是一套自由软件,用户可以无偿得到它及其源代码,以及大量的应用程序,而且可以对它们进行任意修改和补充,这对用户了解和学习 Linux 操作系统的内核大有裨益;第二,由于 Linux 具有 UNIX 操作系统的全部功能,任何使用 UNIX 或想要学习 UNIX 的人们都可以从 Linux 中获益。

2. Linux 的特点

目前 Linux 已经成为主流的操作系统之一。Linux 操作系统之所以在短短几年之内就得到了迅猛发展和不断完善,是与其具有良好的特性分不开的。Linux 可以支持多用户、多任务环境,具有较好的实时性和广泛的协议支持。同时,Linux 操作系统在服务器、嵌入式等方面获得了长足的发展,在系统兼容性和可移植性方面也有上佳的表现,并在个人操作系统方面有着大范围的应用,这主要得益于它的开放特性。Linux 可以广泛应用于 x86、Sun Sparc、Digital、Alpha、MIPS、PowerPC 等平台。

相对于 Windows 和其他操作系统,Linux 操作系统以其系统简明、功能强大、性能稳定以及扩展性和安全性高而著称,其主要特性可以归纳为以下几个方面。

(1) 开放性。开放性是指系统遵循世界标准规范,特别是遵循开放系统互联(OSI)国际标准。凡遵循国际标准所开发的硬件和软件,都能彼此兼容,可方便地实现互联。

(2) 多用户。多用户是指系统资源可以被不同用户各自拥有,即每个用户对自己的文件、设备等资源都有特定的权限,互不影响。

(3) 多任务。多任务是现代操作系统的重要特征,是指计算机同时执行多个程序,并且各个程序的运行互相独立。Linux 系统调度每一个进程平等地使用 CPU。由于 CPU 的处理速度非常快,从 CPU 中断一个应用程序的执行到 Linux 调度 CPU 再次运行这个程序之间只有很短的时间延迟,以致用户感觉不到,所以从宏观上看好像多个应用程序在并行运行,而微观上看 CPU 是由多个应用程序轮流使用的。

(4) 良好的用户界面。Linux 向用户提供了用户界面和系统调用两种界面,用户界面又有字符界面和图形界面两种。其中,被称为 Shell 的字符界面是 Linux 的传统用户界面,具有很强的程序设计能力,用户可方便地将多条 Shell 命令逻辑地组织在一起,编写成可以独立运行的 Shell 程序。Linux 还提供了一种可视化、易操作、交互性强的图形界面,使用户可以利用鼠标、菜单、窗口、滚动条等设施进行直观便捷地操作。系统调用则是提供给程序员在编程时可直接调用的低级、高效率的服务程序。

(5) 设备独立性(或设备无关性)。Linux 操作系统把所有的外部设备统一当成文件来看待,只要安装了这些外部设备的驱动程序,任何用户都可以像使用文件一样来操纵和使用这些设备，而不必知道它们具体的存在形式。Linux 的内核具有高度适应能力，而且用户还可以修改内核源代码，以适应不断新增的各种外部设备。

(6) 丰富的网络功能。完善的内置网络和通信功能是 Linux 优于其他操作系统的一大亮点，其他操作系统不包含如此紧密与内核相结合的联网功能，也不具备这些内置连接特性的灵活性。Linux 提供的完善、强大的网络功能主要体现在 3 个方面：①支持 Internet，Linux 为用户免费提供了大量支持 Internet 的软件，使用户可以轻松地实现网上浏览、文件传输和远程登录等网络工作，还可以作为服务器提供 Web、FTP 和 E-mail 等 Internet 服务，其实 Internet 就是在 UNIX 基础上建立并繁荣起来的；②文件传输，用户能通过一些 Linux 命令完成内部信息或文件的传输；③远程访问，Linux 不仅允许进行文件和程序的传输，也能为系统管理员和技术人员提供访问其他系统的窗口，使得他们能够有效地同时为多个系统服务，即使那些系统位于相距很远的地方。

(7) 可靠的系统安全。Linux 采取了对读写操作进行权限控制、带保护的子系统、审计跟踪和核心授权等许多安全技术措施，为网络多用户环境中的用户提供了安全保障。

(8) 良好的可移植性。可移植性是指操作系统从一个平台转移到另一个平台后仍然能按其自身方式运行的能力。Linux 能够在微型计算机到大型计算机的多种硬件平台，如具有 x86、SPARC 和 Alpha 等处理器的平台上运行。良好的可移植性为运行 Linux 的不同计算机之间提供了准确而有效的通信手段，而无须增加特殊或昂贵的通信接口。此外，Linux 还是一种嵌入式操作系统，可以运行在掌上电脑、机顶盒或游戏机上。Linux 2.4 内核就已完全支持 Intel 64 位芯片架构，并支持多处理器技术，使系统性能大大提高。

3. Linux 的内核版本

Linux 的版本有内核版本和发行版本之分。严格地说，Linux 本身只定义了一个操作系统内核，其主要功能包括进程调度、内存管理、配置管理虚拟文件系统、提供网络接口以及支持进程间通信。Linux 的内核版本指的是在 Linus Torvalds 领导下的开发小组开发的系统内核的版本号。与所有软件开发者一样，Linus Torvalds 和他的小组也在不断地开发和推出新内核，其版本也在不断升级。

在 Linux 内核发布历史上，内核版本使用过以下 4 种不同的编号方式。

(1) 用于 1.0 之前的版本编号方式，包括第一个版本 0.01 至 0.99 以及之后的 1.0。

(2) 用于 1.0 至 2.6.0 之前的版本编号方式，由"A.B.C"三个数字组成。其中，A 代表主版本号，它只有在内核发生很大变化时才改变，历史上只发生过 1994 年的 1.0 和 1996 年的 2.0 两次；B 代表次主版本号，若为偶数则表示是稳定的版本(如 2.2.5)，若为奇数则表示是不稳定的测试版本(如 2.3.1)，只是有一些新的内容加入；C 代表较小的末版本号，通常表示对一些 bug 的修复、安全更新、添加新特性和驱动的次数。

(3) 用于 2.6.0 至 3.0 之前的版本编号方式。2003 年 12 月，Linux 内核发布了 2.6.0 版本，它在性能、安全性和驱动程序等方面都做了关键性的改进，还支持多处理器配置、64 位计算以及实现高效率线程处理的本机 POSIX 线程库(NPTL)等。从此，Linux 的内核版本采用了一种被称为 time-based 的编号方式，但在 3.0 版本之前是"A.B.C.D"格式，前两个数字 A.B 即为 2.6，这在 2.6.0 发布后的七年多时间里一直保持不变；C 随着新版本的发布而增加；D 代表一些 bug 修复、安全更新、添加新特性和驱动的次数。

(4) 从 2011 年 7 月发布的 3.0 版本以后，time-based 编号方式又采用了"A.B.C"的格式，虽然看上去类似于 1.0 至 2.6.0 之前的版本编号方式，但其中的数字 B 只是随着新版本的发布而增加，不再用偶数表示稳定版本、用奇数表示测试版本，例如，版本 3.7.0 代表的不是开发版，而是稳定版。

4．Linux 的发行版本及其选用

有一些组织或商业厂家，将 Linux 的内核与外围应用软件及文档打包，并提供一些系统安装界面和系统设置与管理工具，这样就构成了一个发行版本(Distribution)。Linux 的发行版本众多，但都建立在同一个内核基础之上。

表 1-4 列出了几款比较常见的 Linux 发行版本及其主要特点。

表 1-4　常见的 Linux 发行版本及特点

版本名称	网　　址	特　点	软件包管理器
Debian Linux	www.debian.org	开放的开发模式，并且易于进行软件包升级	apt
Fedora Core	www.redhat.com	拥有数量庞大的用户、优秀的社区技术支持，并且有许多创新	up2date(rpm) yum(rpm)
CentOS	www.centos.org	将商业的 Linux 操作系统 RHEL(Red Hat Enterprise Linux)进行源代码编译后分发，并在 RHEL 基础上修正了不少已知的 bug	rpm
SUSE Linux	www.suse.com	专业的操作系统，易用的 YaST 软件包管理系统开放	YaST(rpm)，第三方 apt(rpm)软件库(repository)
Mandriva	www.mandriva.com	操作界面友好，使用图形配置工具，有庞大的社区进行技术支持，并支持 NTFS 分区	rpm
KNOPPIX	www.knoppix.com	可以直接在 CD 上运行，具有优秀的硬件检测和适配能力，可作为系统的急救盘使用	apt
Gentoo Linux	www.gentoo.org	高度的可定制性，使用手册完整	portage
Ubuntu	www.ubuntu.com	优秀易用的桌面环境，基于 Debian 的不稳定版本构建	apt

值得一提的是，在众多的 Linux 发行版本中，Red Hat 公司的系列产品较为成熟，也是目前广泛流行的 Linux 发行版。Red Hat 家族有 Red Hat Linux(如 Redhat 9)和针对企业发行的版本 RHEL(Red Hat Enterprise Linux)，它们都能够通过网络 FTP 免费获得并使用，但 RHEL 的用户如果要在线升级(包括补丁)或者咨询服务就必须付费。2003 年 Red Hat Linux 停止了发布，它由 Fedora Project 这个项目所取代，并以 Fedora Core(简称 FC)这个名字发行，继续提供给普通用户免费使用。FC Linux 发行版更新很快，大约半年就有新的版本发布，其试验意味比较浓厚，每次发行都有新的功能被加入，这些功能在 FC Linux 中试验成功后就加入到 RHEL 的发布中。然而，被频繁改进和更新的不稳定产品对于企业来说并不是最好的选择，所以大多数企业还是会选择有偿的 RHEL 产品。

构成 RHEL 的软件包都是基于 GPL 协议发布的，也就是人们常说的开源软件。正因为

如此，Red Hat 公司也遵循这个协议，将构成 RHEL 的软件包通过二进制和源代码两种发行方式进行发布。这样，只要是遵循 GPL 协议，任何人都可以在原有 RHEL 的源代码基础上再开发和发布。其中，CentOS(Community Enterprise Operating System，社区企业操作系统)就是这样将 RHEL 发行的源代码重新编译一次，形成一个可使用的二进制版本，或者说是由 RHEL 克隆的一个 Linux 发行版本。这种克隆是合法的，但 Red Hat 是商标，所以必须在新的发行版里将 Red Hat 的商标去掉。Red Hat 对这种发行版的态度是："我们其实并不反对这种发行版，真正向我们付费的用户，他们重视的并不是系统本身，而是我们所提供的商业服务。"因此，CentOS 可以得到 RHEL 的所有功能甚至更好的软件。但 CentOS 并不向用户提供商业支持，当然也不需要负任何商业责任。其实，RHEL 的克隆版本不止 CentOS 一个，还有 White Box Enterprise Linux、TAO Linux 和 Scientific Linux 等。

正是由于 Linux 发行版本众多，许多人会为选用哪个 Linux 发行版本而犯愁，这里给出几点建议，仅供读者参考。

(1) Linux 服务器系统的选用。如果你不希望为 RHEL 的升级而付费，而且有足够的 Linux 使用经验，RHEL 的商业技术支持对你来说也并不重要，那么你可以选用 CentOS 系统。CentOS 安装后只要经过简单的配置就能提供非常稳定的服务，现在有不少企业选用了 CentOS，比如著名会议管理系统 MUNPANEL 等。但如果是单纯的业务型企业，还是建议选购 RHEL 并购买相应服务，这样可以节省企业的 IT 管理费用，并可得到专业服务。因此，选用 CentOS 还是 RHEL，取决于你的公司是否拥有相应的技术力量。当然，如果你需要的是一个坚如磐石、非常稳定的服务器系统，那么建议你选择 FreeBSD；如果你需要一个稳定的服务器系统，而且还想深入摸索一下 Linux 各个方面的知识，想自己定制许多内容，那么推荐你选用 Gentoo。

(2) Linux 桌面系统的选用。如果你只是需要一个桌面系统，而且既不想使用盗版，又不想花钱购买商业软件，也不想自己定制任何东西，在系统上浪费太多的时间，那么你可以根据自己的爱好在 Ubuntu、Kubuntu 和 Xubuntu 中选择一款，这三者之间的区别仅仅是桌面程序不同。如果你想非常灵活地定制自己的 Linux 系统，让自己的电脑跑得更欢，而不介意在 Linux 系统安装方面多浪费点时间，那么你可以选用 Gentoo。当然，如果你是初学 Linux 服务器配置，希望经过简单配置就能提供非常稳定的服务，也可以选用 CentOS。

除上述选用建议外，实际上还应考虑选用较新的 Linux 内核版本，目前最新的 Linux 发行版本都已采用 3.x 甚至 4.x 的内核版本了。另外，一个典型的 Linux 发行版还包括一些 GNU 程序库和工具、命令行 Shell、图形界面的 X Window 系统和相应的桌面环境(如 KDE、GNOME 等)，并包含数千种办公套件、编译器、文本编辑器、科学工具等应用软件，所以在实际选用时还要考虑你所需要的系统开发和应用环境等多种因素。

二、安装 Linux

Linux 一般都提供了硬盘、CD-ROM、U 盘和网络驱动器等多种安装方式。其中，将 U 盘制作成 Linux 安装盘，然后设置计算机从 U 盘启动来安装 Linux，是目前使用较多也较为方便、快速的一种安装方式。因此，在安装之前首先应准备好 Linux 系统安装盘，然后根据需求确定将 Linux 安装到计算机上的方式，并收集有关系统信息。

1．确定将 Linux 安装到计算机上的方式

根据用户的不同需求，通常可以选择以下 3 种方式将 Linux 系统安装到计算机上。

(1) 安装成 Linux 虚拟机。对于 Linux 初学者来说，如果你的计算机上已经安装使用了 Windows 系统，安装 Linux 系统只是为了学习用，又不想从现有硬盘分区中划分出专门的空间来专供 Linux 使用，而且你的计算机配置(主要是运算速度和内存容量)比较高，那么可以将 Linux 安装为虚拟机。这种方式安装 Linux 的过程较为简单，也无须担心对现有系统的影响甚至破坏，但要在 Windows 系统中首先安装好虚拟机软件(如 VMware、Virtual PC 等)，然后打开虚拟机软件创建好一个新的虚拟机。

(2) 安装成 Linux 和 Windows 的双系统。如果你的计算机已预装了 Windows 系统，而空闲的硬盘空间足够大，也不怕做一些比较复杂的硬盘分区工作，又不想删除正在使用的 Windows 系统，则可以让 Linux 与现有的 Windows 系统共存，即安装成双系统。如果采用这种方式，通常的做法是先将硬盘上最后一个逻辑盘的数据进行备份；然后通过"计算机" → "管理"命令打开"计算机管理"窗口，选择"磁盘管理"，将刚才已备份的逻辑盘删除；一般来说该逻辑盘是扩展分区中划分出的逻辑盘之一，所以最后还必须使用分区工具(如 PQmagic 等)将该逻辑盘的空间从扩展分区中释放出来，成为未分区的空间，这样才能在重启计算机并安装 Linux 时划分为 Linux 的分区来使用。

(3) 安装成 Linux 单系统。不管你的计算机上是否已预装过操作系统，如果你只想把计算机安装成 Linux 单系统来使用(通常在服务器上都只安装单系统)，那就简单多了，你只要让计算机从 Linux 系统安装盘启动，在安装 Linux 的过程中对整个硬盘进行 Linux 分区即可。至于 Linux 分区如何划分，稍后会予以介绍。

2．收集和准备计算机系统信息

在 Linux 安装过程中，系统将试图探测硬件，若是无法准确识别硬件设备，则必须手工输入相应的信息。因此，在安装 Linux 系统之前，还应该收集和准备好以下信息。

(1) 硬盘的数量和大小。

(2) 内存的大小。内存的大小将直接影响系统的性能。

(3) 光驱的型号与接口类型。目前市面上的光驱一般分为 SCSI 和 SATA 两种。

(4) 鼠标的类型(PS/2、USB 或 COM)、品牌、型号。

(5) 显卡的型号。最好能够知道显卡所使用的显示芯片名称和显卡内存的大小。

(6) 显示器的型号、规格。

(7) 所使用的网卡是否被支持。如果不支持则应准备好驱动程序。

(8) 网络配置信息，包括 IP 地址、子网掩码、默认网关和 DNS 服务器地址。

3．从 Linux 系统安装盘启动计算机

在完成上述准备工作之后，将计算机设置成从系统安装盘启动，然后重启计算机就可以开启 Linux 的安装过程了。由于现在大多数的 Linux 发行版都采用了类似于 Windows 的图形化安装向导，使安装过程变得非常简单，而且读者通过"百度"等可以搜索到几乎任何一个 Linux 版本的详细安装教程。因此，下面仅以 CentOS 6.5 为例，介绍 Linux 安装过程中的关键步骤和涉及的相关概念，而不去赘述每个步骤呈现的界面及选项，同时对较新

的 RHEL/CentOS 7 的安装过程中某些不同之处作特别说明。

无论采用哪种方式将 CentOS 6.5 安装到计算机上,从 CentOS 6.5 安装盘成功引导后就会出现有以下 5 个菜单行的画面:

(1) Install or upgrade an existing system　　　　//安装或升级现有的系统

(2) Install system with basic video driver　　　　//安装过程中采用基本的显卡驱动

(3) Rescue installed system　　　　　　　　　　//进入系统修复模式

(4) Boot from local drive　　　　　　　　　　　//退出安装从硬盘启动

(5) Memory test　　　　　　　　　　　　　　　//内存检测

通常只需选择默认的第一个菜单项,就可以进入图形化的安装向导界面。在经过确认是否测试安装介质(一般不需要而直接单击 skip 按钮)、选择安装过程中使用的语言、计算机命名(默认为 localhost.localdomain)、设置时区及根账号(即超级用户 root)的密码等步骤后,向导就会进入设置安装类型的步骤,即对安装 Linux 的分区进行布局,这也是很多初学者在安装 Linux 过程中遇到的第一个难题。

4. 根据实际需求布局 Linux 分区

安装类型设置的向导界面如图 1-21 所示。一般来说,如果直接将计算机安装成 Linux 单系统或者在 VMware 等虚拟机上安装 Linux,则可以选中"使用所有空间"单选按钮;如果计算机上已安装了 Windows 系统,并且硬盘上已腾出未分区的空间,则可以选中"使用剩余空间"单选按钮来安装成双系统;如果原来已安装过其他版本的 Linux 系统,则可以选中"替换现有 Linux 系统" 单选按钮。选择上述选项后,CentOS 会自动按默认的分区方案进行分区,所以对不熟悉 Linux 分区的初学者来说常常使用这些选项来安装 Linux 系统。

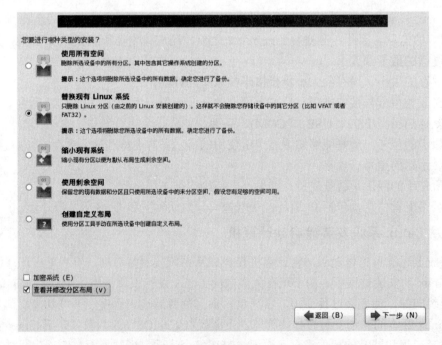

图 1-21　CentOS 6.5 安装向导的"安装类型设置"界面

默认情况下，CentOS 会在未分区的磁盘空间中划分出两个最基本的分区：一个是挂载标志为"/"的根分区，这是 Linux 固有文件系统所处的位置(类似于安装 Windows 系统所用的 C 盘)，其文件系统类型为 ext4；另一个是挂载标志为"swap"的交换分区，用于实现虚拟存储器的交换空间，其文件系统类型为 swap。

💡 **注意**：　从普通用户角度说，Linux 的文件系统与 Windows 有很大差别，这也是习惯使用 Windows 的用户转向 Linux 较难理解之处。严格地说，在 Linux 系统中没有"盘"的概念，整个存储系统只有一个根("/")，即用于安装 Linux 系统文件的根分区，而所有其他硬盘分区、光盘、U 盘等都作为一个独立的文件系统挂载在这个根目录下的某级子目录(即挂载点)。

交换区(swap)是一个较复杂的概念，涉及现代操作系统都普遍实现的"虚拟内存"技术原理。但 swap 空间的设置对 Linux 服务器，特别是 Web 服务器的性能至关重要，有时甚至可以克服系统性能瓶颈。为此，有必要对 Linux 系统中的 swap 做一个简单介绍。

虚拟内存的实现不但在功能上突破了物理内存的限制，使程序可以操纵大于实际物理内存的空间。更重要的是，虚拟内存是隔离每个进程的安全屏障，使每个进程都不受其他程序的干扰。swap 空间的作用可简单描述为：当系统的物理内存不够用的时候，就需要将物理内存中的一部分空间释放出来，以供当前运行的程序使用。那些被释放的空间可能来自一些很长时间没有什么操作的程序，这些被释放的空间中的数据被临时保存到 swap 空间中，等到那些程序要运行时，再从 swap 空间中将保存的数据恢复到内存中。这样，系统总是在物理内存不够时才进行 swap 交换。

需要说明的是，并不是所有从物理内存中交换出来的数据都会被放到 swap 中，有相当一部分数据被直接交换到文件系统。例如，有的程序会打开一些文件，对文件进行读写(其实每个程序都至少要打开一个文件，那就是程序本身)，当需要将这些程序的内存空间交换出去时，就没必要将文件部分的数据放到 swap 空间中了，可以直接将其放到文件里。如果是读文件操作，那么内存数据被直接释放而无须交换出来，因为下次需要时可以直接从文件系统恢复；如果是写文件，只需要将变化的数据保存到文件中，以便恢复。但是那些用 malloc 和 new 函数生成的对象数据则不同，它们需要 swap 空间，因为它们在文件系统中没有相应的"储备"文件，所以被称作"匿名(anonymous)"内存数据。这类数据还包括堆栈中的一些状态和变量数据等。因此，可以说 swap 空间是"匿名"数据的交换空间。

💡 **注意**：　在 Windows 系统中，用户可以在任何一个磁盘上开辟指定大小的空间作为虚拟内存使用；而在 Linux 系统中，用作虚拟内存的交换空间是给定一个独立的特殊分区，即 swap 分区，因此在安装 Linux 时需要设定其大小，通常根据需要设定为实际物理内存容量的 1～2 倍。

对于有 Linux 使用经验的用户，往往选择"创建自定义布局"选项，进入手动分区的界面来定制自己的分区方案。除了创建默认需要的根分区(/)和交换分区(swap)外，许多用户还会创建一个 boot 分区，用来存放 Linux 引导所需的文件，其挂载点为/boot，文件系统类型为 ext4，磁盘空间一般设置为 200MB 就足够了。另外，用户还可以根据需要创建多个用户分区，其空间大小、挂载点可根据用户需要和使用习惯来设置，就像安装 Windows

时往往会创建诸如 D:、E:等多个用于存放用户数据的逻辑盘。这样做的好处是，用户的文件一般都存放在用户分区的挂载目录下(与系统文件目录分开存放)，当系统遇到问题需要修复时，可以保留原来的分区方案进行修复，不会破坏用户分区存放的文件。

5. 选择安装类型及需要安装的软件

对安装的软件进行选择的向导界面如图 1-22 所示。

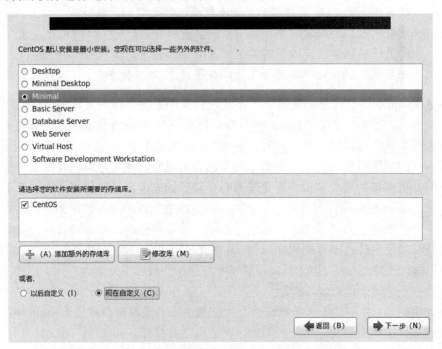

图 1-22　CentOS 6.5 安装向导的"安装软件选择"界面

首先，对安装系统的 8 种类型进行选择(默认为最小安装，即 Minimal)。

(1) Desktop：基本的桌面系统，包括常用的桌面软件，如文档查看工具。

(2) Minimal Desktop：基本的桌面系统，包含的软件更少。

(3) Minimal：基本的系统，不包含任何可选的软件包。

(4) Basic Server：安装的基本系统的平台支持，不包含桌面。

(5) Database Server：基本系统平台，加上 MySQL 和 PostgreSQL 数据库的客户端，不包含桌面。

(6) Web Server：基本系统平台，加上 PHP、Web Server，还有 MySQL 和 PostgreSQL 数据库的客户端，不包含桌面。

(7) Virtual Host：基本系统加虚拟化平台。

(8) Software Development Workstation：包含的软件安装包较多，主要有基本系统、虚拟化平台桌面环境、开发工具等。

然后，选中"现在自定义"单选按钮后单击"下一步"按钮，用户可根据自己的需要，进一步定制需要安装的软件。

💡 **注意：** 多数流行的 Linux 发行版的安装步骤与 CentOS 6.5 基本类似(如稍早的 Fedora Core、Red Hat 等)。但 RHEL、CentOS 7 及以后的版本在安装时把用户可以配置的所有项目都集中在如图 1-23 所示的"安装信息摘要"对话框中，包括日期和时间、键盘、语言支持、安装源、软件选择、安装位置、网络和主机名等，用户可以单击相应选项分别进行配置，而不需要每完成一项配置后单击"下一步"按钮的方法来进行逐项配置。

图 1-23 CentOS 7 安装向导中的"安装信息摘要"对话框

6. 登录 CentOS

当用户完成各安装配置项的配置后，单击"开始安装"按钮即可。安装完成后重启计算机，即可进入 CentOS 6.5 的"字符登录"界面，如图 1-24 所示。

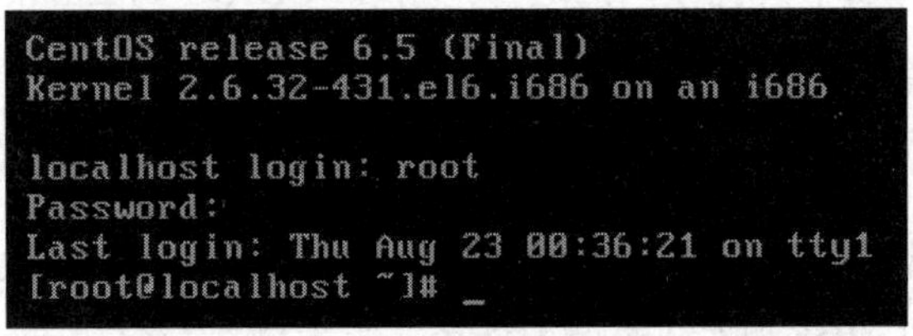

```
CentOS release 6.5 (Final)
Kernel 2.6.32-431.el6.i686 on an i686

localhost login: root
Password:
Last login: Thu Aug 23 00:36:21 on tty1
[root@localhost ~]#
```

图 1-24 CentOS 6.5 的"字符登录"界面

在"localhost login:"后面输入用户名 root 并按回车键；在随后提示的"Password:"后面输入 root 用户的密码并按回车键。登录系统后就会显示登录的时间和终端(tty1 表示第一个字符终端)，并显示命令提示符"#"，此后就可以输入并执行 Linux 的各种命令了。

💡 **注意：** Linux 字符界面下输入密码时是没有任何显示的，不像 Windows 系统中那样会显示"*"号。如果安装 Linux 时选择了桌面系统(Desktop)的安装，则启动后会直接进入图形登录界面，如何将其更改为字符登录界面后面予以介绍。

三、Linux 的引导过程及其设置

打开计算机并加载操作系统的过程称为引导。Linux 系统有一个被称为 GRUB(Grand Unified Boot Loader)的引导工具(也称引导器),它在 Linux 安装时会取代引导扇区中的引导程序。因此,在计算机启动时,GRUB 将接管由 BIOS 交给的控制权,从而引导安装在指定分区上的操作系统。

1. 安装于硬盘的 Linux 系统引导过程

当一台 x86 计算机接通电源后,BIOS(Basic Input Output System,基本输入输出系统)首先进行自检(Power On Self Test,POST),如内存容量、日期和时间、外存设备及其引导顺序等。一般来说,BIOS 都是被配置成首先检查光盘或 U 盘等可移动设备,然后再尝试从硬盘引导。因此,接下来 BIOS 就会读取它找到的可引导介质的第一个扇区(引导扇区),它包含了一小段被称为 bootstrap loader 的引导程序,用于加载和启动存放于可引导介质上的操作系统。

正常情况下,启动计算机最终都是引导安装在硬盘上的操作系统来完成的。其实把硬盘的第一个扇区称作引导扇区并不确切,因为硬盘可以包含多个分区,而每个分区都有自己的引导扇区。人们为此将其换了个名称,把硬盘的第一个扇区(第 0 柱、第 0 面、第 0 扇区)称为主引导记录(Master Boot Record,MBR),它不仅包含了一段引导程序,还包含了一个硬盘分区表。安装于硬盘的 Linux 系统的具体引导步骤如下。

(1) 从 BIOS 到 Kernel。如果 BIOS 在其他可移动设备中没有找到可引导的介质,那么 BIOS 就会将控制权交给 MBR,而运行 MBR 中的引导程序又会把控制权传递给可引导分区上的操作系统,以完成启动过程。有许多引导程序可以使用,例如,Windows NT 系统的引导程序 NTLDR,就是把分区表中标记为活动(Active)分区的第一个扇区(一般存放着操作系统的引导代码)读入内存,并跳转到那里开始执行。而 Linux 系统常用的引导程序有 LILO(Linux Loader)、GRUB 等,现在一般都使用 GRUB,它也是 Linux 默认的引导程序。但 GRUB 的安装位置有以下两种不同的选择,所以从 BIOS 到 Linux 内核引导的过程也略有不同。

- 把 GRUB 安装在 MBR。这时就由 BIOS 直接把 GRUB 代码调入内存,然后跳转执行 GRUB 代码,即引导过程为:BIOS→GRUB→Kernel。
- 把 GRUB 安装在 Linux 分区并把 Linux 分区设为 Active。这时,BIOS 调入的是 Windows 下的 MBR 代码,然后由这段代码来调入 GRUB 的代码(位于活动分区的第 0 个扇区)。即引导过程为:BIOS→MBR→GRUB→Kernel。

💡 **注意:** 主引导记录(MBR)虽然只有 512B,但其中包含了非常重要的系统引导程序和磁盘分区表,MBR 的损坏将会造成无法引导操作系统的严重后果。对于 Linux 来说,无论使用哪种方式启动,都要保证 Kernel 放在 1024 柱面之前,因为在读入及执行 MBR 时,只能用 BIOS 提供的 INT 13 来进行磁盘操作,只有在 Kernel 引导到内存之后才能读/写 1024 柱面以后的数据。

(2) 从 Kernel 到 init。首先进行内核初始化,即由 GRUB 引导内核中没有被压缩的部

分，以此来引导并解压缩内核的其他部分，开始初始化硬件和设备驱动程序；然后内核开始执行/sbin/init 程序，生成系统的第一个进程，即 init 进程，它按照引导配置文件/etc/inittab 执行相应的脚本来进行系统初始化，如设置键盘、装载模块和设置网络等。

(3) 运行/etc/rc.d/rc.sysinit 及/etc/rc.d/rc 脚本。在根据/etc/inittab 中指出的缺省运行级别(如 id:3:initdefault:)运行 init 程序后，将运行/etc/rc.d/rc.sysinit 脚本，执行激活交换分区、检查并挂载文件系统、装载部分模块等基本的系统初始化命令。例如，系统启动进入运行模式 3 后，/etc/rc.d/rc3.d 目录下所有以"S"开头的文件将被依次执行；系统关闭时，离开运行模式 3 之前，所有以"K"开头的文件将被依次执行。

💡 **注意：** /etc/rc.d/init.d 目录下存放了进入 0~6 各个运行级别需要执行的所有脚本，而每个运行级别各自需要执行的脚本是以符号链接文件的形式，分别存放在 /etc/rc.d/rc0.d~/etc/rc.d/rc6.d 目录下，这些符号链接文件均指向/etc/rc.d/init.d 目录下对应的某个脚本。上述有关引导配置文件/etc/inittab 和运行级别(系统状态)的概念及其配置稍后予以详细介绍。

(4) 运行/etc/rc.d/rc.local 及/etc/rc.d/rc.serial 脚本。init 程序等待/etc/rc.d/rc 脚本执行完毕之后，将会运行以下两个脚本文件。

● rc.local 脚本。只在运行级别 2、3 和 5 之后运行一次，用户可以把需要在引导时运行一次的程序加到该脚本文件中。

● rc.serial 脚本。只在运行级别 1 和 3 之后运行一次，以初始化串行端口。

(5) 用户登录。最后在虚拟终端上运行/sbin/mingetty，等待用户登录。至此，Linux 启动结束。引导成功后系统处于控制台，用户可以使用以下 3 种方法来查看引导信息。

● 使用 Shift+PgUp 组合键翻页查看。

● 任何时候运行 dmesg 程序来查看。

● 浏览/var/log/messages 文件内容。

2. Linux 引导过程中的可设置项

从 Linux 系统的引导过程可知，用户可以干预或设置的内容主要有以下 3 个方面。

(1) 设置引导工具 GRUB 的菜单。包括可引导的菜单项(通常是操作系统的名称)、默认引导的操作系统项和延迟时间。

(2) 设置系统默认运行级别(系统状态)。在内核初始化后开始执行/sbin/init 程序，它根据/etc/inittab 中指定的缺省运行级别来进行系统初始化，因此，可以通过修改/etc/inittab 文件来设置系统启动时的默认运行级别。

(3) 设置随系统启动而自动运行的程序。在用户登录之前还会运行/etc/rc.d/rc.local 脚本，如果用户有需要随系统启动而自动运行的程序，则可以添加到该脚本文件中。

以下主要介绍前两个方面的配置方法，即设置引导工具 GRUB 的菜单和系统默认运行级别(系统状态)的方法。在此之前，我们首先应了解 GRUB 及其设备命名方法。

3. 引导工具 GRUB 及其设备命名

GRUB 是一个比 LILO 更新、功能更强大的引导程序，也称多重启动管理器，专门用于处理 Linux 与其他操作系统共存的问题。GRUB 可以引导的操作系统有 Linux、Windows

系列、OS/2、Solaris、FreeBSD 和 NetBSD 等，其优势在于能够支持大硬盘、开机画面和菜单式选择，并且在分区位置改变后不必重新配置，使用非常方便。较新的各种 Linux 发行版本大多采用 GRUB 作为默认的引导程序。

GRUB 支持 3 种引导方法，即：直接引导操作系统内核、通过 chainload 进行间接引导和通过网络引导。对于 GRUB 能够支持的 Linux、FreeBSD、OpenBSD 和 GUN Mach 可以通过直接引导完成，不需要其他的引导扇区，但是对于 GRUB 不能直接支持的操作系统，需要用第 2 种方法 chainload 来完成。

使用 GRUB 时，设备命名的格式为 "(设备号,分区号)"，其中：

(1) 设备号的开头首先用字母指明设备类别，如：hd 表示 IDE 硬盘，sd 表示 SCSI 硬盘，fd 表示软盘等，IDE 和 SCSI 光驱与磁盘的命名方式相同；紧跟其后再用一位数字表示依照 BIOS 而确定的同类设备的编号(从 0 开始)，如：hd0 表示第一块 IDE 硬盘，sd1 表示第二块 SCSI 硬盘。

(2) 分区号表示相应设备上第几个分区，从 0 开始编号。例如：(hd0,0)表示第一块 IDE 硬盘上的第一个分区；(sd1,2)表示第二块 SCSI 硬盘上的第三个分区。

💡 注意：　在 Linux 内核文件系统中，每个设备都被映射到一个系统设备文件，这些文件也以设备名称命名，都存放在/dev 目录下。但表示存储设备的设备文件名与 GRUB 中的设备命名方式有以下不同：①命名格式上不使用括号，也不用逗号间隔，而是直接将设备号和分区号连在一起；②紧跟在设备类别后的一位数字改为用 a、b、c、d 表示同类设备的编号；③分区号不是从 0 开始，而是从 1 开始编号，一个物理硬盘最多可分为 4 个主分区或扩展分区，用编号 1～4 表示,而 5 以后的编号表示为逻辑分区(或者说是扩展分区中划分出的逻辑盘)。例如，设备文件/dev/hda1 表示第一个 IDE 硬盘的第一个分区；设备文件/dev/sdb7 表示第二个 SCSI 硬盘的第三个逻辑分区。

4. 设置 GRUB 引导菜单

从 Linux 的引导过程可知，如果把 GRUB 安装在 MBR，则计算机启动后就会直接进入 GRUB 的引导菜单。若用户安装的是 Linux 和 Windows 双系统，则 GRUB 就会显示两个菜单项供用户选择启动哪个操作系统。当屏幕上显示 GRUB 的菜单后，如果用户在设定的延迟时间内没有任何按键操作，就会以默认的选项启动操作系统。

这里以安装了 Windows 7 和 CentOS 6.5 的双系统为例，通过修改 GRUB 的配置文件来修改菜单项名称、默认引导的操作系统和延迟时间。用 vi/vim 文本编辑器打开 GRUB 配置文件/boot/grub/grub.conf，或者编辑该文件的符号链接/etc/grub.conf 文件。

```
[root@localhost ~]# vim /boot/grub/grub.conf
        //用 vi/vim 编辑 GRUB 配置文件 grub.conf，文件内容中以#号开头的均为注释行
# grub.conf generated by anaconda
# Note that you do not have to rerun grub after making changes to this file
# NOTICE:  You have a /boot partition.  This means that
#      all kernel and initrd paths are relative to /boot/, eg.
#      root (hd0,0)
```

```
#          kernel /vmlinuz-version ro root=/dev/mapper/VolGroup-lv_root
#          initrd /initrd-[generic-]version.img
#boot=/dev/sda
default=0                                        //指定默认引导的操作系统项
timeout=5                                        //设置超时时长为 5s
splashimage=(hd0,0)/grub/splash.xpm.gz           //开机画面文件所在路径和名称
hiddenmenu                                       //隐藏 GRUB 菜单
title CentOS 6.5 (2.6.32-431.el6.i686)           //菜单项上所显示的选项
    root (hd0,6)                                 //第 1 个硬盘的第 7 个分区
    kernel /vmlinuz-2.6.32-431.el6.i686 ro root=UUID=1747f9fa-9c72-41b9-888f-
fc0a3f96cc9b rd_NO_LUKS KEYBOARDTYPE=pc KEYTABLE=us rd_NO_MD crashkernel=auto
LANG=zh_CN.UTF-8 rd_NO_LVM rd_NO_DM rhgb quiet   //只读方式载入内核
    initrd /initramfs-2.6.32-431.el6.i686.img    //初始化映像文件并设置相应参数
title Windows 7
    rootnoverify (hd0,0)                         //第 1 个硬盘的第 1 个分区
    chainloader +1                               //装入 1 个扇区数据并把引导权交给它
[root@localhost ~]#
```

　　两个 title 行分别定义了在 GRUB 菜单上显示的菜单项名称,按先后顺序编号为 0 和 1。如果在安装 Linux 时没有修改过 GRUB 的菜单项名称,则启动 Windows 的菜单项(即后一个编号为 1 的 title 项)名称通常是 Other,为了使显示的菜单项名称更直观、明确,这里可以将 Other 改为 Windows 7。

　　"default="后面的数字表示默认引导的菜单项编号;"timeout="后面的数字表示启动菜单出现后,在用户不做任何操作的情况下,延迟多少时间(以秒为单位)自动引导默认操作系统。因此,用户要修改默认引导的操作系统和延迟时间,可以分别修改 default 和 timeout 选项的值。修改完毕后保存文件,重新启动计算机即可。

💡 **注意:**　这里首次使用到 Linux 中著名的文本编辑器 vi/vim,其使用方法详见附录 A。读者在完成 CentOS 6.5 安装并重启计算机后,可能并未出现 GRUB 菜单而直接进入了 CentOS 系统,这是因为 grub.conf 文件中的"hiddenmenu"选项默认是有效的,即隐藏了 GRUB 菜单,可以在该配置选项的行首加#号注释使其无效。另外,较早的 Red Hat、Fedora 以及 CentOS 6 等版本的 Linux 系统中使用的都是 GRUB-1.x 版本,而 CentOS 7 及以后(包括较新的 RHEL)都采用了 GRUB-2.x 版本,它比 GRUB-1.x 增强了许多功能,其配置文件更改为 /boot/grub2/grub.cfg,脚本中的配置项格式也略有不同。有关 GRUB 配置文件 grub.conf 以及控制台应用的详解可参阅附录 B。

5．设置 Linux 的启动运行级别

　　Linux 把系统关闭、重启、完全多用户模式的字符命令界面、图形用户界面等看成是系统处于不同的状态,或者说被赋予了不同的运行级别(runlevel),这是 Linux 系统中设计的一个特殊的重要概念。Linux 系统的 init 程序有 UNIX System V 和 BSD init 两种。常用的 RedHat 系列 Linux(包括 CentOS)使用有运行级别的 UNIX System V,其运行级别为 0～6,

每种运行级别及其含义如表 1-5 所示。

表 1-5　运行级别及其含义

运行级别	含　义
0	halt，即完全关闭系统
1	单用户模式，系统设置为最小配置，只允许超级用户访问整个多用户文件系统
2	多用户模式，但不支持 NFS，若不连接网络，则与运行级别 3 相同
3	完全多用户模式，允许网络上的其他系统进行远程文件共享
4	未使用
5	图形模式，即启动 X Window 系统和 xdm 程序
6	reboot，即重新引导系统

从 Linux 系统的引导过程中可以看出，init 程序根据/etc/inittab 文件中指定的缺省运行级别初始化系统。也就是说，Linux 启动后进入字符界面还是图形界面是由/etc/inittab 文件指定的。以下是 CentOS 6.5 中用 vim 编辑器打开并显示的/etc/inittab 文件内容。

```
[root@localhost ~]# vim /etc/inittab
# inittab is only used by upstart for the default runlevel.
# ADDING OTHER CONFIGURATION HERE WILL HAVE NO EFFECT ON YOUR SYSTEM.
# System initialization is started by /etc/init/rcS.conf
# Individual runlevels are started by /etc/init/rc.conf
# Ctrl-Alt-Delete is handled by /etc/init/control-alt-delete.conf
# Terminal gettys are handled by /etc/init/tty.conf and /etc/init/serial.conf,
# with configuration in /etc/sysconfig/init.
# For information on how to write upstart event handlers, or how
# upstart works, see init(5), init(8), and initctl(8).
# Default runlevel. The runlevels used are:
#   0 - halt (Do NOT set initdefault to this)
#   1 - Single user mode
#   2 - Multiuser, without NFS (The same as 3, if you do not have networking)
#   3 - Full multiuser mode
#   4 - unused
#   5 - X11
#   6 - reboot (Do NOT set initdefault to this)
id:3:initdefault:
[root@localhost ~]#
```

/etc/inittab 文件中的配置行通常包括 4 个域：id:runlevels:action:command，各个域之间以冒号(:)间隔，其功能含义说明如下。

(1) id：配置行标识。用单个或两个字符序列来作为本行的标识，在该配置文件中具有唯一性，并且某些记录必须使用特定的标识才能正常工作。

(2) runlevels：运行级别。指定该记录行针对哪个运行级别(或系统状态)配置。

(3) action：动作。即在某一特定运行级别下执行 command 命令可能的动作或方式，有 initdefault、respawn、wait、once、boot、bootwait、sysinit、powerwait、powerfail、powerokwait、ctrlaltdel、kbrequest 共 12 种。

(4) command：给出相应配置行要完成指定动作需执行的命令。

可以看出，CentOS 6.5 的/etc/inittab 配置文件中，只有 "id:3:initdefault:" 配置行是有效配置行，它表示 Linux 启动时将系统初始化为 3 号运行级别，即进入完全多用户的字符模式。很显然，如果希望启动 Linux 时直接进入图形模式，只需将该行中的 3 改为 5，然后保存文件，重新启动计算机即可直接进入图形界面。

💡 **注意：** 正因为 "id:3:initdefault:" 配置行指定的动作是 Linux 系统的初始化运行级别 (initdefault)，所以不需要第 4 个 command 域给出命令，但最后一个间隔符(:)不可省略。注意千万不要把 initdefault 设置为 0 或 6 号运行级别。另外，在较新的 RHEL/CentOS 7 及以上版本中，设置启动时的默认运行级别已不再通过修改/etc/inittab 文件来实现，而是使用以下命令和方法。

```
# systemctl get-default                              //查看默认运行级别
# systemctl set-default multi-user.target            //设置默认运行级别为3
# systemctl set-default graphical.target             //设置默认运行级别为5
    //也可使用先删除/etc/systemd/system/default.target 文件再重建链接的方法如下
    //设置默认运行级别3
# rm -f /etc/systemd/system/default.target
# ln -sf /lib/systemd/system/multi-user.target /etc/systemd/system
/default.target                                      //或使用命令：
# ln -sf /lib/systemd/system/runlevel3.target /etc/systemd/system
/default.target
    //设置默认运行级别5
# ln -sf /lib/systemd/system/graphical.target /etc/systemd/system
/default.target                                      //或使用命令：
# ln -sf /lib/systemd/system/runlevel5.target /etc/systemd/system
/default.target
```

四、使用 Linux 用户界面

操作系统为用户提供了两种接口：一种是命令接口，用户利用这些命令来组织和控制作业的执行或对计算机系统进行管理；另一种是程序接口，编程人员调用它们来请求操作系统服务。命令接口通常又有三种形式：命令行界面(CLI)、图形用户界面(GUI)和文本用户界面(TUI)。一般来说，作为网络服务器平台的 Linux 系统都使用命令行界面，几乎不使用图形用户界面。因此，读者应重点掌握 CLI 的基本使用及操作技巧，对 GUI 的使用只需了解即可，其使用也较为简单，而 TUI 将在后续用到的时候会有提及。

1. Shell 简介

Linux 为用户提供了功能异常强大的命令行界面，称为 Shell。它是用户和 Linux 内核之间的接口，提供了输入命令和参数并可得到执行结果的使用环境。Shell 是一个命令语言解释器，具有内置的 Shell 命令集，Shell 命令也能被系统中的其他程序所调用。用户在提示符下输入的命令都是先由 Shell 进行解释，然后传递给 Linux 内核。因此，Shell 是使用 Linux 的主要环境，也是学习 Linux 不可或缺的重要部分。

Linux 的 Shell 命令中，有些命令的解释程序是包含在 Shell 内部的，比如显示当前工作目录的命令(pwd)等；而有些命令的解释程序是作为独立的程序存在于文件系统的某个目录下的，比如复制命令(cp)、移动命令(mv)等。这些存放于文件系统中的程序其实也可看作是应用程序，可以是 Linux 自带的实用程序，也可以是购买的商业程序。Shell 在执行命令时会首先检查它是否为内部命令，如果不是，则 Shell 会沿着环境变量 PATH 所设定的路径列表顺序搜索该命令的解释程序，若找不到，则 Shell 会显示一条错误信息；若找到或此前检查到它是内部命令，则 Shell 就把应用程序或内部命令分解为系统调用并传递给 Linux 内核来执行。因此对于用户来说，并不需要知道一个命令是否为内部命令。

Linux 中的 Shell 是用 C 语言编写的程序，它既是一种命令语言，又是一种程序设计语言。作为命令语言，Shell 交互式地解释和执行用户的命令，即遵循一定的语法，将输入的命令加以解释并传递给系统内核；作为程序设计语言，Shell 定义了各种变量和参数，并提供了许多在高级语言中才具有的控制结构，包括循环和分支语句。

Linux 将 Shell 独立于内核之外，它通过调用内核功能来执行程序，且以并行的方式协调各个程序的运行。因此，Shell 如同一般的应用程序，可以在不影响操作系统本身的情况下进行修改、更新版本或添加新的功能。Linux 开发商设计了很多种不同的 Shell，以下 3 种著名的 Shell 在大部分 Linux 发行版中都被支持。它们在交互模式下的表现非常类似，但作为命令文件语言，在语法和执行效率上有所不同。

(1) Bourne Shell(AT&T Shell，在 Linux 下是 BASH)。这是标准的 UNIX Shell，也是 RHEL、CentOS 等多数 Linux 默认使用的 Shell，以简洁、快速而著称，大多系统管理命令(如 rc start、stop、shutdown)都是其命令文件，且在单一用户模式下以 root 登录时它常被系统管理员使用。在 BASH 中超级用户 root 的提示符是#，其他普通用户的提示符是$。

(2) C Shell(Berkeley Shell，在 Linux 下是 TCSH)。这种 Shell 加入了一些新特性，如别名、内置算术以及命令和文件名自动补齐等，常在交互模式下执行 Shell 的用户会比较喜欢，其默认提示符是%，但多数系统管理员还是更偏爱 Bourne Shell。

(3) Korn Shell。这是 Bourne Shell 的超集，由 AT&T 的 David Korn 所开发，默认提示符也是$，它几乎和 Bourne Shell 一样完全向上兼容。除了执行效率稍差以外，Korn Shell 在许多方面都比 Bourne Shell 表现更好。与 C Shell 相比，虽然在许多方面各有所长，但 Korn Shell 增加了比 C Shell 更为先进的特色，效率和易用性上也优于 C Shell。

用户登录 Linux 系统时，如果系统默认状态被设置为 3，即进入命令行界面，显示一个等待用户输入命令的 Shell 提示符；如果系统默认状态被设置为 5，即自动启动图形用户界面，则可以选择"主菜单"→"系统工具"→"终端"命令来运行终端仿真程序，在终端窗口的命令提示符下同样可以输入任何 Shell 命令及参数。

2. Shell 命令行格式与操作技巧

Linux 系统中常用的命令行格式为：

命令名 [选项] [参数 1] [参数 2] …

命令行的各部分之间必须由一个或多个空格或制表符 Tab 隔开。其中，选项采用连字符(-)开头紧跟一个字母的形式，使命令具有某个特殊的功能。有时候一条命令可能需要多个选项的字母，则可以用一个连字符(-)后跟多个字母连起来输入。例如，命令"ls -l -a"可直接输入成"ls -la"，它们是等价的。

在 Linux 中输入命令时可以借助于 Shell 提供的许多实用功能，如果用户能很好地掌握这些实用功能并技巧性地加以灵活运用，就可以大大提高命令输入的速度和效率。下面列举几种常用的命令输入技巧(前两种使用尤为频繁)。

(1) 轻松调出先前已执行过的命令。有时需要重复执行先前已执行过的命令，或者对其进行少量修改后再执行，这种情况下就可以用↑、↓方向键来调出先前执行过的命令，或输入少量命令字符后按 Ctrl+R 组合键来"快速查找"先前执行过的命令(重复按 Ctrl+R 组合键可在整个匹配的命令列表中循环)。

(2) 命令名和文件名的自动补全。用户有时候会记不清命令名或文件名的全部，或因名称较长，逐个字母全名输入的话既麻烦又耗时，还容易出错，这种情况下可使用命令名和文件名的自动补全功能，以极大地提高命令输入的速度和效率。具体地说，就是在输入命令名或命令中某个目录和文件名时，只需输入前几个字符后按 Tab 键，系统就会自动匹配已输入字符开头的命令名称，或者在指定路径下搜索已输入字符开头的目录或文件名，若匹配到一个则自动补全，若匹配到多个则显示为列表供用户选择一个。下面通过几个实例来说明，读者对这个功能就会一目了然。

```
[root@localhost ~]# cd /u<Tab>              //会自动扩展成 cd /usr/
[root@localhost ~]# cd /usr/sr<Tab>         //又扩展成 cd /usr/src/
[root@localhost ~]# cd /usr/src/ker<Tab>    //又扩展成 cd /usr/src/kernels/
[root@localhost ~]# cd /usr/src/kernels/<Enter>      //执行后改变了当前目录
[root@localhost kernels]# cd
[root@localhost ~]mkd<Tab>                  //此时会列出所有 mkd 开头的命令
mkdict   mkdir   mkdirhier   mkdosfs   mkdumprd
[root@localhost ~]# mkdir                   //再从列表中选择一个输入完整
[root@localhost ~]# rpm -ivh thisis<Tab>    //自动匹配到 thisis 开头的 RPM 软件包
[root@localhost ~]# rpm -ivh thisisaexample-5.6.7-i686.rpm
[root@localhost ~]#
```

(3) 常用的命令行编辑快捷键。主要有：光标移至命令行首 Ctrl+A、光标移至命令行尾 Ctrl+E、删除光标位置至行首的所有字符 Ctrl+U、删除光标位置至行尾的所有字符 Ctrl+K、粘贴最后被删除的内容 Ctrl+Y 等。

(4) 使用命令别名。如果需要频繁地使用参数相同的某条命令，可以为这个完整的命令创建一个别名，此后就可以用别名来输入这条命令了。例如：

```
[root@localhost ~]# alias ls='ls -l'      //此后输入 ls 会自动以 ls -l 代替
[root@localhost ~]# alias -p              //-p 选项用于列出系统当前已定义的命令别名
alias cp='cp -i'
alias l.='ls -d .* --color=auto'
```

```
alias ll='ls -l --color=auto'
alias ls='ls -l'                                        //此项正是刚才用 alias 命令定义的命令别名
alias mc='. /usr/libexec/mc/mc-wrapper.sh'
alias mv='mv -i'
alias rm='rm -i'
[root@localhost ~]#
```

3. X Window 简介

X Window 系统形成了开放源码桌面环境的基础，它提供了一个通用的工具包，包含像素、明暗、直线、多边形和文本等。X Window 于 1984 年由麻省理工学院(MIT)计算机科学研究室开始开发，当时 Bob Scheifler 正在开发分布式系统，同一时间 DEC 公司的 Jim Gettys 正在麻省理工学院做 Athena 计划的一部分。两个计划都需要一个相同的东西，就是一套在 UNIX 机器上运行优良的视窗系统，于是他们开始合作。他们从斯坦福(Stanford)大学得到了一套叫做 W 的实验性视窗系统。因为是以 W 视窗系统为基础开始发展的，所以当发展到足以和原先系统有明显区别时，他们把这个新系统叫做 X。严格地说，X Window 系统并不是一个软件，而是一个协议，它定义了一个系统所必须具备的功能，任何系统只要满足此协议及符合 X 协议的其他规范，便可称为 X。

X Window 是 Linux 下的 GUI，虽然它可以方便和简化系统的网络管理工作，但大部分系统管理员和网络管理员仍喜欢在命令行界面下工作。GUI 是由图标、菜单、对话框、任务条、视窗和其他一些具有可视特征的组件组成。CentOS 等 Linux 中基于 X Window 的图形界面管理系统主要有 KDE 和 GNOME，这些功能强大的图形化桌面环境可以让用户方便地访问应用程序、文件和系统资源。

4. KDE 与 GNOME

KDE 是在 1996 年 10 月发起的项目，是 TrollTech 公司开发的 Qt 程序库，其目的是在 X Window 上建立一个完整易用的桌面系统。Qt 本身作为一种基于 C++的跨平台开发工具非常优秀，但它不是自由软件。TrollTech 公司允许任何人使用 Qt 编写免费软件给其他用户使用，但是如果想利用 Qt 编写非免费软件，则需要购买许可证。

1997 年 8 月，为了克服 KDE 所遇到的 Qt 许可协议和单一 C++依赖的困难，以墨西哥的 Miguel de Icaza 为首的 250 个程序员启动了 GNOME 项目，经过 14 个月的共同努力完成了项目开发。现在 GNOME 已经成为 Red Hat 系列 Linux 默认的图形用户接口，拥有大量的应用软件，包括文字处理、电子表格和图形图像处理等。

KDE 和 GNOME 都集成了桌面环境，用户所看到的窗口界面几乎是一致的，并且都可以用客户程序编辑文档、网上冲浪等。现在 KDE 和 GNOME 已成为两大竞争阵营，这必将使得 Linux 的用户界面更加美观易用。对于习惯使用 Windows 的用户来说，使用 KDE 和 GNOME 这样的桌面系统并不困难。因此，这里仅介绍 KDE 和 GNOME 的启动，以及它们和字符终端之间的切换等内容。

(1) 字符界面下启动 KDE 和 GNOME 桌面的命令如下。

```
[root@localhost ~]# kdm                                 //启动 KDE 图形界面
[root@localhost ~]# startx                              //启动 GNOME 图形界面
[root@localhost ~]#
```

> 💡 **注意：**　Red Hat 系列 Linux(包括 CentOS)的默认桌面是 GNOME，如果用 startx 命令
> 启动的 GNOME 是英文的图形界面，可以使用命令 startx /etc/X11/prefdm，即
> 加载 prefdm 文件来启动中文的图形界面。

(2) 设置 GNOME 或者 KDE 为默认的启动桌面环境，可以修改/etc/sysconfig/desktop
文件。若 desktop 文件不存在，则创建该文件并输入以下内容。

```
[root@localhost ~]# vim /etc/sysconfig/desktop        //输入以下两行内容
DESKTOP="GNOME"
DISPLAYMANAGER="GNOME"
        //若设置 KDE 为默认桌面，则以上两行中的 GNOME 改为 KDE，保存并退出
[root@localhost ~]#
```

(3) 控制台的切换。Linux 与 UNIX 一样是真正的多用户操作系统，提供了虚拟控制台
(终端)的访问方式，它允许同时打开 6 个字符终端和 1 个图形终端以接受多个不同用户登
录，也允许同一个用户在不同终端上多次登录。如果用户要从某个字符终端切换到另一个
字符终端，可以按 Alt+F1～F6 组合键，要切换到图形终端，则可以按 Alt+F7 组合键；而
从图形终端切换到某个字符终端，需要按 Ctrl+Alt+F1～F6 组合键。

五、部署 Linux 网络与服务器环境

要把 Linux 系统部署为网络服务器，还需做一些诸如配置 TCP/IP 网络参数、测试网络
连通性、检查网络服务软件包安装情况等准备工作。Linux 的网络功能不仅强大和完善，而
且与内核紧密结合在一起。不管运行 Linux 系统的计算机在 TCP/IP 网络中用作服务器还是
客户机，要与其他主机连通并以域名方式使用各种信息服务，首先就要正确配置系统在网
络上的主机名、IP 地址、子网掩码、默认网关、DNS 服务器地址等基本网络参数。

1．设置主机名

如果运行 Linux 系统的主机用作网络服务器，为了能让网络中的其他主机以 Internet
方式访问服务器，主机名一般都采用 DNS 命名方式，即格式为"主机名.域名"。若安装
Linux 时未设置主机名，则默认主机名为 localhost.localdomain。当然，如果 Linux 系统只是
用作个人或小型网络的客户机，其主机名也可以使用简单的名称。

hostname 命令可用于查看和设置主机名，虽然它可以使设置立即生效，但只能用于临
时设置，即重启后无效。如果要使设置的主机名永久有效，可以修改/etc/sysconfig/network
文件中的 HOSTNAME 配置项值，具体操作如下。

```
[root@localhost /]# hostname                          //查看主机名
localhost.localdomain
[root@localhost /]# hostname wbj                       //临时设置主机名为 wbj
[root@localhost /]# hostname
wbj
[root@localhost /]# vim /etc/sysconfig/network         //永久设置主机名
NETWORKING=yes                                         //表示启用网络
```

```
HOSTNAME=localhost.localdomain                        //设置主机名
   //将 localhost.localdomain 改为 wbj.xinyuan.com 后保存并退出
[root@localhost /]# reboot                            //重启系统并显示如下登录信息
CentOS release 6.5 (Final)
Kernel 2.6.32-431.el6.i686 on an i686
wbj login: root                                       //可见主机名修改已生效
Password:
Last login: Sat Aug 18 10:03:30 on tty1
[root@wbj ~]#                                          //提示符上的主机名已改为 wbj
[root@wbj ~]# hostname                                //查看主机名
wbj.xinyuan.com
[root@wbj ~]#
```

💡 **注意：** 在 CentOS 7 中新增了一个 hostnamectl 命令。该命令不仅可以显示当前主机
名信息，而且使用 hostnamectl set-hostname wbj.xinyuan.com 命令就可以直接
将主机名永久设置为 wbj.xinyuan.com。

2．设置网络接口(网卡)参数

只要在安装 Linux 系统时自动识别了网络接口卡(NIC，俗称网卡)，并正确安装了网卡
驱动程序，则在/etc/sysconfig/network-scripts 目录下就可以查看到一个名为 ifcfg-eth$N$ 的配
置文件。其中，eth$N$ 为网卡的设备名(N 是数字)，如果计算机上只安装有一块网卡，则设
备名通常是 eth0。网络接口 eth0 配置文件 ifcfg-eth0 的默认内容如下。

```
[root@wbj ~]# cd /etc/sysconfig/network-scripts
[root@wbj network-scripts]# ls ifcfg*
ifcfg-eth0        ifcfg-lo
   //其中 ifcfg-eth0 为网络接口 eth0 的配置文件，ifcfg-lo 为内部回环接口的配置文件
[root@wbj network-scripts]# cat ifcfg-eth0         //查看 eth0 配置文件
DEVICE=eth0                                        //此配置文件对应的设备名称
HWADDR=00:26:2D:FD:6B:5C                           //网卡的物理地址 (MAC 地址)
TYPE=Ethernet                                      //网卡的类型
UUID=e662bd32-f9e2-47b0-9cbf-5154aa468931          //系统层的全局唯一标识符号
ONBOOT=no                                          //系统引导时是否激活该接口
NM_CONTROLLED=yes                                  //是否使用 NetworkManager 服务来控制接口
BOOTPROTO=dhcp                                     //激活此接口时使用什么协议来配置属性
[root@wbj network-scripts]#
```

可以看到，ONBOOT 设置为 no，说明网络接口 eth0 没有随着 Linux 系统的启动而被
激活；BOOTPROTO 指定为 dhcp，表示激活网络接口时使用 DHCP 协议来获取 IP 地址等
网络参数，实际中根据需要还可以指定为 bootp、static 或 none，分别表示使用 BOOTP 协
议(用于无盘工作站)、静态分配(即固定 IP)和不使用协议。

这里把 ONBOOT 设置为 yes；NM_CONTROLLED 设置为 no；BOOTPROTO 指定为
static；然后添加配置 IP 地址、子网掩码、默认网关、DNS 服务器地址等网络参数的配置

项(以前面规划的新源公司 Web 服务器为例)，具体修改如下。

```
[root@wbj network-scripts]# vim ifcfg-eth0   //编辑 eth0 配置文件
DEVICE=eth0
HWADDR=00:26:2D:FD:6B:5C
TYPE=Ethernet
UUID=e662bd32-f9e2-47b0-9cbf-5154aa468931
ONBOOT=yes                                    //系统引导时激活该接口
NM_CONTROLLED=no
BOOTPROTO=static                              //激活时使用静态 IP 配置
IPADDR=192.168.1.2                            //设置 IP 地址
NETMASK=255.255.255.0                         //设置子网掩码
BROADCAST=192.168.1.255                       //设置广播地址(可不设)
NETWORK=192.168.1.0                           //设置网络地址(可不设)
GATEWAY=192.168.1.254                         //设置网关地址
DNS1=210.33.156.5                             //设置主 DNS 服务器地址
DNS2=202.101.172.35                           //设置第二 DNS 服务器地址(可不设)
[root@wbj network-scripts]#
```

注意：在修改网络接口配置文件时，切记不要随意修改默认已有的 HWADDR 选项值，这是网卡的 MAC 地址，也称物理地址或硬件地址。MAC 地址由 48bit 组成，以十六进制表示，每个字节之间以冒号(:)间隔。其中，前 24bit 是网卡的制造厂家标识号(Vendor Code)，由 IEEE 统一分配；后 24bit 是网卡的序列号(Serial Number)，由网卡制造厂家分配。每块网卡都有一个全球唯一的 MAC 地址，在安装网卡驱动程序后系统会自动识别并生成该网卡的配置文件。除了修改网卡配置文件可以设置网络参数外，在 Red Hat 系列 Linux 中，还可以使用 setup 命令进入如图 1-25 所示的文本菜单界面(TUI)，选择 Network configuration 菜单项，进入 Device configuration 界面来配置 IP 地址、子网掩码、默认网关和 DNS 服务器地址。setup 菜单中的每项配置又都可以使用命令直接进入对应的文本菜单，如使用 system-config-network 命令即可进入网络配置界面。事实上，输入"system-config-"后按 Tab 键就会列出该字符串开头的有关系统设置命令。另外，使用 ifconfig 命令还可以临时配置网络参数，该命令的具体使用将在稍后予以介绍。

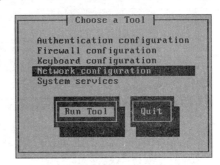

图 1-25　setup 的文本菜单界面

3. 启动与查看网络接口配置

修改配置文件 ifcfg-eth0 或者使用 setup 命令在文本菜单界面中设置网络接口，都是永久性设置方法，但在设置后并不会立即生效，而是需要启动或重启网络服务才会生效。用于启动(start)、关闭(stop)、重启(restart)网络的命令和方法有以下几种。

```
方法 I:   service network start|stop|restart|status
方法 II:  /etc/init.d/network start|stop|restart|status
方法 III: ifconfig eth0 up|down
方法 IV:  ifup|ifdown eth0
```

其中，前两种方法用于网络服务的启动、关闭、重启(restart 也可以用 reload)和状态查看，是针对所有网络接口操作的；后两种方法是用于指定网络接口的启动和关闭。这里还需要对 service 和 ifconfig 这两个最常用命令做进一步说明。

(1) service 是启动、关闭、重启服务以及查看服务状态的一个通用命令，后面跟的是服务名称，如 network、smb、named、httpd 等。

(2) ifconfig 类似于 Windows 系统中的 ipconfig 命令，其完整格式中可用的选项和参数非常多，这里仅给出实际使用较多的 3 种典型格式及对应的功能。

```
格式 I:   ifconfig [-a] [eth0]                        //查看全部或指定接口配置参数
格式 II:  ifconfig eth0 up|down                       //启动或关闭指定接口
格式 III: ifconfig eth0 address [netmask <address>]   //临时配置接口地址
```

下面通过一些实际操作来熟悉上述命令的用法。

```
[root@wbj network-scripts]# cd /
[root@wbj /]# service network start                   //启动网络服务
Bringing up loopback interface:                                [ OK ]
Bringing up interface eth0: Determining if ip address 192.168.1.2 is already in
use for device eth0...                                         [ OK ]
    //显示的前一行表示内部回环接口启动成功，后一行表示网络接口 eth0 启动并已使用 IP 地址
[root@wbj /]# ifconfig eth0                            //查看 eth0 的参数配置
eth0    Link encap:Ethernet    Hwaddr 00:26:2D:FD:6B:5C
        inet addr: 192.168.1.2  Bcast: 192.168.1.255   Mask:255.255.255.0
        inet6 addr: fe80::226:2dff:fefd:6b5c/64 Scope:Link
        UP BROADCAST RUNNING MULTICAST MTU:1500   Metric:1
        RX packets:87 errors:0 dropped:0 overruns:0 frame:0
        TX packets:13 errors:0 dropped:0 overruns:0 carrier:0
        collisions:0 txqueuelen:1000
        RX bytes:5822 (5.6 KiB)    TX bytes:1070 (1.0 KiB)
        Interrupt:20 Memory:f2400000-f2420000

[root@wbj /]# service network restart                 //重启网络服务
Shutting down interface eth0                                   [ OK ]
Shutting down loopback interface                               [ OK ]
Bringing up loopback interface:                                [ OK ]
Bringing up interface eth0: Determining if ip address 192.168.1.2 is already in
use for device eth0...                                         [ OK ]
[root@wbj /]# ifdown eth0                              //关闭网络接口 eth0
[root@wbj /]# ifconfig eth0                            //请比较与前面显示的有何不同
```

高职高专立体化教材 计算机系列

```
eth0      Link encap:Ethernet        Hwaddr 00:26:2D:FD:6B:5C
          BROADCAST MULTICAST        MTU:1500    Metric:1
          RX packets:102 errors:0 dropped:0 overruns:0 frame:0
          TX packets:21 errors:0 dropped:0 overruns:0 carrier:0
          collisions:0 txqueuelen:1000
          RX bytes:6722 (6.5 KiB)     TX bytes:1622 (1.5 KiB)
          Interrupt:20 Memory:f2400000-f2420000
[root@wbj /]# ifup eth0                            //启动网络接口 eth0
Determining if ip address 192.168.1.2 is already in use for device eth0...
[root@wbj /]# service network status               //查看网络服务状态
Configured devices:
lo eth0
Currently active devices:
lo eth0 virbr0
[root@wbj /]#
```

💡 **注意：** 虽然目前大多数管理员仍一直在使用 ifconfig 命令来执行检查、配置网卡信息等相关任务，但官方已经多年不再维护和推荐使用，并且有些最新 Linux 发行版中已经废除了包括 ifconfig 在内的一些较陈旧的网络管理命令，取而代之的是功能更强大的 ip 命令。只需使用 ip 命令就可以完成显示或操纵 Linux 主机的路由、网络设备、策略路由和隧道等网络管理任务。下面给出 ip 命令的一般格式和常见用法，以供读者进一步学习。

```
一般格式：    ip [选项] 对象 {命令|help}
常用选项：    -s   打印更多信息(如统计信息 RX/TX errors)，可多次使用
             -f   指定协议族(inet/inet6/bridge/ipx/dnet/link)，link 不涉及任何协议
             -r   使用系统的名字解析功能打印出 DNS 名字，而不是主机地址
常用对象：    address     设备上的协议(IP/IPv6)地址
             link        网络设备
             maddress    多播地址
             route       路由表项
             rule        路由规则
常用命令：    在指定对象上执行的动作，包括 add/delete/show/list/help
使用示例：
# ip link show                              //显示网络接口信息
# ip link set eth0 up                       //开启网卡
# ip link set eth0 down                     //关闭网卡
# ip link set eth0 promisc on               //开启网卡的混合模式
# ip link set eth0 promisc off              //关闭网卡的混合模式
# ip link set eth0 txqueuelen 1200          //设置网卡队列长度
# ip link set eth0 mtu 1400                 //设置网卡最大传输单元
# ip addr show                              //显示网卡 IP 信息
# ip addr add 192.168.0.1/24 dev eth0       //设置网卡的 IP 地址
# ip addr del 192.168.0.1/24 dev eth0       //删除网卡的 IP 地址
```

```
# ip route list                                         //查看路由信息
# ip route add 192.168.4.0/24 via 192.168.0.254 dev eth0
        //设置192.168.4.0网段的网关为192.168.0.254，数据走eth0接口
# ip route add default via 192.168.0.254 dev eth0        //设置默认网关
# ip route del 192.168.4.0/24                            //删除指定网段的网关
# ip route del default                                   //删除默认路由
```

4. 配置 DNS 和 hosts 域名解析

在基于 TCP/IP 协议的网络中，主机之间是通过 IP 地址来进行通信的，或者说用户要访问网络上的某个主机就要指定该主机的 IP 地址，网络上传输的数据包中包含的源主机和目的主机地址也都是 IP 地址。虽然 IP 地址采用"点分十进制"表示已较为简单，但人们总是习惯使用和容易记忆用文字表达的地址，很难记住用一串数字表达的地址。于是，人们给网络上的每个主机赋予一个具有某种含义且便于记忆的名称，当用户要访问某个主机时只需使用其名称，然后由计算机系统自动、快速地将主机名称转换为对应的 IP 地址，这就是主机的"名称—IP 地址"转换方案。

早在 ARPANet 时代，由于网络规模较小，整个网络仅有数百台计算机，这时在本地主机上使用了一个名为 hosts 的纯文本文件，用来记录网络中各主机 IP 地址与主机名之间的对应关系，如同现在人们在自己的手机里建立了一个通讯录。这样，当用户要与网络中的主机进行通信(如访问某主机的主页)时，就可以在地址栏输入要访问的主机名，由系统通过 hosts 文件将其转换为 IP 地址来实现通信，就像现在人们可以方便地通过手机通讯录找到对方姓名来拨打电话一样。

但是，早期 hosts 文件的应用存在着许多不足。例如，一旦网络中有主机与 IP 地址的对应关系发生变化，所有主机的 hosts 文件内容都要随之修改。由管理员在各自的 hosts 文件中手工增加、删除和修改主机记录非常麻烦，而且随着网络互联规模的不断扩大，依靠管理员来维护 hosts 文件几乎难以做到，在庞大的 hosts 文本文件中搜索主机记录而转换为 IP 地址的效率也十分低下。为此，人们设计了另一种称为域名系统(Domain Name System, DNS)的"名称—IP 地址"转换方案。DNS 制定了一套树状分层的主机命名规则，并采用分布式数据库系统以及客户机/服务器(C/S)模式的程序来实现主机名称(即域名)与 IP 地址之间的转换。人们把存储 DNS 数据库并运行 DNS 服务程序(或称解析器)的计算机称为域名服务器或 DNS 服务器，它为客户机提供 IP 地址的解析服务。

随着 Internet 的普及应用，现在都采用 DNS 的名称解析方案，所以只要你上网就必定要配置至少一个 DNS 服务器地址(也可以是自动获取)。但有时候在一个没有连接 Internet 的小型局域网内部，或者暂时不通过 DNS 服务器来解析域名的情况下，要用域名测试一个自己架设的内部站点，仍可以使用 hosts 文件来解析域名。

DNS 域名结构、域名解析过程以及 DNS 服务器的配置将在项目三中予以详细介绍并实施，这里主要说明 Linux 作为客户机上网时涉及名称解析的 3 个文件及配置方法。

(1) 在/etc/resolv.conf 文件中配置 DNS 服务器地址。该文件的配置内容很简单，主要就是用 nameserver 来指定 DNS 服务器地址。可以用多个 nameserver 语句来设置多个 DNS 服务器地址，解析域名时会按先后顺序来查找，所以第一个 nameserver 指定的地址称为首选 DNS，后面每个 nameserver 指定的地址都称为备用 DNS。

```
[root@wbj /]# vim /etc/resolv.conf                    //配置 DNS 服务器地址
# Generated by NetworkManager
# No nameservers found; try putting DNS servers into your
# ifcfg files in /etc/sysconfig/network-scripts like so:
#
# DNS1=xxx.xxx.xxx.xxx
# DNS2=xxx.xxx.xxx.xxx
# DOMAIN=lab.foo.com bar.foo.com
search xinyuan.com
nameserver 210.33.156.5
nameserver 202.101.172.35
[root@wbj /]#                                         //设置后保存并退出
```

💡 **注意:** 因为前面各项任务都在 CentOS 中实施,在修改网络接口配置文件 ifcfg-eth0 时就已经使用 DNS1 和 DNS2 语句指定了两个 DNS 服务器地址,所以在打开 resolv.conf 文件时就看到已经有两个 nameserver 配置行的内容。其实在上述 resolv.conf 文件的注释中也告诉用户,可以在/etc/sysconfig/network-scripts 目录下相应的 ifcfg 配置文件中使用 DNS1 和 DNS2 格式来指定 DNS 服务器地址。但是,在较早的 Red Hat、Fedora 等版本中,DNS 不在 ifcfg-eth0 文件中配置,而必须在 resolv.conf 文件中由 nameserver 来指定。

(2) 配置/etc/hosts 文件。该文件包含了 IP 地址和主机名之间的映射,每行内容可分为三部分: IP 地址、主机名或域名、主机别名(可以有多个)。hosts 文件中默认已包含本机回环地址 IPv4 和 IPv6 的两行,下面添加一行本机 IP 地址和主机名的映射记录。

```
[root@wbj /]# vim /etc/hosts                          //配置 hosts 文件
127.0.0.1 localhost localhost.localdomain localhost4 localhost4.localdomain4
::1       localhost localhost.localdomain localhost6 localhost4.localdomain6
192.168.1.2 wbj.xinyuan.com wbj
   // IP 地址、主机名或域名、主机别名的每项之间用空格或 Tab 间隔
[root@wbj /]#
```

(3) 配置/etc/host.conf 文件。既然系统中同时存在 DNS 和 hosts 两种名称解析机制,那么它们的优先顺序就要通过配置/etc/host.conf 文件来确定,其中最重要的就是用于说明优先顺序的“order hosts, bind”配置行,这里表示先用本机 hosts 主机表进行名称解析,如果找不到该主机名称,再搜索 bind 名称服务器(DNS 解析)。

```
[root@wbj /]# vim /etc/host.conf                      //配置 host.conf 文件
multi on                                              //允许主机有多个 IP 地址
nospoof on                                            //禁止 IP 地址欺骗
order hosts,bind                                      //名称解析顺序
[root@wbj /]#
```

为方便读者记忆,这里再把 Linux 中与网络环境相关的配置文件及其用途做一个简单的归纳,如表 1-6 所示。其中,最后两个文件与网络服务和协议的配置有关,虽然不在本

书讨论的范围内，但因其重要性也一并列于表中让读者知悉。

表 1-6　与网络环境相关的配置文件及其用途

配置文件	用　途
/etc/sysconfig/network	设置网络主机名
/etc/sysconfig/network-scripts/ifcfg-eth*N*	配置第 *N* 个网络接口的各项网络参数
/etc/resolv.conf	配置 DNS 服务器地址
/etc/hosts	包含本地 hosts 解析所用的 IP 地址和主机名之间的映射
/etc/host.conf	设置本地 hosts 解析和 DNS 域名解析的优先顺序
/etc/services	设置可用的网络服务及其使用的端口
/etc/protocols	设定主机使用的协议以及各个协议的协议号

💡 **注意：** 在计算机本地正确配置网络环境后，还要确保与网络上的其他计算机正常连通才能访问对方的资源。不仅如此，管理员通过测试本地计算机与不同 IP 地址、域名地址之间的连通性，还有助于分析、判断进而排除网络故障。

5. 使用 ping 命令测试网络连通性

ping 命令是用于测试网络连接状况的 ICMP(Internet Control Message Protocol)工具程序之一。ICMP 是 TCP/IP 中面向连接的协议，用于向源节点发送"错误报告"信息。ping 命令发送 ICMP ECHO_REQUEST 数据包到网络主机，并显示响应情况，这样就可以根据它输出的信息来确定目标主机是否可访问。

ping 命令以每秒钟发送 1 个数据包的速率，不断地向目标主机发送 ICMP 数据包，并且为每个接收到的响应打印一行输出。ping 命令的一般格式如下。

```
ping  [选项] 主机名或IP地址
```

Linux 和 Windows 系统中都有 ping 命令，但两者有一个细小的差别，就是 Windows 中执行一次 ping 命令默认只发送 4 个 ICMP 数据包，而 Linux 中的 ping 命令默认会不停地发送 ICMP 数据包，需要按 Ctrl+C 组合键才会终止。因此，在 Linux 中执行 ping 命令时，使用最多的选项就是"-c <*n*>"，*n* 即为指定发送 ICMP 数据包的个数。

下面使用 ping 命令来测试网络连通性，中间省略了许多显示内容以节省篇幅。

```
[root@wbj /]# ping -c 4 127.0.0.1
    //ping本机回环地址，以下显示表示ping通
PING 127.0.0.1 (127.0.0.1) 56(84) bytes of data.
64 bytes from 127.0.0.1: icmp_seq=1 ttl=64 time=0.073 ms
64 bytes from 127.0.0.1: icmp_seq=2 ttl=64 time=0.027 ms
64 bytes from 127.0.0.1: icmp_seq=3 ttl=64 time=0.028 ms
64 bytes from 127.0.0.1: icmp_seq=4 ttl=64 time=0.027 ms
--- 127.0.0.1 ping statistics ---
4 packets transmitted, 4 received, 0% packet loss, time 3006ms
```

```
rtt  min/avg/max/mdev = 0.027/0.038/0.073/0.021 ms
[root@wbj /]# ping -c 4 192.168.1.2
    //ping 本机 IP 地址，以下显示表示 ping 通
PING 192.168.1.2 (192.168.1.2) 56(84) bytes of data.
64  bytes from 192.168.1.2: icmp_seq=1 ttl=64 time=0.077 ms
…   //其余显示行略
[root@wbj /]# ping -c 4 192.168.1.1
    //ping 网内其他主机 IP，以下显示表示 ping 通
PING 192.168.1.1 (192.168.1.1) 56(84) bytes of data.
64  bytes from 192.168.1.1: icmp_seq=1 ttl=64 time=2.97 ms
…   //其余显示行略
[root@wbj /]# ping -c 4 192.168.1.254
    //ping 网关 IP，以下显示表示 ping 通
PING 192.168.1.254 (192.168.1.254) 56(84) bytes of data.
64  bytes from 192.168.1.254: icmp_seq=1 ttl=64 time=2.97 ms
…   //其余显示行略
[root@wbj /]# ping -c 4 www.163.com
    //ping 外网站点域名，以下显示表示 ping 通
PING www.163.com.lxdns.com (218.205.75.19) 56(84) bytes of data.
64  bytes from 218.205.75.19: icmp_seq=1 ttl=57 time=5.54 ms
…   //其余显示行略
[root@wbj /]# ping -c 2 192.168.1.8
    //ping 网内另一主机，以下显示表示未 ping 通
PING 192.168.1.8 (192.168.1.8) 56(84) bytes of data.
From 192.168.1.2: icmp_seq=1 Destination Host Unreachable
From 192.168.1.2: icmp_seq=2 Destination Host Unreachable
--- 192.168.1.8 ping statistics ---
2 packets transmitted, 0 received, +2 errors, 100% packet loss, time 3004ms
pipe 2
[root@wbj /]#
```

上述 ping 命令测试网络连通性的过程，正是管理员用来排查网络故障所遵循的"由近及远、从 IP 地址到域名"的常见方法，每一步能否 ping 通代表了不同含义。

(1) ping 通内部回环地址：说明网卡及其驱动已正确安装；

(2) ping 通本机 IP 地址：说明 TCP/IP 协议及 IP 地址和子网掩码配置正确；

(3) ping 通同网段内相邻主机 IP 地址：说明内部网络线路连接正常；

(4) ping 通网关 IP 地址：说明只要网关正常工作就可以访问外网；

(5) ping 通外网的域名地址：说明 DNS 服务器配置正确，域名解析正常。

💡 注意： 根据能否 ping 通来确定与目标主机(尤其是 Internet 上的服务器)之间的连通性并不是绝对的。有些服务器为了防止通过 ping 命令探测到，在防火墙中设置了禁止 ping 或者在内核参数中禁止了 ping，这样就不能根据能否 ping 通来确定该主机是否还处于开启状态。

6. 用于测试网络连通性的其他命令

除了最简单常用的 ping 命令外，用于诊断各种网络故障、功能更为强大的 traceroute、nslookup 和 mtr 等命令，也同样可用于测试网络是否连通。下面仅简要介绍这些命令的主要功能和使用方法，有兴趣的读者可以自行查阅命令详解进一步学用。

(1) traceroute 命令。ping 命令只能用于判断与目标主机是否连通，而 traceroute 命令可以追踪数据包在网络上传输时的全部路径。虽然每次数据包从同一个出发点(source)到达同一个目的地(destination)所走的路径可能会不一样，但大多数时候所走的路由是相同的。traceroute 通过发送小的数据包到目的设备直至返回，来测量它所经历的时间。traceroute 在一条路径上对每个设备默认要测 3 次，输出结果包括每次测试的时间(ms)和设备名称(如有的话)及其 IP 地址。Linux 中的 traceroute 命令相当于 Windows 中的 tracert 命令，虽然该命令有很多可用选项，但大多数情况下都直接在命令名后跟上目标主机名或 IP 地址来使用。

(2) nslookup 命令。虽然 nslookup 是用于监测网络中 DNS 服务器是否能正确实现域名解析的工具，但同样也可以用来诊断网络连通的故障。nslookup 命令只需指定要解析的域名或 IP 地址即可，如果是要求将指定的域名解析为 IP 地址，就是检测正向解析是否成功；如果要求将指定的 IP 地址解析为域名，就是检测反向解析是否成功。也可以直接执行不给定参数的 nslookup 命令，这时候会出现大于号(>)作为 nslookup 的命令提示符，然后再输入要求解析的域名或 IP 地址，要退出 nslookup 则输入 exit 命令。

(3) mtr 命令。mtr 是一个路由分析工具，也是 Linux 中功能更为综合的网络连通性判断工具。它可以结合 ping、traceroute 和 nslookup 来判断网络的相关特性，使用各种选项来指定测试报告的显示模式(-r)、指定 ping 数据包的大小(-s)、设置 ICMP 返回时间要求(-i)、指定每秒发送数据包的个数(-c)等。

7. 检查和安装服务器软件包

这里以 DNS 服务为例，介绍网络服务所需软件包的检查和安装方法，目的是使读者在后续进行各项网络服务配置之前，能够自行检查并安装网络服务器。

(1) 检查是否已安装 DNS 服务器软件包。DNS 服务器所需要的软件包名称均以 bind 开头，可以使用以下命令来检查系统中是否已经安装完整这些软件包。

```
[root@wbj /]# rpm -qa |grep bind          //查询包含 bind 的软件包，或者
 [root@wbj /]# rpm -qa bind*               //查询以 bind 开头的软件包
bind-libs-9.8.2-0.17.rc1.el6_4.6.i686
bind-9.8.2-0.17.rc1.el6_4.6.i686
bind-utils-9.8.2-0.17.rc1.el6_4.6.i686
bind-dyndb-ldap-2.3-5.el6.i686
bind-chroot-9.8.2-0.17.rc1.el6_4.6.i686
    //如显示有上述 5 个软件包，则已完整安装 DNS 服务器软件包；无显示则表明未安装
[root@wbj /]#
```

(2) 安装 DNS 服务器软件包。如果未查询到上述软件包或缺少软件包，则需要进行安装。这里以本地安装 DNS 服务器所需的 RPM 软件包为例(其他安装方法可参考附录 A 的相关内容)。假设 CentOS 6 的安装盘为 U 盘，则可使用以下命令进行安装。

```
[root@wbj /]# mkdir /mnt/udisk                              //创建用于U盘的挂载点
[root@wbj /]# mount /dev/sdb1 /mnt/udisk                    //挂载U盘
[root@wbj /]# cd /mnt/udisk/Packages                        //进入U盘中的Packages目录
     //以下5个命令用于安装DNS服务器所需的5个RPM软件包，安装过程中的显示信息略
[root@wbj Packages]# rpm -ivh bind-9.8.2-0.17.rc1.el6_4.6.i686.rpm
[root@wbj Packages]# rpm -ivh bind-chroot-9.8.2-0.17.rc1.el6_4.6.i686.rpm
[root@wbj Packages]# rpm -ivh bind-dyndb-ldap-2.3-5.el6.i686.rpm
[root@wbj Packages]# rpm -ivh bind-libs-9.8.2-0.17.rc1.el6_4.6.i686.rpm
[root@wbj Packages]# rpm -ivh bind-utils-9.8.2-0.17.rc1.el6_4.6.i686.rpm
[root@wbj Packages]# cd /                                   //回到根目录
[root@wbj /]# umount /mnt/udisk                             //卸载U盘
[root@wbj /]#
```

💡 **注意：**   上述安装或查询到的软件包名称中的版本号与读者所使用的 Linux 系统版本有关，可能并不相同。版本信息中的“.el6”表示是用于 CentOS 系统的，也可以安装 RHEL 系统的“.rhel6”版本。由于笔者安装的是 32 位的 CentOS 6.5 系统，所以本书涉及有关 RPM 包都是“.i686”或“.i386”的(i686 是 i386 的一个子集)，如果读者安装的 Linux 系统是 64 位的 CentOS 或 RHEL 版本，则这些 RPM 软件包信息中应该是“.x86_64”的。

8. 设置网络服务的自动启动

前面在配置网络接口参数时，使用过 service 命令来启动(start)、关闭(stop)、重启(restart 或 reload)网络服务(network)以及查询网络服务状态(status)。但 service 命令只能用于临时启动、关闭和重启服务，如果要将某项服务设置为随 Linux 系统的启动而自动启动或者关闭启动，一般可以使用以下 3 种方法进行设置。

(1) 使用 chkconfig 命令进行设置。在字符命令界面下直接使用 chkconfig 命令，可以查看系统服务在各个运行级别下是否自动启动，也可以永久设置系统服务在指定某个或多个运行级别下自动启动或否。命令使用格式及示例如下。

```
格式Ⅰ：  chkconfig [--list] [服务名称]                     //查看是否自动启动
格式Ⅱ：  chkconfig [--level n] [服务名称] [on|off]          //设置自动启动或否
          //n为运行级别，指定多个运行级别时数字可连写。以named服务为例，使用方法如下
[root@wbj /]# chkconfig --list named
          //显示named服务在各个运行级别下是否自动启动
named        0:off   1:off   2:off   3:off   4:off   5:off   6:off
[root@wbj /]# chkconfig --level 35 named on
          //将named服务设置为3号和5号运行级别下自动启动
[root@wbj /]# chkconfig --list named
named        0:off   1:off   2:off   3:on    4:off   5:on    6:off
[root@wbj /]#
```

(2) 使用文本用户界面进行设置。在执行 setup 命令打开的文本用户界面(见图 1-25)中选择 System services 菜单项，或者直接执行 ntsysv 命令，都可以进入如图 1-26 所示的文本

菜单界面。将光标移至要设置的服务名称(如 named)上按空格键，就会在此服务名称前面的方括号内出现星号([*])，然后按 Tab 键将光标移至 OK 按钮上，再按 Enter 键退出，则 named 服务就被设置为随 Linux 系统的启动而自动启动了。如果不想让 named 服务自动启动，则只要在该服务项上再按一次空格键去掉方括号内的星号即可。

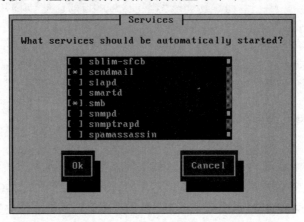

图 1-26　设置服务是否自动启动的 Services 文本菜单界面

(3) 在 GNOME 图形界面中设置。选择"系统"→"管理"→"服务"菜单项，打开"服务配置"窗口，即可选定某个服务，使用"启用"或"禁用"按钮来将其设置为自动启动或否；还可以单击"定制"按钮打开"定制运行级别"对话框，将选中的服务设置为指定运行级别下自动启动，如图 1-27 所示。

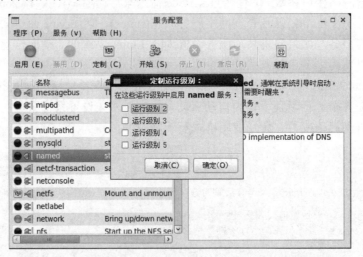

图 1-27　在 GNOME 的"服务配置"窗口中设置服务自动启动

💡 注意：　在将指定的服务设置为自动启动后，要重启 Linux 系统后才会生效。如果在关机之前需要启动该服务，还需要用 service 命令临时启动该服务。

在每台网络服务器上安装好 Linux 系统和所需的网络服务软件包，并按照新源公司网络信息服务项目规划配置好网络环境，确保网络连通的情况下，就可以实施项目二至项目八的各项网络服务配置了。

小 结

Intranet 又称企业内部网，是 Internet 技术在企业内部的应用。换句话说，任何使用 TCP/IP 为用户提供信息的私人、公司或企业内部的网络都可称之为 Intranet。

本书以新源公司网络信息服务项目为案例，在公司组建的局域网基础上，架设较为完善的、符合企业需求的网络服务，这也是企业信息化建设的重要组成部分。要完成一个实际企业的网络信息服务项目，首先应了解项目背景，并对项目需求进行广泛深入的调研和科学细致的分析；然后根据需求分析，对项目拓扑结构以及网络服务器的域名、IP 地址、使用的操作系统平台等进行合理的规划、设计和部署，并形成项目文档，即撰写项目规划书。这些是本项目的核心工作内容，后续的项目二至项目八就是按照项目的总体规划所划分的 7 个子项目分别进行具体的方案设计和组织实施。

Windows Server 2012 R2 和 Linux 是目前最为流行的两种网络服务器操作系统平台。在对后续 7 个子项目的网络服务器进行配置实施之前，应首先在服务器上部署版本符合需求的操作系统，包括操作系统的安装，以及对系统进行计算机名设置、网络参数配置、网络连通性测试等一系列的初始化配置。如果采用 Windows Server 2012/2008 平台，则还需要添加所需的角色与服务；如果采用 Linux 平台，则还需要检查和安装服务器所需的软件包。对于接触 Linux 较少、不熟悉使用字符界面命令操作的读者，建议首先学习本项目任务三和附录 A 的相关内容，以掌握 Linux 系统管理所必需的基础知识及基本操作，为后续的项目实施做好铺垫。

习 题

一、简答题

1. 什么是 Intranet？
2. 目前主流的网络服务器操作系统有哪些？
3. 什么是 DMZ？你认为在企业内部网中设置 DMZ 这个单独的网络有什么好处？
4. Windows 的网络架构有哪几种类型？分别说明其特点和适用场合。
5. 在 Windows Server 2012 R2 中，通过"服务器管理器"中的"仪表板"主要可以做哪些工作？怎样关闭服务器管理器的自动启动功能？
6. 在 Windows Server 2012 R2 中，怎样打开向导来添加角色和服务？
7. Linux 操作系统具有哪些特点？请列举你所了解的 Linux 发行版本。
8. 安装 Linux 时默认且必须创建的两个分区是什么分区？分别说出它们的用途。
9. 从用户角度来说，你认为 Linux 的文件系统与 Windows 的文件系统有什么不同？
10. 简述 Linux 的引导过程，并说明运行级别的含义。
11. 在 CentOS 6.5 系统中，IP 地址、子网掩码、默认网关和 DNS 服务器地址等网络参数可以在哪个配置文件中进行设置？
12. 在 Linux 字符命令界面中，如何检查服务器软件包是否被安装？将网络服务设置为

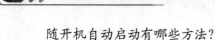

随开机自动启动有哪些方法?

二、训练题

1. 建议全班分为多个项目组,每个项目组由 4～6 名同学组成,推荐 1 名同学担任项目执行经理的角色,其余项目组成员可分别担任信息技术顾问、安全评估顾问、系统管理员等角色。要求各项目组在本地走访一家中小型企业(若条件不允许,也可以虚拟一家公司),对该企业网络信息服务的项目需求进行调研、分析、规划和设计,并按照附录 C 中简化的文档格式,撰写项目规划书。

2. 各项目组成员将自己的计算机安装成 Windows Server 2012 R2 和 CentOS/RHEL 双系统,并根据项目的总体规划,合理配置网络参数,确保网络连通。

高职高专立体化教材　计算机系列

项目二　DHCP 服务器配置与管理

能力目标

- 能根据企业信息化建设需求和项目总体规划合理设计 DHCP 服务方案
- 能在 Windows 和 Linux 两种平台下正确安装和配置 DHCP 服务器
- 能配置 Windows 和 Linux 客户机并测试 DHCP 服务
- 具备 DHCP 服务器的基本管理和维护能力

知识要点

- DHCP 服务的概念与作用
- DHCP 服务的工作机制
- DHCP 服务中继代理的工作原理

任务一　知识预备与方案设计

一、DHCP 及其工作机制

1．DHCP 的概念与作用

DHCP(Dynamic Host Configuration Protocol，动态主机配置协议)是一个简化主机 IP 地址分配管理的 TCP/IP 标准协议。利用它可以为网络客户机分配动态的 IP 地址及进行其他相关的网络环境配置工作，如 DNS、WINS、Gateway 等的设置。

对于一定规模的局域网，通常使用 DHCP 服务器来动态处理客户机的 IP 地址配置，实现 IP 地址的集中式管理与自动分配。在企业网络环境中部署 DHCP 服务器，对企业网络的管理具有以下 3 个方面的好处(或者说 DHCP 服务的作用)。

(1) 减轻管理员管理 IP 地址的负担，极大地缩短配置或重新配置网络中工作站所花费的时间，达到高效利用有限 IP 地址的目的。

(2) 避免因手工设置 IP 地址及子网掩码所产生的错误。

(3) 避免把一个 IP 地址分配给多台计算机，从而造成地址冲突的问题。

2．DHCP 服务的工作机制

DHCP 服务使用客户机/服务器(Client/Server，C/S)工作模式。网络管理员通过架设 DHCP 服务器，以维护一个或多个 TCP/IP 配置信息。服务器数据库中包含以下信息。

(1) 网络上所有客户机的有效配置参数。

(2) 在指派到客户机的地址池中维护有效的 IP 地址，以及用于手动指派的保留地址。

(3) 服务器提供的租约持续时间。

通过在网络上安装和配置 DHCP 服务器，启用 DHCP 的客户机在每次启动并加入网络时，DHCP 服务器会以地址租约的形式，将从地址池中派发的 IP 地址以及相关的网络参数提供给发起请求的客户机，而客户机就以这些动态获得的参数来配置网络。

　　在以下 3 种情况下，DHCP 客户机将申请一个新的 IP 地址。

　　(1) 客户机第一次以 DHCP 客户机的身份启动。

　　(2) DHCP 客户机的 IP 地址由于某种原因(如租约期到期或断开连接等)已经被服务器收回，并提供给了其他 DHCP 客户机使用。

　　(3) DHCP 客户机自行释放已经租用的 IP 地址，要求使用一个新的 IP 地址。

　　DHCP 使用互联网数字分配机构(The Internet Assigned Numbers Authority，IANA)分配的两个 UDP 端口作为引导程序协议(Bootstrap Protocol，BOOTP)，即：服务器使用的 67 端口和客户机使用的 68 端口。DHCP 的工作过程可分为 DHCP 发现、DHCP 提供、DHCP 选择和 DHCP 确认 4 个阶段，如图 2-1 所示。

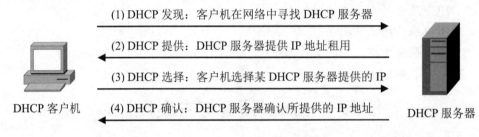

图 2-1　DHCP 的工作过程

　　(1) DHCP 发现：客户机寻找 DHCP 服务器阶段。客户机被设置为"自动获得 IP 地址"后，在第一次登录网络时因为还没有绑定 IP 地址，也不知道自己属于哪个网络，所以只具有发送广播消息等有限的通信能力，或者说它处于初始化状态。此时，客户机就会向网络上广播一个 DHCP 发现消息(DHCPDISCOVER)，其中包含客户机的 MAC 地址、计算机名等信息，而封包的源地址为 0.0.0.0，目标地址为 255.255.255.255。网络上每一台安装了TCP/IP 协议的主机都会接收到这种广播信息，但只有 DHCP 服务器才会做出响应。

　　(2) DHCP 提供：DHCP 服务器提供 IP 地址租用阶段。网络中收到 DHCPDISCOVER消息的 DHCP 服务器都会做出响应，它从地址池中挑选一个 IP 地址分配给客户机，然后通过网络广播一个 DHCP 提供消息(DHCPOFFER)给客户机，其中包含客户机的 MAC 地址、服务器提供的 IP 地址、子网掩码、租期以及 DHCP 服务器自身的 IP 地址，封包的源地址为 DHCP 服务器的 IP 地址，目标地址为 255.255.255.255。同时，DHCP 服务器会为客户机保留所提供的 IP 地址，不会将其分配给其他客户机。因为客户机广播的 DHCPDISCOVER封包内带有其 MAC 地址信息，并且有一个 XID 编号来辨别该封包，所以 DHCP 服务器响应的 DHCPOFFER 封包会根据这些资料传递给要求租约的客户。

　　(3) DHCP 选择：客户机选择某台 DHCP 服务器提供的 IP 地址阶段。如果客户机收到网络上多台 DHCP 服务器的响应，只会选择其中一个 DHCPOFFER 消息(一般是最先到达的那个)，并向网络发送一个 DHCP 请求消息(DHCPREQUEST)。由于此时尚未得到 DHCP服务器的最后确认，所以 DHCPREQUEST 消息仍以 0.0.0.0 为源地址、255.255.255.255 为目标地址封包并进行广播，包内还包括客户机的 MAC 地址、接受的租约 IP 地址、提供此租约的 DHCP 服务器地址。这就相当于告诉所有 DHCP 服务器它将接受哪一台服务器提供的 IP 地址，所有其他的 DHCP 服务器就会撤销它们的 IP 地址提供，以便将 IP 地址分配给下一次发出租用请求的客户机。

(4) DHCP 确认：DHCP 服务器确认所提供的 IP 地址阶段。当 DHCP 服务器接收到客户机的 DHCPREQUEST 消息后，会广播返回给客户机一个 DHCP 确认消息(DHCPACK)，表示已接受客户机的选择，并将此合法租用的 IP 地址以及其他网络配置信息都放入该广播包发给客户机。客户机在接收到 DHCPACK 消息后，会发送 3 个针对此 IP 地址的 ARP 解析请求以执行冲突检测，查询网络上有无其他主机占用此 IP 地址。如果发现有冲突，则客户机会发出一个表示拒绝租约的 DHCP 拒绝消息(DHCPDECLINE)给 DHCP 服务器，并重新发送 DHCPDISCOVER 消息，此时在 DHCP 服务器管理控制台中会显示此 IP 地址为 BAD_ADDRESS；如果没有冲突，则客户机就使用租约中提供的 IP 地址来完成初始化，即把收到的 IP 地址与网卡绑定，从而使其能与网络中的其他主机进行通信。

二、设计企业网络 DHCP 服务方案

1. 分析项目需求

新源公司随着业务的逐渐扩展，公司内拥有的计算机数量从 20 世纪 90 年代初的数十台增加到目前的数百台，从单机应用模式变为数百台的联网模式。网络运行过程中出现了内部 IP 地址经常发生冲突、管理 IP 地址比较费时等问题。为此，公司决定重新规划和管理内部 IP 地址，以便实现高效的企业信息化管理。

为了减轻管理员管理 IP 地址的负担，避免因手动设置 IP 地址及子网掩码所产生的地址冲突等问题，公司内部所有工作站均采用动态获得的方式取得 IP 地址，这就需要在公司内部安装 DHCP 服务器，以提供 IP 地址分配。

2. 设计网络拓扑结构

根据项目的总体规划，设计新源公司 DHCP 服务项目的网络拓扑结构如图 2-2 所示。

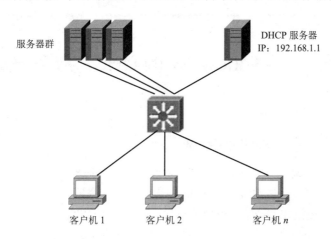

图 2-2 新源公司 DHCP 服务项目的网络拓扑结构

3．规划 IP 地址方案

DHCP 服务能自动为网络客户机分配 IP 地址，并同时发送子网掩码、网关和 DNS 服务器地址等网络配置信息。根据项目需求，规划新源公司内网 IP 地址方案如下。

(1) 公司内部网络的 IP 地址使用 192.168.1.0/24 网段。

(2) 公司网络需要连接 Internet，因此要为网关留出 IP 地址。

(3) 公司网络不仅架设有 DHCP 服务器，还要为 DNS、Web、FTP、E-mail、CA、VPN 等服务器留出固定的 IP 地址。

(4) 在可供分配的地址范围中间留出 10 个 IP 地址为网络管理人员等留作其他用途。

(5) 公司经理需要保留一个如"188"的所谓"吉祥"地址。

根据上述要求，新源公司内部网络 IP 地址详细规划如表 2-1 所示。

表 2-1　新源公司内部网络 IP 地址规划

IP 地址	用　途	说　明
192.168.1.1	DHCP、DNS 服务器	固定地址
192.168.1.2	Web、VPN、CA 服务器	固定地址
192.168.1.3	E-mail 服务器	固定地址
192.168.1.4	FTP 服务器	固定地址
192.168.1.5～9	保留	随着公司发展可能增加服务器
192.168.1.10～109	可供分配	供客户机动态获取的 IP 地址
192.168.1.110～120	保留	为网络管理员等留作其他用途
192.168.1.121～220	可供分配	供客户机动态获取的 IP 地址
192.168.1.188	保留给公司经理	公司经理的计算机每次自动获取该地址
192.168.1.221～253	保留	为 VPN 访问的客户机分配虚拟 IP
192.168.1.254	网关	固定地址

任务二　Windows 下的 DHCP 服务配置

一、架设 DHCP 服务器

1．设置 DHCP 服务器的网络参数

在安装 DHCP 服务器之前，首先要按照项目中的 IP 地址规划，为这台充当 DHCP 角色的服务器设置网络参数。在 Windows Server 2012 R2 中，设置网络参数的具体操作步骤可参阅项目一，这里仅给出最终打开的"Internet 协议版本 4 (TCP/IPv4) 属性"对话框，如图 2-3 所示。根据本项目的规划，应将 DHCP 服务器的"IP 地址"设置为 192.168.1.1，"子网掩码"使用默认的 255.255.255.0，"默认网关"可设置为 192.168.1.254，"首选 DNS 服务器"地址可设置为 192.168.1.1。最后单击"确定"按钮即可。

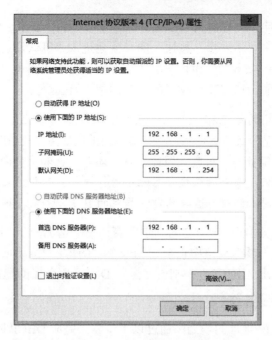

图 2-3 DHCP 服务器的网络参数设置

2. 安装 DHCP 服务器

在 Windows Server 2012 R2 中安装 DHCP 服务器，就是在这台服务器上添加"DHCP服务器"角色。通过"服务器管理器"窗口打开"添加角色和功能向导"对话框，为服务器添加角色的详细操作步骤可参阅项目一，这里仅给出向导进入的"选择服务器角色"界面，只需在"角色"列表框中勾选"DHCP 服务器"复选框即可，如图 2-4 所示。

图 2-4 在"添加角色和功能向导"中勾选"DHCP 服务器"复选框

单击"下一步"按钮，向导进入"DHCP 服务器"界面，显示 DHCP 服务器简介及注意事项等信息；再次单击"下一步"按钮，向导就会进入"确认安装所选内容"界面，显示此前所选择的"DHCP 服务器"角色与服务，在确认无误后单击"安装"按钮，向导就会进入"安装进度"界面，待安装完成后单击"关闭"按钮即可。

💡 **注意：** 项目一介绍的是在 IP 地址为 192.168.1.2 的服务器上添加"Web 服务器(IIS)"角色的完整操作步骤，而本项目是在 IP 地址为 192.168.1.1 的服务器上添加"DHCP 服务器"角色。因此，在"添加角色和功能向导"的"选择目标服务器"步骤，选中"从服务器池中选择服务器"单选按钮后在"服务器池"列表框中列出的应为这台物理计算机的 IP 地址 192.168.1.1。

成功安装 DHCP 服务器后，在"管理工具"窗口中会增加一个"DHCP"图标，在"服务器管理器"窗口的"工具"菜单中也会增加一个"DHCP"菜单项。接下来就可以利用该图标或菜单命令来打开"DHCP"控制台，进行 DHCP 服务器的配置了。

3. 配置 DHCP 服务器

根据新源公司内部 IP 地址的规划，通过以下步骤来完成 DHCP 服务器端的配置。

步骤 1 选择"开始"→"管理工具"命令，打开"管理工具"窗口，双击 DHCP 图标；或者选择"开始"→"服务器管理器"命令，打开"服务器管理器"窗口，选择"工具"→DHCP 菜单命令。打开 DHCP 控制台后，在左窗格中展开 DHCP 下的服务器名 xy-wbj→IPv4，如图 2-5 所示。

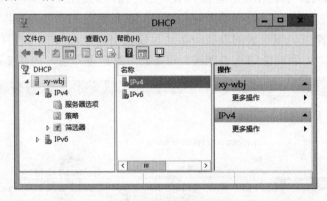

图 2-5　DHCP 控制台

步骤 2 添加一个作用域。右击 IPv4，在弹出的快捷菜单中选择"新建作用域"命令，在打开的"新建作用域向导"对话框中直接单击"下一步"按钮，向导进入"作用域名称"界面，要求输入作用域名称和描述信息。其中，作用域名称是必须输入的，通常使用与该服务器用途相关的名称，如公司名称；描述信息可有可无，通常是针对该服务器更详细的说明性文字信息。这里，在"名称"文本框中输入 XY-DHCP，在"描述"文本框中输入"新源公司 DHCP 服务器(IP 地址为 192.168.1.1)"，如图 2-6 所示。

步骤 3 设置 IP 地址范围。单击"下一步"按钮，向导进入"IP 地址范围"界面，要求输入可分配给客户机的起始 IP 地址和结束 IP 地址。按照本项目的 IP 地址规划，在"起始 IP 地址"文本框中输入"192.168.1.10"，在"结束 IP 地址"文本框中输入"192.168.1.220"，在"子网掩码"文本框中输入"255.255.255.0"，表示网络地址位数的"长度"微调框中则会自动设为"24"，如图 2-7 所示。

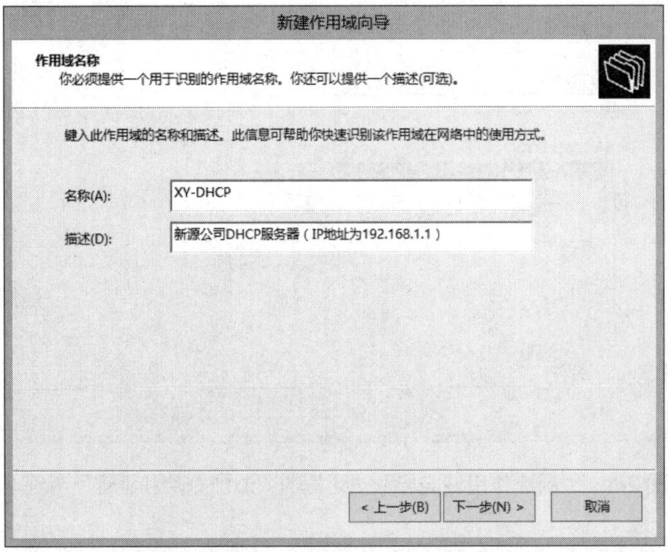

图 2-6 "新建作用域向导"对话框的"作用域名称"界面

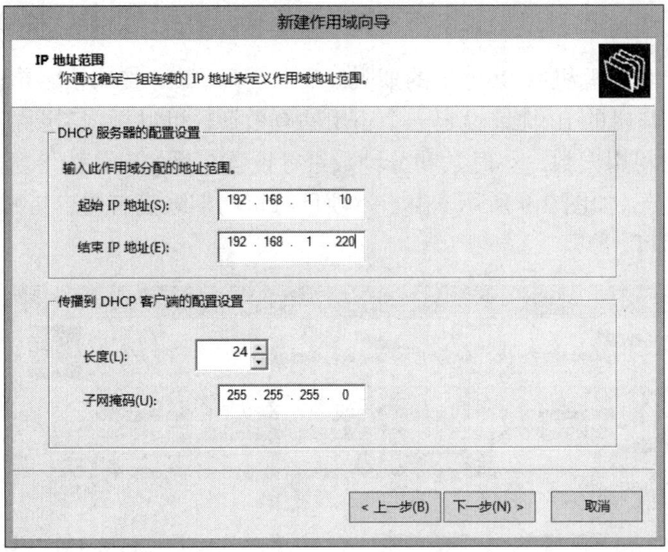

图 2-7 "新建作用域向导"对话框的"IP 地址范围"界面

步骤 4 添加排除地址。单击"下一步"按钮，向导进入"添加排除和延迟"界面，要求输入需排除的地址和子网延迟的时间段(单位为毫秒)。按照本项目的 IP 地址规划，在可分配给客户机的 IP 地址范围中，192.168.1.110～120 为网络管理员等留作其他用途。因此，在"起始 IP 地址"文本框中输入"192.168.1.110"，在"结束 IP 地址"文本框中输入"192.168.1.120"，并单击"添加"按钮，则该地址范围就会显示在"排除的地址范围"列表框中。子网延迟是指服务器将延迟 DHCPOFFER 消息传输的时间段，通常情况下是不需要延迟的，所以"子网延迟"微调框中保持默认的数字 0，如图 2-8 所示。

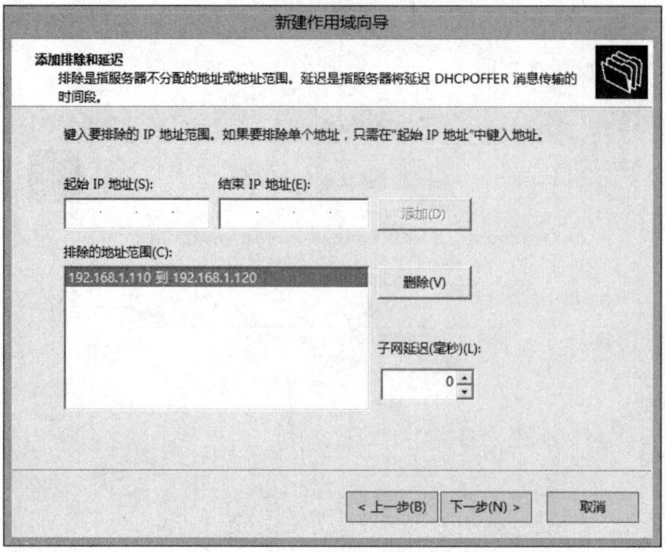

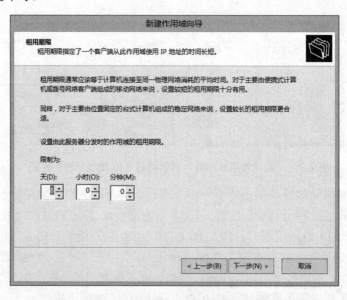

图 2-8　"新建作用域向导"对话框的"添加排除和延迟"界面

💡 **注意:**　添加排除地址是指在 DHCP 服务器可供分配的 IP 地址范围内,添加不分配给客户机的单个地址或多个连续的地址。如果要排除一个单独的 IP 地址,只需在"起始 IP 地址"文本框中输入该地址,单击"添加"按钮即可。

　　步骤 5　设定客户机租用 IP 地址的期限。单击"下一步"按钮,向导进入"租用期限"界面,为分配给客户机的 IP 地址设定一个租用的有效期。可以根据需要在"限制为"下面的 3 个微调框中对租用天数、小时数和分钟数进行设置。系统默认为 8 天,最大有效期为999 天 23 小时 59 分,如图 2-9 所示。由于本项目对租约期限没有提出特殊的要求,所以保持默认的设置值即可。

图 2-9　"新建作用域向导"对话框的"租用期限"界面

💡 **注意**: 通过设置租用期限，可以控制用户上网的时间，同时在 IP 地址资源有限的情况下提高 IP 地址的利用率。一般来说，租用期限设置为客户机与 DHCP 服务器同一物理网络连接的时间相同。对于主要包含笔记本、拨号客户端的移动网络来说，设置较短的租用期限更为合适；而对于主要包含台式机、位置固定的网络来说，则应设置相对较长的租用期限。

步骤 6 配置 DHCP 选项。单击"下一步"按钮，向导进入"配置 DHCP 选项"界面，要求用户确认是否现在就配置 DHCP 选项。实际上，客户机在从 DHCP 服务器的作用域自动获取到 IP 地址的同时，还需要获取子网掩码、默认网关、DNS 服务器地址、WINS 服务器等完整的网络设置参数，配置 DHCP 选项就是在作用域中配置这些网络参数。因此，这里选中"是，我想现在配置这些选项"单选按钮，如图 2-10 所示。

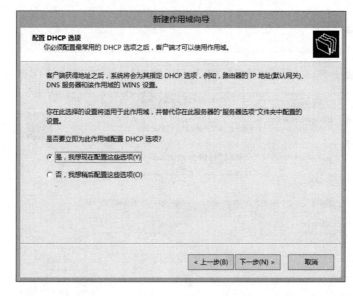

图 2-10 "新建作用域向导"对话框的"配置 DHCP 选项"界面

步骤 7 配置路由器(默认网关)。单击"下一步"按钮，向导进入"路由器(默认网关)"界面，用于添加客户机使用的路由器(默认网关)的 IP 地址。根据本项目的 IP 地址规划，这里在"IP 地址"文本框中输入"192.168.1.254"，并单击"添加"按钮，如图 2-11 所示。

步骤 8 配置域名称和 DNS 服务器。单击"下一步"按钮，向导进入"域名称和 DNS 服务器"界面。根据项目的总体规划，新源公司的 DNS 服务器与 DHCP 服务器架设在同一台物理服务器上，因此这里可以在"IP 地址"文本框中输入"192.168.1.1"，并单击"添加"按钮，如图 2-12 所示。当然也可以暂时不输入而直接跳过。

💡 **注意**: 如果企业内部已架设 DNS 服务器，但只知其名称，而不知道其 IP 地址，则可以将其名称输入在"服务器名称"文本框中，单击"解析"按钮就会自动解析为该 DNS 服务器的 IP 地址。因此，上述操作也可以在"服务器名称"文本框中输入"xy-wbj"，再将其自动解析为 IP 地址 192.168.1.1。由于新源公司 DNS 服务器尚未配置(将在项目三中实施)，所以"父域"中既可以按规划输入 xinyuan.com，也可以暂时不输入。

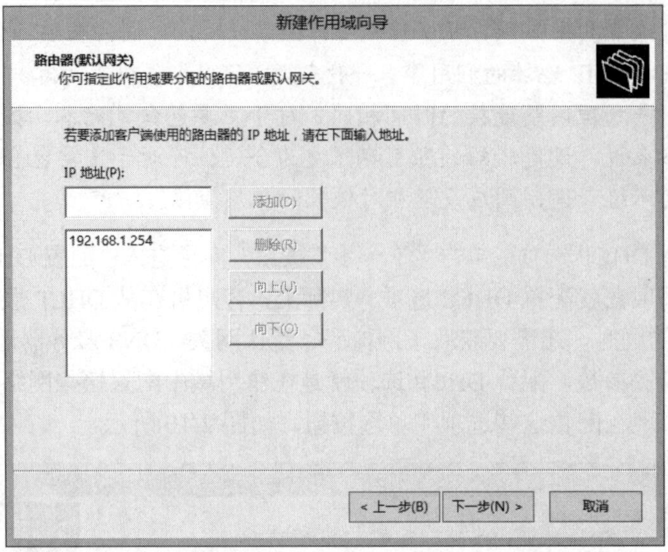

图 2-11   "新建作用域向导"对话框的"路由器(默认网关)"界面

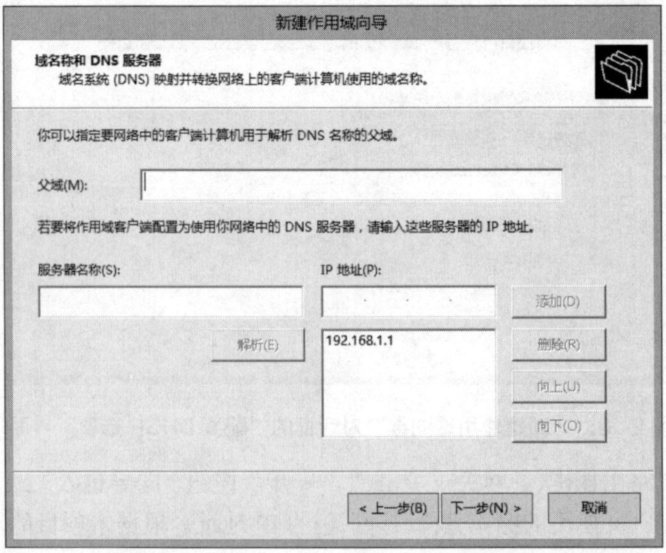

图 2-12   "新建作用域向导"对话框的"域名称和 DNS 服务器"界面

步骤 9   设置 WINS 服务器。单击"下一步"按钮,向导进入"WINS 服务器"界面。根据项目的总体规划,新源公司并没有配置 WINS 服务器,因此,该步骤无须进行任何设置而直接跳过,如图 2-13 所示。

💡 **注意:**   WINS(Windows Internet Name Server,Windows 网际名字服务)是微软开发的域名服务系统,可兼容早期的 DOS/Windows 版本。WINS 为 NetBIOS 名字提供名字注册、更新、释放和转换服务,允许 WINS 服务器维护一个将 NetBIOS 名链接到 IP 地址的动态数据库,在 LAN 中可实现点到点传输,避免了因大量广播发送而造成的网络通信负担,这对大型企业网络尤为重要。

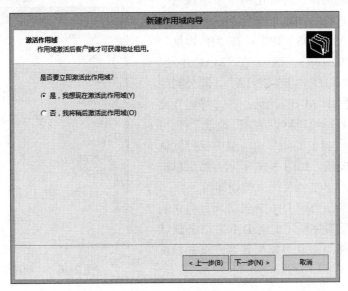

图 2-13　"新建作用域向导"对话框的"WINS 服务器"界面

步骤 10　激活作用域。单击"下一步"按钮，向导进入"激活作用域"界面，这里选中"是，我想现在激活此作用域"单选按钮，如图 2-14 所示。

图 2-14　"新建作用域向导"对话框的"激活作用域"界面

步骤 11　完成配置。单击"下一步"按钮，向导进入"完成"界面，只需单击"完成"按钮，DHCP 服务器即配置完成。

💡 **注意：** 至此仅完成了 DHCP 服务器的基本配置，此时在 DHCP 控制台中就可以看到新建的作用域。按照本项目的 IP 地址规划要求，还需为公司经理保留一个 IP 地址 192.168.1.188，其实就是将他所用计算机的网卡物理地址(即 MAC 地址)与这个 IP 地址进行绑定，通过以下步骤操作完成此项设置。

步骤 12 在 DHCP 控制台中，展开左窗格中的 xy-wbj→IPv4→"作用域 [192.168.1.0] XY-DHCP"，右击该文件夹下的"保留"选项，在弹出的快捷菜单中选择"新建保留"命令，如图 2-15 所示。

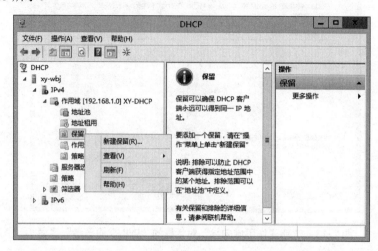

图 2-15 在 DHCP 控制台中为作用域新建保留

步骤 13 新建保留。在弹出的"新建保留"对话框中，按照本项目的地址规划，在"保留名称"文本框中输入"BOSS_IP"；在"IP 地址"文本框中输入"192.168.1.188"；在"MAC 地址"文本框中输入"A0-1D-48-F5-C2-1A"，即公司经理所用计算机的网卡 MAC 地址；在"描述"文本框中输入"为公司经理特设的 IP 地址"(也可以不输入)；在"支持的类型"选项组中保持默认的"两者"单选按钮，如图 2-16 所示。然后单击"添加"按钮，再单击"关闭"按钮即可。

至此，符合新源公司 DHCP 服务项目需求的 DHCP 服务器已配置完毕。此时 DHCP 服务默认处于启动状态，接下来就可以配置客户机并测试 DHCP 服务了。

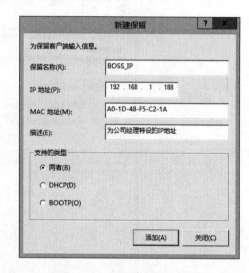

图 2-16 "新建保留"对话框

二、使用 Windows 客户机测试 DHCP 服务

无论是运行 Windows 还是 Linux 的客户机，只需将其网络参数设置为"自动获得 IP 地址"并重启网络连接，然后查看客户机是否已从 DHCP 服务器获得了 IP 地址及其他网络参数来配置网络，即可判断 DHCP 服务是否正常工作。

下面以 Windows 7 客户机为例，介绍在客户机配置与测试 DHCP 服务的方法，Linux 客户机的配置与测试可参考任务三。

1．配置 Windows 客户机

步骤 1　右击桌面上的"网络"图标，在弹出的快捷菜单中选择"属性"命令；或者右击桌面任务栏右侧的网络连接图标，在弹出的快捷菜单中选择"打开网络和共享中心"命令；或者选择"控制面板"→"网络和 Internet"→"网络和共享中心"选项。这些方法都可以打开的"网络和共享中心"窗口。

步骤 2　单击"网络和共享中心"窗口左侧的"更改适配器设置"链接，打开"网络连接"窗口。右击"本地连接"图标，在弹出的快捷菜单中选择"属性"命令，打开"本地连接 属性"对话框，如图 2-17 所示。

步骤 3　在"此连接使用下列项目"列表框中，勾选"Internet 协议版本 4 (TCP/IPv4)"复选框后单击"属性"按钮，或者直接双击该选项，即打开"Internet 协议版本 4 (TCP/IPv4)属性"对话框，同时选中"自动获得 IP 地址"和"自动获得 DNS 服务器地址"两个单选按钮，如图 2-18 所示。

图 2-17　"本地连接 属性"对话框　　　　图 2-18　客户机设置为自动获得 IP 地址

步骤 4　单击"确定"按钮，逐级关闭上述打开的对话框，客户机即配置完成。

2．测试 DHCP 服务

在将客户机的 TCP/IP 网络参数设置为"自动获得 IP 地址"和"自动获得 DNS 服务器地址"之后，右击"网络连接"窗口中的"本地连接"图标，在弹出的快捷菜单中选择"禁用"命令；然后再次右击"本地连接"图标，在弹出的快捷菜单中选择"启用"命令。这样就可以重启网络连接，当然也可以直接重启计算机。此时，如果网络中有正常运行且有效的 DHCP 服务器，客户机就会从 DHCP 服务器中自动获得 IP 地址及其他网络参数来配置网络。在客户机上查看当前 TCP/IP 网络参数的方法主要有以下两种。

方法 Ⅰ　在图形界面下查看网络连接的参数配置。右击"网络连接"窗口中的"本地连接"图标，在弹出的快捷菜单中选择"状态"命令，或者双击"本地连接"图标，就会打开如图 2-19 所示的"本地连接 状态"对话框，显示了 IPv4 连接状态、持续时间以及已发送和已接收的字节数等信息。单击"详细信息"按钮即可打开如图 2-20 所示的"网络连接详细信息"对话框，可以查看到客户机所获得的 IP 地址等详细的网络参数。

图 2-19 "本地连接 状态"对话框　　　图 2-20 "网络连接详细信息"对话框

根据"网络连接详细信息"列表框中看到的信息，可以分析得出以下 3 个结论。

(1) "已启用 DHCP"属性的值为"是"，表示该网络连接当前使用的 IPv4 地址、子网掩码、默认网关、DNS 服务器、WINS 服务器等配置参数都是从 IPv4 地址为 192.168.1.1 这台 DHCP 服务器获取的。

(2) 该网络连接使用的配置参数以及租约过期的时间、获得租约的时间(相隔 8 天整)均符合此前配置 DHCP 服务器时的各项设置，也是 DHCP 服务器最终广播返回给客户机 DHCPACK 消息所包含的信息。

(3) 这里用于测试的客户机 MAC 地址为 A0-1D-48-F5-C2-1A，即公司经理所使用的计算机。因为在配置 DHCP 服务器时为其专门保留了 IP 地址，所以该客户机每次启动都会自动获得 192.168.1.188 这个特殊的 IP 地址。

方法Ⅱ　使用 ipconfig 命令查看网络连接的参数配置。ipconfig 是 Windows 系统中用于查看计算机当前网络参数配置情况最为便捷、有效的命令。单击"开始"菜单，在"搜索程序和文件"框中输入"cmd"或"command"并按 Enter 键，打开一个命令提示符窗口(早期的 Windows 中称为"MS-DOS 方式"窗口)。然后，在命令提示符下输入 ipconfig 命令并按 Enter 键，窗口中就会列出各个网络连接当前的参数配置，如图 2-21 所示。

注意：　ipconfig 是网络管理员使用最多的命令之一。使用"ipconfig /?"将会显示 ipconfig 命令用于不同功能的选项，这些选项的相关功能如下。

(1) ipconfig：当使用不带任何选项的 ipconfig 命令时，仅显示绑定到 TCP/IP 的网络接口的 IP 地址、子网掩码和默认网关值。

(2) ipconfig/all：显示本地计算机上所有网络连接的 IP 地址、子网掩码和默认网关值，并能为 DNS 和 WINS 服务器显示它已经配置且所要使用的附加信息，如 IP 地址等，还可以显示内置于本地网卡中的物理地址(MAC)。如果 IP 地址是从 DHCP 服务器租用的，该命令还将显示 DHCP 服务器的 IP 地址和租用地址预计失效的日期。

(3) ipconfig /release 和 ipconfig /renew：这是两个附加选项，只能在向 DHCP 服务器租用其 IP 地址的计算机上起作用。ipconfig /release 命令是将所有接口的租用 IP 地址重新交付给 DHCP 服务器(归还或释放 IP 地址)。ipconfig /renew 命令用于本地计算机重新与 DHCP 服务器联系，并租用一个 IP 地址。注意，在大多数情况下，网卡将被重新赋予和以前赋予的相同的 IP 地址。

(4) ipconfig /flushdns：清除本地 DNS 缓存内容。

(5) ipconfig /displaydns：显示本地 DNS 内容。

(6) ipconfig /registerdns：DNS 客户机手动向服务器进行注册。

(7) ipconfig /showclassid：显示网络适配器的 DHCP 类别信息。

(8) ipconfig /setclassid：设置网络适配器的 DHCP 类别信息。

图 2-21　使用 ipconfig 命令查看网络参数和命令帮助

任务三　Linux 下的 DHCP 服务配置

一、架设 DHCP 服务器

1. 设置 DHCP 服务器的网络参数

根据新源公司内部网络的 IP 地址规划，DHCP 服务器和 DNS 服务器都架设在 IP 地址为 192.168.1.1 的物理服务器上，网关地址为 192.168.1.254，具体设置如下。

```
# vim /etc/sysconfig/network-scripts/ifcfg-eth0        //编辑 eth0 配置文件
```

```
DEVICE=eth0
HWADDR=00:26:2D:FD:6B:5C
TYPE=Ethernet
UUID=e662bd32-f9e2-47b0-9cbf-5154aa468931
ONBOOT=yes
NM_CONTROLLED=no
BOOTPROTO=static
IPADDR=192.168.1.1
NETMASK=255.255.255.0
BROADCAST=192.168.1.255
NETWORK=192.168.1.0
GATEWAY=192.168.1.254
DNS1=192.168.1.1
#                                                        //保存并退出
# service network restart                                //重启网络服务
Shutting down interface eth0                             [ OK ]
Shutting down loopback interface                         [ OK ]
Bringing up loopback interface:                          [ OK ]
Bringing up interface eth0: Determining if ip address 192.168.1.1 is already in
use for device eth0...                                   [ OK ]
#
```

💡 **注意:** 这里的主 DNS 服务器 IP 地址暂且设置为 192.168.1.1,待项目三架设 DNS 服务器后域名解析才起作用。本项目起,在叙述操作命令时均省略命令提示符前面的方括号部分(包括主机名和当前目录),仅保留一个#号。

2. 生成 DHCP 服务器配置文件 dhcpd.conf

DHCP 服务器的配置文件为/etc/dhcp/dhcpd.conf。在 CentOS 6.5 中,默认 dhcpd.conf 配置文件内容如下。

```
# vim /etc/dhcp/dhcpd.conf
#
# DHCP Server Configuration file.
#   see /usr/share/doc/dhcp*/dhcpd.conf.sample
#   see 'man 5 dhcpd.conf'
#
```

可以看到,默认的/etc/dhcp/dhcpd.conf 文件仅包含 5 行注释,没有任何配置内容。但注释中告诉用户 DHCP 服务器配置文件可参考/usr/share/doc/dhcp*/dhcpd.conf.sample 文件,即提供了一个配置文件的样板。其中,星号(*)是版本号,读者可查看/usr/share/doc 目录下以 dhcp 开头的目录名称,然后使用以下命令把该样板文件复制为/etc/dhcp/dhcpd.conf 的配置文件,再对文件内容进行修改。

```
# mv /etc/dhcp/dhcpd.conf /etc/dhcp/dhcpd.conf.old          //备份原文件
```

```
# cp /usr/share/doc/dhcp-4.1.1/dhcpd.conf.sample /etc/dhcp/dhcpd.conf
#
```

💡 **注意：** 在稍早的 Red Hat、Fedora 等版本中，DHCP 服务器配置文件 dhcpd.conf 是在 /etc 目录下，而不是在/etc/dhcp 目录下，且该文件默认可能并不存在。可以将 /usr/share/doc/dhcp*/dhcpd.conf.sample 的样板文件复制为/etc/dhcpd.conf 文件，其中的星号(*)为版本号，当然也可以直接新建该文件。但无论怎样生成该配置文件，必须首先完整安装了 DHCP 服务器相关的软件包(CentOS 6.5 中是以 dhcp、dhcp-common 和 dhclient 开头的 3 个文件)，检查软件包是否已安装以及安装方法可参阅项目一，这里不再赘述。

3. 修改 DHCP 服务器配置文件 dhcpd.conf

修改配置文件/etc/dhcp/dhcpd.conf 为以下配置内容。当然，如果没有进行上述 DHCP 配置样板文件的复制，也可以直接在默认配置文件中输入配置内容。

```
# vim /etc/dhcp/dhcpd.conf                    //输入或修改 dhcpd.conf 文件内容如下
# DHCP Server Configuration file.
ddns-update-style interim;                    //配置使用过渡性 DHCP-DNS 互动更新模式
ignore client-updates;                        //忽略客户机更新
default-lease-time 21600;                     //为 DHCP 客户设置默认的地址租期(单位:s)
max-lease-time 43200;                         //为 DHCP 客户设置最长的地址租期
option routers  192.168.1.1;                      //为 DHCP 客户设置默认网关
option subnet-mask  255.255.255.0;                //为 DHCP 客户设置子网掩码
option domain-name  "xinyuan.com";                //为 DHCP 客户设置 DNS 域
option domain-name-servers  192.168.1.1;          //为 DHCP 客户设置 DNS 地址
option time-offset  -18000;                       //设置与格林尼治时间的偏移
subnet 192.168.1.0 netmask 255.255.255.0 {        //设置子网声明
        range 192.168.1.10    192.168.1.109;
        range 192.168.1.121   192.168.1.220;
}                           //允许 DHCP 服务器分配这两段地址范围给 DHCP 客户
host me {                   //设置主机声明，为名为 me 的机器指定固定的 IP 地址
        option host-name "me.xinyuan.com";        //给客户指定域名
        hardware Ethernet 12:34:56:78:AB:CD;      //指定客户的 MAC 地址
        fixed-address 192.168.1.188               //给指定 MAC 地址分配固定 IP
}
#                                                 //保存并退出
```

上述配置内容中最重要的就是以下两个部分。

(1) subnet 子网声明。subnet 声明的子网 192.168.1.0 中包含两条 range 语句，其中每一条 range 语句设置一个可供分配的 IP 地址范围。

(2) host me 主机声明。host me 声明为某个 MAC 地址的主机保留特定的 IP 地址。这里设置的是新源公司内部网络 IP 地址规划时专为公司经理保留的 IP 地址，这样可以让他的主机每次启动都会自动获取 192.168.1.188 这个 IP 地址。

4. 启动 DHCP 服务

在修改 DHCP 服务器配置文件并检查无误后，需要启动 dhcpd 服务才能使配置生效。

```
# service dhcpd start                                    //启动 DHCP 服务
Starting dhcpd:                                          [ OK ]
#
```

二、使用 Linux 客户机测试 DHCP 服务

无论是 Windows 客户机还是 Linux 客户机，只要把网络接口参数设置为"自动获得 IP 地址"，在重启网络接口或重启计算机后，即可查看是否已从 DHCP 服务器获取 IP 地址以及其他网络参数。这里仅介绍如何配置 Linux 客户机来测试 DHCP 服务。

1. 配置 Linux 客户机

修改网络接口配置文件/etc/sysconfig/network-scripts/ifcfg-eth0，将其中的 BOOTPROTO 配置项设置为 dhcp，并注释固定的 IP 地址、子网掩码、默认网关、广播地址等配置行(如果有的话)，具体操作如下。

```
# vim /etc/sysconfig/network-scripts/ifcfg-eth0
# Intel Corporation 82545EM Gigabit Ethernet Controller (Copper)
TYPE=Ethernet
DEVICE=eth0
HWADDR=00:0C:29:13:5D:74
ONBOOT=yes
BOOTPROTO=dhcp                                  //启用动态地址协议(dhcp)
#IPADDR=192.168.1.11                            //此后 4 行若有则将其注释
#NETMASK=255.255.255.0
#GATEWAY=192.168.1.1
#BROADCAST=192.168.1.255                        //保存并退出
#
```

然后，重新导入 ifcfg-eth0 网络配置文件，或者将网络接口关闭后再重新激活。

```
# service network restart
Shutting down interface eth0:                            [ OK ]
Shutting down loopback interface:                        [ OK ]
Bringing up loopback interface:                          [ OK ]
Bringing up interface eth0:                              [ OK ]
# ifdown eth0
# ifup eth0
#
```

2. 测试 DHCP 服务

查看是否已从 DHCP 服务器的地址池获取到 IP 地址，具体操作如下。

```
# ifconfig  eth0
eth0      Link encap:Ethernet  HWaddr 00:0C:29:13:5D:74
          inet addr:192.168.1.10 Bcast:192.168.1.255 Mask:255.255.255.0
          inet6 addr: fe80::20c:29ff:fe13:5d74/64 Scope:Link
          UP BROADCAST RUNNING MULTICAST  MTU:1500  Metric:1
          RX packets:413 errors:0 dropped:0 overruns:0 frame:0
          TX packets:572 errors:0 dropped:0 overruns:0 carrier:0
          collisions:0 txqueuelen:1000
          RX bytes:47701 (46.5 KiB)  TX bytes:64842 (63.3 KiB)
          Base address:0x2000 Memory:d8920000-d8940000
#
```

查看到客户机已获取 IP 地址 192.168.1.10 以及子网掩码等其他网络参数，表明 DHCP
服务器配置成功并正常运行。

任务四　DHCP 服务器运维及深入配置

一、DHCP 服务的数据库维护

在配置 DHCP 服务器后，可以将其数据库进行备份，具体操作方法有以下两种。

1. 使用窗口操作

选择"开始"菜单中的"管理工具"命令，打开"管理工具"窗口，双击 DHCP 图标，
打开 DHCP 控制台；然后右键单击左窗格中的服务器名 xy-wbj，在弹出的快捷菜单中选择
"备份"命令，选择将 DHCP 服务器备份到某个目录后，单击"确定"按钮即可完成
备份。

当 DHCP 服务器的数据库出现问题时，可以利用"还原"命令将之前备份的文件还原
为 DHCP 服务器的数据库。在 DHCP 控制台中，右键单击左窗格中的服务器名 xy-wbj，在
弹出的快捷菜单中选择"还原"命令，选择此前备份 DHCP 服务器的目录和文件，单击"确
定"按钮；接着会询问是否停止服务，因为在还原过程中需要暂停 DHCP 服务，所以应单
击"是"按钮，这时系统就会自动进行恢复数据库的操作。

为使 DHCP 服务生效，重新打开 DHCP 控制台，右击服务器名 xy-wbj，在弹出的快捷
菜单中选择"所有任务"→"启动"命令，即可启动 DHCP 服务。

2. 使用 MS-DOS 命令操作

步骤 1　右键单击"开始"菜单，选择"运行"命令，在"运行"对话框中输入"cmd"
并按 Enter 键，打开"管理员：C:\Windows\system32\cmd.exe"命令窗口(早期的 Windows
系统中称为"MS-DOS 方式"窗口)。

步骤 2　在 DOS 命令提示符后输入下面的命令并按 Enter 键停止 DHCP 服务。

```
C:\>net stop dhcpserver
```

步骤 3 运行下面的命令删除错误的 DHCP 数据库。

```
C:\>del %systemroot%\system32\dhcp\dhcp.mdb        //%systemroot%为系统安装目录
```

步骤 4 将备份的 DHCP 数据库复制到 DHCP 文件夹中，命令如下。

```
C:\>copy %systemroot%\system32\dhcp\backup\new\dhcp.mdb %systemroot%\
system32\dhcp\dhcp.mdb
```

步骤 5 运行下面的命令重新启动 DHCP 服务，DHCP 服务数据库即恢复正常。

```
C:\>net start dhcpserver
```

二、DHCP 中继代理及其实现

在大型的网络中，可能会存在多个子网。DHCP 客户机通过网络广播消息获得 DHCP 服务器响应后得到 IP 地址。但广播消息是不能跨越子网的，因此，如果 DHCP 客户机和服务器在不同的子网内，客户机若想向服务器申请 IP 地址，就要用到 DHCP 中继代理。安装了 DHCP 中继代理的计算机称为 DHCP 中继代理服务器，它承担不同子网间的 DHCP 客户机和服务器的通信任务。

DHCP 中继代理实际上是一种软件技术，是在不同子网上的客户机和服务器之间中转 DHCP/BOOTP 消息的小程序。在征求意见文档(RFC)中，DHCP/BOOTP 中继代理是 DHCP 和 BOOTP 标准及功能的一部分。

1. 路由器的 DHCP/BOOTP 中继代理支持

在 TCP/IP 网络中，路由器用于连接称作"子网"的不同物理网段上使用的硬件和软件，并在每个子网之间转发 IP 数据包。要在多个子网上支持和使用 DHCP 服务，连接每个子网的路由器应具有在 RFC 1542 中描述的 DHCP/BOOTP 中继代理功能。

要符合 RFC 1542 并提供中继代理支持，每个路由器必须能识别 BOOTP 和 DHCP 协议消息并相应处理(中转)这些消息。由于路由器将 DHCP 消息解释为 BOOTP 消息，例如，通过相同的 UDP 端口编号发送，并包含共享消息结构的 UDP 消息，因此具有 BOOTP 中继代理能力的路由器可中转网络上发送的 DHCP 数据包和任何 BOOTP 数据包。

如果路由器不能作为 DHCP/BOOTP 中继代理运行，则每个子网都必须有在该子网上作为中继代理运行的 DHCP 服务器或另一台计算机，用户可以通过安装 DHCP 中继代理服务来配置运行 Windows NT Server 4.0 或更高版本的计算机充当中继代理。

在大多数情况下，路由器支持 DHCP/BOOTP 中继。如果用户的路由器不支持，则应与路由器制造商或供应商联系，以查明是否有软件或固件升级提供对该功能的支持。

2. 中继代理的工作原理

中继代理会将其连接的其中一个物理接口(如网卡)上广播的 DHCP/BOOTP 消息中转到其他物理接口连至的其他远程子网。如图 2-22 所示，子网 2 上的客户端 C 从子网 1 上的 DHCP 服务器 1 获得 DHCP 地址租约的具体过程如下。

(1) DHCP 客户机 C 使用众所周知的 UDP 服务器 67 号端口在子网 2 上以"用户数据

报协议(UDP)"的数据报广播 DHCP/BOOTP 查找消息(DHCPDISCOVER)。67 号 UDP 端口是 BOOTP 和 DHCP 服务器通信所保留和共享的。

(2) 中继代理。在 DHCP/BOOTP 允许中继路由器的情况下，检测 DHCP/BOOTP 消息头中的网关 IP 地址字段。如果该字段有 IP 地址 0.0.0.0，则代理文件会在其中填入中继代理或路由器的 IP 地址，然后将消息转发到 DHCP 服务器 1 所在的远程子网 1。

(3) 远程子网 1 上的 DHCP 服务器 1 收到此消息时，会为该 DHCP 服务器提供可用于 IP 地址租约的 DHCP 作用域，检查其网关 IP 地址字段。

(4) 如果 DHCP 服务器 1 有多个 DHCP 作用域，网关 IP 地址(GIADDR)字段中的地址会标识将从哪个 DHCP 作用域提供 IP 地址租约。

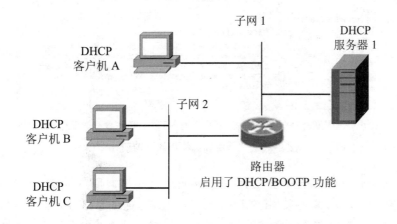

图 2-22　DHCP 中继代理示例

例如，如果网关 IP 地址(GIADDR)含有 10.0.0.2 字段，则 DHCP 服务器会检查其可用的地址作用域集中是否有与包含作为主机的网关地址匹配的地址作用域范围。在这种情况下，DHCP 服务器将对 10.0.0.1 和 10.0.0.254 之间的地址作用域进行检查。如果存在匹配的作用域，则 DHCP 服务器从匹配的作用域中选择可用地址，以便在对客户机的 IP 地址租约提供响应时使用。

(5) 当 DHCP 服务器 1 收到 DHCPDISCOVER 消息时，它会处理 IP 地址租约 (DHCPOFFER)并将其直接发送给在网关 IP 地址(GIADDR)字段中标识的中继代理。

(6) 路由器将地址租约(DHCPOFFER)转发给 DHCP 客户机。此时客户机的 IP 地址仍未知，所以它必须在本地子网上广播。同样，根据 RFC 1542，DHCPREQUEST 消息从客户机中转发到服务器，而 DHCPACK 消息从服务器转发到客户机。

3. 配置 Windows 下的 DHCP 中继代理

要配置和验证 DHCP 中继代理，必须有两个及以上的网段。这里，首先通过配置路由和远程访问，利用一台使用 Windows Server 2012 R2 系统的计算机，将该计算机系统配置成 LAN 路由器，用来连接这两个不同的子网。

系统默认设置是没有启用 LAN 路由服务的，所以首先要安装并启用它。打开"控制面板"窗口，选择"系统和安全"→"管理工具"→"路由和远程访问"选项，打开"路由和远程访问"窗口，右击"XY-WBJ (本地)"选项(即本地服务器名称)，在弹出的快捷菜单中选择"配置并启用路由和远程访问"命令，打开"路由和远程访问服务器安装向导"对话框，单击"下一步"按钮，选择"自定义配置"选项后，再单击"下一步"按钮，选择"LAN 路由"选项，最后单击"完成"按钮即可。安装并启用 LAN 路由服务后的"路由和远程访问"窗口如图 2-23 所示。

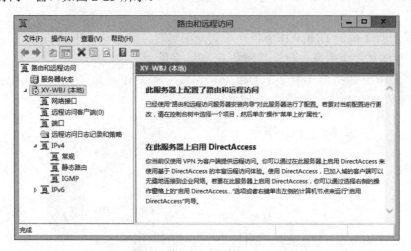

图 2-23   "路由和远程访问"窗口

💡 **注意:** 　在 Windows Server 2012 R2 中，要通过"管理工具"窗口打开"路由和远程访问"窗口，需安装"远程访问"角色、"RAS 连接管理器管理工具包(CMAK)"功能以及"路由"角色服务，安装过程将在项目七中介绍，读者也可以参考项目一中的"添加角色和功能向导"步骤自行安装。

接下来就可以配置 DHCP 中继代理了。首先要将这台运行 Windows Server 2012 R2 的计算机配置成 DHCP 中继代理服务器，这样当 DHCP 客户机广播请求地址租赁时，中继代理服务器就会把这个消息转发给另一子网中的 DHCP 服务器；然后将 DHCP 服务器返回的分配 IP 地址的消息转发给 DHCP 客户机，从而协助 DHCP 客户机完成地址租赁。配置 DHCP 中继代理的具体操作步骤如下。

步骤 1　安装 DHCP 中继代理。在"路由和远程访问"窗口的左窗格中，依次展开"本地服务器"→"IPv4"选项，右击"常规"选项，在弹出的快捷菜单中选择"新增路由协议"命令，打开"新路由协议"对话框，选择 DHCP Relay Agent 选项(即 DHCP 中继代理)，并单击"确定"按钮，如图 2-24 所示。

步骤 2　指定 DHCP 服务器。新增 DHCP Relay Agent 协议后，在"路由和远程访问"窗口的"本地服务器"→IPv4 下就会增加一个"DHCP 中继代理"选项。右击该选项，在弹出的快捷菜单中选择"属性"命令，打开"DHCP 中继代理 属性"对话框，在"服务器地址"文本框中输入另一子网中的 DHCP 服务器的 IP 地址(如 192.168.1.2)，如图 2-25 所示。然后单击"添加"按钮，再单击"确定"按钮关闭该对话框。

步骤 3　配置访问接口。右击"DHCP 中继代理"选项，在弹出的快捷菜单中选择"新增接口"命令，打开"DHCP 中继代理的新接口"对话框，在"接口"列表框中选中可以访问另一子网 DHCP 服务器的那个接口，通常这个接口就是连接另一子网的网卡。然后单

击"确定"按钮, 在打开的"DHCP 中继属性"对话框中选择"中继 DHCP 数据包"选项,
这样就启用了它的中继功能, 最后单击"确定"按钮。

图 2-24 "新路由协议"对话框   图 2-25 "DHCP 中继代理 属性"对话框

完成以上配置后, 本子网中的 DHCP 客户机就可以通过 DHCP 中继代理程序访问另一
子网中的 DHCP 服务器了。

4. 配置 Linux 下的 DHCP 中继代理

本案例使用 3 台安装有 Linux 系统的计算机。其中两台 Linux 服务器, 一台用作 DHCP
服务器, 另一台用作 dhcprelay 中继代理服务器; 第三台则用于测试的客户机 PC。

假如 DHCP 中继代理服务器安装了 3 块网卡 eth0、eth1、eth2, 分别用于连接 3 个网段
192.168.5.0/24、192.168.6.0/24 和 192.168.7.0/24。这 3 块网卡的接口 IP 地址分别为
eth0:192.168.5.1、eth1:192.168.6.1、eth2:192.168.7.1。

DHCP 服务器网卡为 eth0, 其 IP 配置为 eth0:192.168.5.2。DHCP 服务器的配置步骤不
再赘述, 这里主要介绍 DHCP 中的中继代理服务器的配置步骤。

步骤 1   配置 DHCP 中继代理。在/etc/sysconfig/dhcrelay 文件中加入如下代码。

```
# vim /etc/sysconfig/dhcrealy                    //找到以下两个配置项并修改为
...
INTERFACES="eth1 eth2"
DHCPSERVERS-"192.168.5.2"
#                                                //保存并退出
```

步骤 2   开启 IPv4 转发功能。在/etc/sysctl.conf 文件中添加如下内容。

```
# vim /etc/sysctl.conf                           //找到以下两个配置项并修改为
...
net.ipv4.conf.all.bootp_relay = 1
net.ipv4.ip_forward = 1
#                                                //保存并退出
```

或者执行以下命令。

```
# echo 1 > /proc/sys/net/ipv4/conf/all/bootp_relay
# echo 1 > /proc/sys/net/ipv4/ip_forward
#
```

步骤3　使用以下命令开启路由，并启动 dhcrelay 服务。

```
# dhcrelay -i eth1 -i eth2 192.168.5.2              //开启路由
         //以下两个命令均可用于临时启动 dhcrelay 服务
# /etc/init.d/dhcrelay start
# service dhcrelay start
Starting dhcrelay:                                  [ OK ]
         //以下命令可永久设置2345运行级别下自动启动 dhcrelay 服务
# chkconfig --level 2345 dhcrelay on
         //也可以使用 ntsysv 命令进入文本菜单界面设置自动启动 dhcrelay 服务
#
```

步骤4　使用以下命令重新启动 dhcpd 服务。

```
# service dhcpd restart                             //重新启动 dhcpd 服务
Stopping dhcpd: .                                   [ OK ]
Starting dhcpd:                                     [ OK ]
#
```

步骤5　配置 DHCP 客户机进行测试，其方法参见任务三。

如果子网2上的客户机能从子网1上的 DHCP 服务器获得 IP 地址租约，则表明实现了 DHCP 中继代理。

三、DHCP 疑难解答

问题1　如果 DHCP 服务器和客户机不在同一个网段，客户机如何租用服务器地址？

解答： 由于 DHCP 信息以广播为主，可是路由器不会将广播信息传递到不同网段，所以解决办法如下。

(1) 在每个网段内都安装 DHCP 服务器。

(2) 用户所选择的 IP 路由器必须符合 RFC 1542 的 TCP/IP 标准规格，以便将 DHCP 信息转发到其他网段。

问题2　如果 DHCP 数据库发生损坏，系统管理员如何修复数据库？

解答： 有以下两种方法。

(1) 自动还原：如果 DHCP 服务器检查到数据库已损坏，它会自动将%systemroot%\ system32\dhcp\backup 文件夹中的内容还原。

(2) 手工还原：在 DHCP 控制台中，右击 DHCP 服务器名，在弹出的快捷菜单中选择"还原"命令。

问题3　当 DHCP 服务器使用一段时间后，会造成数据库内信息分布凌乱，降低数据库效率。如何提高数据库效率？

解答： 有以下两种方法。

(1) 在线重整：服务器自动执行，效率低。

(2) 脱机重整：手工执行，效率高。命令如下。

```
C:\>cd %systemroot%\system32\dhcp
C:\>net stop dhcpserver
C:\>Jetpack dhcp.mdb temp.mdb
C:\>net start dhcpserver
```

小　　结

DHCP 是一个简化主机 IP 地址分配管理的 TCP/IP 标准协议，利用它可以给网络客户机分配动态的 IP 地址，并进行其他相关的网络环境配置工作。在具有一定规模的企业网络或者人员流动较多的网络环境中，配置 DHCP 服务可以降低管理员管理 IP 地址的负担，同时可以避免因手工设置 IP 地址等网络参数所产生的错误以及造成 IP 地址冲突的问题。

DHCP 服务使用客户机/服务器(C/S)工作模式。网络中的客户机从 DHCP 服务器获取 IP 地址的过程可以简要概括为发现、提供、选择和确认 4 个阶段。在配置 DHCP 服务器之前，首先应对企业内部网络所使用的 IP 地址段进行合理规划，确定哪些地址是分配给需要固定 IP 地址的服务器(包括 DHCP 服务器自身)的，哪些地址是可动态分配给客户机使用的，哪些是需要保留给其他用途的，有无特殊的计算机需要绑定 IP 地址等。

无论是在 Windows Server 2012 还是 Linux 平台下，设置可供分配的 IP 地址范围是配置 DHCP 服务器的一个最重要的步骤。但必须注意，如果一个可供分配的连续 IP 地址段(如 192.168.0.10～250)内，有一个或多个连续 IP 地址需要保留而不供分配(如 192.168.0.110～120)，则在 Windows Server 2012 和 Linux 平台下配置 DHCP 服务器时的处理方法有所不同。在 Windows Server 2012 中，首先是将 192.168.0.10～250 整段地址设置为可供分配的 IP 地址范围，然后再将 192.168.0.110～120 设置为排除地址；而在 Linux 中，是将可供分配的 IP 地址处理为 192.168.0.10～109 和 192.168.0.121～250 两个范围，在配置文件 dhcpd.conf 中分别用两个 range 语句来进行设置。另外，设置将某台计算机的 MAC 地址绑定某个 IP 地址的方法也略有不同。在 Windows Server 2012 中是在新的作用域创建完成之后，通过该作用域下的"新建保留"操作来实现的；而在 Linux 系统中是直接在 dhcpd.conf 文件中通过 host me 语句来实现的。

DHCP 客户机的设置非常简单，只要将网络参数设置为"自动获得 IP 地址"即可。重新启动客户机后，要检验是否从 DHCP 服务器获取了 IP 地址，可以查看客户机上当前的网络参数配置，其查看方法有很多种，最典型的是使用命令进行查看。但要注意，在 Windows 客户机和 Linux 客户机上查看当前网络参数配置的命令有所不同，前者使用 ipconfig 命令，后者使用 ifconfig 命令。

习　题

一、简答题

1. 什么是 DHCP？在企业内部网络中部署 DHCP 服务有哪些好处？

2. 简述 DHCP 的工作过程。

3. 在 Windows Server 2012 R2 系统中，要配置 DHCP 服务器需要安装哪个角色？在配置 DHCP 服务器的过程中，设置排除地址是指什么？

4. 在 Linux 系统中，DHCP 服务器主配置文件是哪个？解释该配置文件中 range 和 host me 语句的作用。

5. 什么是 DHCP 中继代理？什么情况下需要配置 DHCP 中继代理？

6. 当 DHCP 数据库发生损坏时，系统管理员如何修复数据库？

二、训练题

某经济型酒店目前拥有近 200 间客房，其内网使用 192.168.10.0/24 网段，有两台服务器，办公室工作人员共有 12 台电脑，使用的固定 IP 地址为 192.168.10.100～119(适当留有余量)，连接 Internet 使用的网关地址为 192.168.10.254，其余 IP 地址都可自动分配给各间客房供客人自带的电脑使用。另外，酒店经理的笔记本电脑要求每次开机自动获取的 IP 地址均为 192.168.10.188。

(1) 请为该酒店合理规划 IP 地址，设计 DHCP 服务方案。

(2) 分别在 Windows Server 2012 R2 和 Linux 平台下完成 DHCP 服务器的配置。

(3) 配置多个客户机进行测试。

(4) 按附录 C 中简化的文档格式，撰写 DHCP 服务项目实施报告。

项目三 DNS 服务器配置与管理

能力目标

- 能根据企业信息化建设需求和项目总体规划合理设计 DNS 服务方案
- 能在 Windows 和 Linux 两种平台下正确安装和配置 DNS 服务器
- 能配置 Windows 和 Linux 客户机并测试 DNS 服务器的域名解析
- 具备 DNS 服务器的基本管理和维护能力

知识要点

- 域名系统的基本概念以及 Internet 域名结构
- DNS 服务器的工作机制与域名解析过程
- Linux 系统中 DNS 服务器有关配置文件及其语句结构和功能

任务一 知识预备与方案设计

通过项目一对网络服务器平台的基本部署，读者对 hosts 和 DNS 两种实现"名称—IP 地址"转换的域名解析方案已经有所了解。现在无论是基于 TCP/IP 的企业网络内部还是通过 Internet 访问企业网络服务器，都是采用 DNS 域名解析的。本项目就是根据新源公司网络信息服务项目的总体规划，设计公司 DNS 服务器的架设方案，并配置实现公司内部网络中多个服务器域名的解析服务，使客户机能直接通过域名来访问这些服务器。在本项目实施之前，有必要对 DNS 的域名结构及域名解析过程做进一步的了解。

一、DNS 域名结构及解析过程

1. DNS 的域名结构

完整的域名由主机名、区域名和点(.)间隔符组成。例如，在域名 www.sina.com.cn 的表达中，www 是新浪的 Web 服务器主机名，sina.com.cn 就是这台服务器所在的新浪的区域名。为了提高域名的查询速度，缩短域名的路径表达且便于人们记忆，DNS 系统将所有的域名称按照不同层次组织成树状结构，如图 3-1 所示。

DNS 的域名结构自上而下分别为根域(Root Domain)、顶级域名、二级域名，最后是主机名。域名只是逻辑上的概念，并不反映计算机所在的物理地点。每个域至少由一台 DNS 服务器管辖，该服务器只需存储其管理域内的数据，同时向上层域的 DNS 服务器注册。例如，管辖.sina.com.cn 的 DNS 服务器就要向管辖.com.cn 的服务器注册，这样层层向上注册，直到位于树状最高点的根域 DNS 服务器为止。以下为各个域的不同特征。

(1) 根域。根域位于 DNS 结构的最上层。从理论上讲，只要所查找的主机已按规定注册过,那么无论它位于何处,从根域的 DNS 服务器往下查找,一定可以解析出这台主机的 IP 地址。根域本身不包含文字信息,仅用一个点(.)用来表示定位。在书写一个域名时,根域往往忽略不写,如新浪的 Web 服务器域名就写为 www.sina.com.cn。

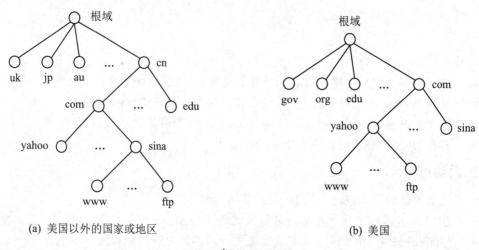

(a) 美国以外的国家或地区　　　　　　　　　　　(b) 美国

图 3-1　DNS 域结构

(2) 顶级域名。根域下的第一级域名被称为顶级域名,常见的顶级域名有两类。在美国以外的国家,大多以 ISO 3116 规定的"国家或地区级域名"来区分。例如,cn 表示中国,au 表示澳大利亚,jp 表示日本,uk 表示英国等,如图 3-1(a)所示。在美国,虽然也有 us 这个国家或地区级域名,但很少作为顶级域名,而是以"组织性质"来区分,这些域名也叫通用顶级域名。例如,com 表示商业机构,edu 表示教育机构,org 表示社会团体,gov 表示政府部门,如图 3-1(b)所示。由于 Internet 上的用户数量急剧增加,后来又增设了 7 个通用顶级域名,分别是:firm 表示公司企业,sgop 表示销售公司和企业,web 表示突出万维网活动的单位,arts 表示突出文化、娱乐活动的单位,rec 表示突出消遣、娱乐活动的单位,now 表示个人,info 表示提供信息服务的单位。

(3) 二级域名。在国家或地区顶级域名下注册的二级域名都是由该国家或地区自行确定的。我国将二级域名划分为"类别域名"和"行政区域名"两大类。其中,类别域名 6 个,分别是:ac 表示科研机构,com 表示工、商、金融等企业,edu 表示教育机构,gov 表示政府部门,net 表示互联网络、接入网络的信息中心和服务提供商等,org 表示各种非营利性组织。行政区域名适用于我国的省、自治区、直辖市等,例如,zj 代表浙江省,bj 代表北京市,sh 代表上海市等。

我国顶级域名 cn 的管理及 cn 下域名的注册管理工作由中国互联网信息中心(CNNIC)负责,包括域名注册、IP 地址分配、自治系统号分配、反向域名登记等。CNNIC 的域名系统管理工作以《中国互联网络域名注册暂行管理办法》和《中国互联网络域名注册实施细则》为基础。

2．域名解析过程

DNS 域名服务采用客户机/服务器(Client/Server)工作模式,把一个管理域名的软件安装在一台主机上,该主机就称为域名服务器。在 Internet 上有大量的域名服务器分布于世界各地，每个地区的域名服务器以数据库形式将一组本地或本组织的域名与 IP 地址存储为映像表，它们以树状结构连入上级域名服务器。

当客户机发出将域名解析为 IP 地址的请求时，由解析程序(或称解析器)将域名解析为对应的 IP 地址。域名解析过程如图 3-2 所示。下面以用户在浏览器的地址栏中输入域名地址 www.abc.com 为例，详细介绍将域名解析为对应 IP 地址的完整过程。

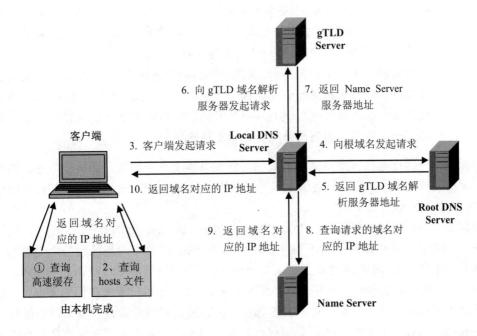

图 3-2　域名解析过程

步骤 1　查询高速缓存。浏览器自身和操作系统都会有一部分高速缓存，用于暂存曾经解析过的域名所对应 IP 地址的记录。因此，浏览器首先会检查自身的缓存，然后检查操作系统缓存，只要缓存中有这个域名对应的解析过的 IP 地址，操作系统就会把这个域名的 IP 地址返回给浏览器，则解析过程结束；如果两者缓存中都没有，则进入步骤 2。

💡 **注意：**　用于暂存曾经解析过的域名所对应 IP 地址的高速缓存，不仅缓存的大小有限制，而且缓存的时间也有限制，通常为几分钟到几小时不等。域名被缓存的时间限制可以通过 TTL 属性来设置。这个缓存时间不宜太长或太短，如果缓存时间设置太长，一旦域名被解析到的 IP 有变化，会导致被客户机缓存的域名无法解析到变化后的 IP 地址；如果缓存时间设置太短，会导致用户每次访问网站都要重新解析一次域名。

步骤 2　查询 hosts 文件。hosts 是一个用于记录域名和对应 IP 地址的文本文件(可以理解为是一个表)，用户可以添加或删除其中的记录。在 Windows 系统中，hosts 文件存放在 C:\Windows\System32\drivers\etc 目录中；而在 Linux 系统中，该文件存放在/etc 目录中。查询 hosts 文件是操作系统在本地的域名解析规程，如果在 hosts 文件中查到了这个域名所对应的 IP 地址，则浏览器会首先使用这个 IP 地址；如果未找到，则进入步骤 3。

网络服务器配置与管理项目化教程（Windows Server 2012+Linux）

> 💡 **注意：** 虽然现在访问 Internet 的主机都使用 DNS 实现域名解析，但利用 hosts 文件来解析域名的方法仍然常用于服务器的测试。譬如，在没有配置 DNS 服务器的情况下，要测试一个 Web 站点的配置是否正确，可以将 Web 站点的域名及对应的 IP 地址添加到 hosts 文件中，这样就可以在浏览器中使用域名来检查站点的访问是否正常，此刻暂时忽略 DNS 域名解析的问题，而仅仅测试 Web 服务器这一单独的业务逻辑是否正确。然而，也正因为操作系统有查询本地 hosts 文件的域名解析规程，所以黑客就有可能通过修改用户计算机上的 hosts 文件，把特定的域名劫持到他指定的 IP 地址，这在早期的 Windows 版本中出现过很严重的问题，所以在 Windows 7 系统中把 hosts 文件设置成了只读属性，以防止被黑客轻易修改。其实不仅是 hosts 文件，修改 DNS 域名解析相关的配置文件也能达到同样的目的，所以缓存域名失效时间设置过长也不利于安全，作为网络管理员必须重视这些问题。

前面两个步骤都是在客户机本地完成的，还没有涉及真正的域名解析服务器。如果在本机中无法完成域名的解析，就会请求本地域名服务器(即客户机在网络连接配置中所设置的 DNS 服务器)来解析这个域名。

步骤 3 请求本地域名服务器(Local Domain Name Server，LDNS)解析。在客户机上的 TCP/IP 网络参数配置中都有"DNS 服务器地址"这一项，通常将该地址设置为提供本地互联网接入的某个 DNS 服务器的 IP 地址，它一般离你不会很远，所以是本地区的 DNS 服务器。例如，如果你是在学校接入互联网，那么你的 DNS 服务器应该就在你的学校；如果你是在某个小区接入互联网，那么这个 DNS 服务器通常就是提供给你接入互联网的服务供应商(Internet Service Provider，ISP)，如电信、联通、移动等，总之它会在你所在城市的某个角落。当客户机通过前两个步骤在本机无法解析到这个域名所对应的 IP 地址时，操作系统会把这个域名发送到你所设置的 LDNS，它首先查询自己的 DNS 缓存以及区域资源数据库文件(简称区域文件)。如果找到则直接进入步骤 10，即把查询到的域名所对应的 IP 地址返回给请求解析的客户机；如果 LDNS 仍然没有查找到(未命中)这个域名，则由 LDNS 通过后续步骤 4～步骤 9 的递归查询过程来完成域名解析。

> 💡 **注意：** 一般来说，LDNS 这个专门的域名解析服务器性能都会很好，当它解析到域名对应的 IP 地址后，也会缓存这个域名的解析结果，当然缓存时间是受域名失效时间控制的(通常缓存空间不是影响域名失效的主要因素)。大约 80% 的域名到这一步都能通过 LDNS 完成域名解析，所以 LDNS 承担了主要的域名解析工作，只有少量的主机名到 IP 地址的映射需要经历以下步骤，在互联网上通过递归和迭代方式查询才能完成。正因为如此，在为客户机设置 DNS 服务器地址时，应尽可能选择离客户机距离较近，并且高效、优质的 DNS 服务器作为首选 DNS，以提高域名解析效率。

步骤 4 由 LDNS 向根域名服务器(Root Domain Name Server，RDNS)发送域名解析的请求。

> 💡 **注意：** 平常在描述一个域名(如 www.abc.com)时，其实最右边还缺省了一个代表根

高职高专立体化教材 计算机系列

域的点(.)。全球仅有 13 个根域名服务器,以英文字母 A ~ M 依序命名,根域名格式为"字母.root-servers.net"。在这 13 个根域名服务器中,1 个是主根服务器,放置在美国;其余 12 个为辅根服务器,其中 9 个也在美国,2 个在欧洲的英国和瑞典,1 个在亚洲的日本。根域名服务器由互联网名字与编号分配机构 ICANN(The Internet Corporation for Assigned Names and Numbers)统一管理。在 Windows Server 2012/2008 中,用来记录这些根域名服务器 IP 地址的列表文件是 C:\Windows\System32\dns\cache.dns;在早期的 Red Hat Linux 中,这个列表文件是/var/named/named.root,而在较新的 Fedora 和 CentOS 等 Linux 版本中,该列表文件为/var/named/named.ca。

步骤 5 根域名服务器收到来自 LDNS 的域名解析请求后,返回给 LDNS 一个所查询域的通用顶级域名(gTLD)服务器地址,如.com、.org、.cn。本例中即返回.com 的域名服务器地址。

步骤 6 由 LDNS 向上一步返回的 gTLD 服务器发送域名解析请求。

步骤 7 接受请求的 gTLD 服务器查找并返回此域名对应的 Name Server(域名服务器)地址,这个 Name Server 通常就是你注册的域名服务器。例如,你在某个域名服务提供商那里申请了域名,则该域名解析任务就由这个域名提供商的服务器来完成。本例中,gTLD 服务器查找并返回 abc.com 域名服务器的 IP 地址。

步骤 8 由 LDNS 向上一步返回的 Name Server 发送域名解析请求。

步骤 9 接受请求的 Name Server 会查询存储的域名和 IP 的映像关系表,正常情况下根据域名都能得到目标 IP 记录,并连同一个 TTL 值返回给 LDNS。本例中,Name Server 查找并返回 www.abc.com 这个域名的 IP 地址及 TTL 值。

步骤 10 LDNS 接收到 Name Server 的解析结果后,会缓存这个域名和 IP 地址的对应关系,同时将这个查询结果返回给客户机。客户机操作系统也会缓存这个域名和 IP 地址的对应关系,并提交给浏览器。域名缓存时间受 TTL 值控制。

二、设计企业网络 DNS 服务方案

1. 分析项目需求

随着新源公司网络规模的不断扩展,公司内部网上的各类服务器(如 Web 服务器、FTP 服务器、E-mail 服务器等)随着业务量的增加而迅速增多。无论是公司员工的日常办公,还是管理员进行日常网络维护与管理,要记住公司各个服务器的 IP 地址较为困难,使用 IP 地址访问也不方便。因此,公司员工希望管理员能够为各个服务器设置好记、有标识性的名字,实现服务器名称化访问,以便于企业信息化管理和提高工作效率。

为此,公司准备通过部署企业域名服务器系统 DNS,来实现容易理解的域名与 IP 地址之间的相互"翻译"与转换,方便公司各个机构间的协作办公,保证公司各部门之间的数据顺利、便捷地传输。

2. 设计网络拓扑结构

根据项目的总体规划,设计新源公司 DNS 服务项目的网络拓扑结构如图 3-3 所示。

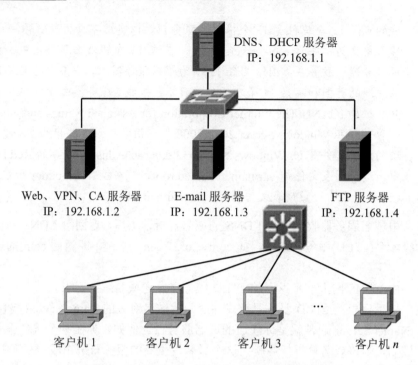

图 3-3　新源公司 DNS 服务项目的网络拓扑结构

3．规划域名与 IP 地址方案

根据项目需求，新源公司内部网络服务器域名与 IP 地址规划如表 3-1 所示。

表 3-1　新源公司内部网络服务器域名与 IP 地址规划

服务器	域　名	IP 地址
DNS、DHCP 服务器	dns.xinyuan.com	192.168.1.1
Web、VPN、CA 认证服务器	www.xinyuan.com	192.168.1.2
E-mail 服务器	mail.xinyuan.com	192.168.1.3
FTP 服务器	ftp.xinyuan.com	192.168.1.4

任务二　Windows 下的 DNS 服务配置

一、安装 DNS 服务器

要在运行 Windows Server 2012 R2 的服务器上成功部署 DNS 服务，服务器本身必须拥有一个静态(固定)IP 地址，这样才能让客户机定位 DNS 服务器。如果希望该 DNS 服务器能够解析 Internet 上的域名，还应确保它能正常连接至 Internet。根据新源公司网络服务项目的总体规划，DNS 服务器与 DHCP 服务器架设在同一台 IP 地址为 192.168.1.1 的物理服务器上，所以 IP 地址等网络参数无须重新设置。

在 Windows Server 2012 R2 中安装 DNS 服务器，就是在这台服务器上添加"DNS 服务器"角色。通过"服务器管理器"窗口打开"添加角色和功能向导"，为服务器添加角色的详细操作步骤可参阅项目一，这里仅给出向导进入的"选择服务器角色"界面，只需在"角色"列表框中勾选"DNS 服务器"复选框即可，如图 3-4 所示。

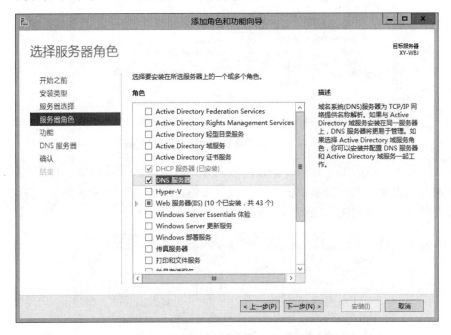

图 3-4　在"添加角色和功能向导"中选择"DNS 服务器"角色

单击"下一步"按钮，向导进入"DNS 服务器"界面，显示 DNS 服务器简介及注意事项等信息；再次单击"下一步"按钮，向导就会进入"确认安装所选内容"界面，显示此前所选择的"DNS 服务器"角色与服务，在确认无误后单击"安装"按钮，向导就会进入"安装进度"界面，待安装完成后单击"关闭"按钮即可。

成功安装 DNS 服务器后，在"管理工具"窗口中会增加一个 DNS 图标，在"服务器管理器"窗口的"工具"菜单中也会增加一个 DNS 菜单项，接下来就可以利用该图标或菜单命令来打开"DNS 管理器"窗口，进行 DNS 服务器的配置了。

二、配置 DNS 服务器

在实现域名解析的具体配置之前，需要创建一个新源公司域名为 xinyuan.com 的正向解析区域以及对应的 IP 反向解析区域。所谓正向解析，就是通过用域名来查询其对应的 IP 地址；相应地，反向解析就是通过 IP 地址来查询对应的域名。

1. 新建正向查找区域

步骤 1　选择"开始"→"管理工具"命令，打开"管理工具"窗口，双击 DNS 图标；或者选择"开始"→"服务器管理器"命令，打开"服务器管理器"窗口，选择"工具"→DNS 菜单命令。打开"DNS 管理器"对话框后，在左窗格中展开 DNS 下的服务器名称 XY-WBJ，右击"正向查找区域"文件夹，在弹出的快捷菜单中选择"新建区域"命令，如图 3-5 所示。

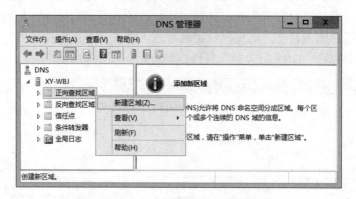

图 3-5　在"DNS 管理器"对话框中新建区域

步骤 2　设置区域类型。打开"新建区域向导"对话框后，首先显示的是"欢迎使用新建区域向导"界面，此时直接单击"下一步"按钮，向导进入"区域类型"界面，这里选中"主要区域"单选按钮，如图 3-6 所示。

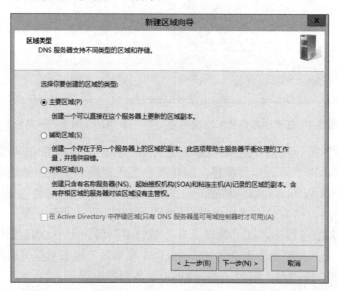

图 3-6　"新建区域向导"对话框的"区域类型"界面

步骤 3　输入区域名称。单击"下一步"按钮，向导进入"区域名称"界面，输入正向区域的名称。按照本项目的方案设计，这里应输入"xinyuan.com"，如图 3-7 所示。

步骤 4　设置区域文件。单击"下一步"按钮，向导进入"区域文件"界面。这里只需保持默认选中"创建新文件，文件名为"单选按钮，同时保持其下方文本框中默认给出的正向区域资源文件名 xinyuan.com.dns 不变，如图 3-8 所示。

💡 **注意：**　无论是这里创建的正向区域还是后续将要创建的反向区域，用于存储解析数据的资源数据库文件(简称区域文件)都放置在 C:\Windows\System32\dns 文件夹中，其文件名没有特殊需要无须更改，保持默认设置即可。如果要使用现有的区域文件，比如利用此前已有区域文件的备份来创建区域，则应该首先将这个备份文件复制到服务器上指定的文件夹，然后在该步骤中选中"使用此现存文件"单选按钮，并在其文本框中指定资源文件名。

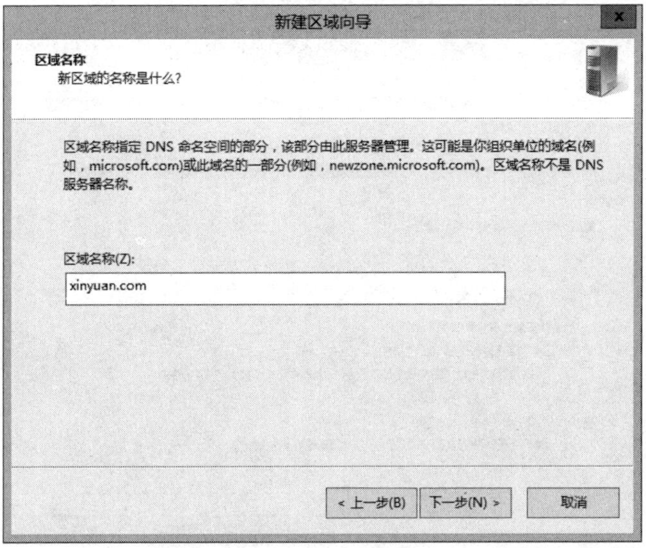

图 3-7 "新建区域向导"对话框的"区域名称"界面

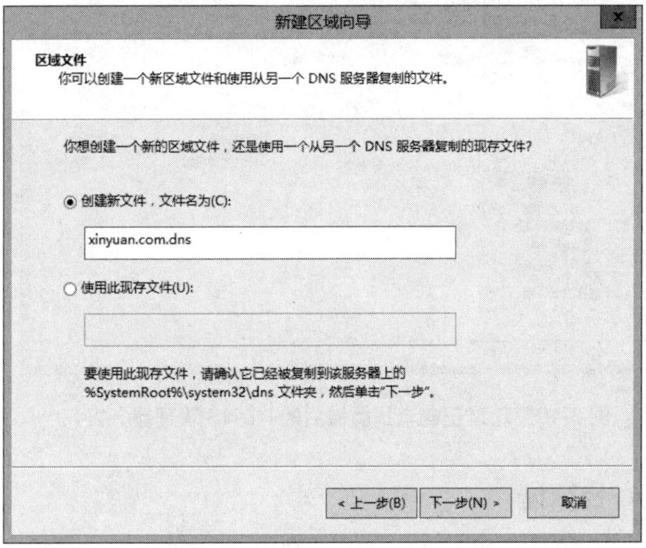

图 3-8 "新建区域向导"对话框的"区域文件"界面

步骤 5 设置动态更新。单击"下一步"按钮，向导进入"动态更新"界面。因此这里选中"不允许动态更新"单选按钮，如图 3-9 所示。

💡 **注意：** DNS 区域的动态更新功能可以使 DNS 客户机在每次发生更改时，用 DNS 服务器注册并动态更新资源记录。但因为可以接受来自非信任源的更新，所以这样做也会带来一定的安全风险。

步骤 6 完成新建区域。单击"下一步"按钮，向导将会显示此前各步骤所做选择或设置的摘要信息。如果检查后发现有错误，可以通过"上一步"按钮返回进行修改；如果确认无误，则单击"完成"按钮即可。创建完成后，在"DNS 管理器"窗口的"正向查找区域"文件夹内即可看到新建的正向区域 xinyuan.com，如图 3-10 所示。

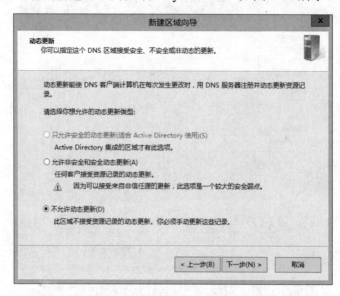

图 3-9   "新建区域向导"对话框的"动态更新"界面

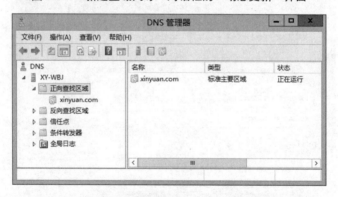

图 3-10   新建正向查找区域后的"DNS 管理器"窗口

2. 新建反向查找区域

新建反向查找区域与新建正向查找区域的过程类似，下面仅给出其中的关键步骤。

步骤 1   在"DNS 管理器"窗口中，右击服务器名称 XY-WBJ 下的"反向查找区域"文件夹，在弹出的快捷菜单中选择"新建区域"命令。打开"新建区域向导"对话框后直接单击"下一步"按钮，在"区域类型"界面中选中"主要区域"单选按钮。

步骤 2   单击"下一步"按钮，向导进入"反向查找区域名称"界面。首先要选择是为 IPv4 地址还是为 IPv6 地址创建反向查找区域，这里选中"IPv4 反向查找区域 (4)"单选按钮；然后单击"下一步"按钮，进入如图 3-11 所示的"反向查找区域名称"界面。在"网络 ID"文本框中输入"192.168.1"，即 xinyuan.com 所对应 IP 地址的网络号；保持"反向查找区域名称"文本框中自动生成的 1.168.192.in-addr.arpa 不变。

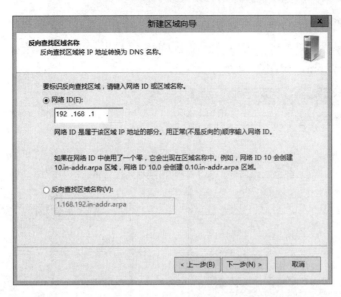

图 3-11 "新建区域向导"对话框的"反向查找区域名称"界面

步骤 3 单击"下一步"按钮,向导进入"区域文件"界面,默认已选中"创建新文件,文件名为"单选按钮,并保持默认的反向区域文件名 1.168.192.in-addr.arpa.dns 不变(该文件存放在 C:\Windows\System32\dns 文件夹下)。单击"下一步"按钮,在随后出现的"动态更新"界面中继续单击"下一步"按钮,最后单击"完成"按钮。

创建反向查找区域 1.168.192.in-addr.arpa 后的"DNS 管理器"窗口如图 3-12 所示。

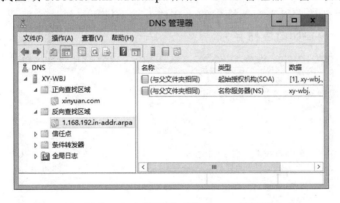

图 3-12 新建反向查找区域后的"DNS 管理器"窗口

3.实现域名解析

在成功创建了 xinyuan.com 区域的基础上,还需要创建指向该区域内不同主机的完整域名,才能提供这些主机域名的解析服务。根据新源公司内部各网络服务器的域名方案设计,需要建立 dns.xinyuan.com、www.xinyuan.com、ftp.xinyuan.com、mail.xinyuan.com 这 4 个主机记录,具体其步骤如下。

步骤 1 在"DNS 管理器"窗口中,右击"正向查找区域"中的 xinyuan.com 文件夹,在弹出的快捷菜单中选择"新建主机"命令,打开"新建主机"对话框。在"名称(如果为空则使用其父域名称)"文本框中输入 dns,在"IP 地址"文本框中输入 192.168.1.1,并勾选"创建相关的指针(PTR)记录"复选框,如图 3-13 所示。

步骤 2　单击"添加主机"按钮,会弹出 DNS 信息提示对话框,告知已成功创建了主机记录 dns.xinyuan.com,如图 3-14 所示。

图 3-13　"新建主机"对话框　　　　图 3-14　DNS 信息提示对话框

步骤 3　单击"确定"按钮后,返回"新建主机"对话框,此时对话框中的"取消"按钮会变为"完成"按钮。根据本项目的方案设计,重复上述步骤 1 和步骤 2,继续在"新建主机"对话框中为主机名 www、ftp 和 mail(对应的 IP 地址分别为 192.168.1.2、192.168.1.4 和 192.168.1.3)分别创建主机记录 www.xinyuan.com、ftp.xinyuan.com 和 mail.xinyuan.com。创建完成后单击"新建主机"对话框中的"完成"按钮即可。这样,新建 4 个主机记录后的"DNS 管理器"窗口如图 3-15 所示。

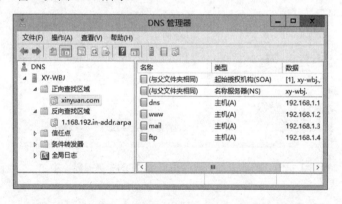

图 3-15　新建 4 个主机记录后的"DNS 管理器"窗口

由于在上述步骤 1 的"新建主机"对话框内勾选了"创建相关的指针(PTR)记录"复选框,所以在新建正向查找区域主机记录的同时,也自动为反向查找区域新建了相应的资源记录。如果没有勾选"创建相关的指针(PTR)记录"复选框,但又需要 DNS 的反向解析功能,则可以手动创建反向查找区域相应的资源记录。下面仅以新建 dns.xinyuan.com 的反向查找区域记录为例来说明其操作方法。

右击"反向查找区域"下的 1.168.192.in-addr.arpa 文件夹,在弹出的快捷菜单中选择"新建指针(PTR)"命令,打开"新建资源记录"对话框,如图 3-16 所示。在"主机 IP 地址"

文本框中输入"192.168.1.1"，在"主机名"文本框中输入"dns.xinyuan.com"，或者通过单击"浏览"按钮来选择 dns 主机，最后单击"确定"按钮。

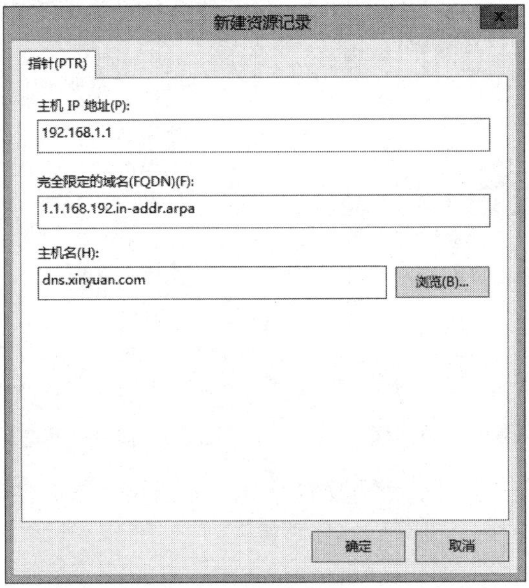

图 3-16 "新建资源记录"对话框

至此，符合新源公司 DNS 服务项目需求的 DNS 服务器已配置完毕。此时 DNS 服务默认处于启动状态，接下来就可以配置客户机并测试 DNS 服务器了。

三、使用 Windows 客户机测试 DNS 服务

无论是在这台 DNS 服务器的本地还是在客户机上，也无论是运行 Windows 还是 Linux 的客户机，要通过域名服务器解析域名，只需在本地的网络参数配置中，将 DNS 服务器地址设置为公司 DNS 服务器的 IP 地址即可。下面以 Windows 7 客户机为例，介绍客户机的配置以及测试 DNS 服务的方法，Linux 客户机的配置与测试可参考任务三。

1．配置 Windows 客户机

步骤 1 右击桌面上的"网络"图标，在弹出的快捷菜单中选择"属性"命令；或者右击桌面任务栏托盘上的网络连接图标，在弹出的快捷菜单中选择"打开网络和共享中心"命令；或者在打开"控制面板"窗口后，选择"网络和 Internet"→"网络和共享中心"选项。这些方法都可以打开的"网络和共享中心"窗口。

步骤 2 单击"网络和共享中心"窗口左侧的"更改适配器设置"链接，打开"网络连接"窗口。右击"本地连接"图标，在弹出的快捷菜单中选择"属性"命令，打开"本地连接 属性"对话框，如图 3-17 所示。

步骤 3 在"此连接使用下列项目"列表框中，勾选"Internet 协议版本 4 (TCP/IPv4)"复选框后单击"属性"按钮，或者直接双击该选项，即可打开"Internet 协议版本 4 (TCP/IPv4)属性"对话框。选中"使用下面的 DNS 服务器地址"单选按钮，并在"首选 DNS 服务器"文本框中输入"192.168.1.1"，如图 3-18 所示。

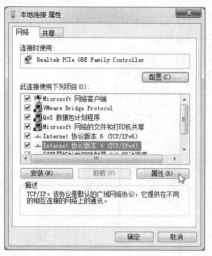

图 3-17　"本地连接 属性"对话框　　　图 3-18　客户机设置首选 DNS 服务器地址

步骤 4　单击"确定"按钮，逐级关闭上述打开的对话框，客户机即配置完成。

2．测试 DNS 服务

由于尚未架设 Web、FTP 等服务器，无法通过浏览器使用域名访问站点的方法来测试域名解析。因此，下面介绍两种使用命令测试 DNS 域名解析是否成功的方法。

方法Ⅰ　利用 ping 命令测试。单击"开始"菜单，在"搜索程序和文件"文本框中输入"cmd"或"command"并按 Enter 键，或者选择"开始"→"所有程序"→"附件"→"命令提示符"命令，打开一个命令提示符窗口，使用 ping 命令测试 DNS 域名。图 3-19 所示的是测试域名 www.xinyuan.com 正向解析成功的情形。同样，读者也可以使用 ping 命令来测试域名 dns.xinyuan.com、mail.xinyuan.com、ftp.xinyuan.com 正向解析是否成功。

图 3-19　测试域名 www.xinyuan.com 正向解析成功

方法Ⅱ　利用 nslookup 命令测试。nslookup 命令在 Linux 系统中也同样适用，可用来检测域名系统的基础结构信息，查询 DNS 服务器中设置的所有区域，以及主机域名和对应的 IP 地址。可以运行 nslookup 后带一个域名的命令来测试该域名的正向解析结果；或者运行不带参数的 nslookup 命令，在显示大于号(>)提示符后输入域名来进行连续测试，直到输入 exit 命令退出 nslookup 的运行。同样，可以运行 nslookup 后带一个 IP 地址或者运行不带参数的 nslookup 命令，在显示大于号(>)提示符后输入 IP 地址来进行域名反向解析测试。
图 3-20 所示的是测试 DNS 域名正向和反向解析成功的情形。

图 3-20 使用 nslookup 命令测试 DNS 域名正向和反向解析成功

💡 **注意**：ping 命令只能用于测试域名的正向解析，如果正向解析不成功，则会显示 4
行 "Request timed out." 消息。如果 nslookup 命令测试域名正向或反向解析
不成功，则会提示找不到服务器、未发现域名或对应 IP 地址等信息。这种情
况下应仔细检查客户机与服务器之间的网络是否连通，以及 DNS 服务器的每
个配置步骤是否正确、是否开启了防火墙等。

任务三　Linux 下的 DNS 服务器配置

在 Linux 系统中，DNS 服务器所需的软件包名称均以 bind 开头，而服务名称为 named，
如何查询和安装可参阅项目一，这里不再赘述。由于配置 DNS 服务器相对比较复杂，所以
这里首先介绍相关的配置文件及其语法，然后再针对新源公司的需求进行配置。

一、DNS 服务器配置文件及其语法

DNS 服务器的配置主要包括区域声明和资源记录两部分。在较早的 Red Hat 和 Fedora
等版本中，用户需要解析的正向和反向区域是在 DNS 主配置文件/etc/named.conf 中直接添
加声明，而对应的两个资源记录文件(也称域名数据库文件)存放在/var/named 目录下。但在

Fedora Core 8 以上及 RHEL/CentOS 等版本中,为了使主配置文件 named.conf 的内容保持简洁清晰,把区域声明部分独立出来,存放在了/etc/named.rfc1912.zones 文件中,而在主配置文件的末尾使用 include 语句将该文件包含进来。不仅如此,当用户成功启动 named 服务时,系统会自动将 DNS 服务器部署到/var/named/chroot 环境中,即把 chroot 视作 DNS 服务器的"根"目录,将主配置文件和区域声明文件复制到/var/named/chroot/etc 目录下,将所有区域的正向和反向资源记录文件复制到/var/named/chroot/var/named 目录下;而当正常关闭 named 服务时,又将这些文件回迁到原先的非 chroot 环境中。这样可以避免服务器具有系统级的访问权限,任何 DNS 服务器的安全漏洞不会导致整个系统被破坏。

1. 默认的 DNS 服务器主配置文件

在 CentOS 6.5 中,默认的 DNS 服务器主配置文件/etc/named.conf 内容如下。

```
# vim /etc/named.conf
// named.conf
// See /usr/share/doc/bind*/sample/ for example named configuration files.
options {                                              //全局配置选项
        listen-on port 53 { 127.0.0.1; };
        listen-on-v6 port 53 { ::1; };
        directory "/var/named";
        dump-file "/var/named/data/cache_dump.db";
        statistics-file "/var/named/data/named_stats.txt";
        allow-query { localhost; };
        recursion yes;
        dnssec-enable yes;
        dnssec-validation yes;
        dnssec-lookaside auto;
        /* Path to ISC DLV key */
        bindkeys-file "/etc/named.iscdlv.key";
        managed-keys-directory "/var/named/dynamic";
};
logging {
        channel default_debug {
                file "data/named.run";
                severity dynamic;
        };
};
zone "." IN {                                          //定义根域声明
        type hint;
        file "named.ca";
};
include "/etc/named.rfc1912.zones";                    //包含文件
include "/etc/named.root.key";
#
```

可以看到，在默认主配置文件 named.conf 中，除了定义全局配置选项的 options 和日志记录规范的 logging 两节内容外，仅有一个 zone 节声明了根域的类型及对应的资源记录文件，而在最后使用 include 语句包含了单独用于区域声明的/etc/named.rfc1912.zones 文件。这样当用户需要添加新的解析区域时只需修改 named.rfc1912.zones 文件，避免了对主配置文件 named.conf 的频繁修改。在文件开头的注释中，说明在/usr/share/doc/bind*/sample 目录下还提供了一个 DNS 主配置文件的样板文件，供读者参考。

💡 **注意：** 在 Linux 系统的各种配置脚本中，虽然注释的方法多种多样，但也有一些习惯性的用法。一般来说，说明性文字叙述往往用 "//" 开头，在注释的文字内容较多的地方有时也用 "/*……*/" 的形式；而那些不需要的配置语句则通常是在行首加 "#" 号注释，以后需要该配置行时，只要直接去掉 "#" 号即可。因此，读者在修改配置文件时要养成良好的操作习惯。

2. 默认用于区域声明的配置文件

默认用于区域声明的/etc/named.rfc1912.zones 文件内容如下。

```
# vim /etc/named.rfc1912.zones
zone "localhost.localdomain" IN {          //定义默认完整主机名的正向解析声明
        type master;
        file "named.localhost";
        allow-update { none; };
};


zone "localhost" IN {                      //定义默认主机别名的正向解析声明
        type master;
        file "named.localhost";
        allow-update { none; };
};

zone "1.0.0.0.0.0.0.0.0.0.0.0.0.0.0.0.0.0.0.0.0.0.0.0.0.0.0.0.0.0.0.0.ip6.arpa."
IN {
        type master;                       //定义 IPv6 回环地址反向解析区域声明
        file "named.loopback";
        allow-update { none; };
};

zone "1.0.0.127.in-addr.arpa" IN {         //定义 IPv4 回环地址反向解析区域声明
        type master;
        file "named.loopback";
        allow-update { none; };
};

zone "0.in-addr.arpa." IN {                //定义反向解析本地网络声明
```

```
        type master;
        file "named.empty";
        allow-update { none; };
};
#
```

可以看到，在默认的区域声明文件 named.rfc1912.zones 中，已经包含了本地主机完整域名 localhost.localdomain 及别名 localhost 的正向解析区域声明，区域类型为主 DNS 域 (master)，对应的资源记录文件为 named.localhost；还包含了本地回环地址的 IPv4 和 IPv6 反向解析区域声明，其对应的资源记录文件均为 named.loopback。

💡 注意： 在每个正向或反向区域声明中，用 file 语句指定对应资源记录文件时通常只需给定文件名，无须指明文件的路径，因为在 DNS 主配置文件 named.conf 的全局配置选项 options 节中已经用 directory 语句指定了默认的资源记录文件都存放在/var/named 目录下。

3. DNS 服务器主配置文件及区域声明的语法

DNS 服务器主配置文件 named.conf 中的配置语句、常用的全局配置子句和区域声明子句及其功能如表 3-2～表 3-4 所示。

表 3-2　named.conf 中的配置语句及其功能

配置语句	功　　能
acl	定义 IP 地址的访问控制列表
controls	定义 rndc 命令使用的控制通道
include	将其他文件包含到该配置文件中
key	定义授权的安全密钥
logging	定义日志的记录规范
options	定义全局配置选项
server	定义远程服务器的特征
trusted-key	为服务器定义 DNSSEC 加密密钥
zone	定义一个区域

表 3-3　全局配置语句的子句及其功能

子　　句	功　　能
recursion yes | no	是否使用递归式 DNS 服务器，默认值为 yes
transfer-format one-answer|many-answer	是否允许在一条消息中放入多条应答信息，默认为 one-answer
directory	定义服务器区域配置文件的工作目录，默认为/var/named
forwarders	定义转发器

表 3-4　区域声明子句及其功能

子　句	功　能
type master | hint | slave	master 指定一个区域为主 DNS； hint 指定一个区域为启动时初始化高速缓存的 DNS； slave 指定一个区域为辅助 DNS
file " filename"	指定一个区域的信息数据库文件名，即区域文件名

4. 默认的本地主机正向和反向解析资源记录文件

通常在主配置文件 named.conf 或区域声明文件 named.rfc1912.zones 中定义一个区域之后，接下来要为该区域建立两个用于正向解析和反向解析的资源记录文件(也称域名数据库文件)。这两个文件默认位于/var/named 目录下，其文件名必须与区域声明时用 file 语句指定的文件名相同。因为在 named.rfc1912.zones 文件中默认已声明了本地主机名正向解析和IPv4 回环地址的反向解析区域声明，所以在/var/named 目录下默认就已经有了本地主机正向和反向解析的资源记录文件，分别是 named.localhost 和 named.loopback。这两个文件的默认配置内容如下。

```
# cat /var/named/named.localhost
$TTL 1D
@        IN SOA  @ rname.invalid. (
                    0        ; serial     //该区域信息文件的版本号
                    1D       ; refresh    //检查 SOA 记录前等待的秒数
                    1H       ; retry      //重试对主 DNS 请求等待的秒数
                    1W       ; expire     //失败时丢弃区域信息等待的秒数
                    3H )     ; minimum    //高速缓存中生存的秒数
        NS       @
        A        127.0.0.1
        AAAA     ::1
#
# cat /var/named/named.loopback
$TTL 1D
@        IN SOA  @ rname.invalid. (
                    0        ; serial
                    1D       ; refresh
                    1H       ; retry
                    1W       ; expire
                    3H )     ; minimum
        NS       @
        A        127.0.0.1
        AAAA     ::1
        PTR      localhost.
#
```

5．正向和反向解析资源记录文件的语法

正向和反向解析资源记录文件由若干个资源记录和区域文件指令组成。常用的标准资源记录及其功能如表 3-5 所示。

表 3-5　标准资源记录及其功能

记录类型	功　能
A	将主机名转换为地址。这个字段保存以点分隔的十进制形式的 IP 地址。任何给定的主机都只能有一个 A 记录，因为这个记录被认为是授权信息。这个主机的任何附加地址或地址映射必须用 CNAME 类型给出
CNAME	给定一个主机的别名，主机的规范名字是在这个主机的 A 记录中指定的
HINFO	描述主机的硬件和操作系统
MX	建立邮件交换器记录。MX 记录通知邮件传送进程把邮件送到另一个系统，这个系统知道如何将它传送到它的最终目的地
NS	标识一个域的域名服务器。NS 资源记录的数据字段包括这个域名服务器的 DNS 名。还需要指定这个域名服务器的地址与主机名相匹配的 A 记录
PTR	将地址变换成主机名。主机名必须是规范主机名
SOA	告诉域名服务器它后面跟着的所有资源记录是控制这个域的，(SOA)表示授予控制权。其数据字段用()括起来并且通常是多行字段

其中，A 记录和 PTR 记录不能同时出现在一个资源记录文件中，A 记录用于正向解析资源记录文件，而 PTR 记录用于反向资源记录文件。

SOA(Start of Authority)记录是一个授权区域的开始，表示授予控制权。该记录中通常包含以圆括号括起来多个数据字段，这些数据字段及其功能如表 3-6 所示。

表 3-6　SOA 记录中的数据字段及其功能

数据字段	功　能
contact	该域管理员的邮箱地址。因为"@"符号在资源记录中有特殊意义，所以用"."来代替这个符号。例如：wbj@xinyuan.com 应写成 wbj.xinyuan.com
serial	该区信息文件的版本号，它是一个整数。辅助域名服务器用它来确定这个区信息的文件是何时改变的。每次改变信息文件时都应该使这个数加 1
refresh	辅助域名服务器在试图检查主域名服务器的 SOA 记录之前应等待的秒数
retry	辅助域名服务器在主域名服务器不能使用时，重试对主域名服务器的请求应等待的秒数
expire	辅助域名服务器不能与主域名服务器取得联系时，在丢掉区信息之前应等待的秒数
minimum	如果资源记录栏没有指定 ttl 值，则以该值为准

DNS 资源记录的格式如下。

```
[domain] [ttl] [class] type rdata
```

其中，各个字段之间以空格或 Tab 键分隔，这些字段的功能如表 3-7 所示。

表 3-7　资源记录中各字段的含义

字　段	功　能
domain	资源记录引用的域对象名。它可以是单台主机，也可以是整个域。作为 domain 输入的字串除非不是以一个点结束，否则就与当前域有关系。如果该 domain 字段是空的，那么该记录适用于最后一个带名字的域对象
ttl	生存时间记录字段。以秒为单位定义该资源记录中的信息存放在高速缓存中的时间长度。通常该字段是空字段，这表示使用 SOA 记录中为整个区域设置的缺省 ttl
class	指定网络的地址类。对于 TCP/IP 网络使用 IN。若未给出类，就使用前一资源记录的类
type	标识这是哪一类资源记录
rdata	指定与这个资源记录有关的数据。这个值是必要的。数据字段的格式取决于字段的类型

在区域资源记录文件中使用的区域文件指令及其功能参见表 3-8。

表 3-8　区域文件指令及其功能

区域文件指令	功　能
$INCLUDE	读取一个外部文件
$GENERATE	创建一组 NS、CNAME 或 PTR 类型的资源记录
$ORRIGIN	设置管辖源
$TTL	为没有定义精确生存期的资源定义缺省的 TTL 值

二、配置 DNS 服务器

为了满足新源公司内部网络服务器的域名解析需求，按照事先设计的域名方案，现在开始具体实施公司 DNS 服务器的配置。

1．定义区域声明

为保持 DNS 服务器主配置文件 named.conf 的内容清晰简洁，用户需要解析的区域声明通常添加在/etc/named.rfc1912.zones 文件中。这里需要添加两个区域声明，即新源公司域名"xinyuan.com"的正向解析区域和"1.168.192"的反向解析区域。

```
# vim /etc/named.rfc1912.zones
    //默认的文件内容前面已给出，只需在文件末尾添加以下两个 zone 区域声明
...
zone "xinyuan.com" IN {
      type master;
      file "xinyuan.com.zone";                      //指定正向解析资源记录文件名
      allow-update { none; };
};

zone "1.168.192.in-addr.arpa" IN {
```

```
        type master;
        file "zone.xinyuan.com";                    //指定反向解析资源记录文件名
        allow-update { none; };
};                                                   //输入完毕，保存并退出
#
```

2. 建立正向和反向解析的资源记录文件

由于/var/named 目录下默认已有本地主机名的正向解析资源记录文件 named.localhost 和本地回环地址的反向解析资源记录文件 named.loopback，所以为方便起见，读者可先把 named.localhost 文件复制为新源公司域名的正向解析资源记录文件 xinyuan.com.zone，把 named.loopback 文件复制为反向解析资源记录文件 zone.xinyuan.com，然后再对它们进行修改。当然，也可以直接新建这两个文件，输入下列内容。

```
# vim /var/named/xinyuan.com.zone
        //编辑正向解析资源记录文件，修改或输入以下内容
$TTL 1D
@       IN   SOA     dns.xinyuan.com. admin.xinyuan.com. (
                        0          ; serial
                        1D         ; refresh
                        1H         ; retry
                        1W         ; expire
                        3H )       ; minimum
                     IN   NS      dns.xinyuan.com.
                     IN   MX  5   mail.xinyuan.com.
dns                  IN   A       192.168.1.1
www                  IN   A       192.168.1.2
mail                 IN   A       192.168.1.3
ftp                  IN   A       192.168.1.4
wbj                  IN   CNAME   www.xinyuan.com.
#                                                    //输入完毕，保存并退出
#
# vim /var/named/zone.xinyuan.com
        //编辑反向解析资源记录文件，修改或输入以下内容
$TTL 1D
@       IN   SOA     dns.xinyuan.com. admin.xinyuan.com. (
                        0          ; serial
                        1D         ; refresh
                        1H         ; retry
                        1W         ; expire
                        3H )       ; minimum
                 IN   NS      dns.xinyuan.com.
1                IN   PTR     dns.xinyuan.com.
2                IN   PTR     www.xinyuan.com.
```

```
3                   IN   PTR    mail.xinyuan.com.
4                   IN   PTR    ftp.xinyuan.com.
#                                              //输入完毕，保存并退出
```

💡 **注意**：　上述正向解析资源记录文件中，MX 记录用于建立邮件交换器，是在后续的
　　　　　　项目六架设 E-mail 服务器时需要用到的配置，这里也可以暂时不添加该配置
　　　　　　行。另外，正向和反向解析的资源记录文件的文件名只要与区域声明时与 file
　　　　　　语句指定的文件名相同即可，没有特殊的命名规定。但是，为了增强可读性
　　　　　　且便于记忆，习惯上常用"区域名.zone"作为正向解析资源记录文件名，而
　　　　　　用"zone.区域名"作为反向解析资源记录文件名。

3．修改 DNS 服务器的全局配置选项

前面已经看到，在 DNS 服务器主配置文件 named.conf 的 options 一节中，默认仅在 IPv4
回环地址 127.0.0.1 和 IPv6 回环地址::1 上打开了 DNS 服务默认的 53 端口，并只允许
127.0.0.1 客户机(即本机)发起查询。如果希望面向所有地址打开 53 端口，并允许网络中所
有主机查询，则应将 options 节中以下 3 个配置行修改成如下。

```
# vim /etc/named.conf
        // 默认的文件内容前面已给出，只需找到 options 中的 3 个配置行修改为如下设置
options {                                      //全局配置选项
        listen-on port 53{ any; };
        listen-on-v6 port 53{ any; };
        …
        allow-query { any; };
        …
};                                             //修改完毕，保存并退出
#
```

4．修改资源记录文件的权限和所属组

步骤 1　对 xinyuan.com 区域的正向和反向解析资源记录文件分别添加执行权(即 x 权
限)，或者直接将其权限设置为所有权限(777)，操作命令如下。

```
# chmod 777 /var/named/xinyuan.com.zone
# chmod 777 /var/named/zone.xinyuan.com
#
```

步骤 2　将 xinyuan.com 区域的正向和反向解析资源记录文件所属组更改为 named(该
用户组在安装 named 服务时已由系统内建)，或者将这两个文件的文件主更改为 named 用
户(该用户在安装 named 服务时也已由系统内建)，操作命令如下。

```
# chgrp named /var/named/xinyuan.com.zone                    //更改所属组
# chgrp named /var/named/zone.xinyuan.com
        //或者使用命令
# chown named /var/named/xinyuan.com.zone                    //更改文件主
```

```
# chown named /var/named/zone.xinyuan.com
#
```

5. 启动或重新启动 named 服务

使用 rndc 命令启动或重新启动 named 服务。

```
# rndc reload
server reload successful
#
```

也可以使用 service 命令来启动或重新启动 named 服务。

```
# service named restart                                    //重启 named 服务
Stopping named:                            [ OK ]
Starting named:                            [ OK ]
#
```

💡 **注意：** 直接对配置文件修改后，要使新设置生效，最好执行 rndc 命令。

6. 关闭 iptables 防火墙和 SELinux

默认情况下，Linux 防火墙 iptables 是处于开启状态的，并且会阻挡对 DNS 默认端口的访问，从而导致 DNS 域名解析测试失败。有关 iptables 的配置将在项目八予以介绍，这里暂时仅对 iptables 服务进行简单的关闭处理，操作方法如下。

```
# service iptables stop
        //临时关闭 iptables 服务，如果要永久关闭可以使用下面的命令
# chkconfig --level 35 iptables off
#
```

SELinux(Security-Enhanced Linux)是由美国国家安全局(NSA)在 Linux 社区的帮助下开发的一种强制访问控制(MAC)体系，是 Linux 历史上最杰出的新安全子系统。在这种访问控制体系的限制下，进程只能访问它自己的任务中所需要的文件。SELinux 有 3 种工作模式(或状态)可供选择，即 disabled、permissive 和 enforcing，默认为 enforcing 模式。简单地说，disabled 模式就是不装载(即关闭)SELinux 策略；后两种模式都是使 SELinux 策略有效，但其访问控制策略对用户操作的处理方式不同。其中，permissive 模式下即使用户的操作违反了策略也仍然允许继续操作，只是把用户违反的内容记录下来；而 enforcing 模式下只要用户的操作违反了策略，就会阻止用户继续操作下去。关于 SELinux 的具体使用本书不再深究，这里也仅对其进行简单的关闭处理，操作方法如下。

```
# getenforce                                               //查看 SELinux 当前模式
Enforcing
# setenforce 0                                             //临时关闭 SELinux(即无效)
        //也可以使用以下命令
# setenforce disabled
        //如果要永久关闭 SELinux 策略，可以修改其配置文件/etc/selinux/config
```

```
# vim /etc/selinux/config
        //…文件内容略，找到以下配置行
SELINUX=enforcing                              //将该行内容修改为如下
SELINUX=disabled
#                                              //修改完毕，保存并退出
```

三、使用 Linux 客户机测试 DNS 服务

无论是在这台 DNS 服务器本地还是在客户机上，也无论是运行 Windows 还是 Linux 的客户机，要通过域名服务器解析域名，只需在本地的网络参数配置中，将 DNS 服务器地址设置为公司 DNS 服务器的 IP 地址即可。这里配置一台 Linux 客户机来进行 DNS 服务的测试，Windows 客户机的配置与测试可参考任务二。

1. 配置 Linux 客户机

如果是 CentOS 客户机，DNS 服务器地址可以直接在网络接口配置文件 ifcfg-eth0 中使用 DNS1 语句指定，重启网络后就会自动出现在 resolv.conf 文件中的 nameserver 配置行；但如果是较早的 Red Hat、Fedora 等版本的客户机，DNS 服务器地址必须在/etc/resolv.conf 文件中使用 nameserver 语句进行设置。这两种设置方法如下。

```
// CentOS 客户机可以修改网络接口 eth0 配置文件，使用下面的 DNS1 语句指定 DNS 服务器地址
# vim /etc/sysconfig/network-scripts/ifcfg-eth0
DEVICE=eth0
HWADDR=00:26:2D:FD:6B:5C
TYPE=Ethernet
UUID=e662bd32-f9e2-47b0-9cbf-5154aa468931
ONBOOT=yes
NM_CONTROLLED=no
BOOTPROTO=static
IPADDR=192.168.1.70
NETMASK=255.255.255.0
BROADCAST=192.168.1.255
NETWORK=192.168.1.0
GATEWAY=192.168.1.254
DNS1=192.168.1.1
#                                              //修改后保存并退出
# service network restart                      //重启网络接口
Shutting down interface eth0:                       [ OK ]
Shutting down loopback interface:                   [ OK ]
Bringing up loopback interface:                     [ OK ]
Bringing up interface eth0: Determining if ip address 192.168.1.70 is already
in use for device eth0...                           [ OK ]
#
// RedHat、Fedora 等客户机修改 resolv.conf 文件，使用 nameserver 指定 DNS 服务器地址
```

```
# vim /etc/resolv.conf                          //设置 DNS 服务器地址
nameserver 192.168.1.1
#                                               //修改后保存并退出
#
```

2. 测试 DNS 服务

以下是在 Linux 客户机上使用 nslookup 命令测试 DNS 服务的示例,包括域名的正向和反向解析测试,以及 DNS 服务器的 NS、MX、SOA、CNAME 资源记录的测试。

```
# nslookup
> dns.xinyuan.com                               //测试域名正向解析 A 记录
Server: 192.168.1.1
Address: 192.168.1.1#53

Name: dns.xinyuan.com
Address: 192.168.1.1
> www.xinyuan.com                               //测试域名正向解析 A 记录
Server: 192.168.1.1
Address: 192.168.1.1#53

Name: www.xinyuan.com
Address: 192.168.1.2
> mail.xinyuan.com                              //测试域名正向解析 A 记录
Server: 192.168.1.1
Address: 192.168.1.1#53

Name: mail.xinyuan.com
Address: 192.168.1.3
> ftp.xinyuan.com                               //测试域名正向解析 A 记录
Server: 192.168.1.1
Address: 192.168.1.1#53

Name: ftp.xinyuan.com
Address: 192.168.1.4
> 192.168.1.1                                   //测试反向解析指针 PTR 记录
Server: 192.168.1.1
Address: 192.168.1.1#53

1.1.168.192.in-addr.arpa        name = dns.xinyuan.com.
2.1.168.192.in-addr.arpa        name = www.xinyuan.com.
3.1.168.192.in-addr.arpa        name = mail.xinyuan.com.
4.1.168.192.in-addr.arpa        name = ftp.xinyuan.com.
> set type=ns                                   //测试名称服务器 NS 资源记录
> xinyuan.com
```

```
Server: 192.168.1.1
Address: 192.168.1.1#53

xinyuan.com      nameserver = dns.xinyuan.com.
> set type=mx                              //测试邮件交换器 MX 资源记录
> xinyuan.com
Server: 192.168.1.1
Address: 192.168.1.1#53

xinyuan.com mail exchanger = 5 mail.xinyuan.com.
> set type=soa                             //测试起始授权机构 SOA 资源记录
> xinyuan.com
Server: 192.168.1.1
Address: 192.168.1.1#53

xinyuan.com
        origin = dns.xinyuan.com
        mail addr = admin.xinyuan.com
        serial = 0
        refresh = 86400
        retry = 3600
        expire = 604800
        minimum = 10800
> set type=cname                           //测试别名 CNAME 资源记录
> wbj.xinyuan.com
Server: 192.168.1.1
Address: 192.168.1.1#53

wbj.xinyuan.com canonical name = www.xinyuan.com.
> exit                                     //退出 nslookup
#
```

注意： 执行上述命令所显示的结果表示测试成功。如果 DNS 域名正向解析或反向解析测试不成功，除了检查客户机与服务器之间的网络是否连通外，还应仔细检查相关配置文件的位置和内容是否正确、资源记录文件的权限是否已正确设置、Linux 防火墙 iptables 和 SLinux 是否已关闭等。另外，可能会有读者认为反向解析没什么作用，因为在日常使用域名的各种访问中用到的都是域名正向解析，即域名到 IP 地址的转换。然而，有许多网络服务程序(如 HTTP、FTP 等)会以日志的形式记录客户机的连接请求，一旦收到客户机发来的 IP 数据包，就需要利用 DNS 的反向解析功能将 IP 地址转换成域名。这样，当管理员查看日志文件时，就不用再面对令人费解的 IP 地址了，所以反向解析也是 DNS 一个非常重要的功能。

任务四　DNS 服务器运维及深入配置

一、DHCP 服务实现 DNS 自动更新

由于 DNS 服务器中的主机地址记录是手动添加的，所以当主机的 IP 地址发生变化时通常需要管理员手动修改。在 Windows Server 2012 R2 中，可以利用动态更新方式在 DNS 服务器中实现自动更新，这样可以大大减轻管理员的工作量。

步骤 1　选择"开始"→"管理工具"命令，打开"管理工具"窗口，双击 DHCP 图标，打开 DHCP 控制台。展开 DHCP 服务器名 xy-wbj→IPv4 选项，右击"作用域 [192.168.1.0] XY-DHCP"文件夹，在弹出的快捷菜单中选择"属性"命令，打开"作用域 [192.168.1.0] XY-DHCP 属性"对话框，并切换到 DNS 选项卡，如图 3-21 所示。该选项卡中有 3 个复选框，其中，"根据下面的设置启用 DNS 动态更新"和"在租用被删除时丢弃 A 和 PTR 记录"两个复选框是默认勾选的；而最后一个"为不请求更新的 DHCP 客户端(例如，运行 Windows NT 4.0 的客户端)动态更新 DNS A 和 PTR 记录"复选框未被勾选，这里需要将它勾选，并单击"确定"按钮。

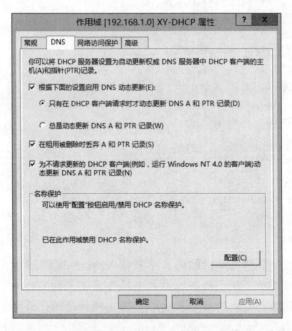

图 3-21　DNS 选项卡

步骤 2　选择"开始"→"管理工具"命令，打开"管理工具"窗口，双击 DNS 图标，打开"DNS 管理器"窗口。展开 DNS 服务器名"XY-WBJ"→"正向查找区域"文件夹，右击 xinyuan.com 文件夹，在弹出的快捷菜单中选择"属性"命令，打开"xinyuan.com 属性"对话框，如图 3-22 所示。由于此前配置 DNS 服务器的过程中，通过"新建区域向导"创建正向查找区域 xinyuan.com 的最后一个步骤时，选择了"不允许动态更新"，因此在该对话框的"常规"选项卡中，"动态更新"下拉列表框默认显示为"无"，这里需要单

击该下拉列表框并选择"非安全"选项，最后单击"确定"按钮。

图 3-22　"xinyuan.com 属性"对话框

步骤 3　与上一步类似，右击"反向查找区域"下的 1.168.192.in-addr.arpa 文件夹，在弹出的快捷菜单中选择"属性"命令，打开"1.168.192.in-addr.arpa 属性"对话框，在"动态更新"下拉列表中选择"非安全"选项，将反向查找区域也设置为允许动态更新。

至此，利用 DHCP 服务实现 DNS 自动更新的设置完成，以后当 DHCP 主机的 IP 地址发生变化时，DNS 服务器中的信息也会自动更新。

二、DNS 疑难解答

问题 1　域名可以随便取吗？

解答： 不可以。需要注册才行，通常一个域名需要每年支付一定的费用，当然也有免费注册的。

问题 2　DNS 服务器已经可以为企业内部的计算机提供域名解析服务了，那么现在 Internet 上的计算机是否可以使用域名(如 www.szpt.net)访问企业内部的服务器了？

解答： 还不行。如果要做到这一点，首先要由网络地址转换设备把 www.szpt.net 的内网地址转为公网地址(如 202.96.134.1)，而公网地址通常都需要购买。然后采用以下方法即可访问。

(1) 注册 szpt.net 域，ISP 会提供 szpt.net 域的管理工具。

(2) 在公网上的 szpt.net 域 DNS 服务器上添加主机记录，使 www.szpt.net 指向 Web 服务器的公网地址 202.96.134.1。

小　结

　　在 TCP/IP 网络中，主机之间的点到点访问是以 IP 地址来唯一标识通信双方的，如同人们通过拨打手机号码来实现双方通话一样。但要记住那些枯燥的以一串数字形式表示的 IP 地址往往非常困难，而记忆用文字描述的具有特定意义的名称要容易得多。那么，如何解决主机名称与 IP 地址之间的转换问题呢？一种最简单的方法是，在计算机的本地设置一个 hosts 文本文件，用它来建立 IP 地址与主机名称的对应关系，这就如同通过手机中建立的通讯录，就可以直接找到对方名字来拨打对方的手机号码。

　　但是，依靠本地 hosts 文件记录和解析 Internet 上数量庞大的主机不仅效率极低，也几乎是不可能做到的。于是在 TCP/IP 体系的应用层制定了一套域名系统(DNS)，主要包含两方面的功能：一是定义了一套为主机命名(域名)的规则；二是实现主机域名和 IP 地址之间的高效转换。域名采用分层树状结构，自顶向下的各层次分别为根域、顶级域、二级域……最后到达主机名，而在书写时采用自下而上的路径描述方法。例如，在一个完整的主机名称 www.sina.com.cn 中，最左边的 www 为主机名，而最右边表示根域的点(.)在实际书写时通常是缺省的。当客户机应用程序使用域名来访问某个主机时，DNS 首先会从客户机的本地缓存中查询该域名对应的 IP 地址，如果未找到，则向客户机所设置的 DNS 服务器发出查询请求。若找到，就把域名所对应的 IP 地址返回给客户机；若仍未找到，则 DNS 会启动一个从根域开始查找的递归查询过程。一旦最终找到主机域名所对应的 IP 地址，在将结果返回给客户机时，客户机会在缓存中保留该记录。

　　DNS 服务器将客户机请求的主机名称转换为 IP 地址的域名解析过程，是采用分布式数据库系统以及 C/S 模式来实现的。因此，为了解析企业供用户访问的 Web、FTP、E-mail 等服务器的名称，无论使用 Windows Server 2012 R2 还是 Linux 平台架设 DNS 服务器，其配置过程都可以分为两大步骤：首先声明需要解析的企业域名(如 xinyuan.com)，或者说是新建一个解析区域，并指明存储该区域中主机记录的资源数据库文件位置；然后在这个域中添加要解析的主机，也就是创建解析该域中各主机的资源数据库文件。上述只是针对实现将主机名称转换为 IP 地址的正向解析，如果同时需要实现将 IP 地址转换为主机名称的反向解析，则还需要建立反向区域和反向解析的资源数据库文件。客户机只需在 TCP/IP 属性中，将"首选 DNS 服务器"设置为企业内部 DNS 服务器的 IP 地址，就可以通过 ping 或 nslookup 命令测试主机域名解析是否成功。

　　如果要解析的主机不是使用固定的 IP 地址，而是通过 DHCP 自动获取 IP 地址的，则可以利用 DHCP 服务来实现 DNS 的自动更新。

习　题

一、简答题

1. 什么是 DNS？其主要功能是什么？
2. 简述 DNS 的域名解析过程。

3. hosts 文件的作用是什么？在 Windows Server 2012 R2 和 CentOS 6.5 系统中，hosts 文件分别存放在哪个目录下？

4. 目前全球有多少个根域服务器？它们分布在哪些国家或地区？在 Windows Server 2012 R2 和 CentOS 6.5 系统中，这些根域服务器的地址分别存放在哪个文件中？

5. 在 Windows Server 2012 R2 中，要配置 DNS 服务器必须安装什么角色？在新建正向解析区域时，如果区域名称为 xy.com，则默认的区域文件名是什么？存放在哪里？

6. 在 CentOS 6.5 系统中，DNS 服务名称是什么？DNS 服务器主配置文件和默认的正向和反向资源数据库文件分别存放在哪个目录下？

7. 在 Linux 平台下配置 DNS 服务器时，正向解析资源文件中的 A 记录、NS 记录、MX 记录和 CNAME 记录的作用分别是什么？

8. 在 Linux 系统中，host.conf 和 resolv.conf 文件的作用是什么？

9. 常用于测试域名解析是否成功的命令有哪些？如果域名解析失败，您认为应该从哪些方面进行检查？

二、训练题

盛达电子是一家生产和经营电子产品的中小型公司，现有两台服务器。其中一台服务器的 IP 地址为 192.168.1.1，用于配置 DNS 服务器以及公司可供外网访问的 Web 站点(域名为 www.sddz.com)；另一台服务器的 IP 地址为 192.168.1.2，用于配置供公司内部员工访问的 Web 站点(域名为 www2.sddz.com)和 FTP 站点(域名为 ftp.sddz.com)。

(1) 按上述需求，分别在 Windows Server 2012 R2 和 Linux 两种平台下完成 DNS 服务器的配置，实现公司 3 个主机域名的解析。

(2) 配置客户机，并使用 nslookup 命令进行正向和反向解析测试。

(3) 按附录 C 中简化的文档格式，撰写 DNS 服务项目实施报告。

项目四　Web 服务器配置与管理

能力目标

- 能根据企业信息化建设需求和项目总体规划合理设计 Web 服务方案
- 能在 Windows 和 Linux 两种平台下正确安装和配置 Web 服务器
- 能在同一台服务器上使用 IP 地址法、TCP 端口法和主机头名法架设多个站点
- 具备 Web 服务器的基本管理和维护能力

知识要点

- Web 服务器的基本概念与工作机制
- 基于 IP 地址、TCP 端口、主机头名、虚拟目录的虚拟网站基本概念
- Apache 主配置文件 httpd.conf 的常用语句及其功能

任务一　知识预备与方案设计

一、Web 服务器及其工作原理

Web 服务器是企业内部及 Internet 上发布信息的重要途径。本项目就是为新源公司搭建符合需求的 Web 服务器，并实现在同一台服务器上架设多个不同用途的站点。

1．Web 服务器概述

Web 服务器又称万维网(World Wide Web，WWW)服务器，是在网络中为实现信息发布、资料查询、数据处理等诸多应用搭建基本平台的服务器。Web 服务器的应用范围十分广泛，从个人主页到各种规模的企业和政府网站，管理员需要根据它所运行的应用、面向的对象、用户的点击率以及性价比、安全性、易用性等许多因素来综合考虑其配置。

伯纳斯•李发明的万维网技术及其超文本传输协议(Hypertext Transfer Protocol，HTTP)已成为当今的 Web 标准，使分布在世界各地的科学家能通过 Internet 方便地共享彼此的科研成果及其他信息。由于 Web 技术对信息的组织具有很好的灵活性和多样性，使网上的用户不论在世界的任何地方都能使用浏览器软件快速、方便地浏览网页信息，所以 Web 应用很快成为使用最广泛、发展最迅速的网络应用之一。

Web 是通过超文本的方式，把分布在网络上的不同计算机上的文字、图像、声音、视频等多媒体信息利用超文本标记语言(Hypertext Markup Language，HTML)有机地结合在一起，让用户通过浏览器实现信息的检索。超文本文件是一种以叙述某项内容为主体的文本文件，在 HTTP 的支持下，其文本中的被选词可以扩充到所关联的其他信息，这种关联称为超链接。被链接的文档又可以包含其他文档的链接，而且文档可以分布在世界各地的其

他计算机上。由于人们的思维通常是跳跃式、联想式的，因此阅读和浏览这种超文本非常符合人们的思维习惯。

HTML 是用来创建超文本文档的简单标记语言，这些文档可以从一个操作平台移植到另一个操作平台。HTML 文档通常被称为 Web 页或网页，是标准的 ASCII 文本文件，其中嵌入的代码标记表示文本格式和超链接，这些代码由客户机的浏览器解释。

Web 采用统一资源定位符(Uniform Resource Locator，URL)来标识网络中各种类型的信息资源，使每一个信息资源在 Internet 范围内都具有唯一的标识。所谓资源，可以是 Internet 上任何可被访问的对象，包括文件目录、文本文件、图像文件、声音文件以及电子邮件地址、USENET 新闻分组、BBS 中的讨论组等。URL 不仅要表示资源的位置，还要明确浏览器访问资源时采用的方式或协议。因此，URL 一般由 3 部分组成，其格式为：

协议类型：//主机域名/[路径][文件名]

其中，协议类型有 HTTP、FTP、Telnet 以及访问本地计算机中文件资源的 File 等。

1993 年 2 月，第一个图形界面的浏览器 Mosaic 开发成功。1995 年由著名的 Netscape 公司开发的 Navigator 浏览器上市。由于 IE(Internet Explorer)是 Windows 操作系统内置(预装)的一款浏览器，所以其使用非常普遍。除此之外，火狐(Firefox)、谷歌(Chrome)、世界之窗(The World)、傲游(Maxthon)等都是被广泛使用的著名浏览器。

2．Web 服务器的工作原理

Web 采用浏览器/服务器(B/S)模式工作，浏览器与服务器之间的通信遵循 HTTP 协议。其中，浏览器就是用户计算机上的客户程序；服务器是提供网页数据的、分布在网络上的成千上万台计算机，这些计算机运行服务器程序，所以也被称为 Web 服务器。

Web 服务器的工作原理如图 4-1 所示。

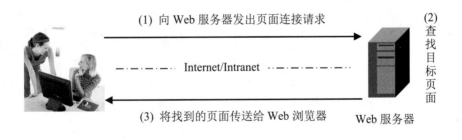

图 4-1 Web 服务器的工作原理

浏览器向 Web 服务器发出服务请求，而 Web 服务器还具体负责数据处理、数据查询与更新、产生网页文件等操作，这些操作是由 CGI、ASP 等实现的，并向浏览器传送相应的 Web 超媒体文档(如网页)。客户端的浏览器能解释网页的各种标记或脚本以及 Java、ActiveX 等语言，并在客户机上运行，如屏幕上显示闪烁图标、动画等。

Web 浏览器是用户检索、查询、采掘、获取 Web 服务器上各种信息资源的工具，不同的浏览器其功能有强有弱，但都具有以下基本功能。

(1) 检索查询功能。浏览器负责读入 HTML 文档或其他类型的超文本(如 ASP、Java)文件，解释文件中描述的图表、声音、动画、表格以及进一步的链接信息，能利用 HTTP

链接并检索其他 Web 服务器上的数据和信息。

(2) 文件服务功能。可以实时阅读下载的文档，在查阅文档时可随时保存、打印或前后浏览，在下载过程中也可随时中止。

(3) 编辑 Web 页。通过编辑器可查阅、编辑 Web 页的源文件。

(4) 提供其他 Internet 服务，如用作 FTP、Telnet、E-mail 等服务的客户端软件等。

3．Web 服务器硬件选型参照

不同的 Web 应用对 CPU 处理能力、内存、硬盘容量、网卡速度有着不同的要求，所以用户在制定 Web 服务器选型方案时，首先要考虑多网卡优化和高速磁盘 I/O 优化；其次需要考虑 CPU 配置对当前网络带宽的影响、网络资源对应用访问的影响、磁盘 I/O 和随机读/写比率的峰值对实际应用中客户端 Web 点击的影响等。

Web 服务器推荐的硬件配置如表 4-1 所示。

表 4-1　Web 服务器硬件推荐配置表

应用情况	只有静态网页	生成动态网页	局域网 200 次访问/s	局域网 500 次访问/s	局域网 1000 次访问/s
CPU 数量	1	2	1	2	2～4
内存容量(MB)	128～256	256～1024	256～512	512～1024	1024～8192
硬盘总容量	≥40GB	≥100GB	≥50GB	≥100GB	≥500GB
网卡速度(数量)	100Mb/s(1)	100Mb/s(2～4)	100Mb/s(2)	100Mb/s(4)	1000Mb/s(2)

二、设计企业网络 Web 服务方案

1．分析项目需求

应用电子商务可使企业获得在传统模式下无法获得的大量商业信息，在激烈的市场竞争中领先对手。因此，为了树立全新的企业形象，增进公司与客户间的互动交流，优化公司内部管理，完善产品展示、新闻发布、售后服务、企业论坛等功能，从而使公司与合作伙伴、经销商、产品客户以及普通浏览者之间的关系更加密切，最终达到优化企业管理和经营模式、提高企业运营效率、增强企业竞争力的总目标，新源公司决定配置一台符合自己需求的 Web 服务器，形成一个最新的技术架设和应用系统平台。

由于新源公司规模不是很大，对 Web 服务器的点击率要求也不高，所以目前在网络信息化项目中仅购置有一台单网卡服务器来架设 Web 服务器，但公司仍然要求在这台 Web 服务器上至少构架以下 4 个不同用途的站点。

(1) 公司主站点(外网站点)，即在外网上可访问的公司站点，主要用于产品展示、新闻发布、售后服务、企业论坛等。

(2) 用于公司员工业绩考核的站点。

(3) 公司员工培训和考试的专用站点。

(4) 仅限于公司内部访问的站点，除公司外网站点所具备的功能外，还包括公司内部资料、内部通知、内部公告等内容。

2．设计网络拓扑结构

根据项目的总体规划，设计新源公司 Web 服务项目的网络拓扑结构如图 4-2 所示。

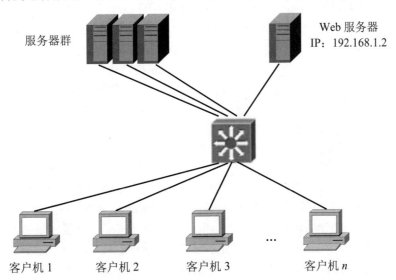

图 4-2 新源公司 Web 服务项目的网络拓扑结构

3．规划 Web 站点方案

根据项目需求分析，同时也为了让读者能学会在同一台服务器上采用多种不同方法来架设多个 Web 站点，对新源公司需要架设的 4 个 Web 站点规划如表 4-2 所示。

表 4-2 新源公司 Web 站点的规划与设计(Windows 平台)

站点名称	站点域名	IP 地址	端口	站点主目录	实施方案
公司外网站点	www.xinyuan.com	192.168.1.2	80	E:\site1	默认站点
业绩考核站点	yjkh.xinyuan.com	192.168.1.5	80	E:\site2	不同 IP 地址
培训考试站点	study.xinyuan.com	192.168.1.2	8888	E:\site3	不同端口号
公司内网站点	www2.xinyuan.com	192.168.1.2	80	E:\site4	不同主机头

任务二 Windows 下的 Web 服务配置

一、IIS 及其安装检查

1．IIS 简介

互联网信息服务(Internet Information Services，IIS)是基于微软管理控制台(Microsoft Management Console，MMC)的管理程序，用于集中配置和管理 Web、FTP 等站点及应用程序池。利用 Windows Server 2008/2012 系统集成的 IIS，无须任何第三方软件即可架设和管理基于各种主流技术的 Web 站点，与 Internet 或 Intranet 上的用户共享信息。

IIS 在 Windows Server 2003/2008 中的版本是 IIS 6.0/7.0，而在 Windows Server 2012 R2 中更新为 IIS 8.0 版本。IIS 7.0 是一个集成了 IIS、ASP.NET、Windows 通信开发平台(Windows Communication Foundation，WCF)的统一 Web 平台，新增了便于实现对 IIS 和 Web 站点管理的、功能强大的命令行工具，引入了新的配置存储和故障诊断与排除功能。在 IIS 7.0 的基础上，IIS 8.0 还集成了 SSL 认证支持、Application 初始化以及动态 IP 地址限制和 FTP 尝试登录限制等功能，更新了 CPU 节流(包括额外的节流选项)功能和基于任务的全新用户界面，可以运行具有动态交互功能的、当前流行的 ASP.NET 4.5 网页，支持使用任何与.NET 兼容的语言编写的 Web 应用程序。

2. IIS 的安装及检查

在安装 Windows Server 2012 R2 时，系统默认不会安装 IIS，但项目一的任务二在部署 Windows Server 2012 R2 服务器环境时就已经添加了"Web 服务器(IIS)"角色，所以这里不再重复介绍。为了验证"Web 服务器(IIS)"角色是否安装成功，可以在服务器本地打开 IE 浏览器，在地址栏输入"http://localhost"或"http://192.168.1.2"并按 Enter 键，如果出现如图 4-3 所示的 IIS8 欢迎页面，则说明 Web 服务器已安装成功；否则说明安装失败，需要重新检查服务器设置或者重新安装。

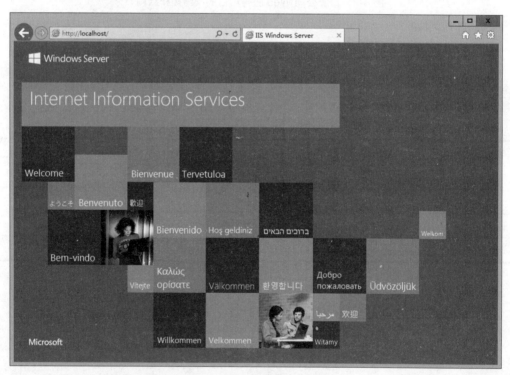

图 4-3　浏览 IIS8 的欢迎页面

💡 **注意：** 由于此前在项目三的实施时已经配置了域名 www.xinyuan.com 转换为 IP 地址 192.168.1.2 的 DNS 正向解析记录，因此，若在 Web 服务器上打开的浏览器地址栏中输入 http://www.xinyuan.com，同样可以看到 IIS8 的欢迎页面。

3．IIS8 控制台简介

成功安装"Web 服务器(IIS)"角色后，在 Windows Server 2012 R2 的"管理工具"窗口中会增加一个名称为"Internet Information Services (IIS)管理器"的图标，在"服务器管理器"窗口的"工具"菜单中也会增加一个同名的菜单项。通过该图标或菜单项即可打开 IIS 8.0 的"Internet Information Services (IIS)管理器"窗口(以下简称 IIS8 控制台)，如图 4-4 所示。

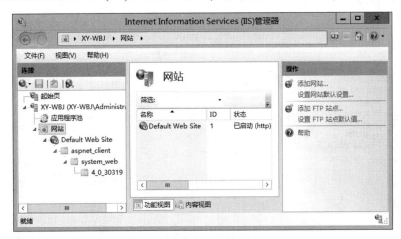

图 4-4　"Internet Information Services (IIS)管理器"窗口

同时，IIS 会在 Windows Server 2012 R2 系统盘(%SystemDrive%，通常是 C 盘)根目录下自动建立一个 Inetpub 目录，用于存放 IIS 服务相关的目录和文件，并会内建一个名为 Default Web Site 的默认 Web 站点，该站点的主页文件存放在%SystemDrive%\Inetpub\wwwroot 目录下，主页文件名为 iisstart.htm。因此，前面在测试 IIS 时浏览的 IIS8 欢迎页面，实际上就是这个默认 Web 站点的主页。

IIS8 控制台分为左、中、右 3 个窗格。其中，左窗格为"连接"列表，以目录树形式列出了服务器中的"应用程序池"和"网站"；中间窗格内显示了选定站点(或其他对象)的功能视图；右窗格为"操作"列表，以超链接形式列出了对选定对象的操作选项。下面将利用 IIS8 控制台为新源公司架设 4 个具备基本功能的 Web 站点。

💡 **注意：** 在 Windows Server 2012 R2 使用的 IIS 8.0 中，Web 站点和 FTP 站点统称为网站，都包含在"网站"文件夹中。虽然在添加"Web 服务器(IIS)"角色时选中了"FTP 服务器"角色服务，但并没有内建的默认 FTP 站点，管理员可以单击"添加 FTP 站点"链接来新建站点。在 Windows Server 2008 使用的 IIS7 控制台中，"FTP 站点"是与"网站"并列的一个单独的文件夹，而其配置与管理却仍由 IIS 6.0 管理器提供，但已有内建的默认 FTP 站点。

二、架设公司的第一个 Web 站点

既然 IIS 8.0 安装后就已经内建了一个默认的 Web 站点，那就可以将其按照新源公司的需求进行必要的修改，直接用作公司的第一个 Web 站点。公司第一个 Web 站点是用于外网访问的主站点，其 IP 地址为 192.168.1.2，域名为 www.xinyuan.com，使用默认的 80 端

口，站点的主页文档存放在 E:\site1 目录下，文件名为 index.htm。架设一个 Web 站点的主要工作就是为其配置 IP 地址和端口、主目录和默认文档及创建主页文件等。

1. 配置 IP 地址和端口

步骤 1　在 IIS8 控制台左窗格中，展开计算机名 XY-WBJ→"网站"文件夹，选择默认 Web 站点 Default Web Site，如图 4-5 所示。

图 4-5　选择默认站点 Default Web Site 后的 IIS8 控制台

步骤 2　在右窗格的"操作"列表中单击"绑定"链接，打开如图 4-6 所示的"网站绑定"对话框，即可看到默认 Web 站点的"类型"为 http，"端口"为 80，而"IP 地址"显示为星号(*)，表示该站点会自动绑定服务器上的所有 IP 地址，即如果服务器上配置有多个 IP 地址，则客户机通过任何一个 IP 地址都可以访问该站点。但本项目的 Web 站点只需绑定一个 IP 地址，所以通过下面的操作来为其指定唯一的 IP 地址和端口。

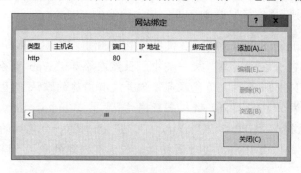

图 4-6　"网站绑定"对话框

步骤 3　单击"网站绑定"对话框中的"添加"按钮，打开如图 4-7 所示的"添加网站绑定"对话框。其中，"类型"和"端口"都保持原来默认的 http 和 80 不变；单击"IP 地址"下拉列表框并从中选择本机的 IP 地址 192.168.1.2；在"主机名"文本框中输入该站点的域名"www.xinyuan.com"，最后单击"确定"按钮。

图 4-7　"添加网站绑定"对话框

💡 **注意：** 添加绑定后就会在"网站绑定"对话框中增加一行记录，所以还需要通过"删除"按钮把原有的绑定记录删除。其实也可以选中原有的绑定记录后单击"编辑"按钮，通过"编辑网站绑定"对话框来重新配置原有网站。

2．配置主目录

主目录(即站点的根目录)用于存放 Web 站点包括主页文件在内的相关资源。系统默认站点的主目录为%SystemDrive%\Inetpub\wwwroot 文件夹，但按照新源公司的 Web 项目方案设计，需要将主目录更改为 E:\site1。

步骤 1　在 E 盘根目录下创建一个名为 site1 的文件夹。

步骤 2　在 IIS8 控制台左窗格的"连接"列表中，选择"网站"文件夹下的默认 Web 站点 Default Web Site，在右窗格"操作"列表中单击"基本设置"链接，打开"编辑网站"对话框，如图 4-8 所示。在"物理路径"文本框中输入 E:\site1，或者通过单击其右侧的"..."按钮来选择该目录，最后单击"确定"按钮即可。

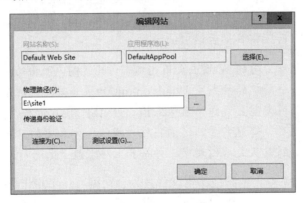

图 4-8　"编辑网站"对话框

💡 **注意：** 在"编辑网站"对话框中，"网站名称"文本框呈灰色不可更改状态，因为网站名称是在 IIS8 控制台中用于标识该网站的具有唯一性的名字，与客户机浏览该站点时的显示内容无关，站点一旦创建就不可更改。

3．配置默认文档

在浏览器地址栏输入一个 Web 站点的域名或 IP 地址并按 Enter 键后，打开的第一个网页称为该站点的主页。而此时并不需要在站点地址后面指定要访问的主页文档名称，就是因为每个 Web 站点都被事先指定了一个默认访问的主页文档，简称默认文档。但如果要直接访问站点主页以外的其他网页，就必须在站点地址后指定网页名称。

步骤 1 在 IIS8 控制台左窗格的"连接"列表中选择 Default Web Site 站点，在中间窗格双击"默认文档"图标就会打开默认文档的功能视图，如图 4-9 所示。

图 4-9 IIS8 控制台中 Default Web Site 站点的"默认文档"

步骤 2 可以看到系统已自带了 6 种类型的默认文档。当客户机通过浏览器访问该站点时，Web 服务器会在站点主目录中按自上而下的顺序搜索所列的默认文档，一旦找到相应文件名的文档，就将其返回给客户机的浏览器。这里把新源公司的主页文档 index.html 设置为默认文档，所以在"默认文档"列表中选择 index.html 选项，然后单击右窗格"操作"列表中的"上移"链接将其移至最上面一行。

💡 **注意：** 设计与制作公司的 Web 主页不是本书讨论范畴，下面的步骤只为站点的测试而制作一个简单的静态主页 index.html。如果公司要使用系统自带的 6 种类型以外的其他类型主页作为默认文档，如 ASP.NET 开发的文件名为 index.aspx 的动态主页，那就需要通过右窗格"操作"列表中的"添加"链接，将该文件名添加到默认文档列表中，再将其上移至最上面一行。

步骤 3 使用"记事本"或其他编辑软件，为公司编写一个用于测试的简单 HTML 静态主页，并将文件保存为 E:\site1\index.html。下面仅给出一个主页的代码示例。

💡 **注意：** 使用"记事本"编辑文本内容后，在保存文件时，默认是保存为.txt 扩展名的纯文本文件，此时必须在"另存为"对话框中将"保存类型"选定为"所有文件"，然后在"文件名"下拉列表框中输入文件全名"index.html"。

```
<HTML>
<HEAD><TITLE>新源公司</TITLE></HEAD>
<BODY LANG="zh-CN" DIR="LTR">
```

```
<P ALIGN=CENTER STYLE="margin-bottom: 0cm"><FONT SIZE=6 STYLE="font-size:
32pt">新 源 公 司</FONT></P>
<P ALIGN=CENTER STYLE="margin-bottom: 0cm"></P>
<P ALIGN=CENTER STYLE="margin-bottom: 0cm"><FONT SIZE=5 STYLE="font-size:
20pt">第一个网站：可供外网访问的默认主站点</FONT></P>
</BODY>
</HTML>
```

4. 测试网站

至此，一个基本的 Web 站点已配置完成。客户机只要将网络配置参数中的"首选 DNS 服务器"地址设置为 192.168.1.1，打开浏览器并在地址栏输入 http://www.xinyuan.com，就可以浏览新源公司第一个 Web 站点了，如图 4-10 所示。

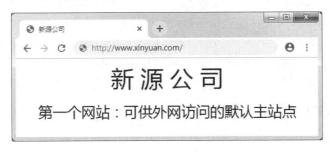

图 4-10 客户机测试浏览公司第一个 Web 站点

三、在同一台服务器上架设多个 Web 站点

1. 架设多个 Web 站点的方法及准备工作

作为一家中小型企业，新源公司仅提供了一台用于 Web 角色的服务器，但又需要建立不同用途的多个 Web 站点，只是每个站点的访问量并不大。这种情况下，使用 IIS 的虚拟网站技术，就可以在一台服务器上架设多个 Web 站点，并且每个站点都拥有各自的 IP 地址和域名。当用户访问时，看起来就像是在访问多个不同的服务器一样。

利用虚拟网站技术在同一台服务器上架设多个 Web 站点，是中小型企业最理想的网站搭建方式，除了可以节省设备投资外，还具有以下优点。

(1) 便于管理。虚拟站点与 Web 服务器的默认标准站点架设和管理方式基本相同。

(2) 分级管理。不同的虚拟站点可以指定不同的人员管理。

(3) 性能和带宽调节。当一台服务器上配置有多个站点时，可以按需求为每一个虚拟站点分配性能和带宽。

为确保用户的请求能够到达正确的站点，就需要为 Web 服务器上架设的每个站点配置唯一的标识。从架设第一个 Web 站点的过程中可以看出，标识一个站点有 4 个标识符：主机头名(即域名最左边的名称，如 www)、IP 地址、端口号和虚拟目录(用一个别名来映射主目录物理路径)。因此，只要确保 4 个标识符中至少有一个不同，就可以区分不同的站点，于是便有了在同一台服务器上架设多个站点的 4 种方法，如表 4-3 所示。

表 4-3　以不同的站点标识符来架设多个 Web 站点的方法及说明

多站点架设方法	说　明
IP 地址法	主要用于在本地服务器上主控安全套接字层(SSL)的 Internet 服务
非标准 TCP 端口法	用于网站开发和测试目的，不推荐用于 Web 架站实务
主机头名法	常用于多网站架设实务，推荐使用
虚拟目录法	Web 共享，常用于以不同的虚拟目录来发布不同的站点内容

根据新源公司 Web 站点的规划，在利用上述方法来架构其余 3 个站点之前，请读者自行完成以下两项准备工作。

(1) 为其余 3 个 Web 站点的域名配置相应的 DNS 解析记录。将 www2.xinyuan.com 和 study.xinyuan.com 解析到 IP 地址 192.168.1.2，将 yjkh.xinyuan.com 解析到 IP 地址 192.168.1.5，这项工作可参照项目三来实施。

(2) 为其余 3 个 Web 站点分别创建相应的主目录 E:\site2、E:\site3 和 E:\site4，并在每个目录下创建一个首页文档，文件名均使用 index.html，但文本内容要有所区别，可以描述相应站点的用途，以便在客户机使用浏览器测试时能区分所访问到的不同站点。

2. 使用 IP 地址法架设公司第二个 Web 站点

通过在 Web 服务器的本地连接中绑定多个 IP 地址，可以为不同的 Web 站点设置不同的 IP 地址。根据本项目的方案设计，公司第一个主站点绑定的 IP 地址为 192.168.1.2，员工业绩考核站点可以使用一块网卡上绑定另一个 IP 地址 192.168.1.5 的方法来架设，站点域名为 yjkh.xinyuan.com，操作步骤如下。

步骤 1　为 Web 服务器的网卡设置多个 IP 地址。打开"Internet 协议版本 4(TCP/IPv4) 属性"对话框，单击"高级"按钮，打开"高级 TCP/IP 设置"对话框。在"IP 设置"选项卡的"IP 地址"栏中，单击"添加"按钮，在弹出的"TCP/IP 地址"对话框中输入 IP 地址"192.168.1.5"，子网掩码"255.255.255.0"，并单击"添加"按钮，如图 4-11 所示。

步骤 2　添加公司第二个 Web 站点。在 IIS8 控制台左窗格的"连接"列表中，右击"网站"文件夹，在弹出的快捷菜单中选择"添加网站"命令，打开"添加网站"对话框。在"网站名称"文本框中输入"XY-YJKH"；在"物理路径"文本框中输入"E:\site2"，或单击其右侧的...按钮来逐级选择该目录；在"IP 地址"下拉列表中选择 192.168.1.5；在"端口"文本框中保持默认的 80 不变；在"主机名"文本框中输入"yjkh.xinyuan.com"；勾选"立即启动网站"复选框，如图 4-12 所

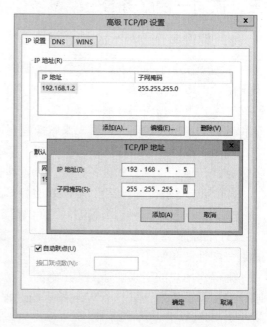

图 4-11　"高级 TCP/IP 设置"对话框

示，最后单击"确定"按钮。

图 4-12 使用 IP 地址法添加公司第二个 Web 站点

步骤 3 测试公司第二个站点。在客户机浏览器的地址栏输入 http://yjkh.xinyuan.com，就可以访问新源公司用于员工业绩考核的 Web 站点，如图 4-13 所示。

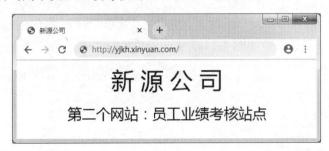

图 4-13 客户机测试浏览公司第二个 Web 站点

使用 IP 地址法架设和区分多个 Web 站点的主要优缺点如表 4-4 所示。

表 4-4 使用 IP 地址法区分多个站点的主要优缺点

优　点	缺　点
(1) 多个 web 站点之间更为独立、互不影响。 (2) 可以在同一台服务器上标识宿主多个安全的 HTTPS 站点	(1) 需要占用多个静态 IP 地址资源。 (2) 要为每个由唯一 IP 地址标识的网站管理结点，Web 服务需消耗更多的内存资源

正是由于在同一台服务器上为多个站点指派大量的、对每个站点具有唯一性的 IP 地址会降低 Web 服务器的性能，所以这种方法主要用于标识宿主安全套接字层(SSL)或传输层安全(TLS)服务的服务器上的多个站点。

3. 使用 TCP 端口法架设公司第三个 Web 站点

TCP/IP 的传输层(TCP 和 UDP)根据端口(Port)来区分不同的网络服务或应用程序,而客户机基于 HTTP 的应用程序(如浏览器)在发起请求时是通过 TCP 协议建立与服务器的传输连接的。因此,TCP 端口是客户机浏览器与 Web 服务器之间的信息通道。

任何一种网络服务都必须在服务端为其指定一个端口号,客户机在访问服务器时除了要指定地址外,还必须给出服务器使用的端口号,才能与之建立通信联系。端口号为 16bit,即可以是 0～65535 的整数值。其中,0～1023 为公认端口(Well-Known Ports),也称保留端口或特权端口,但 0 不使用(无效端口);1024～65535 为动态端口(Dynamic Ports),也称用户端口或非特权端口。之所以人们在浏览 Web 站点时通常都不需要指定端口号,是因为常用的 Internet 服务都规定了一个默认的特权端口,用作该服务的标准端口,如 HTTP 服务为 80、FTP 服务为 21、DNS 服务为 53、SMTP 服务为 25 等。

由此可见,端口号也是用于区分 Web 站点的唯一性标识符。也就是说,即使两个站点拥有相同的 IP 地址和主机头名,只要指定不同的端口号也可以将它们区分开来。根据本项目的方案设计,新源公司用于培训考试的站点就是使用特殊的 TCP 端口号 8888 来区分其他站点的。该站点与另外两个站点(供外网访问的主站点和内网访问站点)都绑定了同一个 IP 地址 192.168.1.2,而站点域名为 study.xinyuan.com。

步骤 1 添加公司第三个 Web 站点。在 IIS8 控制台左窗格的"连接"列表中,右击"网站"文件夹,在弹出的快捷菜单中选择"添加网站"命令,打开"添加网站"对话框。在"网站名称"文本框中输入"XY-PXKS";在"物理路径"文本框中输入"E:\site3",或单击其右侧的...按钮来逐级选择该目录;在"IP 地址"下拉列表框中选择"192.168.1.2";在"端口"文本框中输入"8888";在"主机名"文本框中输入"study.xinyuan.com";勾选"立即启动网站"复选框,如图 4-14 所示,最后单击"确定"按钮。

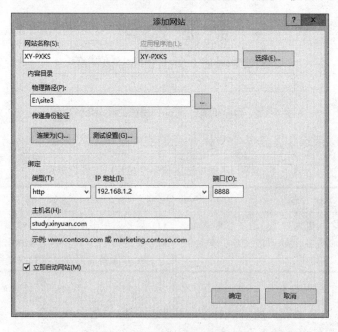

图 4-14 使用 TCP 端口法添加公司第三个 Web 站点

步骤 2 测试公司第三个站点。客户机浏览器地址栏输入 http://study.xinyuan.com:8888/，就可以访问新源公司用于员工培训考试的 Web 站点，如图 4-15 所示。

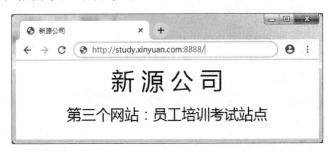

图 4-15 客户机测试浏览公司第三个 Web 站点

💡 **注意：** 要让浏览器访问一个采用了非标准端口的 Web 站点，必须在地址栏输入的地址后面紧跟 ":端口号"，而且协议头 "http://" 不可缺省。本项目考虑到公司员工在访问培训考试站点时有一个便于记忆的域名 study.xinyuan.com，也为了避免与 www.xinyuan.com 站点混淆，所以实际上这两个站点之间同时使用了 TCP 端口和主机头名两种方法来加以区分。但从使用不同端口号这一种方法就可以架设多个站点的角度来说，既然已经指定了这个培训考试站点使用非标准的 8888 端口，则站点域名中使用与其他站点相同的主机头名也是可以的，比如使用 www.xinyuan.com，读者可以自己尝试配置，只要使用浏览器测试时在地址栏输入 http://www.xinyuan.com:8888 即可。

使用 TCP 端口法架设和区分多个 Web 站点的主要优缺点如表 4-5 所示。

表 4-5 使用 TCP 端口法来区分多个站点的主要优缺点

优 点	缺 点
无须在同一台服务器上配置多个 IP 地址，在企业内部进行多个网站的开发与测试时较为便捷	(1) 客户端需要在域名或 IP 地址后输入一个非标准端口号才能访问站点资源，不推荐使用于 Internet 上专用服务器架设的站点 (2) 需要管理员打开服务器或防火墙上的非标准端口，加重了基于 TCP/IP 安全性攻击的隐患

4. 使用主机头名法架设公司第四个 Web 站点

对于两个共用同一个 IP 地址且都采用默认端口号 80 的站点，只要为其指定不同的主机头，也可以在网络中唯一地将它们区分开来。主机头名法也是中小型企业网络中用于在一台服务器上架设多个站点的常用方法之一。

由于万维网发布服务必须分配内存缓冲池来管理每个 IP 地址的端点，而主机头名法无须为每个 Web 站点指定唯一的 IP 地址，从而可避免潜在的性能降低。当客户机请求到达服务器时，IIS 使用 HTTP 头中的主机名来确定客户机请求的站点。如果该站点用于专用网络，则主机头可以是 Intranet 上内定的站点名；但如果该站点用于 Internet，则主机名必须使用已在授权 Internet 名称机构注册的名称。主机头名这种技术是在 HTTP 1.1 标准中定义的，目前主流的浏览器都支持 HTTP 1.1 标准。

　　根据本项目的方案设计，新源公司内网站点就是使用不同的主机头名来区分其他站点的。该站点与另外两个站点(供外网访问的主站点和员工培训考试站点)都绑定了同一个 IP 地址 192.168.1.2，并且都使用默认的 80 端口，只是该站点的主机头名使用与其他站点不同的 www2，即站点的域名为 www2.xinyuan.com。

　　步骤 1　添加公司第四个 Web 站点。在 IIS8 控制台左窗格的"连接"列表中，右击"网站"文件夹，在弹出的快捷菜单中选择"添加网站"命令，打开"添加网站"对话框。在"网站名称"文本框中输入"XY-NWWZ"；在"物理路径"文本框中输入"E:\site4"，或单击其右侧的...按钮来逐级选择该目录；在"IP 地址"下拉列表中选择 192.168.1.2；在"端口"文本框中保持默认的 80 不变；在"主机名"文本框中输入"www2.xinyuan.com"；勾选"立即启动网站"复选框，如图 4-16 所示，最后单击"确定"按钮。

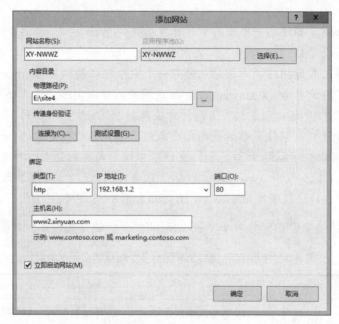

图 4-16　使用主机头名法添加公司第四个 Web 站点

💡 **注意：**　主机头名只能使用大写或小写的英文字母(A～Z)、数字、点(.)和连字符(-)，其他字符均为非法。

　　步骤 2　测试公司第四个站点。在客户机浏览器的地址栏输入 http://www2.xinyuan.com，就可以访问新源公司仅供公司内网访问的 Web 站点，如图 4-17 所示。

图 4-17　客户机测试浏览新源公司第四个 Web 站点

使用主机头名法架设和区分多个 Web 站点的主要优缺点如表 4-6 所示。

表 4-6　使用主机头名法来区分多个网站的主要优缺点

优　点	缺　点
(1) 无须为每个站点指定唯一的 IP 地址，从而避免由于使用唯一的 IP 地址标识多个站点而引起的潜在性能降低 (2) 对所有用户透明	要在提供安全 Internet 服务的多个站点使用主机头，必须在服务器上宿主 HTTPS 服务，使用 IP 地址标识 HTTPS 站点，并且重定向安全服务请求到该服务器。因为 HTTPS 通过安全套接字层 SSL 加密主机头名称，所以同一台服务器上宿主 SSL 服务的站点无法对主机头信息进行解释

5．使用虚拟目录法架设多个 Web 站点

新源公司要求在一台 Web 服务器上架设 4 个站点的目标，通过上述 IP 地址法、TCP 端口法和主机头名法 3 种方法已经得以实现。但实际中还有第四种虚拟目录法，也可以实现在同一台服务器上架设多个 Web 站点。

虚拟目录其实是某个独立的 Web 站点的子目录。这里所谓独立的 Web 站点，可以是使用前面 3 种方法架设的任何一个站点，或者说是虚拟目录所依托的主站点。虚拟目录与其主站点一样保存各种网页和数据，用户可以像访问独立的 Web 站点那样访问虚拟目录中的内容，访问时与其主站点使用相同的 IP 地址和端口号。一个 Web 站点下可以拥有多个虚拟目录，因此，利用虚拟目录技术同样可以实现一台服务器发布多个站点的目的。

假设新源公司的技术服务部还需要使用虚拟目录法，在公司的主站点(即前面架设的第一个站点 www.xinyuan.com)下再单独架设一个虚拟站点。该站点存放主页的物理路径为 E:\xy-jsfw，而客户机访问时指定虚拟目录的名称(即物理路径的别名)使用 jsfw，默认主页文档同样使用 index.html，则这个技术服务部站点的架设方法如下。

步骤 1　创建物理目录及主页文档。在 E 盘根目录下创建名为 xy-jsfw 的文件夹，在该文件夹下编辑一个文件名为 index.html 的主页作为默认文档。

步骤 2　添加虚拟目录。在 IIS8 控制台左窗格的"连接"列表中，右击"网站"文件夹下的默认 Web 站点"Default Web Site"，即此前为新源公司架设的第一个主站点，在弹出的快捷菜单中选择"添加虚拟目录"命令，打开"添加虚拟目录"对话框。在"别名"文本框中输入"jsfw"，在"物理路径"文本框中输入"E:\xy-jsfw"，或单击其右侧的…按钮来逐级选择该目录，如图 4-18 所示，最后单击"确定"按钮。

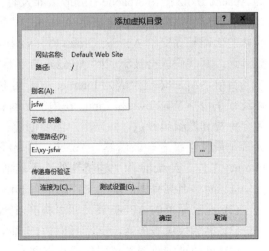

图 4-18　"添加虚拟目录"对话框

步骤 3　测试虚拟目录站点。添加虚拟目录后，在 IIS8 控制台左窗格的"连接"列表中可以看到 Default Web Site 站点下会增加一个名为 jsfw 的文件夹。接下来，在客户机

浏览器的地址栏输入 http://www.xinyuan.com/jsfw，就可以访问新源公司技术服务部的 Web 站点了，如图 4-19 所示。

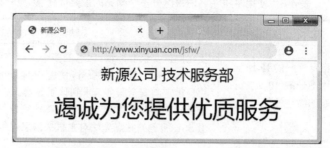

图 4-19 客户机测试浏览新源公司技术服务部 Web 站点

注意： 虚拟目录法也是企业内部网络中用于一台服务器发布多个站点最常见的方法之一。客户机访问这种虚拟站点时，必须在 IP 地址或域名后面加上 "/虚拟目录名"。虚拟目录和主网站一样可以配置主目录、默认文档、MIME 类型及身份验证等，其操作方法也相同，唯一不同的是不能为虚拟目录指定 IP 地址、端口号和 ISAPI 筛选，因为它是依托于主站点的一个子目录。

任务三 Linux 下的 Web 服务配置

一、项目实施前的准备工作

1. 了解 Apache

Apache 源自美国国家超级技术计算应用中心的 Web 服务器项目。1945 年 4 月，最早的 Apache 0.6.2 版由 Apache Group 公布发行。Apache Group 是一个完全通过 Internet 进行运作的非营利机构，由它来决定 Apache Web 服务器的标准发行版中应该包含哪些内容。当新的代码被提交给 Apache Group 时，该团体负责审核它的具体内容并进行测试，如果认为满意，其代码就会被集成到 Apache 的主要发行版中。

目前，Apache 已经成为 Internet 中占据主导地位、使用最广泛的 Web 服务器，几乎可以运行在包括 Windows 和 Linux 在内的所有计算机平台上。Apache 不仅快速、可靠，而且完全免费和源代码开放。如果用户需要创建一个每天有数百万次访问的 Web 站点，Apache 无疑是最佳选择之一。当然，Apache 需要经过精心配置，才能适应高负荷、大吞吐量的 Internet 工作。Apache 除上述特性外，还包括以下主要特性。

(1) 简单而强有力的基于文件的配置 httpd.conf。

(2) 通过简单的 API 扩展，即可将 Perl/Python 等解释器编译到服务器中。

(3) 集成代理服务器，支持 HTTP/1.1 协议、HTTP 认证、通用网关接口、虚拟主机。

(4) 可通过浏览器监视服务器状态并自定义日志，具有用户会话过程的跟踪能力。

(5) 支持安全 Socket 层、FASTCGI、Java Servlets、PHP 以及服务器端包含的命令。

(6) 允许在运行时动态装载功能模块，支持第三方软件开发商提供的大量功能模块。

2．设计 Linux 平台下的实施方案

正是因为 Apache 有着众多优良的特性，所以许多企业在 Linux 平台下都使用系统自带的 Apache 来搭建 Web 服务器。根据本项目的需求分析和规划设计，新源公司也决定使用 Apache 来架设公司的 4 个 Web 站点。这里将表 4-2 中的站点主目录进行重新规划，使其符合在 Linux 平台下实施的 Web 站点规划与设计方案，如表 4-7 所示。

表 4-7　新源公司 Web 站点的规划与设计(Linux 平台)

站点名称	站点域名	IP 地址	端口	站点主目录	实施方案
公司外网站点	www.xinyuan.com	192.168.1.2	80	/var/www/html	默认站点
业绩考核站点	yjkh.xinyuan.com	192.168.1.5	80	/var/www/site2	不同 IP 地址
培训考试站点	study.xinyuan.com	192.168.1.2	8888	/var/www/site3	不同端口号
公司内网站点	www2.xinyuan.com	192.168.1.2	80	/var/www/site4	不同主机头

3．检查 Apache 软件包的安装

Apache 安装在 IP 地址为 192.168.1.2 的运行 Linux 系统的服务器上，其软件包名称均以 httpd 开头，服务名称也是 httpd。如果是在 CentOS 6.5 中完整安装了 Apache，则可以通过下面的命令查询到 3 个软件包。

```
# rpm -qa | grep httpd
httpd-2.2.15-29.el6.centos.i686
httpd-tools-2.2.15-29.el6.centos.i686
httpd-manual-2.2.15-29.el6.centos.noarch
#
```

如果没有查询到 Apache 的这些软件包或者未完整安装，读者可参阅项目一中的方法进行安装，这里不再赘述。需要特别说明的是，接下来在 Linux 平台下为新源公司架设 4 个 Web 站点时，每个站点默认的主页文件都使用 index.html，文档的 HTML 脚本代码不再给出，客户机使用浏览器测试访问站点时也不再图示浏览的页面，读者可参考前面 Windows 平台下配置时已经给出的 HTML 脚本以及图示的浏览页面。

二、架设公司的第一个 Web 站点

1．使用 Apache 的默认配置

Apache 的主配置文件为/etc/httpd/conf/httpd.conf，它包含了针对 Web 服务器的全局性配置以及架设 Web 站点的全部配置信息。因此，通过修改 httpd.conf 文件中的配置项，就可以对 Web 服务器以及架设的 Web 站点实现高效、精准和安全的配置。

httpd.conf 文件中的可配置项非常多，其含义和作用的详细解释可参阅附录 B。对于初学者来说，应首先掌握几个最基本也最重要的配置项，包括：设置 Web 服务器的根目录、监听端口号、运行服务器的用户和组、根文档路径、Web 站点的主页文档等。

```
# vim /etc/httpd/conf/httpd.conf          //以下仅列出几个基本配置项的默认配置
ServerRoot "/etc/httpd"                   //默认的服务器根目录
Listen 80                                 //默认监听的端口号
User apache                               //运行服务器的用户名
Group apache                              //运行服务器的组名
ServerAdmin root@localhost                //默认的管理员邮箱地址
DocumentRoot "/var/www/html"              //默认的根文档路径
DirectoryIndex index.html index.html.var  //Web 站点的主页文档列表
...
#
```

其中，DocumentRoot 用于设置默认的根文档路径，即指明 Web 站点的主页文档所存放的目录位置；DirectoryIndex 用于指定主页文档的文件名列表。按照 httpd.conf 文件的默认配置，当客户机通过浏览器使用 IP 地址或域名访问默认 Web 站点时，Web 服务器就会自动到/var/www/html 目录下搜索 DirectoryIndex 给出的主页文档列表中的第一个文件（即 index.html）是否存在，若找到则将该主页文档返回给客户机的浏览器；若未找到则依次继续搜索列表中的第二个主页文档……直到找到为止。如果 DirectoryIndex 给出的主页文档列表中的所有文件均未找到，则 Web 服务器将会返回一个错误页面给客户机的浏览器。

事实上，使用 Apache 主配置文件 httpd.conf 的默认配置，无须对其进行任何修改就能够满足一个基本 Web 站点的架设需求。

2. 架设公司第一个 Web 站点并进行访问测试

新源公司就利用 Apache 的默认配置来架设第一个可供外网访问的 Web 站点，只需为站点创建一个主页文档并启动 httpd 服务即可。

步骤 1 创建主页文档。在/var/www/html 目录下创建新源公司第一个 Web 站点的主页文档 index.html，请读者使用 vi/vim 编辑器自行完成（可参考任务二中的示例）。

步骤 2 启动 httpd 服务。使用下面的命令即可启动 httpd 服务。

```
# service httpd start                     //启动 httpd 服务
Starting httpd:                                     [ OK ]
#
```

步骤 3 测试公司第一个站点。在客户机浏览器的地址栏输入 http://www.xinyuan.com 或 http://192.168.1.2 就可以访问到公司第一个站点的主页。

💡 **注意：** 在没有对 Apache 主配置文件 httpd.conf 进行任何修改的情况下，启动 httpd 服务应该会显示成功的 OK 提示，因为此时不可能存在配置上的错误。但笔者在实训室的计算机上仍出现过 httpd 服务启动失败的情况，打开 httpd 错误日志文件/var/log/httpd/error_log 的内容，查看到有 Certificate not verified: 'Server-Cert'、SSL Library Error: -8181 Certificate has expired、Unable to verify certificate 'Server-Cert'等错误信息，表示是因 SSL 证书过期而导致无法启动 httpd 服务，进一步检查发现系统日期早于实际日期很多年。这种情况多见于教学实训室，因为管理员大多用先前安装好的母盘进行发布或克隆系统，且

CMOS 中的日期可能也未及时维护。如果遇到这种情况，读者不妨尝试使用 date 命令或在开机时进入 CMOS 将系统日期设置为实际日期，或许就能够成功启动 httpd 服务了。

三、在同一台服务器上架设多个 Web 站点

新源公司在架设了第一个 Web 站点之后，还要在同一台物理服务器上架设 3 个 Web 站点，这可以通过配置虚拟主机的方法来实现。

1．使用虚拟主机架设多个 Web 站点的方法

与 Windows 平台下架设多个 Web 站点的方法一样，在 Linux 平台下使用 Apache 来架设多个 Web 站点也同样有 IP 地址法、TCP 端口法和主机头名法(也称基于域名的虚拟主机)这 3 种方法，它们都是通过在主配置文件 httpd.conf 中设置虚拟主机 VirtualHost 容器来实现的。VirtualHost 容器中可以包含以下 5 条指令。

(1) ServerAdmin——指定虚拟主机管理员的 E-mail 地址。

(2) DocumentRoot——指定虚拟主机的根文档目录。

(3) ServerName——指定虚拟主机的名称和端口号。

(4) ErrorLog——指定虚拟主机的错误日志存放路径。

(5) CustomLog——指定虚拟主机的访问日志存放路径。

当然，如果新源公司希望其余 3 个 Web 站点都能使用域名访问，则在实施这些站点配置之前还需要为其域名配置相应的 DNS 解析记录，这项工作请读者参考项目三来自行实施。另外，这些 Web 站点主页的 HTML 文档内容要在第一个站点的基础上做适当的文字修改，以确保客户机在测试浏览时呈现的页面有所不同。

💡 **注意：** 每个虚拟主机都会从主服务器继承相关的配置，例如，DirectoryIndex 配置项设置了主页文件名查找顺序，因此当使用 IP 地址或域名访问虚拟站点时也将按此顺序查找主页，从而浏览 index.html 主页内容。

2．使用 IP 地址法架设公司第二个 Web 站点

IP 地址法需要在 Web 服务器上的一个网络接口绑定多个 IP 地址来为多个虚拟主机服务。根据本项目的方案设计，公司第一个外网站点绑定的 IP 地址为 192.168.1.2，而业绩考核站点是通过将网卡再绑定另一个 IP 地址 192.168.1.5 来实现架设的。该站点的域名为 yjkh.xinyuan.com，主目录为/var/www/site2，配置步骤如下。

步骤 1　用以下命令为一块网卡配置子接口并绑定一个(或多个)新的 IP 地址。

```
# ifconfig eth0:1 192.168.1.5 up          //配置 eth0:1 子接口并绑定 IP 地址
# ifconfig                                //显示所有网络接口的配置情况
#
```

💡 **注意：** 使用 ifconfig 命令只能对网络接口做临时配置，这些配置信息在计算机重新启动后将会丢失。如果要对网络接口参数做永久性配置，则可以使用下面的方法创建并编辑新的子接口配置参数。

```
# cd /etc/sysconfig/network-scripts          //进入network-scripts目录
# cp ifcfg-eth0 ifcfg-eth0:1
    //将网络接口eth0配置文件复制为子接口eth0:1配置文件
# vim ifcfg-eth0:1                            //打开子接口eth0:1配置文件进行修改
…  //内容略,仅需将ifcfg-eth0复制过来的内容修改接口名称和IP地址两个配置行如下
DEVICE=eth0:1                                 //改为子接口名eth0:1
IPADDR=192.168.1.5                            //改为新的IP地址192.168.1.5
…                                            //修改完毕,保存并退出
# ifconfig eth0:1 up
# service network restart                     //重启网络配置
#
```

步骤2 配置DNS服务器,在正向解析资源文件中添加一行主机记录(A记录),设置域名yjkh.xinyuan.com指向IP地址192.168.1.5,并重新启动named服务。

步骤3 在/var/www目录下创建一个子目录site2,然后在site2目录下创建一个文件名为index.html的站点主页HTML文档。

步骤4 修改主配置文件httpd.conf,在文件末尾添加以下内容,然后保存文件,重新启动httpd服务。

```
# vim /etc/httpd/conf/httpd.conf             //编辑httpd.conf文件,添加以下内容
<VirtualHost 192.168.1.5>                     //或者<VirtualHost 192.168.1.5:80>
    DocumentRoot /var/www/site2
</VirtualHost>
#                                            //添加完毕,保存并退出
# service httpd restart                       //重启httpd服务
#
```

步骤5 打开客户机浏览器,在地址栏输入http://yjkh.xinyuan.com,即可访问到步骤3创建的公司第二个站点主页了。

3. 使用TCP端口法架设公司第三个Web站点

根据本项目的方案设计,新源公司培训考试站点就是使用特殊的TCP端口号(8888)来区分其他站点的。该站点与另外两个站点都绑定了192.168.1.2的IP地址,站点的域名地址为study.xinyuan.com,主目录为/var/www/site3,配置步骤如下。

步骤1 配置DNS服务器,在正向解析资源文件中添加一行主机记录(A记录),设置域名study.xinyuan.com指向IP地址192.168.1.2,并重新启动named服务。

步骤2 在/var/www目录下创建一个子目录site3,然后在site3目录下创建一个文件名为index.html的站点主页HTML文档。

步骤3 修改主配置文件httpd.conf,在文件末尾添加以下内容,然后保存文件,重新启动httpd服务。

```
# vim /etc/httpd/conf/httpd.conf             //编辑httpd.conf文件,添加以下内容
Listen 8888
<VirtualHost 192.168.1.2:8888>
```

```
    DocumentRoot /var/www/site3
</VirtualHost>
#                                         //添加完毕，保存并退出
# service httpd restart                   //重启 httpd 服务
#
```

步骤 4　打开客户机浏览器，在地址栏输入 http://study.xinyuan.com:8888，即可访问到步骤 2 创建的公司第三个站点主页了。

💡 **注意：**　使用浏览器访问非标准端口的 Web 站点时，地址栏输入的主机域名或 IP 地址后必须紧跟 ":端口号" 来指定端口，协议头 "http://" 也不可缺省。

4. 使用主机头名法架设公司第四个 Web 站点

主机头名法(即基于域名的虚拟主机)是中小型企业网络中实现一台 Web 服务器上架设多个 Web 站点较为适合的一种解决方案，因为它不需要占用更多的 IP 地址和端口号，而且配置简单，也无须特殊的软、硬件支持。

根据本项目的方案设计，新源公司内网站点就是使用不同的主机头名来区分其他站点的。该站点与另外两个站点(供外网访问的主站点和员工培训考试站点)都绑定了同一个 IP 地址 192.168.1.2，并且都使用默认的 80 端口，只是该站点的主机头名为 www2，即站点的域名为 www2.xinyuan.com，主目录为/var/www/site4，配置步骤如下。

步骤 1　配置 DNS 服务器，在正向解析资源文件中添加一行主机记录(A 记录)，设置域名 www2.xinyuan.com 指向 IP 地址 192.168.1.2，并重新启动 named 服务。

步骤 2　在/var/www 目录下创建一个子目录 site4，然后在 site4 目录下创建一个文件名为 index.html 的站点主页 HTML 文档。

步骤 3　修改主配置文件 httpd.conf，在文件末尾添加以下内容，然后保存文件，重新启动 httpd 服务。

```
# vim /etc/httpd/conf/httpd.conf         //编辑 httpd.conf 文件，添加以下内容
NameVirtualHost 192.168.1.2              //或 NameVirtualHost 192.168.1.2:80
<VirtualHost 192.168.1.2>                //或<VirtualHost 192.168.1.2:80>
    ServerName www2.xinyuan.com
    DocumentRoot ·/var/www/site4
</VirtualHost>
#                                         //添加完毕，保存并退出
# service httpd restart                   //重新启动 httpd 服务
#
```

步骤 4　打开客户机浏览器，在地址栏输入 http://www2.xinyuan.com，即可访问到步骤 2 创建的公司第四个站点主页了。

💡 **注意：**　在同一台服务器上使用虚拟主机架设多个 Web 站点后，客户机访问第一个默认站点时，如果出现浏览到了其他站点页面的情况，则可以在 httpd.conf 文件末尾添加以下内容，将第一个默认站点也加入到虚拟主机。另外，在反复修

改 httpd.conf 配置和客户机测试访问过程中，由于客户机 IE 等浏览器的缓冲问题，在遇到测试访问出错时可以尝试关闭浏览器，修改 httpd.conf 配置后在客户机上重新打开浏览器再进行测试。

```
# vim /etc/httpd/conf/httpd.conf          //编辑 httpd.conf 文件，添加以下内容
<VirtualHost 192.168.1.2>                 //或<VirtualHost 192.168.1.2:80>
    ServerName www.xinyuan.com
    DocumentRoot /var/www/html
</VirtualHost>
#                                         //添加完毕，保存并退出
# service httpd restart                   //重新启动 httpd 服务
#
```

与 Windows 平台下架设虚拟目录站点类似，Linux 平台下也同样可以利用虚拟目录技术实现一台服务器发布多个站点的目的，这将会在任务四中加以运用。

任务四　Web 服务器运维及深入配置

一、Windows 下 Web 站点的深入配置

通过任务二的实施，只是利用 IIS8 控制台完成了新源公司 4 个 Web 站点最基本功能的配置，包括 IP 地址、端口、主目录和默认文档，但实际运营的站点往往还要求支持更多的文件类型、支持动态网页以及更加安全和高效等。为了满足公司对其 Web 站点提出的性能需求，这里就以此前为新源公司架设的站点为例，介绍针对 Web 站点设置访问限制、配置 IP 地址限制、配置 MIME 类型和设置网站主目录的 NTFS 权限等方法。

1. 设置站点的访问限制

Web 服务器为多个用户提供服务，当同时连接服务器的用户数量过多时，服务器有可能难以承受甚至死机。因此，为了保证服务器安全有效运行，有时候需要对架构在服务器上的站点进行一定的限制，比如限制带宽和连接数量等。下面以新源公司第一个外网站点(即域名为 www.xinyuan.com 的默认主站点"Default Web Site")为例，介绍对站点设置访问限制的具体操作步骤。

步骤1　在 IIS8 控制台左窗格的"连接"列表中，选择"网站"文件夹下的 Default Web Site 站点，单击右窗格"操作"列表中的"限制"链接，打开"编辑网站限制"对话框，如图 4-20 所示。可以看到，IIS 提供了"限制带宽使用(字节)"和"限制连接数"两种限制连接的方法。

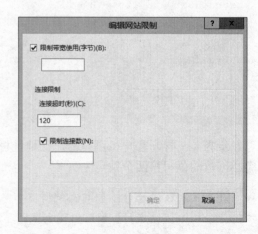

图 4-20　"编辑网站限制"对话框

步骤 2 勾选"限制带宽使用(字节)"复选框,在其下方的文本框中输入允许使用的最大带宽值。在控制 Web 服务器向用户开放的网络带宽的同时,也可能会降低服务器的响应速度。但是,当用户对 Web 服务器的请求增多时,如果通信带宽超出了设定值,请求就会被延迟。

步骤 3 勾选"限制连接数"复选框,在其下方的文本框中输入限制该站点的同时连接数。如果连接数量达到指定的最大值,以后所有的连接尝试都会返回一个错误信息,连接将被断开。限制连接数可以有效防止试图用大量客户机请求造成 Web 服务器超载的恶意攻击。在"连接超时"文本框中输入超时时间,可以在用户端达到该时间值时,显示连接服务器超时等信息,系统默认是 120 秒。

2. 配置 IP 地址限制

在完成一个站点的基本架设后,该站点默认是允许网络中所有用户访问的。但有时可能要将站点设置为仅允许某个 IP 地址段的客户机访问,或者要拒绝某个 IP 地址段的客户机访问,以提高站点的安全性能,这可以通过配置"IP 地址限制"来实现。

💡 **注意:** 要使用"IP 地址限制"功能,在服务器添加"Web 服务器(IIS)"角色时必须选中"Web 服务器"→"安全性"→"IP 和域限制"角色服务组件,如果当时未选中该角色服务,则可通过以下方法来重新添加。

选择"开始"→"服务器管理器"命令,打开"服务器管理器"窗口。在左窗格中选择 IIS 选项,在右窗格的详细信息列表中,拖动右侧的滚动条至"角色和功能"列表区域,其中列出了所有已安装的 IIS 角色和功能信息,如图 4-21 所示。

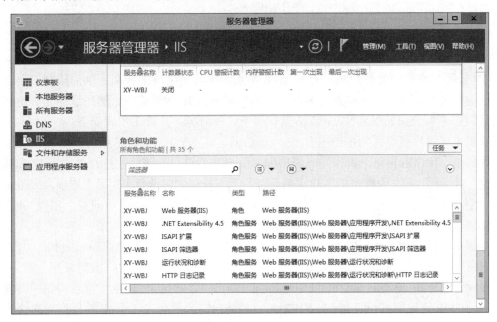

图 4-21 "服务器管理器"窗口中列出已安装的 IIS 角色和功能

单击"角色和功能"右侧的"任务"下拉按钮,选择"添加角色和功能"选项,打开"添加角色和功能向导"对话框。通过单击"下一步"按钮直至"选择服务器角色"步骤显示的界面(见图 1-18),逐级选中"Web 服务器(IIS)"→"Web 服务器"→"安全性"→"IP 和域限制"复选框,单击"下一步"→"安装"按钮就可以完成"IP 和域限制"服务组件的安装。此后在 IIS8 控制台左窗格的"连接"列表中选择"网站"文件夹中的某个站点,就会在中间窗格的功能视图中增加一个"IPv4 地址和域限制"图标。

在本项目任务二和任务三为新源公司架设的 4 个 Web 站点中,实际上只有公司第一个外网站点对客户机的访问是没有 IP 限制的,其他 3 个站点都仅限于公司员工在内部网络上访问。下面以新源公司的内网站点(即域名为 www2.xinyuan.com 的"XY-NWWZ"站点)为例,介绍对站点的访问设置 IP 地址限制的方法。

在 IIS8 控制台左窗格的"连接"列表中,选择"网站"文件夹下的 XY-NWWZ 站点,在中间窗格的该站点功能视图中双击"IP 地址和域限制"图标,如图 4-22 所示。

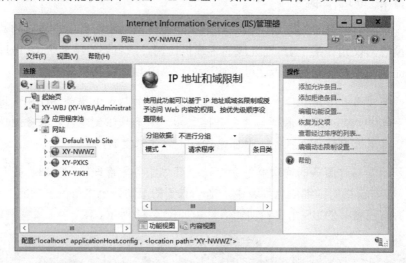

图 4-22 XY-NWWZ 站点的"IP 地址和域限制"配置界面

(1) 设置允许访问的客户机。有些 Web 站点由于其使用范围或私密性的限制,要求只向特定用户公开。这就需要首先将站点设置为拒绝所有 IP 地址访问,然后添加允许访问的 IP 地址段,新源公司的 XY-NWWZ 站点就属于这种情况,其操作步骤如下。

步骤 1 将站点设置为拒绝所有 IP 地址访问。在 XY-NWWZ 站点的"IP 地址和域限制"界面中,单击右窗格"操作"列表中的"编辑功能设置"链接,打开"编辑 IP 和域限制设置"对话框,在"未指定的客户端的访问权"下拉列表中选择"拒绝"选项,如图 4-23 所示。这样设置后,所有 IP 地址的客户机都将无法访问该站点,如果访问将会出现"403.6"的错误信息。

步骤 2 设置允许访问的 IP 地址。在 XY-NWWZ 站点的"IP 地址和域限制"界面中,单击右窗格"操作"列表中的"添加允许条目"链接,打开"添加允许限制规则"对话框。如果只允许某一个 IP 地址的客户机访问站点,则选中"特定 IP 地址"单选按钮,并输入允许访问的 IP 地址即可。但 XY-NWWZ 站点的访问需求是允许一个 IP 地址段的多个客户机访问的(实际情况大多也是如此),此时应选中"IP 地址范围"单选按钮,并在下面的两个文本框中分别输入 IP 地址 192.168.1.1 和子网掩码 255.255.255.0,表示该站点允许192.168.1.0/24 网段中所有 IP 地址的客户机访问,如图 4-24 所示。

图 4-23　"编辑 IP 和域限制设置"对话框

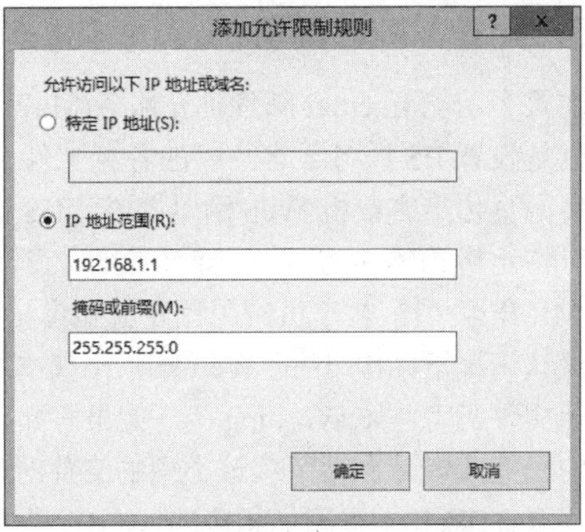

图 4-24　"添加允许限制规则"对话框

注意：这里输入的 IP 地址是指站点允许访问的客户机 IP 地址的最低值。当 IIS 将此 IP 地址最低值与"掩码或前缀"文本框中输入的值进行运算后，即可确定允许访问的客户机 IP 地址范围的上、下边界。因此，上述设置表示允许 IP 地址在 192.168.1.1～192.168.1.254 范围内的客户机访问站点。再比如，输入的 IP 地址为 192.168.1.100，输入的掩码为 255.255.255.224，则表示所设置的站点仅允许 IP 地址在 192.168.1.100～192.168.1.126 范围内的客户机访问。

经过上述设置后，XY-NWWZ 站点就只允许在公司内网中进行访问了。读者可以自行对 XY-PXKS 和 XY-YJKH 站点的访问限制进行同样的设置。下面仅介绍一种与设置允许访问的客户机正好相反的情形，但并不是针对本项目中的站点设置。

(2) 设置拒绝访问的客户机。有些 Web 站点可能要求对于一般 IP 地址的客户机都允许访问，只是要拒绝某个特定的 IP 地址或某个 IP 地址段的客户机访问。这种情况下，就需要首先将网站设置为允许所有 IP 地址访问，然后添加拒绝访问的 IP 地址段。与设置允许访问的客户机类似，用户只需在"编辑 IP 和域限制设置"对话框(见图 4-23)的"未指定的客户端的访问权"下拉列表中选择"允许"选项；然后在选定站点的"IP 地址和域限制"功能视图(见图 4-22)中单击"添加拒绝条目"链接，打开如图 4-25 所示的"添加拒绝限制规则"对话框进行设置即可。

图 4-25　"添加拒绝限制规则"对话框

注意：作为公司员工应该是允许访问公司内部站点的，但如果员工不在公司内网中，而是出差在外地或者在家里，也希望能通过 Internet 访问公司内部的站点，则可以在公司内网中配置 VPN 服务器，使员工通过 VPN 连接来访问这些内网站点。有关 VPN 服务器的配置将在本书项目七中实施。

3. 配置 MIME 类型

配置多功能 Internet 邮件扩充服务(Multipurpose Internet Mail Exchange，MIME)类型，其实就是设置 IIS 服务于客户机的各种文件类型的映射。当 IIS 传递邮件消息给邮件应用程序或将网页传给客户机 Web 浏览器时，IIS 同时也发送了所传递数据的 MIME 类型。如果存在以特定格式传送的附加或嵌入文件，那么 IIS 就会通知客户机应用程序嵌入或附加文件的 MIME 类型，客户机应用程序就知道该如何处理或显示正从 IIS 接收的数据了。

默认情况下，IIS 中的 Web 站点不仅支持如.htm、.html 等网页文件类型，还支持大部分其他文件类型，如.avi、.jpg 等。如果有文件类型不为 Web 站点所支持，在网页中运行该类型的程序或者从网站下载该类型的文件时，将会出现"404.3"错误信息而无法访问。此时，需要在 Web 站点添加相应的 MIME 类型，它可以定义 Web 服务器中利用文件扩展名所关联的程序。

在 IIS8 控制台左窗格的"连接"列表中，选择"网站"文件夹下的 Default Web Site 站点，在中间窗格的该站点功能视图中双击"MIME 类型"图标，就会列出当前系统中已集成的所有 MIME 类型，如图 4-26 所示。

图 4-26　Default Web Site 站点的"MIME 类型"配置界面

如果要添加新的 MIME 类型，比如要添加对.iso 文件类型的支持，可以在右窗格的"操作"列表中单击"添加"链接，打开"添加 MIME 类型"对话框。在"文件扩展名"文本框中输入".iso"，在"MIME 类型"文本框中输入"application/octet-stream"，如图 4-27 所示。最后单击"确定"按钮即可。

添加 MIME 类型后，用户就可以正常访问 Web 站点中相应类型的文件了。如果需要修改已有的 MIME 类型，则可在右窗格的"操作"列表中单击

图 4-27　"添加 MIME 类型"对话框

"编辑"链接；如果要删除已有的 MIME 类型，则可单击"删除"链接。

💡 **注意：** 通过添加带星号(*)通配符的 MIME 类型，也可以将 Web 站点配置成向所有类型的文件提供服务，而忽略文件的扩展名。如果在添加 MIME 类型时不知道文件扩展名所对应的 MIME 类型，可以双击相同 MIME 类型的扩展名，打开"编辑 MIME 类型"对话框进行复制。

事实上，MIME 类型又分为两种：作用于所有 IIS 站点的全局 MIME 类型和作用于某个站点的局部 MIME 类型。因为上述操作过程是选中了 Default Web Site 站点之后双击"MIME 类型"图标而进行的配置，所以添加的.iso 类型只对 Default Web Site 站点访问有效，属于局部 MIME 类型。如果要配置全局 MIME 类型，则应该在 IIS8 控制台左窗格的"连接"选项中选择服务器名 XY-WBJ，并在中间窗格的该服务器功能视图中双击"MIME类型"图标，然后进行 MIME 类型的添加、编辑和删除，这样所添加或管理的 MIME 类型就是全局 MIME 类型。显然，全局 MIME 类型和局部 MIME 类型是上、下级之间的继承关系，局部 MIME 类型继承了所有的全局 MIME 类型。

另外，要使得对 IIS 所做的各项配置生效，可以在 IIS8 控制台左窗格的"连接"列表中选择服务器名 XY-WBJ，然后在右窗格"操作"列表中单击"重新启动"链接；也可以在命令提示符下输入 iisreset 命令来重新启动 IIS 服务。

4. 设置网站主目录的 NTFS 权限

当完成一个站点基本架设并在客户机进行测试时，如果出现"无法找到网页"而测试失败，则首先应该检查 Web 服务器是否启动、站点配置是否正确、客户机浏览器输入的地址是否正确、客户机与服务器的网络是否连通等。但有时也会出现一些特殊情况，例如，在 Web 服务器本机上测试时可以正常浏览网页，而在客户机上测试时却访问失败，而且客户机浏览器显示以下错误的信息。

(1) 提示"HTTP 500 内部服务器错误"而无法显示网页。
(2) 弹出一个登录窗口，要求输入用户名和密码。
(3) 访问静态网页一切正常，而访问动态网页并与 Web 服务器交互时出错。

这些故障现象有一个共同的特点，就是在本机测试时完全正常，而服务器的配置过程也没有问题，并已经授权匿名用户访问。那么，导致发生这些出错的原因是什么呢？一般除了动态网页的脚本自身存在代码错误外，极有可能就是由于站点的主目录位于 NTFS 分区上，且没有给客户机分配访问站点主目录的 NTFS 权限。

无论使用哪个 Windows Server 版本，系统通常都安装在 NTFS 分区，因为 NTFS 文件系统比 FAT32 具有更严格的权限分配和安全管理，并且还拥有更优的性能。然而，NTFS 分区中的文件或文件夹的默认权限是供管理员等系统账户访问和分配的，而用户访问 Web 站点却是通过"Internet 来宾账户"完成的。虽然 Internet 来宾账户在安装 IIS 后会自动创建，但它并不会自动拥有 NTFS 中文件或文件夹的访问权限。因此，当用户访问一个 Web 站点时，如果该站点的主页文档没有存放在默认的%SystemDrive%\Inetpub\wwwroot 目录中，则很可能因为 Internet 来宾账户无法访问主目录而出现上述错误。

找出了问题的症结，接下来就以新源公司第一个外网站点(即域名为 www.xinyuan.com

的默认主站点 Default Web Site)为例，介绍如何设置该站点主目录 E:\site1 的 NTFS 权限，使其允许 Internet 来宾账户访问。

步骤 1 在 Web 服务器上打开"这台电脑"窗口，右击 E:\site1 文件夹，在弹出的快捷菜单中选择"属性"命令，打开"site1 属性"对话框，切换到"安全"选项卡，可以看到默认只有 4 个组或用户名拥有访问该文件夹的权限，如图 4-28 所示。

💡 **注意：** IIS 7/8 已经把设置站点主目录属性的功能集成在 IIS 管理器中，所以在 IIS8 控制台左窗格的"网站"文件夹中选择 Default Web Site 站点，单击右窗格"操作"列表中的"编辑权限"链接，也同样可以打开该站点主目录的"Site1 属性"对话框，并切换到"安全"选项卡进行设置。

步骤 2 单击"编辑"按钮，打开"site1 的权限"对话框，如图 4-29 所示。

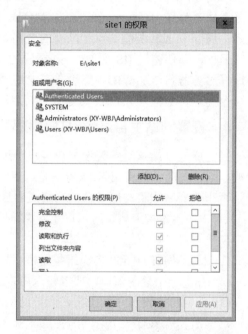

图 4-28　"Site1 属性"对话框"安全"选项卡　　　　图 4-29　"site1 的权限"对话框

步骤 3 单击"添加"按钮，打开"选择用户或组"对话框，可以直接在"输入对象名称来选择(示例)"文本框中输入"XY-WBJ\IIS_IUSRS"，如图 4-30 所示。如果用户不知道该怎么表达对象名称，则可以单击"高级"按钮来展开对话框的查找界面，单击"立即查找"按钮，然后在"搜索结果"列表框中选择 IIS_IUSRS 用户并单击"确定"按钮或者直接双击该用户，回到原来的"选择用户或组"对话框，刚才选择的对象名称就会出现在"输入对象名称来选择(示例)"文本框中。

步骤 4 单击"确定"按钮关闭"选择用户或组"对话框，此时在"site1 的权限"对话框的"组或用户名"列表中即可看到新添加的"Internet 来宾账户(XY-WBJ\IIS_IUSRS)"名称，最后单击"确定"按钮即可。

💡 **注意：** 在"site1 的权限"对话框中添加了 Internet 来宾账户后，根据站点的实际需要，还可以选中该用户，并在"Internet 来宾账户的权限"列表框中对其权限做进一步的设置。例如，有些要与 Web 服务器交互的动态网站，应该分配给它"写入"权限，某些情况下可能还需要有"修改"权限。

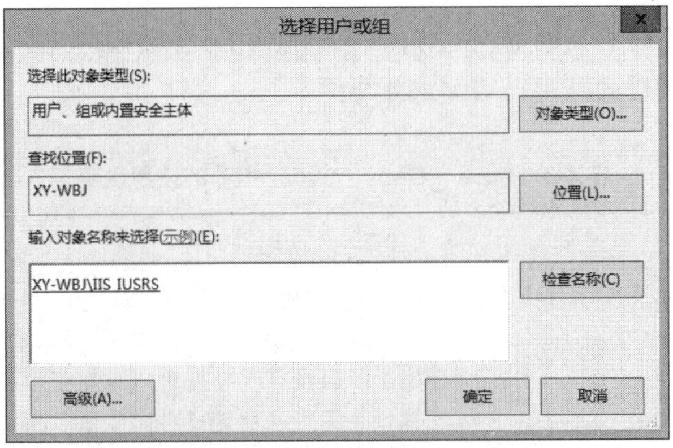

图 4-30　"选择用户或组"对话框

设置好 Internet 来宾账户对站点主目录的访问权限，并排除了其他故障之后，客户机应该就能顺利浏览用户架设的站点了。

二、Apache 的安全配置与管理

在实际运营的 Web 服务器中，管理员有时需要对一些关键信息进行保护，即只能是合法用户才能访问这些信息。Apache 对此提出了两种解决方法：基于主机的授权和基于用户的认证。有时需要为每个用户配置个性化的 Web 站点，有时还需要对多个 Web 站点进行合理的组织和管理，这些需求都可以通过对 Apache 主配置文件 httpd.conf 的精细化配置来实现，从而使基于 Apache 架设的 Web 站点更加高效和安全。

1. 配置基于主机的授权

通过任务三的实施，已经使用主机头名法架设了域名为 www2.xinyuan.com 的新源公司内网站点，其主页文档为/var/www/site4/index.html。这里将依托此内网 Web 站点架设一个虚拟目录 secret 的子站点，并针对该虚拟目录站点实施基于主机的授权配置，主要是为了说明基于主机授权的作用以及验证站点授权后的效果。

基于主机的授权是通过修改 httpd.conf 文件实现的，其操作步骤如下。

步骤 1　首先在/var/www/site4 目录下创建一个名为 secret 的子目录，然后在 secret 目录中创建 index.html 主页文档，其内容输入"您是基于主机授权的合法用户"。

步骤 2　修改主配置文件 httpd.conf，添加以下内容后重启 httpd 服务。

```
# vim /etc/httpd/conf/httpd.conf          //编辑 httpd.conf 文件，添加以下内容
<Directory "/var/www/site4/secret/">
    Allow from 192.168.1.22               //允许 IP 为 192.168.1.22 的主机访问
    Deny from 192.168.1.0/255.255.255.0   //拒绝该子网中其他主机访问
    Order deny,allow
```

```
</Directory>
#                                        //添加完毕，保存并退出
# service httpd restart                  //重启 httpd 服务
#
```

💡 **注意：** Order 指令后面的 Deny,Allow 或 Allow,Deny 之间不能有空格。Allow、Deny、Order 指令的使用说明如表 4-8 所示。

表 4-8　Allow、Deny、Order 指令的使用说明

指　令	使用说明	
Order	指定执行允许访问规则和执行拒绝访问规则的先后顺序，该指令有以下两种形式： Order Allow,Deny　//先执行允许访问规则，再执行拒绝访问规则，默认情况下将会拒绝所有没有明确被允许的客户 Order Deny,Allow　//先执行拒绝访问规则，再执行允许访问规则，默认情况下将会允许所有没有明确被拒绝的客户	
Deny	定义拒绝访问列表	Deny 和 Allow 指令后面跟以下几种形式的访问列表。 All：表示所有客户 IP 地址：指定完整的 IP 地址或部分 IP 地址 域名：表示域内的所有客户
Allow	定义允许访问列表	网络/子网掩码：例如 192.168.1.0/255.255.255.0 CIDR 规范：例如 192.168.1.0/24

步骤 3　测试访问虚拟目录站点。如果在 Web 服务器本地或除 IP 地址为 192.168.1.22 以外的客户机上打开浏览器，在地址栏输入 http://www2.xinyuan.com/secret，则浏览器将会显示 Authentication required! ... Error 401 的错误页面，表示访问被拒绝。因为 Web 服务器自身的 IP 地址为 192.168.1.2，而虚拟目录 secret 仅允许 IP 地址为 192.168.1.22 的主机访问。此时如果反过来，在 IP 地址为 192.168.1.22 的客户机上使用浏览器访问该虚拟目录站点，就可以打开步骤 1 创建的主页。

2. 配置基于用户的认证

使用 Apache 搭建的 Web 服务器有基本认证和摘要认证两种认证类型。一般来说，使用摘要认证要比基本认证更加安全，但因为有些浏览器不支持使用摘要认证，所以多数情况下管理员只能使用基本认证。所谓基本认证就是基于用户的认证方法，当用户访问 Web 服务器的某个目录时，会首先根据主配置文件 httpd.conf 中 Directory 的设置来决定是否允许用户访问该目录。如果允许，还会继续查找该目录或其父目录中是否存在名为.htaccess 的访问控制文件(隐藏文件)，若有则由它来决定是否需要对用户进行身份认证。

从上述认证过程来看，基于用户的认证方法既可以在 Apache 主配置文件 httpd.conf 中配置，也可以在访问控制文件.htaccess 中配置。

(1) 在主配置文件 httpd.conf 中配置认证和授权，操作步骤如下。

步骤 1　修改主配置文件 httpd.conf。仍然以配置基于主机的授权时所架设的虚拟目录 secret 站点为例，将此前添加的 Directory 容器修改为以下内容，并重启 httpd 服务。

```
# vim /etc/httpd/conf/httpd.conf          //编辑 httpd.conf 文件，修改以下内容
<Directory "/var/www/site4/secret/">
    AllowOverride None                    //不使用访问控制文件.htaccess
    AuthType Basic
    AuthName "secret"
    AuthUserFile /etc/httpd/conf/htpasswd
    Require user friend me
</Directory>
#                                         //修改后保存并退出
# service httpd restart                   //重启 httpd 服务
```

💡 **注意：** AllowOverride None 的作用是不使用 Apache 的访问控制文件.htaccess，而是直接在主配置文件 httpd.conf 中进行认证和授权的配置。

步骤 2　创建 Apache 用户。只有合法的 Apache 用户才能访问相应虚拟站点目录下的资源，Apache 软件包提供了一个用于创建 Apache 用户的工具 htpasswd，执行如下命令就可以添加一个名为 wbj 的 Apache 用户。

```
# htpasswd -c /etc/httpd/conf/htpasswd wbj
New password:                             //提示输入密码
Retype new password:                      //提示再次输入密码
Adding password for user wbj              //成功添加 Apache 用户 wbj
#
```

💡 **注意：** htpasswd 命令中的选项-c 表示创建一个新的用户密码文件，因为该文件默认可能并不存在。因此，该选项仅在添加第一个 Apache 用户时是必需的，此后再添加 Apache 用户或修改 Apache 用户密码时就无须添加该选项。

按照上述操作方法，请读者再添加两个 Apache 用户：friend 和 me。

步骤 3　修改主页文档。为了区分此前在配置基于主机的授权时浏览虚拟目录 secret 站点所打开的页面，这里将/var/www/site4/secret/index.html 主页文档的内容修改为"您是基于用户认证和授权的合法用户"。

步骤 4　测试访问站点。在客户机浏览器的地址栏输入 http://www2.xinyuan.com/secret，此时，浏览器将会弹出一个"请为'secret'@www2.xinyuan.com 输入用户名和密码"的对话框，然后输入合法的 Apache 用户名(wbj、friend 或 me)和密码，单击"确定"按钮后就会进入虚拟目录站点的主页。

(2) 在访问控制文件.htaccess 中配置认证和授权，操作步骤如下。

步骤 1　修改主配置文件 httpd.conf，将上一种方法在步骤 1 设置的 Directory 容器修改为以下内容。然后保存 httpd.conf 文件，重启 httpd 服务。

```
# vim /etc/httpd/conf/httpd.conf          //编辑 httpd.conf 文件，修改以下内容
<Directory "/var/www/site4/secret/">
    AllowOverride AuthConfig              //允许使用访问控制文件.htaccess
</Directory>
```

```
#                                            //修改后保存并退出
# service httpd restart                      //重启 httpd 服务
```

💡 **注意**： AllowOverride AuthConfig 的作用是允许在访问控制文件.htaccess 中使用认证和授权指令。.htaccess 文件中常用的配置命令如表 4-9 所示，所有的认证配置指令同样可以出现在主配置文件 httpd.conf 的 Directory 容器中。

表 4-9 .htaccess 文件中常用的配置命令

配置命令	作 用
AuthName	指定认证区域名称，该名称是在访问时弹出的"提示"对话框中向用户显示的
AuthType	指定认证类型
AuthUserFile	指定一个包含用户名和密码的文本文件
AuthGroupFile	指定包含用户组清单和这些组成员清单的文本文件
Require	指定哪些用户或组能被授权访问，例如 Require user wbj me：只有用户 wbj 和 me 可以访问 Require group wbj：只有组 wbj 中的成员可以访问 Require valid-user：在 AuthUserFile 指定文件中的任何用户都可以访问

步骤 2　按上一种方法的步骤 2 创建 3 个 Apache 用户：wbj、friend 和 me。然后，在 /war/www/site4/secret/目录中生成.htaccess 文件，输入以下内容并保存文件。

```
# vim/var/www/site4/secret/.htaccess         //编辑.htaccess 文件，输入以下内容
AuthName "www"
AuthType basic
Require user wbj me
AuthUserFILE/etc/httpd/conf/htpasswd         //输入完毕，保存并退出
#
```

步骤 3　按上一种方法的步骤 3 修改/var/www/site4/secret/index.html 主页文档。在客户机浏览器的地址栏输入 http://www2.xinyuan.com/secret，并输入用户名 wbj 或 me 及其密码后，同样可以打开该虚拟目录站点的主页。但此时如果输入用户名 friend 和密码，则无法访问该站点，因为这里使用了访问控制文件.htaccess 来认证和授权，而 friend 用户并未在虚拟目录 secret 下的.htaccess 文件中授权访问。

3. 为每个用户配置 Web 站点

为每个在 Web 服务器上拥有合法账号的用户配置 Web 站点，就可以使这些用户都能访问属于自己的站点主页。这里在新源公司第一个可供外网访问的 Web 站点基础上，以 wbj 用户为例，介绍为该用户配置单独的 Web 站点的操作步骤。

步骤 1　打开主配置文件/etc/httpd/conf/httpd.conf，找到如下配置内容。

```
# vim /etc/httpd/conf/httpd.conf
...                                          //找到如下一节内容
<IfModule mod_userdir.c>
```

```
    UserDir disable
    #UserDir public_html
</IfModule>
...
```

将上述内容修改为：

```
<IfModule mod_userdir.c>
    UserDir disable root
    UserDir public_html
</IfModule>
#
```

其中，UserDir disable root 将禁止 root 用户使用自己的个人站点，这一设置主要是出于安全性考虑；UserDir public_html 是对每个用户 Web 站点目录的设置。

步骤 2　在主配置文件/etc/httpd/conf/httpd.conf 中找到如下一节配置内容，删去每行前面的#号，即让配置生效。然后保存文件并重启 httpd 服务。

```
# vim /etc/httpd/conf/httpd.conf
...    //找到如下一节内容，该节用来设置每个用户 Web 站点目录的访问权限
#<Directory "/home/*/public_html">
#        AllowOverride None
#        Options MultiViews Indexes SymLinksIfOwnerMatch IncludesNoExec
#        <Limit GET POST OPTIONS>
#                Order allow, deny
#                Allow from all
#        </Limit>
#        <LimitExcept GET POST OPTIONS>
#                Order deny, allow
#                Deny from all
#        </LimitExcept>
#</Directory>
...    //删去该节每个配置行前面的#号使其生效，修改后保存并退出
# service httpd restart                    //重启 httpd 服务
#
```

步骤 3　为每个用户的 Web 站点目录配置访问控制。以 wbj 用户为例，命令如下。

```
# su wbj                      //临时更改为 wbj 用户身份
$ cd ~                        //回到 wbj 用户的主目录
$ mkdir public_html           //在 wbj 目录下创建 public_html 目录
$ cd ..                       //回到 wbj 目录的上级目录，即 home 目录
$ chmod 711 wbj               //修改 wbj 目录的权限为 711
$ exit                        //返回 root 用户身份
#
```

步骤 4　创建属于用户 wbj 的主页文档/home/wbj/public_html/index.html。

步骤 5   访问用户 wbj 的主页，即在浏览器的地址栏输入 http://192.168.1.2/~wbj/或者 http://www.xinyuan.com/~wbj/，此时即可浏览步骤 4 创建的站点主页了。

💡 **注意:**   读者一定不要忘记修改 wbj 用户主目录的权限(即 chmod 711 wbj 命令)，若不执行该命令，将会出现标题为 Forbidden 的错误提示页面。另外，Apache 主配置文件 httpd.conf 修改后，必须重启 httpd 服务才能使修改生效。

4. 组织和管理 Web 站点

随着 Web 服务器的不断运营，存放主页文档的站点主目录下往往会积聚越来越多的文件内容，这就会给 Web 服务器的正常运行和维护带来一些问题。例如，在主目录空间不足的情况下如何继续添加新的站点内容、在主页文档移动位置之后如何使用户仍然能够访问等。下面给出解决上述问题的一些方法。

(1) 符号链接。在 Apache 的默认配置中已经包含了以下有关符号链接的配置项。

```
<Directory />
    Options FollowSymLinks
    AllowOverride None
</Directory>
<Directory "/var/www/html">
    Options Indexes FollowSymLinks
    AllowOverride None
    Order allow,deny
    Allow from all
</Directory>
```

其中，Options FollowSymLinks 就是符号链接的配置项。因此只需在根文档目录下使用下面的命令创建符号链接即可。

```
# cd /var/www/html                          //进入根文档目录
# ln -s /mnt/wbj SymLinks                    //创建/mnt/wbj 目录的符号链接
#
```

此后，在客户端浏览器的地址栏输入 http://192.168.1.2/SymLinks，就会在浏览器窗口中显示出/mnt/wbj 目录下的文件列表。

(2) 别名。使用别名也是一种将根文档目录以外的内容加入站点的方法。在 Apache 的默认配置中，error 和 manual 这两个目录都被设置成了别名访问，同时还使用 Directory 容器对别名目录的访问权限进行了配置。设置别名访问的方法可参阅附录 B 有关 Apache 主配置文件 httpd.conf 详解的有关内容。

(3) 页面重定向。当用户经常访问某个站点的目录时，便会记住这个目录的 URL，如果站点进行了结构更新，那么用户在使用原来的 URL 访问时就会出现"页面没有找到"的错误提示信息。为了让用户可以继续使用原来的 URL 访问，就需要配置页面重定向。例如，一个静态站点中用一个目录 years 存放当前季度的信息，如春季 spring；当到了夏季，就将 spring 目录移到 years.old 目录中，此时 years 目录中存放 summer，这时就应该将 years/spring

重定向到 years.old/spring。

首先，使用下面的命令在/var/www/html 中创建两个目录：years 和 years.old；然后，在 years 目录下创建目录 spring，并在 spring 中创建一个 index.html 主页文档。

```
# cd /var/www/html                          //进入根文档目录
# mkdir years years.old                      //创建 years 和 years.old 两个目录
# mkdir years/spring                         //在 years 下创建 spring 目录
# vim years/spring/index.html                //编辑主页文档，输入内容后保存并退出
#
```

在浏览器地址栏中输入 http://192.168.1.2/years/spring，即可浏览刚才创建的主页。但如果到了夏季，spring 目录被移到 years.old 目录中，则应修改 httpd.conf 文件，在文件末尾添加以下配置行。

```
Redirect 303/years/spring http://192.168.1.2/years.old/spring    //重定向
```

重启 httpd 服务器后，再在浏览器地址栏中输入 http://192.168.1.2/years/spring，则同样会显示刚才创建的主页，且地址栏自动变为 http://192.168.1.2/years.old/spring。

三、搭建动态网站环境

在前面的项目实施中，Windows Server 2012 R2 和 Linux 两种平台下所架构的 Web 站点都只包含了一个简单的静态主页 index.html，也是默认情况下只支持的静态站点。但现在的 Web 站点一般都采用动态技术实现，可以运行动态交互式网页，这就需要搭建动态网站环境。下面简要介绍 Windows 和 Linux 两种平台下支持的典型动态网站环境的配置，即搭建 IIS 的 ASP 环境和搭建 LAMP 应用环境。

1. 搭建 IIS 的 ASP 环境

动态服务器页面(Active Server Pages，ASP)是 Microsoft 提供的动态网站技术，可以用来创建和运行动态交互式网页。要使 IIS 架设的 Web 服务器可以运行 ASP 网页，首先要确保安装了 ASP 服务组件，然后才能搭建 ASP 运行环境。

(1) 检查安装 ASP 服务组件。选择"开始"→"服务器管理器"命令，打开"服务器管理器"窗口。在左窗格中选择 IIS 选项，在右窗格的详细信息列表中，拖动右侧的滚动条至"角色和功能"列表区域，其中列出了所有已安装的 IIS 角色和功能(见图 4-21)。如果"应用程序开发"下面的 ASP 组件未安装，则可以单击"角色和功能"右侧的"任务"下拉按钮，选择"添加角色和功能"命令，打开"添加角色和功能向导"对话框。通过单击"下一步"按钮直至"选择服务器角色"步骤显示的界面(见图 1-18)，逐级勾选"Web 服务器(IIS)"→"Web 服务器"→"应用程序开发"→ASP 复选框，然后单击"下一步"→"安装"按钮就可以完成 ASP 服务组件的安装。

(2) 搭建 ASP 环境。在 IIS8 控制台左窗格的"连接"列表中，展开"网站"文件夹并选择需要支持 ASP 动态网页的站点，如 Default Web Site。然后，在中间窗格的该站点功能视图中双击 ASP 图标，显示如图 4-31 所示的界面，即可设置 ASP 的编译、服务和行为等属性。此时，需要将"启用父路径"的默认属性 False 设置为 True。

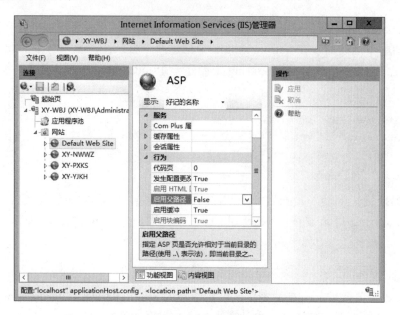

图 4-31　Default Web Site 站点的 ASP 配置界面

💡 **注意：**　在 64 位的 Windows Server 2012 系统中没有 Jet 4.0 驱动程序，而在 IIS 8 应用程序池中也没有默认启用 32 位程序。因此，如果需要在 IIS 8 中启用 32 位程序，可以在 IIS8 控制台左窗格的"连接"列表中选择"应用程序池"，然后在右窗格的"操作"列表中单击"设置应用程序池默认设置"链接，将"启用 32 位应用程序"选项设置为 True。

2．搭建 LAMP 应用环境

在 Linux 平台下，采用 Apache+MySQL+PHP 开放资源网络开发平台，已成为架设动态 Web 网站的"黄金组合"，所以业内将 Linux、Apache、MySQL 和 PHP 的首字母连在一起，把这种组合简称为 LAMP。也就是说，基于 Linux 操作系统，以最通用的 Apache 作为 Web 服务器，用带有基于网络管理附加工具的关系型数据库 MySQL 充当后台管理数据库，用流行的对象脚本语言 PHP 或 Perl、Python 作为开发 Web 程序的编程语言。

这种"黄金组合"方案都是开源代码软件，其免费和开源的方式对于全世界用户都具有很强的吸引力，无论企业和个人开发者，无须再付费购买"专业"的商用软件。特别是在互联网方面，不需要为软件的发布支付任何许可证费就可以开发和应用基于 LAMP 的工程项目。这种架设具有系统效率高、灵活、可扩展、稳定和安全等优点，可运行于 Windows、Linux、UNIX、苹果 Mac OS 等多种操作系统。

（1）安装 MySQL。下面以 mysql-5.0.27 为例，介绍安装步骤。

步骤 1　从 http://www.mysql.com/downloads/index.html 获取最新版的 MySQL 源码软件包 mysql-5.0.27.tar.gz，将其下载并存放在/wbj/目录下。

步骤 2　添加用户组和用户。mysql 服务需要以 mysql 组的用户来执行，命令如下。

```
# groupadd mysql                          //创建 mysql 用户组
# useradd -g mysql mysql                  //将 mysql 用户添加到 mysql 组
```

步骤 3 将下载得到的 mysql 压缩文件解压释放，命令如下。

```
# cd /wbj                              //进入/wbj 目录
# tar -xzvf mysql-5.0.27.tar.gz        //解压缩 mysql 软件包
```

步骤 4 进入当前目录下解压生成的 mysql-5.0.27 目录后即可进行安装，命令如下。

```
# cd mysql-5.0.27                      //进入解压生成的 mysql-5.0.27 目录
# ./configure -prefix=/usr/local/mysql //设置安装的目标目录/usr/local/mysql
# make                                 //编译
# make install                         //安装
```

步骤 5 创建授权表，命令如下。

```
# cp support-files/my-medium.cnf /etc/my.cnf    //复制文件以创建授权表
```

步骤 6 更改许可权限，命令如下。

```
# cd /usr/local/mysql                  //进入 mysql 的安装目录
# bin/mysql_install_db --user=mysql    //更改许可权限
# chown -R root
# chown -R mysql var
# chgrp -R mysql
```

步骤 7 启动并测试 mysql，命令如下。

```
# bin/mysqld_safe --user=mysql &               //启动 mysql，如无报错则启动成功
# bin/mysql                                    //若成功则会显示以下内容
Welcome to the MySQL monitor.  Commands end with ; or \g.
Your MySQL connection id is 4 to server version: 5.0.27
Type 'help;' or '\h' for help. Type '\c' to clear the buffer.
mysql>
```

至此，MySQL 安装成功。通常还要安装 mysql-server、mysql-devel、mysqlclient、php-mysql 等软件包。这些软件包只需下载相应的 RPM 包安装即可，其作用如下。

- mysql-server——包括 MySQL 服务器守护进程(mysqld)和 mysqld 启动脚本，也用于创建配置 MySQL 数据库所需的各种管理文件和目录。
- mysql-devel——包括开发 MySQL 应用程序所需的库和头文件。
- mysql-client——包括开发 MySQL 客户端程序所需的库和头文件。
- php-mysql——包括 PHP 应用程序访问 MySQL 数据库所需的共享库，允许用户向网页添加可以访问 MySQL 数据库的 PHP 脚本。

(2) 安装 PHP。下面以 php-5.2.3 为例，介绍安装步骤。

步骤 1 从 http://www.php.net/downloads.php 获取最新版 PHP 软件包 php-5.2.3.tar.gz，将其下载并存放在/wbj/目录下。

步骤 2 将下载得到的 php 压缩文件解压释放，命令如下。

```
# cd /wbj                              //进入/wbj 目录
#tar -xzvf php-5.2.3.tar.gz            //解压缩 PHP 软件包
```

步骤 3 进入当前目录下解压生成的 php-5.2.3 目录后即可进行安装，命令如下。

```
# cd php-5.2.3                                    //进入解压生成的 php-5.2.3 目录
# ./configure --prefix=/usr/local/php \          //设置安装的目标目录/usr/local/php
--with-mysql=/usr/local/mysql --enable-force-cgi-redirect \
--with-freetype-dir=/usr --with-png-dir=/usr \
--with-gd --enable-gd-native-ttf --with-ttf --with-gdbm --with-gettext \
--with-iconv --with-jpeg-dir=/usr --with-png --with-zlib --with-xml\
--enable-calendar --with-apxs=/usr/local/apache/bin/apxs
# make                                            //编译
# make install                                    //安装
```

💡 **注意：** 由于服务器需要用到 GD 库，所以命令中增加了一些支持 GD 的编译参数，并且还要安装 libjpeg、libpng 等库文件。其中，--with-mysql=/usr/local/mysql 指向安装 mysql 的路径；--with-apxs 指向 apache 的 apxs 文件的路径。

步骤 4 复制 PHP 的配置文件，命令如下。

```
# cp php.ini.dist /usr/local/php/lib/php.ini
```

以上是从网上下载 LAMP 相关的最新软件包，并在字符界面下进行安装的过程。其实 Red Hat、Fedora Core、CentOS、RHEL 等多数 Linux 发行版都自带这些软件包，对于初学者来说，利用图形界面下的"添加/删除软件"工具，将上述搭建 LAMP 所需的软件包都选中，就可以非常方便地完成 LAMP 的安装，具体操作不再赘述。

(3) 配置和测试 PHP 及 MySQL，操作步骤如下。

步骤 1 修改 httpd.conf 文件。在该文件中添加以下 3 行内容，其作用是将 PHP 模块信息加入 Apache 中，使 Web 服务器能够支持 PHP 脚本编写的后缀为.php 的网页；另外还需要修改 DirectoryIndex 配置项。具体内容如下。

```
# vim /etc/httpd/conf/httpd.conf                  //编辑 httpd.conf 文件
...
#DirectoryIndex index.html index.html.var        //将原有此行前面加#注释
DirectoryIndex index.php index.html index.html.var   //修改为此行内容
...                                               //在文件末尾添加以下 3 行内容
LoadModule php5_module /usr/lib/httpd/modules/libphp5.so
AddType application/x-httpd-php .php
AddType application/x-httpd-php-source .phps
```

步骤 2 启动 httpd 服务，编写一个 PHP 主页，并进行浏览测试，操作如下。

```
# service httpd restart                           //重新启动 httpd 服务
# chmod -R 777 /var/www/html                      //修改/var/www/html 目录的权限
# vim /var/www/html/index.php                     //编写一个 index.php 主页文件, 内容为
phpinfo();
?>
```

这是一个简单的 PHP 主页脚本文件，其中的 phpinfo()是 PHP 的一个函数，用于显示

PHP 的相关信息。保存该主页文件后，在浏览器的地址栏输入 http://www.xinyuan.com，即可在浏览器中看到 PHP 的相关信息，表明 Apache 和 PHP 基本安装配置完成。

步骤 3   为了使 PHP 能够使用 MySQL 数据库，还需要对 PHP 配置文件 php.ini 进行修改，操作如下。

```
# vim /etc/php.ini                        //编辑 php.ini
register_globals = Off                    //将 Off 改为 On，否则读不到 post 的数据
...                                        //在文件末尾添加以下两行

extension=mysql.so
extension=mysqli.so
```

步骤 4   启动 MySQL，命令如下。

```
# service mysqld start                    //启动 mysqld 服务
```

如果 mysqld 启动失败，可能还需要打开/etc/hosts 文件，做如下修改。

```
# vim /etc/hosts                          //编辑 hosts 文件
# Do not remove the following line, or various programs
# that require network functionality will fail.
::1 localhost.localdomain localhost       //将其中的::1 改为 127.0.0.1
```

步骤 5   测试 MySQL。把 PHP 主页文件/var/www/html/index.php 修改为以下内容。

```
# vim /var/www/html/index.php             //修改 index.php 主页文件为以下内容
$link=mysql_connect('localhost','root','');
if ($link) echo "yes";
else echo "no";
mysql_close();
?>
```

保存该主页文件后，在浏览器地址栏输入 http://www.xinyuan.com，即可在浏览器中看到 yes，表明 MySQL 基本安装配置完成。

(4) 管理 MySQL。由于 MySQL 标准发行版没有提供图形界面的管理工具，使用起来不太方便。为了解决这个问题，就出现了管理 MySQL 的图形化工具 phpMyAdmin。实际上 phpMyAdmin 也是使用 PHP 编写的一种 B/S 结构的软件，所以安装 phpMyAdmin 只需要将软件包解压到某个允许执行 PHP 的目录下。

从 http://sourceforge.net/projects/phpmyadmin 下载较新的 phpmyadmin 版本，将 tar 打包文件解压并移到默认的 Web 站点主目录/var/www/html 下，再改名为 phpmyadmin，然后在浏览器的地址栏输入 http://127.0.0.1/phpmyadmin/index.php，若能打开即表示安装成功。

另外，也可以利用 Webmin 管理工具对 MySQL 数据库进行图形化管理。Webmin 也是采用 B/S 模式，客户机使用 Web 浏览器可以直接登录到 Webmin 服务器。Webmin 管理工具还可以对整个系统进行管理，其中划分为 Webmin、System、Networking、Hardware、Cluster、Others 共 6 个目录页，所有的功能模块都被划分到这些目录页中。具体步骤如下。

步骤 1   从 http://prdownloads.sourceforge.net/webadming/下载较新的 Webmin，将其安

装包存放在 Liunx 主机适当的目录，使用以下 rpm 命令进行安装。

```
# rpm -ivh webmin-1.340-1.noarch.rpm
```

步骤 2 安装完成后，在浏览器的地址栏输入 https://127.0.0.1:10000，如果能显示登录页面，则表示安装成功。

(5) 安装 PHP 开发工具 ZendStudio 并解决中文乱码问题。ZendStudio 是专业开发人员在 PHP 整个开发周期中唯一使用的集成开发环境(IDE)，它包括了 PHP 所有必需的开发部件。ZendStudio 通过一整套编辑、调试、分析、优化和数据库工具来加速开发周期，并简化复杂的应用方案。下载 ZendStudio 软件包后，可按以下方法进行安装。

```
# tar -zxvf ZendStudio-5_5_0.tar.gz
```

解压后得到一个 ZendStudio-5_5_0.bin 文件，直接运行即可安装。

```
# ./ZendStudio-5_5_0.bin
```

创建软链接来启动 ZendStudio。

```
# ln -s /usr/local/Zend/ZendStudio-5.5.0/bin/ZDE /usr/bin/ZDE
```

这样，在字符界面下运行 ZDE 命令即可启动 ZendStudio。由于 Linux 上的 ZendStudio 中文支持还不够好，如果打开后还会显示方格，则需要安装 simsin.ttf 字体。可以到 Windows 系统的 C:\Windows\fonts 中找到 simsum.ttc 文件，把该字体文件复制到 Linux 系统中即可，命令如下。

```
# mkdir  /usr/local/Zend/ZendStudio-5.5.0/jre/lib/fonts/fallback
# cp simsun.ttc /usr/local/Zend/ZendStudio-5.5.0/jre/lib/fonts/fallback/
simsun.ttf
```

复制完成后重新启动 ZendStudio，就可以显示中文了。

(6) LAMP 安全防护设置。主要包括以下几个方面。

① 取消不必要的服务。Linux 是一个强大的网络操作系统，在默认情况下运行着很多服务程序，不但占用大量的系统资源，而且很容易成为安全隐患。大部分服务是由 xinetd 统一管制的，如果要去掉一些服务，可以打开/etc/xinetd.conf 文件，在不需要的服务前加上 #号注释；或者使用 setup 或 ntsysv 命令进入文本用户界面来取消服务。例如，除了 stmp、ssh 等，其他的如 echo、gopher、rsh、rlogin、rexec、talk、ntalk、finger 等都可取消。

② 隐藏 Apache 的数据信息。打开 httpd.conf 文件，加入"ServerSignature Off"和"ServerTokens Prod"配置行。ServerSignature 出现在 Apache 产生如 404 页面和目录列表页面的底部，参数 Off 表示不显示；ServerTokens 目录用来判断 Apache 会在 ServerHTTP 响应包的头部填充什么信息，设为 Prod 后，响应包头设置为"Server:Apache"。

③ 以安全模式运行 PHP。打开 PHP 配置文件 php.ini，找到 SafeMode 配置部分，把 Safe_mode=Off 改为 On。这样可以使 shell_exec()被禁止，还有一些诸如 exec()、system()、passthru()、popen()将被限制只能执行 safe_mode_exec_dir 指定目录下的程序。如果需要使用这些功能，则找到" safe_mode_exec_dir= "配置行，在其后面加入路径，如 /usr/local/php/exec，最后把程序复制到这个目录下即可。

④ 关闭 PHP 的错误显示。打开 PHP 配置文件 php.ini，把文件中 "display_errors=On" 配置行改为 Off。也可以将错误日志记录到指定文件中，把 "log_errors=Off" 配置行改为 On，并将 "errors_log=filename" 配置行前面的分号(;)注释符删去，然后把 filename 改为 /var/log/php_error.log，这样错误日志就会记录到这个文件中。

此外还可以做很多工作来确保 LAMP 的安全，如配置网络防火墙只开放必要的端口、仔细规划用户的权限、使用安全的远程连接 SSH、使用 PHP 的加密技术、强制 MySQL 用户使用密码、避免用超级用户 root 身份运行 MySQL、关闭 Apache 不需要的模块(如 mod-imap、mod_indude、mod_info、mod_status、mod_cgi)、安装杀毒软件 Avast 或 AntiVir 等。

小　　结

Web 服务器又称万维网(WWW)服务器，它与客户机之间的工作机制遵循超文本传输协议(HTTP)标准，并采用统一资源定位符(URL)来标识网络上的各种信息资源，使分布在世界各地的用户能通过 Internet 方便快速地浏览和共享各种信息。因此，配置 Web 服务器并架设 Web 站点，是企业信息化建设的重要环节。

一台 Web 服务器上可以架设多个站点，这就需要为每个站点配置唯一的标识，方可确保用户的请求能够到达指定的站点。标识一个站点有 4 个标识符：主机头名、IP 地址、端口号和虚拟目录，只要确保至少有一个标识符不同，就可以区分不同的站点，于是便有了在同一台服务器上架构多个站点的四种方法：主机头名法、IP 地址法、TCP 端口法和虚拟目录法。需要注意的是，当客户机使用浏览器访问一个非默认 80 端口的站点时，必须在地址栏输入的主机名称后带上 ":端口号"，并且协议头 "http://" 不可缺省；同样，在访问虚拟目录站点时，地址栏输入的主机名称后必须带上 "/虚拟目录名"。

在 Windows Server 2012 R2 平台下，架设 Web 服务器必须安装 "Web 服务器(IIS)" 角色。互联网信息服务(IIS)是基于微软管理控制台(MMC)的管理程序，用于配置应用程序池或 Web 站点、FTP 站点、SMTP 或 NNTP 站点。Windows Server 2012 R2 中使用 IIS 8.0 版本，较之前的 IIS 7.0 功能更为强大。Apache 是几乎所有 Linux 发行版都自带的、性能十分优越的 Web 服务器，它快速、可靠、免费、开源，能适应高负荷、大吞吐量的 Internet 工作。如果需要创建一个每天有数百万访问量的 Web 站点，Apache 无疑是最佳选择。使用 Apache 架设 Web 站点其实就是修改主配置文件/etc/httpd/conf/httpd.conf，该文件中包含了针对 Web 服务器以及架设 Web 站点的全部配置信息。

无论是 Windows 还是 Linux 平台下，架设一个 Web 站点的主要工作就是为其配置 IP 地址和端口、主目录和默认文档及创建主页文件等。在配置完成符合企业基本需求的 Web 站点后，还可以通过设置站点的访问限制、IP 地址限制、MIME 类型、基于用户身份认证等，提高站点的访问效率和安全性，并进一步搭建网站的动态环境。

习　题

一、简答题

1. 解释下列名词：WWW，HTTP，HTML，URL。

2. 简述 Web 服务器的工作原理。

3. 在同一台 Web 服务器上架设多个网站可以采用哪几种方法？

4. 在 Windows Server 2012 中，要配置 Web 服务器必须安装什么角色？

5. 什么是 IIS？Windows Server 2012 中使用的 IIS 版本是什么？

6. 在 Linux 下使用 Apache 搭建的 Web 服务器有哪些优点？其主配置文件是什么？

7. 简述 httpd.conf 文件中 ServerRoot、Listen、User、DocumentRoot、DirectoryIndex 配置项的作用。

8. 在"Internet Information Services(IIS)管理器"窗口中，设置站点的访问限制和配置 IP 地址限制分别有什么意义？

二、训练题

天顺服饰公司要求在一台 Web 服务器上采用 TCP 端口法、IP 地址法架设 3 个不同用途的网站，对这 3 个站点的规划如表 4-10 所示。

表 4-10　天顺服饰公司 Web 站点规划

站点名称	站点域名	IP 地址	端　口	站点主目录	实施方案
公司外网站点	www.tsfs.com	192.168.0.2	80	D:\site1	默认站点
内部网站点	www.tsfs.com	192.168.0.2	8080	D:\site2	不同端口号
培训考核站点	pxkh.tsfs.com	192.168.1.5	80	D:\site3	不同 IP 地址

(1) 按上述需求，分别在 Windows Server 2012 和 Linux 两种平台下完成 3 个 Web 站点的配置。

提示：　在 Linux 平台下配置时，3 个站点的主目录 site1、site2、site3 都放在/var/www/；另外，为使客户机能使用域名访问，需自行配置上述域名的 DNS 解析。

(2) 配置客户机，使用浏览器测试站点是否能正常访问。

(3) 按附录 C 中简化的文档格式，撰写 Web 服务项目实施报告。

项目五　FTP 服务器配置与管理

能力目标

- 能根据企业信息化建设需求和项目总体规划合理设计 FTP 服务方案
- 能在 Windows 和 Linux 两种平台下正确安装和配置 FTP 服务器
- 会在客户机使用字符命令和图形界面连接 FTP 站点并上传下载文件
- 具备 FTP 服务器的基本管理和维护能力

知识要点

- FTP 的基本概念与工作原理
- 虚拟目录以及基于 IP 地址的虚拟主机基本概念
- Linux 系统中 FTP 主配置文件 vsftpd.conf 中的常用配置项功能

任务一　知识预备与方案设计

一、FTP 的工作原理及应用

1. FTP 概述

用户联网的主要目的是实现信息共享，而文件传输正是实现信息共享的重要途径之一。早期在 Internet 上传输文件并不是一件容易的事，因为接入 Internet 的计算机有 PC、工作站、MAC 和大型机等，种类非常繁杂，且数量十分庞大。这些计算机运行的可能是不同的操作系统，有运行 UNIX 的服务器，也有运行 DOS、Windows 的 PC 机和运行 MacOS 的苹果机等。为了使各种操作系统之间能够进行文件交流，就必须建立一个统一的、共同遵守的文件传输协议(File Transfer Protocol，FTP)。

基于不同的操作系统可以有不同的 FTP 应用程序，但所有这些 FTP 应用程序都应该遵守同一种协议。这样用户就可以把自己的文件传送给别人，或者从其他的用户环境中获得文件。简而言之，FTP 就是专门用来传输文件的协议，负责将文件从一台计算机传送到另一台计算机，而与这两台计算机所处的位置、联系的方式以及使用的操作系统无关。FTP 服务器则是在互联网上提供存储空间的计算机，并依照其协议提供服务，用户可以连接到 FTP 服务器并下载文件，也可以将自己的文件上传到 FTP 服务器中。

2. FTP 的工作原理

FTP 是 TCP/IP 的一种具体应用，它工作在 OSI 参考模型的第七层，TCP/IP 模型的第四层上，即应用层。FTP 使用 TCP 传输，而不支持 UDP 传输，这样 FTP 客户机在与服务器建立连接前就要经过一个广为熟知的"三次握手"过程，其意义在于客户机与服务器之间的数据传输是面向连接的,因而是可靠的。

FTP 客户端程序有字符界面和图形界面两种。字符界面的 FTP 客户端程序要求用户使用的命令复杂繁多,而图形界面的 FTP 客户端程序在用户操作使用上要简便得多。与大多数 Internet 服务一样,FTP 也是一个客户机/服务器(C/S)系统,用户通过一个支持 FTP 协议的客户端程序,连接到远程主机上的 FTP 服务端程序。用户通过客户端程序向服务端程序发出命令,服务端程序执行用户所发出的命令,并将执行的结果返回到客户端。

在客户机与服务器之间建立连接时,HTTP 只需要一个服务端口,而 FTP 需要两个服务端口:一个是控制连接端口(简称控制端口或命令端口),用来发送指令给服务器以及等待服务器响应,其默认端口号为 21;另一个是数据传输端口(简称数据端口),用来建立数据传输通道,即从客户机向服务器发送文件、从服务器向客户机发送文件以及从服务器向客户机发送文件目录的列表,其默认端口号为 20(仅 PORT 模式)。由此可见,从 FTP 的连接过程来看,最初总是由客户机向服务器的命令端口发起连接请求,但在服务器做出响应后,应该由谁来主动发起数据传输的连接呢?于是,从服务器的角度来说就有了 FTP 的两种连接模式,即:主动模式(PORT)和被动模式(PASV)。

(1) PORT 模式。当 FTP 客户机以 PORT 模式连接 FTP 服务器时,动态地选择一个任意的非特权端口 $N(N\geq1024)$ 连接到服务器的命令端口 21,同时客户机开始监听端口 $N+1$,并发送 FTP 命令 PORT $N+1$ 到服务器,使服务器知道客户机使用的数据端口号。此后,服务器会主动通过其数据端口 20 连接到客户机此前告知的数据端口 $N+1$,在得到客户机确认后开始传送数据。假设 $N=1026$,则 PORT 模式的 FTP 连接过程如图 5-1 所示。

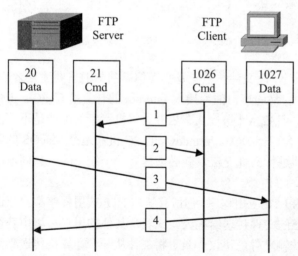

1　客户机动态选择 1026 用作命令端口向服务器的命令端口21发起连接请求,发送命令 PORT 1027

2　服务器通过 21 端口返回客户机的 1026 端口一个确认消息(ACK)

3　服务器通过数据端口 20 向客户机此前在 PORT 命令中指定的数据端口 1027 发起连接

4　客户机通过 1027 端口返回服务器的 20 端口一个确认消息(ACK)

图 5-1　PORT 模式的 FTP 连接过程

(2) PASV 模式。为解决 PORT 模式由服务器主动向客户机发起数据连接时可能被防火墙过滤掉的问题,人们开发了一种命令连接和数据连接都由客户机发起的 PASV 模式,即从服务器角度说是被动的数据连接模式。当开启一个 FTP 连接时,客户机会打开两个任意的非特权本地端口 $N(N\geq1024)$ 和 $N+1$,通过端口 N 连接到服务器的 21 端口。但与 PORT 模式不同的是,客户机不是发送 PORT 命令到服务器,并允许服务器回连它的数据端口,而是发送 PASV 命令到服务器,即通知服务器启用 PASV 模式的 FTP 连接。于是,服务器会开启一个任意的非特权端口 $P(P \geqslant 1024)$，并发送 PORT P 命令到客户机的命令端口 N。此后，客户机会主动通过数据端口 $N+1$ 向服务器的端口 P 发起数据连接，在得到服务器确认后开始传送数据。假设 $N=1026$，$P=2024$，则 PASV 模式的 FTP 连接过程如图 5-2 所示。

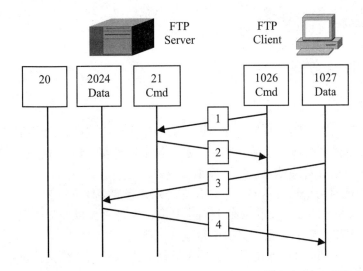

图 5-2　PASV 模式的 FTP 连接过程

　　根据文件传输时对数据的组织方式不同，FTP 的文件传输方式可分为 ASCII 数据传输方式和二进制数据传输方式两种。

　　(1) ASCII 数据传输方式。这种方式适用于传输包含简单 ASCII 码的文本文件。如果客户机与远程服务器上运行着不同的操作系统，以 ASCII 数据传输文件时，FTP 通常会自动调整源文件的内容，以便于把文件解释成目标计算机存储文本文件的格式。

　　(2) 二进制数据传输方式。这种方式适用于传输程序、数据库、字处理文件、压缩文件等非文本文件。在传输非文本文件之前会用 binary 命令告知 FTP 逐字传输，而不要对文件进行处理，即保持文件的位序，使源文件和传输到目标的文件是逐位对应的。因此，在不同系统之间采用二进制方式传输的文件，可能在目标计算机中无法使用，如 Macintosh 上的可执行文件传输到 Windows 系统，则在 Windows 系统上不能执行。

3．FTP 的应用

　　人们在使用 FTP 时经常会遇到两个概念：下载和上传。下载文件就是将 FTP 服务器上的文件复制到本地计算机中；上传文件就是将本地计算机中的文件复制到 FTP 服务器上。当然，用户在下载或上传文件之前，必须首先登录到 FTP 服务器，并在服务器上获得相应的权限。也就是说，用户要在服务器上拥有合法的 FTP 账号和密码。但这种验证授权机制又违背了 Internet 的开放性，因为 Internet 上的 FTP 服务器数量众多，不可能要求每个用户在每台服务器上都注册。于是，匿名 FTP 的产生就解决了这个问题。

　　匿名 FTP 使得用户无须在 FTP 服务器上注册账号，由系统管理员建立了一个名为 anonymous 的匿名账号(或称匿名用户)，Internet 上的任何人在任何地方都可使用该账号。匿名账号的密码可以是任意字符串，但建议用户在匿名登录时以自己的 E-mail 地址作为密码，使系统维护程序能够记录下是谁在存取 FTP 服务器上的文件。

当服务器提供匿名 FTP 服务时，作为一种安全措施，大多数情况下会指定某些目录向公众开放下载权限，而不允许上传文件，并且系统中的其他目录处于隐匿状态。即使有些匿名 FTP 服务器允许用户上传文件，通常也限定只能上传到某个允许上传的目录中，管理员随后会去检查这些文件，并将其移至另一个公共下载目录中供其他用户下载，尽可能避免有人上传有问题(如带病毒)的文件，以保护 FTP 服务器以及用户的安全。

二、设计企业网络 FTP 服务方案

1．分析项目需求

新源公司虽然在规模上属于中小型企业，但公司各类机构的分布区域比较广。为了方便公司各级、各地的员工以及商业客户能够共享某些产品信息、技术资料和文件通知，公司总部迫切需要架设一个 FTP 站点，并对该站点提出了以下要求。

(1) 公司员工及 Internet 上的任何用户均可从站点下载允许公众共享的文件资料。

(2) 仅允许公司内部拥有合法账号的员工上传文件到自己独立的文件夹，以便随时取用，并且这些员工之间还可以分享和交流个人经验、知识和技术文档。

(3) 有良好的安全保障措施，避免因用户上传有害文件、访问站点以外的系统文件及其他信息等因素而影响服务器系统的安全。

企业架设满足一定需求的 FTP 站点与架设 Web 站点一样，对树立企业形象、增进企业内部员工以及企业与客户之间的交流、优化企业内部管理等都具有十分重要的意义。其实上述需求也是多数企业对 FTP 站点的典型需求。虽然 Web 站点也可提供文件下载服务，但 FTP 站点的文件传输效率更高，并且可以对各类用户的访问设置更加严格的权限。

2．设计网络拓扑结构

按照新源公司网络信息服务项目的总体规划，公司内部架设的 FTP 服务项目的网络拓扑结构如图 5-3 所示。

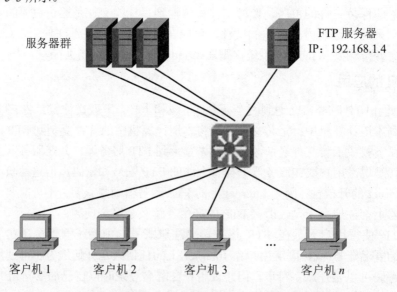

图 5-3　新源公司 FTP 服务项目的网络拓扑结构

3．规划 FTP 站点方案

根据新源公司网络信息服务项目的总体规划，对 Windows 和 Linux 两种平台下架设的 FTP 站点分别进行规划与设计，如表 5-1 所示。

表 5-1　新源公司 FTP 站点的规划与设计

站点名称	站点域名	IP 地址	端　口	站点根目录	
				Windows 平台	Linux 平台
新源公司 FTP 站点	ftp.xinyuan.com	192.168.1.4	21(默认)	E:\ftproot	/var/ftp

同时，通过对公司架设 FTP 站点的详细需求分析，设计站点的实施方案如下。

(1) 匿名访问。任何人都可以使用匿名用户登录 FTP 站点，但只能从公共目录(public 或 pub)中下载文件，而不允许上传文件，也不允许访问注册用户的目录。

(2) 注册用户访问。为公司某些员工建立 FTP 用户，但采用"不隔离用户"模式。也就是说，员工通过用户名和密码验证登录 FTP 站点后，仅对用户自己的目录具有写入和删除权限，而对站点根目录及其包含的公共目录和其他用户的目录都只具有读取权限。

任务二　Windows 下的 FTP 服务配置

新源公司有大量的产品资料要供商业客户以及 Internet 上的普通用户下载使用，公司内部员工也常常需要通过 FTP 站点来存放或互相交流技术文档，这就要求 FTP 服务器具有足够大的存储容量，能承受较高频次的用户访问。为此，新源公司单独提供了一台物理服务器来架设 FTP 站点，所以在服务器安装 Windows Server 2012 R2 操作系统之后，必须首先对这台物理服务器的网络以及充当的角色进行部署。

一、部署服务器的网络与角色

1．配置 TCP/IP 网络参数

在项目三架设 DNS 服务器时，已经建立了新源公司 FTP 服务器域名 ftp.xinyuan.com 对应 IP 地址 192.168.1.4 的正向和反向解析资源记录。在 Windows Server 2012 R2 中配置 TCP/IP 网络参数的具体操作步骤可参阅项目一，这里不再图示和赘述。根据项目总体规划和方案设计，只需在打开"Internet 协议版本 4 (TCP/IPv4) 属性"对话框后，在相应的文本框中输入 IP 地址"192.168.1.4"、子网掩码"255.255.255.0"、默认网关"192.168.1.254"、首选 DNS 服务器地址"192.168.1.1"，并单击"确定"按钮逐层关闭对话框即可。

2．安装 FTP 服务器

在 Windows Server 2012 R2 中，"FTP 服务器"是"Web 服务器(IIS)"角色中的一个角色服务。因此，要在新源公司 IP 地址为 192.168.1.4 的计算机上安装 FTP 服务器，其实就是添加"Web 服务器(IIS)"角色。由于项目一在部署 Windows Server 2012 R2 服务器环境时作为一个添加角色的案例，已经在 IP 地址为 192.168.1.2 的计算机上添加了"Web 服

务器(IIS)"角色，并给出了操作方法和详细步骤，所以这里不再重复介绍。其重点是当"添加角色和功能向导"进行到"选择角色服务"步骤时，必须选中"FTP 服务器"及其包含的"FTP 服务"和"FTP 扩展"角色服务，并且同样也要选中"管理工具"及其包含的"IIS 管理控制台"角色服务，如图 5-4 所示。

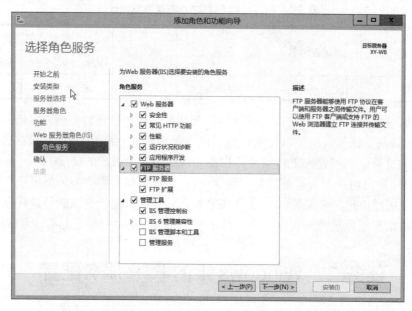

图 5-4 安装 FTP 服务器需添加"Web 服务器(IIS)"角色中的角色服务

3. 检查已安装的角色服务

安装 FTP 服务器后，打开"服务器管理器"窗口，在左窗格中选择 IIS 选项，在右窗格的详细信息列表中拖动右侧的滚动条至"角色和功能"列表区域，其中列出了所有已安装的 IIS 角色和功能信息，即可看到"FTP 服务器"角色服务，如图 5-5 所示。

图 5-5 "Web 服务器(IIS)"角色的角色服务和功能

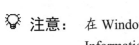 **注意：** 在 Windows Server 2012 R2 系统中，FTP 站点和 Web 站点都是由 "Internet Information Services (IIS)管理器" 控制台(以下简称 IIS8 控制台)进行统一配置和管理的网站，这与之前 Windows Server 2008/2003 使用的 IIS7/6 类似。所不同的是，IIS7/6 在安装 FTP 服务器之后就已经内建了一个默认 FTP 站点 Default FTP Site，并且 "FTP 站点" 在控制台左窗格中作为独立的文件夹与 "网站" 并列呈现；而 IIS8 安装后没有内建此默认 FTP 站点，要架设新源公司 FTP 站点只能通过手动添加来完成，而且创建的 FTP 站点与 Web 站点在 IIS8 控制台中同属于 "网站" 文件夹下的站点。

二、架设公司的 FTP 站点

根据本项目的设计方案，新源公司 FTP 站点的根目录为 E:\ftproot，所以在添加 FTP 站点之前请读者自行创建好 E:\ftproot 目录。

1. 添加 FTP 站点

步骤 1 打开 IIS8 控制台，在左窗格的 "连接" 列表中右击 "网站" 文件夹，在弹出的快捷菜单中选择 "添加 FTP 站点" 命令，或者在选择 "网站" 文件夹后单击右窗格 "操作" 列表中的 "添加 FTP 站点" 链接，如图 5-6 所示。

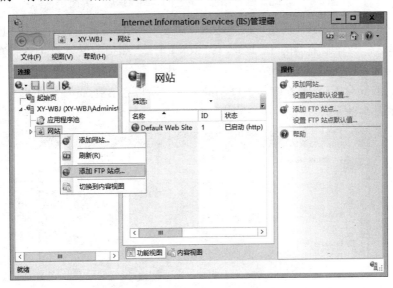

图 5-6　在 IIS8 控制台中添加 FTP 站点

步骤 2 打开 "添加 FTP 站点" 对话框后，向导首先进入 "站点信息" 界面。在 "FTP 站点名称" 文本框中输入 "新源公司 FTP 站点"，在 "内容目录" 的 "物理路径" 文本框中输入 "E:\ftproot"，如图 5-7 所示。

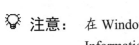 **注意：** FTP 站点名称只是 IIS8 控制台用于唯一标识 "网站" 文件夹下的站点，与客户机访问站点时显示的内容无关，站点一旦创建就不可更改。内容目录的物理路径是指新建 FTP 站点的根目录所在位置，必须输入此前已创建的一个目

录路径，否则会提示"路径不存在或不是一个目录"的错误信息，也可以单击"物理路径"文本框右侧的…按钮来逐级选择已存在的目录。

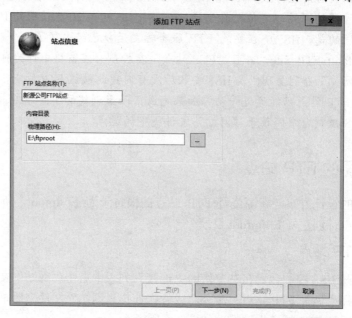

图 5-7　"添加 FTP 站点"向导的"站点信息"界面

步骤 3　单击"下一步"按钮，向导进入"绑定和 SSL 设置"界面。在"IP 地址"下拉列表中选择这台物理服务器的 IP 地址 192.168.1.4，"端口"文本框中保持默认的端口 21 不变，并勾选"自动启动 FTP 站点"复选框。由于新源公司对 FTP 站点的架设并没有提出基于 SSL 的安全 FTP 服务访问(FTPS)的需求，所以在 SSL 选项组中选中"无 SSL"单选按钮，如图 5-8 所示。

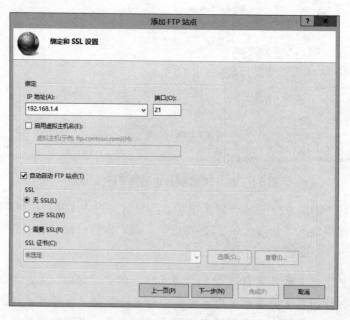

图 5-8　"添加 FTP 站点"向导的"绑定和 SSL 设置"界面

💡 **注意:** 单击"IP 地址"下拉列表框,弹出的列表中会包含这台服务器的所有 IP 地址选项以及一个"全部未分配"选项。如果选中了"全部未分配"选项,且这台服务器配置有多个 IP 地址,则在客户机访问 FTP 服务器时,无论通过哪一个 IP 地址都可以访问。SSL(Secure Sockets Layer,安全套接层)及其升级版 TLS(Transport Layer Security,传输层安全)是为网络通信提供加密和数据完整性的一种安全协议,主要提供的服务包括:①认证用户和服务器,确保数据发送到正确的客户机和服务器;②加密数据,以防止数据中途被窃取;③维护数据的完整性,确保数据在传输过程中不被"中间人"恶意篡改。HTTPS 和 FTPS 就是基于 SSL/TLS 的 HTTP 和 FTP。

步骤 4 单击"下一步"按钮,向导进入"身份验证和授权信息"界面。根据新源公司架设 FTP 站点的设计方案,匿名用户和 FTP 用户都允许访问 FTP 站点,但对站点的根目录都只有读取权限。因此,在"身份验证"选项组中同时勾选"匿名"和"基本"两个复选框;在"授权"选项组的"允许访问"下拉列表中选择"所有用户"选项;在"权限"选项组中只勾选"读取"复选框,如图 5-9 所示。

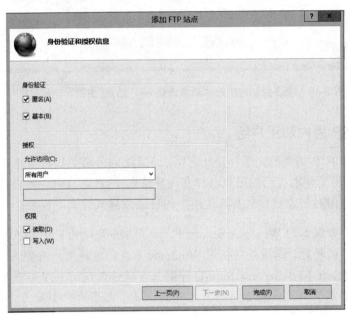

图 5-9 "添加 FTP 站点"向导的"身份验证和授权信息"界面

💡 **注意:** 这里的"匿名"和"基本"是 FTP 站点的两种身份验证方式。其中,匿名身份验证就是匿名访问而无须密码验证的方式;基本身份验证是指使用 FTP 用户名和密码进行验证的方式。"授权"和"权限"选项组都是针对站点根目录访问权限的设置,虽然新源公司 FTP 站点允许注册用户上传文件,但仅限于写入用户自己的目录,对站点根目录只有读取权限。因此,在"权限"选项组中不应选中"写入"复选框,否则包括匿名用户在内的所有用户都将允许上传文件到站点根目录下,还可以直接在站点根目录下创建或删除文件和子目录,这会为服务器及其存放的信息带来安全隐患甚至威胁。

步骤 5 单击"完成"按钮,即可完成 FTP 站点的创建。此时,在 IIS8 控制台左窗格的"连接"列表中展开"网站"文件夹,就可以看到新建的"新源公司 FTP 站点"且处于运行状态。选择该站点就会在中间窗格显示"新源公司 FTP 站点 主页"功能视图,而右窗格的"操作"列表是针对该站点进行各种操作的链接,如图 5-10 所示。

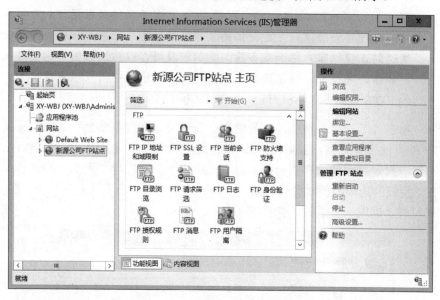

图 5-10 IIS8 控制台中的"新源公司 FTP 站点 主页"功能视图

2. 创建 FTP 用户和用户组

按照新源公司 FTP 站点的需求和设计方案,还需要为公司某些员工建立各自的 FTP 用户(即注册用户)。员工使用自己的用户名和密码登录到 FTP 站点时,对自己的目录具有写入和删除的权限,但对站点根目录及其他用户的目录都只具有读取权限。

💡 **注意:** 在各种版本的 Windows Server 中,利用 IIS 架设的 FTP 站点不具备建立独立账户的功能,而是直接使用 Windows 系统的本地用户来登录站点,这与采用 TYPSoft FTP Server、Serv-U 等第三方软件架设的 FTP 站点不同,它们通常有独立于 Windows 系统账户之外的、属于自己的 FTP 账户系统。

步骤 1 右击桌面上的"这台电脑"图标,在弹出的快捷菜单中选择"管理"命令,或者右击"开始"菜单,选择"计算机管理"命令,打开"计算机管理"窗口。在左窗格中展开"系统工具"→"本地用户和组"选项并单击"用户"文件夹,然后右击中间窗格的空白处,在弹出的快捷菜单中选择"新用户"命令,如图 5-11 所示。

步骤 2 在打开的"新用户"对话框中输入用户名、全名和描述信息,并为用户设置密码。然后取消默认勾选的"用户下次登录时须更改密码"复选框,勾选"用户不能更改密码"和"密码永不过期"两个复选框。最后单击"创建"按钮,即可完成该用户的创建,如图 5-12 所示。重复上述操作可以继续创建新源公司其他员工的 FTP 用户,这里假设创建 wjm 和 chf 两个用户。完成新用户创建后,单击"关闭"按钮即可。

注意： 在创建新用户时，默认的密码策略要求为用户设置强密码，密码的长度至少为 8 个字符，且密码使用字符应至少包含小写字母、大写字母、数字和特殊字符中的 3 类字符。如果设置的密码不满足密码策略的要求，则会弹出一个警告信息框，单击"确定"按钮后必须重新输入密码。

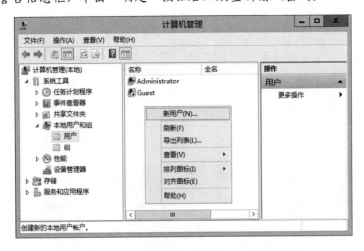

图 5-11 在"计算机管理"窗口中创建新用户

步骤 3 为了便于管理 FTP 用户的权限，最好创建一个专门的用户组，将公司具有相同权限员工的用户添加到同一个组中。在"计算机管理"窗口的左窗格中选择"组"文件夹，然后右击"组"文件夹或中间窗格的空白处，在弹出的快捷菜单中选择"新建组"命令，打开"新建组"对话框。在"组名"文本框中输入用户组的名称(如 FTPUsers)，在"描述"文本框中输入对该用户组的说明性文字描述(也可不输入)，如图 5-13 所示。

图 5-12 "新用户"对话框

图 5-13 "新建组"对话框

步骤 4 单击"新建组"对话框中的"添加"按钮，打开"选择用户"对话框。可直接在"输入对象名称来选择"文本框中输入用户对象的名称 XY-WBJ\wjm，其中 XY-WBJ

为服务器名称；也可以通过单击"高级"→"立即查找"按钮来查找用户，然后在"搜索结果"中选择要添加到组的用户，并单击"确定"按钮，如图 5-14 所示。这里，将前面创建的 wjm 和 chf 两个用户都添加到 FTPUsers 组中，在"新建组"对话框的"成员"列表中就会显示这两个用户，单击"创建"按钮，再单击"关闭"按钮即可。

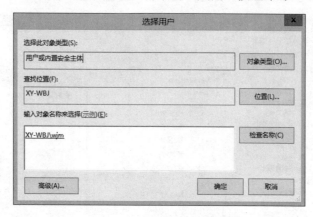

图 5-14　"选择用户"对话框

💡 **注意：** 在 Windows Server 2012 R2 系统中，由于新建的用户默认都隶属于 Users 组，致使这些用户拥有对大部分资源的浏览权限。为了实现对特定资源的有效管理，还需要下面的步骤将这些用户从 Users 组中删除。

　　步骤 5　在"计算机管理"窗口的左窗格中选择"组"文件夹，然后在中间窗格的"组"列表中双击 Users 组，打开"Users 属性"对话框，如图 5-15 所示。选中上述新建的 wjm 和 chf 两个用户，单击"删除"按钮，最后单击"确定"按钮即可。

图 5-15　"Users 属性"对话框

3. 创建 FTP 用户名目录并设置访问权限

步骤 1 双击桌面上的"这台电脑"图标，打开"这台电脑"窗口，进入用作 FTP 站点根目录的 E:\ftproot 目录下，新建 Public、chf 和 wjm 共 3 个目录。

💡 **注意：** FTP 站点上通常都有一个 Public 或其他名称的公共目录，用于集中存放允许公众共享的文件资料，可供包括匿名用户在内的所有用户下载(即读取)，对于隔离用户模式的 FTP 站点，它还是匿名用户的默认访问目录。同时，每个注册用户都有一个属于自己的目录，可供用户存放自己的文件资料，这里新建的 chf 和 wjm 目录就是属于用户 chf 和 wjm 的目录。正因为 FTP 用户目录通常都采用与用户名相同的名称，所以在 Windows Server 使用的 IIS 中直接称其为用户名目录，而在 Linux 中往往称之为用户主目录。

步骤 2 打开 IIS8 控制台，在左窗格的"连接"列表中展开"网站"→"新源公司 FTP 站点"即可看到包含的 Public、chf 和 wjm 三个文件夹。选择 chf 文件夹，在中间窗格中就会显示"chf 主页"功能视图，双击其中的"FTP 授权规则"图标，进入"FTP 授权规则"功能视图，如图 5-16 所示。

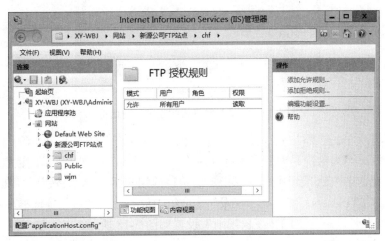

图 5-16 IIS8 控制台中用户名目录的"FTP 授权规则"功能视图

💡 **注意：** 在 chf 用户名目录的"FTP 授权规则"中已有一条默认的"允许所有用户读取"授权规则，其实"新源公司 FTP 站点"(即站点根目录)或其包含的 Public 和 wjm 目录也都有这条默认授权规则。这是因为在创建 FTP 站点时已将其根目录设定为允许所有用户读取，它包含的各个子目录就默认继承了站点根目录的权限。按照新源公司 FTP 站点的访问需求和设计方案，Public 目录应对包括匿名用户在内的所有用户都具有读取权限，所以它的授权规则无须重新设置。但是，用户名目录 chf 和 wjm 对同名用户应具有读取和写入权限，对 FTPUsers 组内的其他用户应具有读取权限，而对匿名用户则不允许有任何访问权限。正是由于用户名目录具有特殊的访问权限，所以需要通过下列步骤来设置它的 FTP 授权规则，包括：删除所有用户的读取权限、赋予其属主(即同名用户)的读取和写入权限、赋予 FTPUsers 用户组的读取权限。

步骤3 右击 chf 用户名目录的"允许所有用户读取"规则条目，在弹出的快捷菜单中选择"删除"命令，即可删除所有用户对 chf 用户名目录的读取权限。

步骤4 在 IIS 控制台右窗格的"操作"列表中单击"添加允许授权规则"链接，打开"添加允许授权规则"对话框。因为要赋予用户 chf 对其用户名目录具有读取和写入权限，所以在"允许访问此内容"选项组中选中"指定的用户"单选按钮，并在指定用户的文本框中输入用户名 chf；然后在"权限"选项组中同时勾选"读取"和"写入"两个复选框，如图 5-17 所示。最后单击"确定"按钮。

图 5-17 "添加允许授权规则"对话框

步骤5 再次单击"添加允许授权规则"链接，同样打开图 5-17 所示的"添加允许授权规则"对话框。因为这次是要赋予 FTPUsers 用户组对 chf 用户名目录的读取权限，所以在"允许访问此内容"选项组中选择"指定的角色或用户组"单选按钮，并在其文本框中输入用户组名称 FTPUsers；然后在"权限"选项组中仅勾选"读取"复选框。单击"确定"按钮后，chf 用户名目录的"FTP 授权规则"设置如图 5-18 所示。

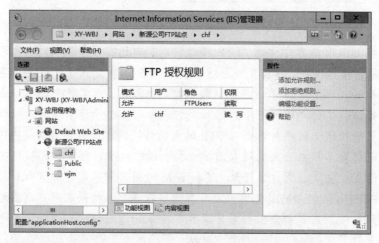

图 5-18 修改后的用户名目录"FTP 授权规则"功能视图

步骤 6　重复步骤 2～步骤 5，为用户 wjm 的用户名目录设置 FTP 授权规则。

注意:　在之前的 Windows Server 2008/2003 中利用 IIS7/6 建立的 FTP 站点，因为不能像 Windows Server 2012 使用的 IIS8 控制台那样可以统一建立 FTP 授权规则，只能通过 NTFS 文件系统(即在文件资源管理器中)为 FTP 站点根目录及每个用户目录分配权限，所以这项工作要复杂得多。特别是 FTPUsers 组对站点根目录 ftproot 的访问，既要求只具有读取且拒绝写入的权限，但又不能让 ftproot 目录中包含的所有 FTP 用户名目录默认地继承它的拒绝写入权限。因此，必须先修改 ftproot 目录属性中的安全设置，将 FTPUsers 组添加为可以访问的用户组，且将其"写入"权限设置为"拒绝"；再通过 ftproot 安全属性中的"高级"按钮，打开如图 5-19 所示的"ftproot 的高级安全设置"对话框，编辑"拒绝 FTPUsers 组写入"权限应用于"该文件夹，子文件夹及文件"的权限项目，使其应用于"只有该文件夹"。

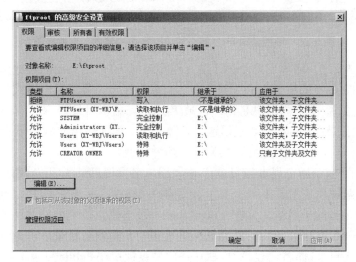

图 5-19　Windows Server 2008 中的"ftproot 的高级安全设置"对话框

4. 设置用户名目录的不隔离用户模式

在 IIS8 控制台左窗格的"连接"列表中选择"新源公司 FTP 站点"选项，则在中间窗格就会显示"新源公司 FTP 站点 主页"的功能视图(见图 5-10)。双击其中的"FTP 用户隔离"图标，打开如图 5-20 所示的"FTP 用户隔离"功能视图。可见在 Windows Server 2012 R2 使用的 IIS 8.0 中，FTP 用户隔离分为"不隔离用户"和"隔离用户"两种模式。

(1) 不隔离用户模式。这是一种允许 FTP 用户访问其他用户名目录的模式，但以合法的用户名和密码登录 FTP 站点时，根据默认访问目录(即启动用户会话的目录)不同，不隔离用户又分为"FTP 根目录"和"用户名目录"两种模式。

① "FTP 根目录"的不隔离用户模式(默认模式)。用户登录 FTP 站点时与匿名登录一样默认访问站点的根目录，如新源公司 FTP 服务器的 E:\ftproot 目录。

② "用户名目录"的不隔离用户模式。用户登录 FTP 站点时默认访问属于自己的用户名目录，如 chf 用户登录后默认就会直接进入 E:\ftproot\chf 目录。

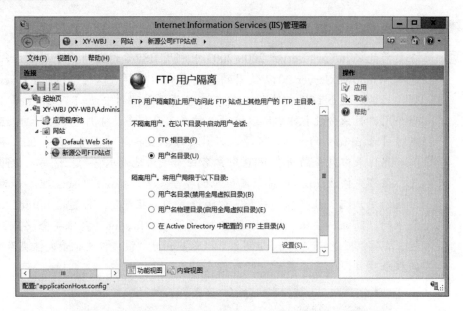

图 5-20　新源公司 FTP 站点的"FTP 用户隔离"功能视图

(2) 隔离用户模式。隔离用户是为了防止用户访问 FTP 站点上的其他用户名目录，但这种模式要求 FTP 站点的根目录必须建立在 NTFS 分区上。隔离用户模式又分为"用户名目录(禁用全局虚拟目录)""用户名物理目录(启用全局虚拟目录)"和"在 Active Directory 中配置的 FTP 主目录"三种模式。根据这三种隔离用户模式适用的网络架构和对 FTP 站点目录结构的要求不同，实际上又可归结为以下两种类型。

① "用户名目录(禁用全局虚拟目录)"和"用户名物理目录(启用全局虚拟目录)"的隔离用户模式。这两种模式主要应用于工作组架构的网络中，要求在 FTP 站点根目录下创建一个名为 LocalUser 的子目录，并在 LocalUser 目录下建立各个用户名目录以及公共目录 Public。当用户登录 FTP 站点时，默认访问并被锁定在用户名目录下，无法查看到 Public 以及其他的用户名目录；而匿名登录时，默认访问并被锁定在 Public 目录下，也可以说 Public 成了匿名用户的用户名目录。这两种隔离用户模式的区别是，如果既为 FTP 站点根目录创建了全局虚拟目录，也为用户创建了用户虚拟目录，则前者是禁用全局虚拟目录的，即用户无法访问全局虚拟目录，但可以访问用户自己的虚拟目录；而后者是启用全局虚拟目录的，即用户可以访问全局虚拟目录，但不能访问用户虚拟目录。

② "在 Active Directory 中配置的 FTP 主目录"的隔离用户模式。这种模式只能应用于域模式架构的网络中，要求在 FTP 站点根目录下创建一个用户域(域服务器 NetBios 名)的目录，并在该目录下建立用户名目录以及公共目录 Public，但这里的 FTP 用户必须是 AD(Active Directory，活动目录)用户。

按照本项目的需求和设计方案，新源公司 FTP 站点无论采用"FTP 根目录"还是"用户名目录"的不隔离用户模式，其实都能满足注册用户登录 FTP 站点时允许读取其他用户名目录的访问需求。但通常人们使用 FTP 站点较多的情况是，要么以匿名登录并从公共目录 Public 中下载文件，要么员工以 FTP 用户登录并在自己的用户名目录中存取文件。为了方便用户登录后能直接访问用户名目录，所以在新源公司 FTP 站点的"FTP 用户隔离"功能视图中选择了不隔离用户模式下的"用户名目录"单选按钮。

至此，满足新源公司基本需求的 FTP 站点已架设完成，接下来将使用 Windows 客户机来测试连接 FTP 站点以及下载和上传文件功能的实现情况。

三、使用 Windows 客户机测试 FTP 服务

客户机访问 FTP 站点主要有以下 3 种方式。

(1) 在字符命令界面中使用命令访问。

(2) 在图形界面下通过浏览器或资源管理器访问。

(3) 采用第三方 FTP 客户机软件(如 FlashFXP、CuteFTP、LeapFTP 等)访问。

下面仅介绍在 Windows 7 客户机上采用前两种方式登录并访问 FTP 站点的具体操作过程。为了测试使用匿名用户和注册用户(chf 和 wjm)登录 FTP 站点后的下载和上传文件功能是否符合项目设计方案，应该事先建立几个用于测试的文件。这里假设已经在 Windows 客户机本地建立了一个文本文件 E:\abc.txt，并且在 FTP 服务器上建立了 3 个文本文件：E:\ftproot\public\public.txt、E:\ftproot\chf\chf.txt 和 E:\ftproot\wjm\wjm.txt。

1. 使用命令访问 FTP 站点

步骤 1 在 Windows 7 客户机上选择"开始"→"所有程序"→"附件"→"命令提示符"命令，或者在"开始"菜单的"搜索程序和文件"框中输入 cmd 命令并按 Enter 键，打开一个命令提示符窗口。

步骤 2 在命令提示符下输入"E:"并按 Enter 键，使当前目录切换到 E:\目录，然后输入"ftp 192.168.1.4"或"ftp ftp.xinyuan.com"并按 Enter 键连接 FTP 服务器。如果连接失败，则会出现"ftp: connect :连接超时"的错误信息；如果连接成功，则会出现提示信息"用户<192.168.1.4:<none>>:"，要求输入用户名。这里首先测试匿名登录，所以输入匿名用户名"anonymous"并按 Enter 键；随后出现提示信息"密码:"，要求输入该用户的密码。匿名登录时建议输入访问者的 E-mail 地址，也可以不输入任何字符而直接按 Enter 键，即可登录 FTP 站点。上述操作过程如图 5-21 所示。

图 5-21 使用命令以匿名用户登录 FTP 站点

💡 **注意：** 客户机登录 FTP 站点前要特别留意当前目录位置，因为在后续的测试中，下载后存放到本地的文件或者要上传的本地文件，若不给定路径，则默认指当

前目录，除非先使用 lcd 命令来改变本地的当前目录。掌握一些 FTP 命令操作对服务器管理员来说非常重要，常用的 FTP 命令如表 5-2 所示。

表 5-2　常用的 FTP 命令

命令格式	说　明
account [password]	提供登录远程系统成功后访问系统资源所需的补充密码
append local-file [remote-file]	将本地文件追加到远程主机，不指定远程文件名则用本地文件名
bell	每个命令执行完毕后计算机响铃一次
bye	退出 ftp 会话过程
cd remote-dir	进入远程主机目录
cdup	进入远程主机目录的父目录
close	中断与远程服务器的 ftp 会话(与 open 命令对应)
delete remote-file	删除指定远程主机中的文件
dir [remote-dir] [local-file]	显示远程主机中的文件目录，并将结果存入本地文件 local-file
get remote-file [local-file]	将远程主机的文件 remote-file 传至本地的 local-file，即下载文件
help [cmd]	显示 ftp 内部命令 cmd 的帮助信息，如 help get
lcd [dir]	将本地工作目录切换至 dir
ls [remote-dir] [local-file]	列出远程主机中的文件目录，并将结果存入本地文件 local-file
mdelete [remote-file]	删除远程主机文件
mdir remote-file local-file	与 dir 类似，但可指定多个远程文件，如 mdir *.o.*.zipoutfile
mget remote-file	传输(下载)多个远程主机中的文件
mkdir dir-name	在远程主机中创建一个目录
mput local-file	将多个文件传输至远程主机(上传)
nlist [remote-dir] [local-file]	显示远程主机目录的文件清单，并存入本地硬盘的 local-file
open host[port]	建立指定 ftp 服务器连接，可指定连接端口
put local-file [remote-file]	将本地文件 local-file 传送至远程主机，即上传文件
pwd	显示远程主机的当前工作目录
quit	退出 ftp 会话，同 bye
reget remote-file [local-file]	类似于 get，但若 local-file 存在，则从上次传输中断处续传
rename [from] [to]	更改远程主机中的文件名
rmdir dir-name	删除远程主机中的目录
system	显示远程主机的操作系统类型
user user-name [password] [account]	向远程主机表明自己的身份，需密码时必须输入密码

步骤 3　成功登录 FTP 站点后，会显示 FTP 的命令提示符"ftp>"，表示可以执行用

户输入的各种 FTP 命令了。输入"dir"命令列出的是 FTP 站点根目录下的文件目录，因为这就是匿名登录的默认访问目录；输入"cd public"命令进入当前目录下的公共目录 public；输入"get public.txt"命令将当前目录下的 public.txt 文件下载到客户机本地 E:\目录(即客户机登录前的当前工作目录)下，此时显示"226 Transfer complete."表示下载成功；输入"put abc.txt"命令试图将客户机的本地 E:\abc.txt 文件上传至当前的 public 目录下，但此时却显示错误信息"550 Access is denied."，表示访问被拒绝。上述操作过程如图 5-22 所示。

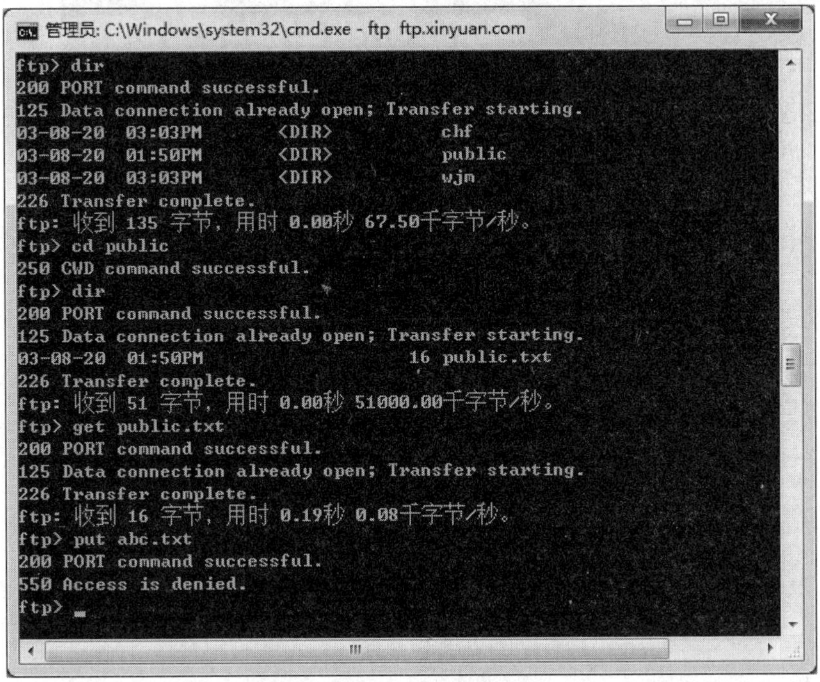

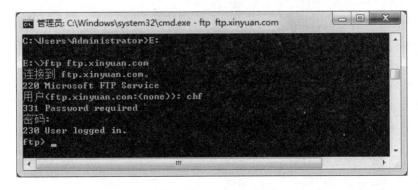

图 5-22　匿名登录 FTP 站点后测试文件的下载和上传

步骤 4　在完成匿名用户登录 FTP 站点并测试文件下载和上传后，输入"bye"或"quit"命令即可退出 FTP 会话，接下来使用注册用户登录 FTP 站点并进行文件的下载和上传测试。再次输入"ftp 192.168.1.4"或"ftp ftp.xinyuan.com"并按 Enter 键连接 FTP 服务器，在出现提示信息"用户<192.168.1.4:<none>>:"时，输入用户名"chf"并按 Enter 键；在出现提示信息"密码:"时输入用户 chf 的密码并按 Enter 键。上述操作过程如图 5-23 所示。

图 5-23　使用 FTP 注册用户登录 FTP 站点

步骤5 在成功使用 chf 用户登录到 FTP 站点并出现"ftp>"提示符后，再次使用命令进行文件下载和上传的测试，操作步骤如图 5-24 所示，命令执行结果解释如下。

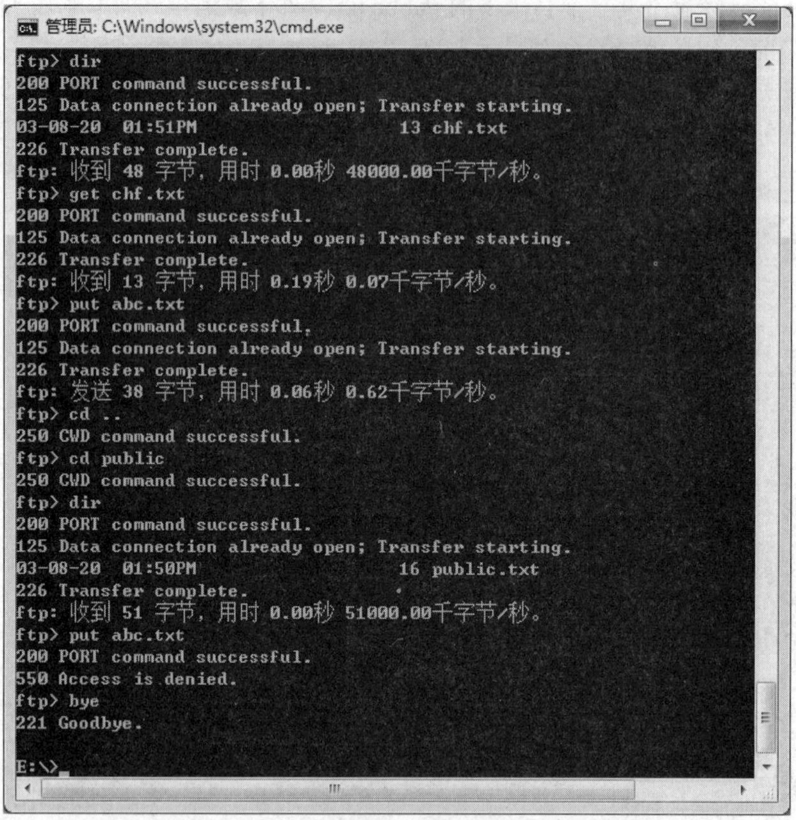

```
管理员: C:\Windows\system32\cmd.exe

ftp> dir
200 PORT command successful.
125 Data connection already open; Transfer starting.
03-08-20  01:51PM                    13 chf.txt
226 Transfer complete.
ftp: 收到 48 字节，用时 0.00秒 48000.00千字节/秒。
ftp> get chf.txt
200 PORT command successful.
125 Data connection already open; Transfer starting.
226 Transfer complete.
ftp: 收到 13 字节，用时 0.19秒 0.07千字节/秒。
ftp> put abc.txt
200 PORT command successful.
125 Data connection already open; Transfer starting.
226 Transfer complete.
ftp: 发送 38 字节，用时 0.06秒 0.62千字节/秒。
ftp> cd ..
250 CWD command successful.
ftp> cd public
250 CWD command successful.
ftp> dir
200 PORT command successful.
125 Data connection already open; Transfer starting.
03-08-20  01:50PM                    16 public.txt
226 Transfer complete.
ftp: 收到 51 字节，用时 0.00秒 51000.00千字节/秒。
ftp> put abc.txt
200 PORT command successful.
550 Access is denied.
ftp> bye
221 Goodbye.

E:\>
```

图 5-24 注册用户登录 FTP 站点后测试文件的下载和上传

(1) 从登录 FTP 站点时使用 dir 命令列出的文件目录可见，chf 用户的默认访问目录就是用户名目录，即 FTP 服务器上的 E:\ftproot\chf 目录。

(2) 用 get 命令可成功下载 chf 用户名目录下的 chf.txt 文件；用 put 命令也能成功将客户机本地的 abc.txt 文件上传至 FTP 站点的 chf 用户名目录下。

(3) 用 cd ..和 cd public 命令可返回 FTP 站点根目录后进入公共目录 public，说明该站点采用的是"用户名目录"的不隔离用户模式。

(4) 在 public 目录下使用 put 上传文件失败，因为用户对 public 目录只有读取权限。

(5) 最后使用 bye 或 quit 命令可断开与 FTP 服务器的连接，退出 FTP 会话。

按上述操作方法也可以进入用户 wjm 的用户名目录进行下载和上传测试，读者会发现同样只能下载而不能上传，也就是说 chf 用户对 wjm 用户名目录具有读取权限，但没有写入权限，说明前面架设的 FTP 站点已完全符合新源公司的需求和设计方案。

2. 使用浏览器或资源管理器访问 FTP 站点

步骤1 在客户机浏览器的地址栏输入 ftp://192.168.1.4 或 ftp://ftp.xinyuan.com 并按 Enter 键后，浏览器会自动以匿名用户 anonymous 登录 FTP 站点，并在页面中列出站点根目录下的文件目录，如图 5-25 所示。

图 5-25　使用 IE 浏览器匿名登录 FTP 站点

步骤 2　如果要使用 Windows 资源管理器来浏览 FTP 站点，可以选择"查看"→"在文件资源管理器中打开 FTP 站点"命令。当然，如果先打开文件资源管理器，在地址栏输入地址后也同样会自动以匿名用户 anonymous 登录 FTP 站点，如图 5-26 所示。

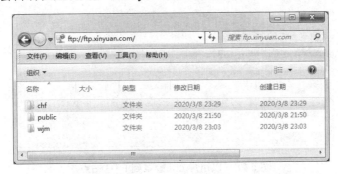

图 5-26　使用文件资源管理器匿名登录 FTP 站点

从浏览的文件目录可以看出，客户机匿名登录的默认访问目录为 FTP 站点根目录。至于图形窗口中如何下载和上传文件，其操作非常简单，请读者自行完成测试。

步骤 3　如果要使用注册用户登录 FTP 站点，则可以在浏览器或文件资源管理器的地址栏以"ftp://用户名:密码@远程主机 IP 地址或域名"格式输入 FTP 登录请求；也可以在文件资源管理器默认以匿名用户登录后，选择"文件"→"登录"命令，打开如图 5-27 所示的"登录身份"对话框，输入用户名和密码后单击"登录"按钮。

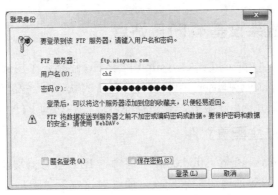

图 5-27　"登录身份"对话框

💡 **注意：** 在 IE 浏览器默认以匿名用户登录 FTP 站点后，其"文件"菜单中没有"登录"菜单项。因此，若要在浏览器中使用注册用户登录 FTP 站点，只能输入"ftp://用户名:密码@远程主机 IP 地址或域名"格式的地址。另外，使用浏览器登录 FTP 站点时，其地址栏输入 URL 的协议头"ftp://"，不可缺省，而使用文件资源管理器时可以缺省协议头"ftp://"。如果指定的 FTP 站点使用了非标准端口，则如同访问非标准端口的 Web 站点一样，在输入 FTP 站点地址的后面必须跟上":端口号"。

步骤 4 这里假设输入 FTP 注册用户的用户名 chf 及其密码，则单击"登录"按钮登录到 FTP 站点后，Windows 文件资源管理器中浏览的页面如图 5-28 所示。可以看到，注册用户 chf 登录后就直接进入自己的用户名目录(即 FTP 服务器的 E:\ftproot\chf 目录)，并显示该目录下的文件目录列表。至于下载文件和上传文件的测试，只需进行简单的鼠标拖动操作即可实现，请读者自行完成。

图 5-28　以用户 chf 登录到 FTP 站点

任务三　Linux 下的 FTP 服务配置

根据项目设计方案，新源公司 FTP 服务器的 IP 地址为 192.168.1.4。Linux 平台下通常利用系统自带的软件包名为 vsftpd 的组件来架设 FTP 服务器，其服务名称也是 vsftpd。如何查询、安装软件包，读者可参阅项目一介绍的方法自行实施。

一、使用默认配置架设基本 FTP 站点

vsftpd 的所有配置文件都存放在/etc/vsftpd 目录下，包括一个主配置文件 vsftpd.conf 以及两个辅助配置文件 ftpusers 和 user_list。使用 vsftpd 的默认配置就已经架设了一个基本功能的 FTP 站点，只需启动 vsftpd 服务，客户机即可连接并访问 FTP 站点。

1. 默认的 vsftpd 主配置文件

vsftpd 主配置文件/etc/vsftpd/vsftpd.conf 中包含了 FTP 服务器功能、性能的全局性参数以及用户的访问控制设置等所有可配置选项，通过对这些配置选项的精准设置，就可以架设满足各种企业需求的 FTP 站点。默认的 vsftpd.conf 文件内容(忽略一些说明性注释后)以及有效或被注释的各配置选项的作用如下。

```
# vim /etc/vsftpd/vsftpd.conf
          //以下仅列出有效的和被注释的配置行，忽略了说明性注释
# Example config file /etc/vsftpd/vsftpd.conf
#
anonymous_enable=YES                      //允许匿名用户登录(默认无须密码)
local_enable=YES                          //允许本地用户登录
write_enable=YES                          //启用任何形式的 FTP 写命令(上传总开关)
local_umask=022                           //设置本地用户新增文件的掩码(权限)
#anon_upload_enable=YES                    //允许匿名用户上传文件，默认为 NO
#anon_mkdir_write_enable=YES               //允许匿名用户创建新目录，默认为 NO
dirmessage_enable=YES
          //激活目录欢迎信息功能，用户以命令模式首次访问 FTP 服务器上某个目录时会显示欢
          //迎信息，默认情况下欢迎信息通过该目录下的隐含文件.message 获得，由用户建立
xferlog_enable=YES
          //启用维护记录 FTP 服务器上传和下载情况的日志文件，默认为/var/log/xferlog，
          //也可以通过下面的 xferlog_file 选项来指定
connect_from_port_20=YES                   //开启 FTP 数据端口 20 的传输连接
#chown_uploads=YES                         //允许更改上传文件的属主，与后一项配合
#chown_username=whoever
          //设置想要改变的上传文件属主，若需要可输入一个系统用户名，whoever 表示任何人
#xferlog_file=/var/log/xferlog             //指定日志文件位置
xferlog_std_format=YES                     //使用标准的 xferlog 格式记录日志
#idle_session_timeout=600                  //设置数据传输中断超时时间(单位:s)
#data_connection_timeout=120               //设置数据连接超时时间(单位:s)
#nopriv_user=ftpsecure
          //运行 vsftpd 需要的非特权系统用户，默认是 nobody
#async_abor_enable=YES
          //允许客户机的"async ABOR"命令请求，一般此设定不安全，不推荐使用
#ascii_upload_enable=YES                   //设置是否允许 ASCII 模式上传，默认为 NO
#ascii_download_enable=YES                 //设置是否允许 ASCII 模式下载，默认为 NO
#ftpd_banner=Welcome to blah FTP service.
          //设置用户登录时的欢迎信息，如果在需要设置目录欢迎信息的目录下创建了.message
          //文件，并写入了欢迎信息，则在进入此目录时会显示自定义的欢迎信息
#deny_email_enable=YES
          //当匿名用户登录需要输入密码时，是否启用阻止某些电子邮件地址作为密码的匿名登录
          //必须与下一选项配合使用，来指定一个不允许用作匿名登录密码的电子邮件地址的文件
#banned_email_file=/etc/vsftpd/banned_emails
          //当上一选项设置为 YES 时，此选项指定不允许用作匿名登录密码的电子邮件地址的文件
#chroot_local_user=YES
          //设置是否将所有用户限制在 FTP 根目录，默认被注释即表示 NO
#chroot_list_enable=YES
          //设置是否启用限制在 FTP 根目录的用户名单，默认被注释即表示 NO
#chroot_list_file=/etc/vsftpd/chroot_list
```

```
               //指定是否限制在 FTP 根目录的用户列表文件(默认为/etc/vsftpd/chroot_list),
               //至于该文件中列出的是限制名单还是排除名单,取决于 chroot_local_user 的值
#ls_recurse_enable=YES
               //是否允许使用 ls -R 命令,默认为 NO,以防止过度的 I/O 浪费大量服务器资源
listen=YES                                    //启用 standalone 模式并通过 IPv4 监听
#listen_ipv6=YES
               //是否启用 standalone 模式并通过 IPv6 监听,默认被注释即表示 NO(禁用)
pam_service_name=vsftpd
               //设置 PAM 外挂模块提供的认证服务所使用的配置文件名,即/etc/pam.d/vsftpd
userlist_enable=YES
               //激活 vsftpd 检查 userlist 文件指定的用户是否可以访问 FTP 服务器
tcp_wrappers=YES                              //启用 tcp_wrappers 访问控制列表
#
```

有必要进一步说明的是,多数情况下管理员总是希望限制用户只能在 FTP 站点根目录下进行操作,而不允许跳出根目录之外去浏览 FTP 服务器上的其他目录,这就需要用到 chroot_local_user、chroot_list_enable 和 chroot_list_file 三个选项。其中,chroot_local_user 选项只能做出全局性的设定,将其设为 YES 时会使全部用户被锁定在站点根目录;而将其设为 NO 时又会使全部用户不被锁定在站点根目录。那么,如果要使某些用户被锁定而某些用户不被锁定在站点根目录,该如何来进行控制呢?这时就需要在 chroot_local_user 的全局性设定基础上,将 chroot_list_enable 选项设置为 YES(即启用限制用户名单),再把一些要"例外"对待的用户名列入由 chroot_list_file 选项指定的文件中来实现微调。这种"例外"机制具体可归纳为以下两种情况。

(1) 若 chroot_local_user=YES,则 chroot_list_file 指定的文件中所列出的就是不被锁定在站点根目录的那些用户,或者说该文件是允许跳出站点根目录的用户"白名单"。

(2) 若 chroot_local_user=NO,则 chroot_list_file 指定的文件中所列出的就是要被锁定在站点根目录的那些用户,或者说该文件是允许跳出站点根目录的用户"黑名单"。

另外,pam_service_name 用于设置 PAM 认证服务 vsftpd,这是出于安全考虑,不希望 vsftpd 共享本地系统的用户认证信息,而采用自己独立的用户认证数据库来认证用户。与 Linux 中大多数需要用户认证的程序(如 smb 服务)一样,vsftpd 也采用 PAM 作为后端可插拔的认证模块来集成各种认证方式。可通过修改 vsftpd 的 PAM 配置文件/etc/pam.d/vsftpd 来指定 vsftpd 使用的认证方式,是本地系统的真实用户认证(模块 pam_unix)、独立的用户认证数据库(模块 pam_userdb)认证,还是网络上的 LDAP 数据库(模块 pam_ldap)认证等。所有这些模块都存放在/lib/security 目录(对 AMD64 则是/lib64/security)下。

💡 **注意:** 默认主配置文件 vsftpd.conf 中仅给出了搭建 FTP 服务器所需的部分常用配置选项(包括有效的和被注释的),还有一些用于设置用户及权限控制、服务器功能和性能、用户连接和数据传输等配置选项在实际中也经常会用到。通过对这些选项的精准设置,可以配置满足各种需求的、高效的 FTP 服务器。下面再列举几个默认 vsftpd.conf 文件中没有给出的配置选项及其作用。

```
guest_enable=YES                              //启用 guest(来宾账户)
```

```
guest_username=ftp                        //指定 guest 身份的用户名
local_root=/var/ftp                       //指定 FTP 用户默认访问的目录作为根目录
anon_root=/var/ftp                        //指定匿名用户默认访问的目录作为根目录
#pasv_enable=YES                          //设置 FTP 服务器工作模式为 pasv
#port_enable=YES                          //设置 FTP 服务器工作模式为 port
        //注意以上两个选项只能出现一个设置为 YES
use_localtime=YES
        //设置是否使用本机时间,若设置为 NO 则仅使用格林尼治时间
        //由于北京时间和格林尼治时间有 8 小时时差,所以建议设置为 YES
idle_session_timeout=300
        //设置数据连接超时时间,客户机若在 300 秒之内没有任何操作,则服务器自动断开
max_clinet=0
        //设置 FTP 服务器所允许的最大客户机连接数,值为 0 时表示不限制
max_per_ip=0
        //设置对于同一 IP 地址的客户机允许的最大客户机连接数,值为 0 时表示不限制
local_max_rate=0
        //设置本地用户的最大传输速率,单位为 B/s,值为 0 时表示不限制
anon_max_rate=0
        //设置匿名用户的最大传输速率,单位为 B/s,值为 0 时表示不限制
```

2．vsftpd 的辅助配置文件

在/etc/vsftpd 目录下默认已经有 ftpusers 和 user_list 两个辅助配置文件,利用这两个文件可以控制允许或禁止访问 FTP 服务器的用户。

(1) 禁止访问 FTP 服务器的用户列表文件/etc/vsftpd/ftpusers。通常出于安全考虑,管理员不希望一些拥有过大权限的用户(如 root)登录 FTP 服务器,以避免用户上传或下载一些危险位置上的文件,从而对服务器系统造成损害。这种情况下,可以将需要禁止访问 FTP 服务器的用户加入到 ftpusers 文件中。

注意: ftpusers 文件不受主配置文件 vsftpd.conf 中任何配置选项的影响而总是有效的,或者说 ftpusers 就是一份禁止访问 FTP 服务器的用户"黑名单"。

(2) 用户列表文件/etc/vsftpd/user_list。虽然该文件中存放的也是一个用户列表,但它是否有效,以及如果有效(起作用),文件中列出的用户是被允许还是拒绝访问 FTP 服务器,或者说文件中的用户列表是"白名单"还是"黑名单",这些都与主配置文件 vsftpd.conf 中 userlist_enable 和 userlist_deny 两个选项的设置值紧密相关。其中,userlist_enable 选项在默认主配置文件 vsftpd.conf 中已有(默认设置为 YES);而 userlist_deny 选项默认没有给出(表示默认值为 NO),如果要将其设置为 YES,则需添加该选项。

为了使读者能更深刻地理解 user_list 文件与 userlist_enable、userlist_deny 选项之间的关系,以及这两个选项不同设置值的搭配所产生的效果,这里通过一个实例测试来加以说明。假设 FTP 服务器中已经建立有 tom 和 jim 两个用户,并把 tom 加入到 user_list 文件的用户列表中,而 jim 不在 user_list 文件中。然后,把 userlist_enable 和 userlist_deny 选项分别设置为不同的值,于是便有了 4 种不同情况的测试结果,如表 5-3 所示。

表 5-3 userlist_enable 和 userlist_deny 不同设置时的用户登录测试

userlist_enable 和 userlist_deny 选项设置	tom 和 jim 用户登录测试
userlist_enable=YES，userlist_deny=YES	tom：拒绝登录，jim：允许登录
userlist_enable=YES，userlist_deny=NO	tom：允许登录，jim：拒绝登录
userlist_enable=NO，userlist_deny=YES	tom：允许登录，jim：允许登录
userlist_enable=NO，userlist_deny=NO	tom：允许登录，jim：允许登录

在用户进行登录 FTP 服务器的测试时，正如 user_list 文件开头的注释所述，在拒绝登录的情况下不会提示输入密码，如果在图形界面下使用窗口登录，甚至不出现登录窗口而直接拒绝连接。综合上述测试结果，针对 user_list 文件与 userlist_enable、userlist_deny 两个配置选项之间的关系可以得出以下 4 点结论。

(1) userlist_enable 和 userlist_deny 两个选项联合起来，可以针对 3 类不同用户的集合进行设置，即：除 ftpusers 中的用户以外的本地所有用户、出现在 user_list 文件中的用户和没有列入 user_list 文件中的用户。

(2) 当且仅当 userlist_enable=YES 时，userlist_deny 选项的设置才有效，user_list 文件才会起作用；当 userlist_enable=NO 时，userlist_deny 选项无论设置为 YES 或 NO，user_list 文件都是无效的，即除 ftpusers 中的用户以外的本地所有用户都可以登录 FTP 服务器。

(3) 当 userlist_enable=YES 且 userlist_deny=YES 时，user_list 文件中列出的所有用户都会被拒绝登录，或者说此时的 user_list 是一份访问 FTP 服务器的用户"黑名单"。

(4) 当 userlist_enable=YES 且 userlist_deny=NO 时，只有在 user_list 文件中列出的用户才会被允许登录，而不在用户列表之中的用户都会被拒绝登录，或者说此时的 user_list 是一份访问 FTP 服务器的用户"白名单"，这也是 vsftpd 的默认设置。

💡 **注意：** vsftpd 提供了 ftp 和 anonymous 两个密码为空的匿名用户。当 user_list 文件中列出的用户作为"白名单"时，匿名用户将无法登录 FTP 服务器，除非把匿名用户也显式地加入到 user_list 文件中。另外，上述有关 vsftpd 主配置文件和两个辅助配置文件的存放位置和文件名不仅针对 CentOS，较新的 Fedora、RHEL 等版本中也是如此，但在较早的 Red Hat Linux 中，主配置文件也是 /etc/vsftpd/vsftpd.conf，而两个辅助配置文件存放在/etc 目录下，文件名分别为 vsftpd.ftpusers 和 vsftpd.user_list。

3．启动 vsftpd 服务

事实上，使用 vsftpd.conf 的默认配置就已经架设好了一个基本功能的 FTP 站点。只要启动 vsftpd 服务，客户机就可以匿名登录并访问 FTP 站点。

```
# service vsftpd start                  //启动 vsftpd 服务
Starting vsftpd:                                        [ OK ]
# service vsftpd status                 //查看 vsftpd 服务的运行状态(是否启动)
vsftpd (pid 2550) is running …          //显示该信息则表明 vsftpd 服务正在运行
#
```

4. 匿名访问测试前的准备工作

因为目前还没有建立 FTP 用户，所以暂时只能进行匿名用户访问 FTP 站点的测试。在进行匿名访问测试之前，在 FTP 服务器和客户机上还需要做以下准备工作。

(1) FTP 服务器的测试准备。默认情况下，匿名登录到 FTP 站点后必定在站点根目录 /var/ftp 下，或者说匿名用户在远程主机上以/var/ftp 作为根目录，而且该目录下默认已包含一个用于下载的公共目录 pub。通常只有在某些特殊情况下才会允许匿名上传文件，这将在任务四中予以介绍。但这里为了验证匿名用户不允许上传的测试结果，在站点根目录 /var/ftp 下创建一个用于上传的 upload 目录，并赋予所有用户对其具有读取、写入和打开的全部权限。同时，为了测试匿名用户登录 FTP 站点后能从公共目录 pub 中下载文件，在 /var/ftp/pub 目录下创建一个名为 bb.txt 的文本文件。上述操作命令如下。

```
[root@localhost ~]# cd /var/ftp              //进入 FTP 根目录
[root@localhost ftp]# mkdir upload           //创建用于上传的 upload 目录
[root@localhost ftp]# chmod 777 upload       //赋予 upload 目录所有权限
[root@localhost ftp]# ls -l
drwxr-xr-x  2  root   root   4096   Oct   27  16:05   pub
drwxrwxrwx  2  root   root   4096   Mar   16  13:10   upload
        //公共下载目录 pub 是默认就有的，并默认对同组用户和其他用户具有读取和打开权限
[root@localhost ftp]# cd pub                 //进入公共下载目录 pub
[root@localhost pub]# cat >bb.txt            //建立文本文件 bb.txt
test file.                                   //输入文件内容
^C                                           //在新行上按 Ctrl+C 结束输入
[root@localhost pub]#
```

(2) Linux 客户机的准备。无论是 Windows 客户机还是 Linux 客户机，通过命令行界面或图形用户界面都可以连接并访问 FTP 站点。这里使用 Linux 客户机进行访问测试，其字符界面下 ftp 命令的使用方法可参考前面的任务二。由于项目三架设 DNS 服务器时已为域名 ftp.xinyuan.com 配置了指向 FTP 服务器(IP 地址 192.168.1.4)的解析记录，所以只需在客户机上将主 DNS 服务器地址设置为 192.168.1.1，这样就可以直接使用域名来连接 FTP 服务器了。同时，为了验证匿名用户不允许上传的测试结果，还需要在客户机本地事先建立一个用于上传的文件(假设为/wbj/aa.txt)。以上操作请读者自行完成。

注意：在使用 ftp 命令连接 FTP 服务器之前，请务必注意客户机本地的当前目录，因为登录后使用 get 下载到本地的文件或使用 put 指定要上传的本地文件默认都是指当前目录下的，除非指明路径或先用 lcd 命令改变本地当前目录。

5. 客户机测试匿名访问 FTP 站点

接下来开始在 Linux 客户机上使用匿名用户登录 FTP 站点，并测试站点的文件下载和上传功能，其操作命令及注解如下。

```
[root@localhost ~]# cd /wbj                  //客户机远程连接前进入/wbj 目录
[root@localhost wbj]#
//--------------以下开始连接 FTP 服务器并使用匿名用户登录 FTP 站点--------------//
```

```
[root@localhost wbj]# ftp ftp.xinyuan.com            //连接 FTP 服务器
Connected to ftp.xinyuan.com.
220 (vsFTPd 2.2.2)
530 Please login with USER and PASS.
Name (ftp.xinyuan.com:root): ftp                     //输入匿名用户 ftp
331 Please specify the password.
Password:                                            //要求输入密码，可不输入
230 Login successful.                                 //显示登录成功
Remote system type is UNIX.                           //显示远程系统类型为 UNIX
Using binary mode to transfer files.                  //显示使用二进制模式传输文件
ftp>                                                  //登录成功后显示 FTP 命令提示符
ftp> pwd                                       //显示客户机在远程主机上的当前目录
257 "/"                                        //以匿名用户的默认访问目录作为根目录
ftp> ?                                              //列出可用 FTP 命令
Commands may bi abbreviated.  Commands are:
!              cr            mdir           proxy          send
$              delete        mget           sendport       site
account        debug         mkdir          put            size
append         dir           mls            pwd            status
ascii          disconnect    mode           quit           struct
bell           form          modtime        quote          system
binary         get           mput           recv           sunique
bye            glob          newer          reget          tenex
case           hash          nmap           rstatus        trace
ccc            help          nlist          rhelp          type
cd             idle          ntrans         rename         user
cdup           image         open           reset          umask
chmod          lcd           passive        restart        verbose
clear          ls            private        rmdir          ?
close          macdef        prompt         runique
cprotect       mdelete       protect        safe
ftp> dir                                    //列出匿名访问的根目录下的文件目录
227 Entering Passive Mode (192,168,1,4,60,86).
150 Here comes the directory listing.
drwxr-xr-x      2     0     0      4096    Oct 27  16:05    pub
drwxrwxrwx      2     0     0      4096    Mar 16  13:10    upload
226 Directory send OK.
ftp>     //可见匿名用户访问的根目录(即登录的默认访问目录)为 FTP 站点的根目录/var/ftp
//------------------以下开始测试匿名用户的文件下载和上传功能------------------//
ftp> cd pub                                    //进入用于下载文件的 pub 目录
250 Directory successfully changed.
ftp> dir                                       //列出 pub 目录下的文件目录
-rw-r--r--      1     0     0      11      Mar 16  13:28    bb.txt
```

```
226 Directory send OK.
ftp> get bb.txt                              //下载当前目录 pub 中的 bb.txt 文件
local: bb.txt  remote: bb.txt
227 Entering Passive Mode (192,168,1,4,215,57)
            //进入 PASV 模式,括号内前 4 个数字为服务器的 IP 地址,后两位数字表示服务器开启
            //并以 PORT P 命令告知客户机的非特权端口号为 55097(即 215*256+57),此后服务
            //器会监听由客户机主动发起到该端口的数据连接请求。
150 Opening BINARY mode data connection for bb.txt (12 bytes).
226 Transfer complete.                       //完成文件传送至客户机本地
11 bytes received in 8.8e-05 seconds (55 Kbytes/s)
ftp> cd ../upload                            //进入用于上传文件的 upload 目录
250 Directory successfully changed.
ftp> put aa.txt                              //将客户机本地文件 aa.txt 上传
local: aa.txt  remote: aa.txt
227 Entering Passive Mode (192,168,1,4,21,58)
550 Permission denied.                       //该显示表明访问被拒绝,即上传失败
ftp> quit                                    //退出登录,断开连接 FTP 服务器
221 Goodbye.
[root@localhost wbj]# ls -l bb.txt           //列出已下载至本地的 bb.txt 文件
-rw-r--r--     1   root    root   11 Mar 16  23:46   bb.txt
[root@localhost wbj]#
```

从上述操作可以看到,客户机使用匿名用户登录 FTP 站点后,只能下载文件而不能上传文件。这是因为在 FTP 服务器默认配置中,匿名用户对站点根目录及其子目录均没有写入权限,这也符合新源公司 FTP 站点的架设需求和设计方案。

二、配置 FTP 用户并访问 FTP 站点

新源公司 FTP 站点要求为某些员工建立 FTP 用户,当员工使用合法的用户名和密码登录 FTP 站点时,对该用户自己的主目录具有写入和删除权限,即允许上传文件。下面以建立 chf 和 wjm 两个 FTP 用户为例,介绍实现上述需求的配置步骤。

1. 创建用户并设置 FTP 用户的访问控制

在 vsftpd 的默认配置中,FTP 用户必须首先是 Linux 服务器的本地系统用户,然后使用 ftpusers 和 user_list 两个辅助配置文件,通过主配置文件 vsftpd.conf 中 userlist_enable 和 userlist_deny 两个选项的联合设置来实现用户对 FTP 站点的访问控制。

步骤 1　创建两个本地系统用户 chf 和 wjm,并将其密码均设置为"123456"。以下给出创建 chf 用户及其密码的操作命令,创建 wjm 用户由读者自行完成。

```
# useradd -d /var/ftp/chf chf            //创建用户 chf 并指定用户主目录
# passwd chf                             //为用户 chf 设置密码
Changing password for user chf.
New UNIX password:                       //该提示后输入密码 123456
Retype new UNIX password:                //该提示后再次输入密码 123456
```

```
passwd: all authentication tokens updated successfully.
#                                        //该提示表示密码设置成功
# cd /var/ftp                            //进入 FTP 站点根目录
# ls -l
drwx------    4    chf    chf    4096    Mar    17   23:05    chf
drwxr-xr-x    2    root   root   4096    Oct    27   16:05    pub
drwxrwxrwx    2    root   root   4096    Mar    16   13:10    upload
#
```

💡 **注意:** 在创建用户的 useradd 命令中,如果不使用-d 选项指定用户主目录,则默认会在/home 下创建与用户名同名的目录作为该用户的主目录。虽然 FTP 站点对用户主目录的位置没有任何规定,但为了后续进行细致的权限分配以及安全管理,这里把 FTP 用户的主目录统一建立在站点根目录/var/ftp 下。另外,从站点根目录下的文件列表中可以看出,新建用户 chf 的主目录仅对文件主(即用户自己)具有所有权限,而对同组用户和其他用户都没有任何权限,因此还需要建立用户组并对用户主目录的访问权限进行设置。

步骤2 根据本项目的设计方案,虽然匿名用户和 FTP 用户一样能读取 FTP 站点根目录及公共目录 pub 下的文件,但 FTP 用户还要对自己的主目录具有读取和写入权限,而且能够读取其他 FTP 用户的主目录,而匿名用户是绝不允许访问任何 FTP 用户主目录的。正因为两者的权限不同,所以必须首先创建一个用户组,并将所有 FTP 用户加入到该用户组中,然后设置用户主目录的属主和权限,操作命令及注解如下。

```
# groupadd xygrp                         //创建用户组,组名为 xygrp
# usermod -G xygrp chf                   //将用户 chf 加入附加组 xygrp
# usermod -G xygrp wjm                   //将用户 wjm 加入附加组 xygrp
# chown -R chf:xygrp chf                 //更改 chf 目录的属主为用户 chf
# chown -R wjm:xygrp wjm                 //更改 wjm 目录的属主为用户 wjm
# chmod 750 chf                          //将 chf 目录的权限设置为 750
# chmod 750 wjm                          //将 wjm 目录的权限设置为 750
# ls -l                                  //列出 FTP 站点根目录下的文件目录
drwxr-x---    4    chf    xygrp  4096    Mar    17   23:05    chf
drwxr-xr-x    2    root   root   4096    Oct    27   16:05    pub
drwxrwxrwx    2    root   root   4096    Mar    16   13:10    upload
drwxr-x---    4    wjm    xygrp  4096    Mar    17   23:16    wjm
#
```

💡 **注意:** 将 FTP 用户主目录的权限设置为 750,即对用户自己(文件主)具有所有权限,对同组用户(xygrp 组中的成员)具有读取和打开权限,对其他用户没有任何权限。这样设置后,匿名用户对任何 FTP 用户的主目录就没有访问权限了。

步骤3 修改 vsftpd 主配置文件/etc/vsftpd/vsftpd.conf,设置 FTP 用户访问控制有关的选项,操作命令和选项设置以及注解如下。

```
# vim /etc/vsftpd/vsftpd.conf            //修改 vsftpd 主配置文件
```

```
...              //默认文件内容略，找到以下配置选项进行修改或添加原文件中没有的配置选项
chroot_local_user=YES                          //该行默认被注释，去掉行首的#号
userlist_enable=YES                            //该行保持默认值
userlist_deny=NO                               //该行默认没有，但缺省即为NO
userlist_file=/etc/vsftpd/user_list
local_root=/var/ftp                            //该行默认没有，必须添加
...
#                                              //修改后保存并退出
```

💡 **注意：** ①配置行 chroot_local_user=YES 默认是被注释的，即默认值为 NO，表示所有 FTP 用户都可以跳出站点根目录之外去浏览 FTP 服务器上的其他目录，这样显然会对服务器造成安全漏洞，通常是不被允许的，所以应该将该配置行去掉注释符#号使其生效。如果只允许某些特权用户跳出站点根目录，则还需与 chroot_list_enable 和 chroot_list_file 选项配合设置。②匿名用户的默认访问目录是站点根目录/var/ftp，而 FTP 用户的默认访问目录是用户主目录。但按照新源公司 FTP 站点的访问需求，FTP 用户登录后也要能进入 pub 以及其他用户的主目录，所以必须添加 local_root=/var/ftp 配置行，使用户的默认访问目录在站点根目录下。③对于早期的 Red Hat Linux 系统，用户列表文件是 /etc/vsftpd.user_list，则 userlist_file 配置项的值也要相应改变。

　　步骤 4　设置允许登录 FTP 站点的用户。因为在 vsftpd 主配置文件 vsftpd.conf 中设置了 userlist_enable=YES，且 userlist_deny=NO，所以 user_list 文件中的用户列表是一份"白名单"，这就意味着必须把 FTP 用户添加到 user_list 文件中，才能使他们成为允许访问 FTP 站点的合法用户。但这里为了验证上述对用户的访问控制设置，仅将用户 chf 和匿名用户 ftp 加入到 user_list 文件中，而用户 wjm 暂不加入，操作命令如下。

```
# vim /etc/vsftpd/user_list                    //文件内容的前 6 行是说明性注释
# vsftpd userlist
# if userlist_deny=NO, only allow users in this file
# if userlist_deny=YES (default), never allow users in this file, and
# do not even prompt for a password.
# Note that the default vsftpd pam config also checks /etc/vsftpd/ftpusers
# for users that are denied.
root                                           //每个 FTP 用户独占一行
bin
...          //已有用户略，在末尾新增以下两行分别输入用户名 ftp 和 chf
ftp
chf
#                                              //添加后保存并退出
```

💡 **注意：** 正因为通过 vsftpd.conf 文件的设置使 user_list 成为了允许访问 FTP 站点的用户"白名单"，所以必须把匿名用户名 ftp 也显式地加入 user_list 文件中，否则匿名用户将无法登录 FTP 站点。

步骤5 重新启动 vsftpd 服务,操作命令如下。

```
# service vsftpd restart                              //重新启动 vsftpd 服务
Shutting down vsftpd:                          [ OK ]
Starting vsftpd for vsftpd:                    [ OK ]
#
```

2. 使用 Linux 客户机以命令方式访问 FTP 站点

在创建了 chf 和 wjm 两个 FTP 用户之后,为了使用他们登录 FTP 站点并进行文件下载和上传的测试,首先在 FTP 服务器的 chf 用户主目录(/var/ftp/chf)下创建一个 chf.txt 文本文件,在 wjm 用户主目录(/var/ftp/wjm)下创建一个 wjm.txt 文本文件,而在客户机本地的/wbj目录下创建一个 wbj.txt 文本文件,然后按以下步骤操作。

```
[root@localhost ~]# cd /wbj                    //客户机远程连接前进入/wbj 目录
[root@localhost wbj]#
//------------------以下使用匿名用户登录并访问 FTP 站点--------------------//
[root@localhost wbj]# ftp ftp.xinyuan.com    //连接 FTP 服务器
Connected to ftp.xinyuan.com.
220 (vsFTPd 2.2.2)
530 Please login with USER and PASS.
Name (ftp.xinyuan.com:root): ftp             //输入匿名用户 ftp
331 Please specify the password.
Password:                                      //要求输入密码,可不输入
230 Login successful.                          //显示登录成功
Remote system type is UNIX.                    //显示远程系统类型为 UNIX
Using binary mode to transfer files.           //显示使用二进制模式传输文件
ftp>                                           //登录成功后显示 FTP 命令提示符
ftp> pwd                                        //显示客户机在远程主机上的当前目录
257 "/"                                         //以匿名用户的默认访问目录作为根目录
ftp> dir                                        //列出匿名访问的根目录下的文件目录
227 Entering Passive Mode (192,168,1,4,78,142)
150 Here comes the directory listing.
drwxr-xr-x    4    505    507    4096    Mar 17  23:05    chf
drwxr-xr-x    2    0      0      4096    Oct 27  16:05    pub
drwxrwxrwx    2    0      0      4096    Mar 16  13:10    upload
drwxr-xr-x    4    506    507    4096    Mar 17  23:16    wjm
226 Directory send OK.                         //507 为用户组 xygrp 的组编号 GID
        //可见匿名用户访问的根目录(即登录的默认访问目录)为 FTP 站点根目录/var/ftp
ftp> cd pub                                     //进入用于下载文件的 pub 目录
250 Directory successfully changed.
ftp> dir                                        //列出 pub 目录下的文件目录
-rw-r--r--    1    0      0      11      Mar 16  13:28    bb.txt
226 Directory send OK.
ftp> get bb.txt                                 //下载当前目录 pub 中的 bb.txt 文件
```

```
local: bb.txt  remote: bb.txt
227 Entering Passive Mode (192,168,1,4,224,55)
150 Opening BINARY mode data connection for bb.txt (12 bytes).
226 Transfer complete.                    //文件下载传输完成
11 bytes received in 8.8e-05 seconds (55 Kbytes/s)
        //可见匿名用户可以进入公共目录 pub 并允许下载文件
ftp> cd /chf                              //进入根目录下 chf 用户的主目录
550 Failed to change directory.
ftp> cd /wjm                              //进入根目录下 wjm 用户的主目录
550 Failed to change directory.
        //可见匿名用户进入 FTP 用户主目录失败，即不允许访问任何 FTP 用户主目录
ftp> quit                                 //退出登录，断开连接 FTP 服务器
221 Goodbye.
[root@localhost wbj]#
//-----------------以下使用 chf 用户登录并访问 FTP 站点--------------------//
[root@localhost wbj]# ftp ftp.xinyuan.com  //连接 FTP 服务器
Connected to ftp.xinyuan.com.
220 (vsFTPd 2.2.2)
530 Please login with USER and PASS.
Name (ftp.xinyuan.com:root): chf          //输入用户名 chf
331 Please specify the password.
Password:                                 //输入 chf 用户密码
230 Login successful.                     //登录成功
Remote system type is UNIX.
Using binary mode to transfer files.
ftp> pwd                                  //显示客户机在远程主机上的当前目录
257 "/"                                    //以 chf 用户的默认访问目录作为根目录
ftp> dir                                  //列出用户访问的根目录下的文件目录
227 Entering Passive Mode (192,168,1,4,231,167)
150 Here comes the directory listing.
drwxr-xr-x    4    505    507    4096    Mar 17  23:05    chf
drwxr-xr-x    2    0      0      4096    Oct 27  16:05    pub
drwxrwxrwx    2    0      0      4096    Mar 16  13:10    upload
drwxr-xr-x    4    506    507    4096    Mar 17  23:16    wjm
226 Directory send OK.
        //可见 chf 用户访问的根目录(即登录的默认访问目录)为 FTP 站点根目录/var/ftp
ftp> cd pub                               //进入用于下载文件的 pub 目录
250 Directory successfully changed.
ftp> dir                                  //列出 pub 目录下的文件目录
-rw-r--r--    1    0      0      11       Mar 16  13:28    bb.txt
226 Directory send OK.
ftp> get bb.txt                           //下载当前目录 pub 中的 bb.txt 文件
local: bb.txt  remote: bb.txt
```

227 Entering Passive Mode (192,168,1,4,173,57)

150 Opening BINARY mode data connection for bb.txt (12 bytes).

226 Transfer complete.　　　　　　　　　　　//文件下载传输完成

11 bytes received in 8.8e-05 seconds (55 Kbytes/s)

　　　　//可见chf用户允许进入公共目录pub并下载文件

ftp> cd /wjm　　　　　　　　　　　　　　//进入根目录下wjm用户的主目录

250 Directory successfully changed.

ftp> ls　　　　　　　　　　　　　　　　//列文件目录也可用ls命令

227 Entering Passive Mode (192,168,1,4,183,19).

150 Here comes the directory listing.

-rw-r--r--　　　1　0　　　　0　　　　　　30　Mar 17　23:38　wjm.txt

226 Directory send OK.

ftp> get wjm.txt　　　　　　　　　　//下载wjm用户主目录下的wjm.txt文件

local: wjm.txt remote: wjm.txt

227 Entering Passive Mode (192,168,1,4,71,123).

150 Opening BINARY mode data connection for wjm.txt (30 bytes).

226 Transfer complete.　　　　　　　　　　　//文件下载传输完成

30 bytes received in 0.027 seconds (0.54 Kbytes/s)

　　　　//可见chf用户允许进入其他用户wjm主目录并下载文件

ftp> cd /chf　　　　　　　　　　　　//进入根目录下chf用户自己的主目录

250 Directory successfully changed.

ftp> ls　　　　　　　　　　　　　//列出chf用户主目录下的文件目录

227 Entering Passive Mode (192,168,1,4,94,133).

150 Here comes the directory listing.

-rw-r--r--　　　1　0　　　　0　　　　　　15　Mar 17　23:25　chf.txt

226 Directory send OK.

ftp> get chf.txt　　　　　　　　　　//下载chf用户主目录下的chf.txt文件

local: chf.txt remote: chf.txt

227 Entering Passive Mode (192,168,1,4,71,123).

150 Opening BINARY mode data connection for chf.txt (15 bytes).

226 Transfer complete.　　　　　　　　　　　//文件下载传输完成

15 bytes received in 0.027 seconds (0.54 Kbytes/s)

ftp> put wbj.txt

　　　　//将客户机本地的/wbj/wbj.txt文件上传到FTP站点chf用户自己的主目录下

local: wbj.txt remote: wbj.txt

227 Entering Passive Mode (192,168,1,4,186,195).

150 Ok to send data.

226 Transfer complete.　　　　　　　　　　　//文件上传传输完成

15 bytes sent in 0.020 seconds (0.52 Kbytes/s)

ftp> ls　　　　　　　　　　　　　//列出chf用户主目录下的文件目录

227 Entering Passive Mode (192,168,1,4,94,137).

150 Here comes the directory listing.

-rw-r--r--　　　1　0　　　　0　　　　　　15　Mar 17　23:25　chf.txt

```
-rw-r--r--      1   505      505            15  Mar 17  23:32   wbj.txt
226 Directory send OK.
         //可见 chf 用户能进入自己的主目录下载文件，也能将客户机本地的文件上传
         //文件列表中，文件 chf.txt 是在服务器上 root 创建的，用户 ID 和所属组 ID 均为 0
         //文件 wbj.txt 由 chf 用户自己上传而建立，所以用户 ID 和所属组 ID 均为 505
ftp> quit                                   //退出登录，断开连接 FTP 服务器
221 Goodbye.
[root@localhost wbj]# ls -l                  //在客户机本地列出当前目录下的文件
-rw-r--r--      1   root     root           11  Mar 18  14:38   bb.txt
-rw-r--r--      1   root     root           15  Mar 18  14:43   chf.txt
-rw-r--r--      1   root     root           15  Oct 28  19:55   wbj.txt
-rw-r--r--      1   root     root           30  Mar 18  14:41   wjm.txt
         //从客户机本地的文件列表中可以看到通过上述操作后已下载的 3 个文件
[root@localhost wbj]#
//------------------以下使用 wjm 用户尝试登录 FTP 站点--------------------//
[root@localhost wbj]# ftp ftp.xinyuan.com      //连接 FTP 服务器
Connected to ftp.xinyuan.com.
220 (vsFTPd 2.2.2)
530 Please login with USER and PASS.
Name (ftp.xinyuan.com:root): wjm              //输入用户名 wjm
530 Permission denied.
Login failed.                                //登录失败
ftp> quit
221 Goodbye.
[root@localhost wbj]#
```

从上述测试结果可以看出，此 FTP 站点已实现新源公司的架设需求以及本项目的设计方案，用户 chf 也已符合公司员工 FTP 注册用户的访问要求，读者只需将用户 wjm 以及为员工建立的其他 FTP 用户都添加到 user_list 文件中即可。

💡 **注意：** 为了进一步理解 vsftpd.conf 文件中 userlist_enable 和 userlist_deny 两个选项对 user_list 文件的控制，读者不妨试着把 userlist_deny 选项也设置为 YES，则会发现用户 chf 和 wjm 登录 FTP 站点的情况与上述测试正好相反，即拒绝用户 chf 而允许用户 wjm 登录，因为此时的 user_list 变成了一份允许访问 FTP 站点的用户"黑名单"。

3. 使用 Windows 客户机以窗口方式访问 FTP 站点

使用 Windows 客户机以窗口方式访问 FTP 站点的方法已在任务二中给出了详细的图示和介绍，这里不再赘述，文件下载和上传的测试也请读者自行完成。

💡 **注意：** 无论使用浏览器还是文件资源管理器，当地址栏输入 ftp://ftp.xinyuan.com 或 ftp://192.168.1.4 并按 Enter 键后，可能会出现"无法显示此页"的错误信息，而此时若以用户名和密码登录却又能访问 FTP 站点。这是因为 vsftpd 提供了

ftp 和 anonymous 两个匿名用户，在 Linux 客户机上测试时是以 ftp 作为匿名用户登录的，而 Windows 窗口访问时是自动以匿名用户 anonymous 登录站点的，所以还应该把 anonymous 也添加到 user_list 文件中。

图 5-29 所示的就是在文件资源管理器中以 chf 用户登录 FTP 站点，并双击了该用户主目录"chf"文件夹后显示的窗口。

图 5-29　以 FTP 用户登录并打开用户主目录的访问窗口

💡 **注意：** 从文件资源管理器窗口的地址栏和命令测试中都可以看出，Linux 平台下架设的新源公司 FTP 站点在用户访问上相当于 Windows Server 2012 R2 使用的 IIS8 中选择了默认的"FTP 根目录"不隔离用户模式，所以用户登录时默认访问的是站点根目录，这与任务二架设的"用户名目录"不隔离用户模式的站点略有不同。在实际中有很多企业的 FTP 站点要求用户登录后默认访问并被锁定在用户主目录下，不允许访问其他用户的主目录，即采用隔离用户模式的 FTP 站点。其实要把站点配置成这种模式也不难，只需在 vsftpd.conf 文件中去掉 local_root=/var/ftp 配置行(即保持默认配置)即可。

任务四　FTP 服务器运维及深入配置

前面已经在 Windows Server 2012 R2 和 Linux 两种平台下架设了满足新源公司基本需求的 FTP 站点，并通过了测试。但在实际中，不同的企业对 FTP 站点实现的功能、性能以及安全性等方面可能会有不同的需求。下面将基于 Windows 平台下架设的 FTP 站点按照隔离用户模式的要求进行重构，并配置虚拟目录，以测试两种隔离用户模式在用户访问特性上的区别；对基于 Linux 平台下架设的 FTP 站点配置允许匿名上传，并在同一台服务器上架设多个虚拟 FTP 站点，以拓展读者的 FTP 服务器运维及深入配置能力。

一、Windows 下 FTP 站点的深入配置

任务二是根据新源公司对 FTP 站点提出的访问需求，选用了一种"用户名目录"的不隔离用户模式。为了使读者能清晰地理解隔离用户模式与不隔离用户模式的 FTP 站点在用户访问特性上的区别，同时又能深刻地体会应用于工作组架构网络的两种隔离用户模式在虚拟目录访问上的差异，这里首先将新源公司 FTP 站点重构为隔离用户模式。

1．重构 FTP 站点为隔离用户模式

因为隔离用户就是为了防止用户访问 FTP 站点上其他用户的目录，所以无论哪一种隔离用户模式的 FTP 站点，用户登录站点时的默认访问目录必定是用户名目录，并且所有的访问操作都被锁定在用户名目录之下。

其中，可应用于工作组架构网络中的隔离用户模式有"用户名目录(禁用全局虚拟目录)"和"用户名物理目录(启用全局虚拟目录)"两种。这两种隔离用户模式不仅要求 FTP 站点的根目录必须建立在 NTFS 分区，还要求在站点根目录下创建一个名为 LocalUser 的目录，并且所有的用户名目录以及公共目录 Public 都建立在 LocalUser 目录下。为了省去重新创建 FTP 站点和用户等工作，可以在任务二为新源公司架设的 FTP 站点基础上，对站点的目录结构、FTP 用户隔离模式重新构建并进行访问测试，操作步骤如下。

步骤 1 重建新源公司 FTP 站点的目录结构。打开"这台电脑"窗口，进入 FTP 站点根目录 E:\ftproot 下，此时可以看到原有的公共目录 Public 以及用户名目录 chf 和 wjm 共 3 个目录。新建一个 LocalUser 目录，然后同时选中上述 3 个目录，将它们移动到 LocalUser 目录下(即进行"剪切"+"粘贴"操作)。

步骤 2 将 FTP 站点设置为"用户名目录(禁用全局虚拟目录)"的隔离用户模式。打开 IIS8 控制台，在左窗格的"连接"列表中选择"新源公司 FTP 站点"选项，此时即可看到目录重建后的站点结构。然后在中间窗格显示的"新源公司 FTP 站点 主页"功能视图中双击"FTP 用户隔离"图标，打开"FTP 用户隔离"功能视图，选中"隔离用户"选项组中的"用户名目录(禁用全局虚拟目录)"单选按钮。最后在右窗格的"操作"列表中单击"应用"链接，即可保存并启用设置，如图 5-30 所示。

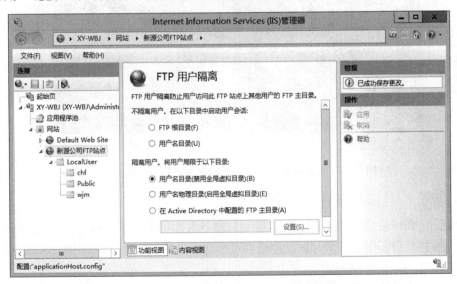

图 5-30 目录重建并设置为隔离用户模式后的"新源公司 FTP 站点"

步骤 3 测试"用户名目录(禁用全局虚拟目录)"隔离用户模式 FTP 站点的连接与用户访问。在客户机上先创建一个名为 test.txt 的文本文件，然后分别以匿名用户、chf 用户登录 FTP 站点，并使用 dir、cd、put 等命令进行访问测试，如图 5-31 所示。

从命令的执行结果可以看出，匿名用户登录 FTP 站点时的默认访问目录即为公共目录

Public，而 chf 用户的默认访问目录为 chf 用户名目录且能成功上传文件。匿名用户和注册用户登录 FTP 站点后，所有的访问操作都被锁定在各自的目录之下，不可能回溯到上层目录，也就无法相互访问。

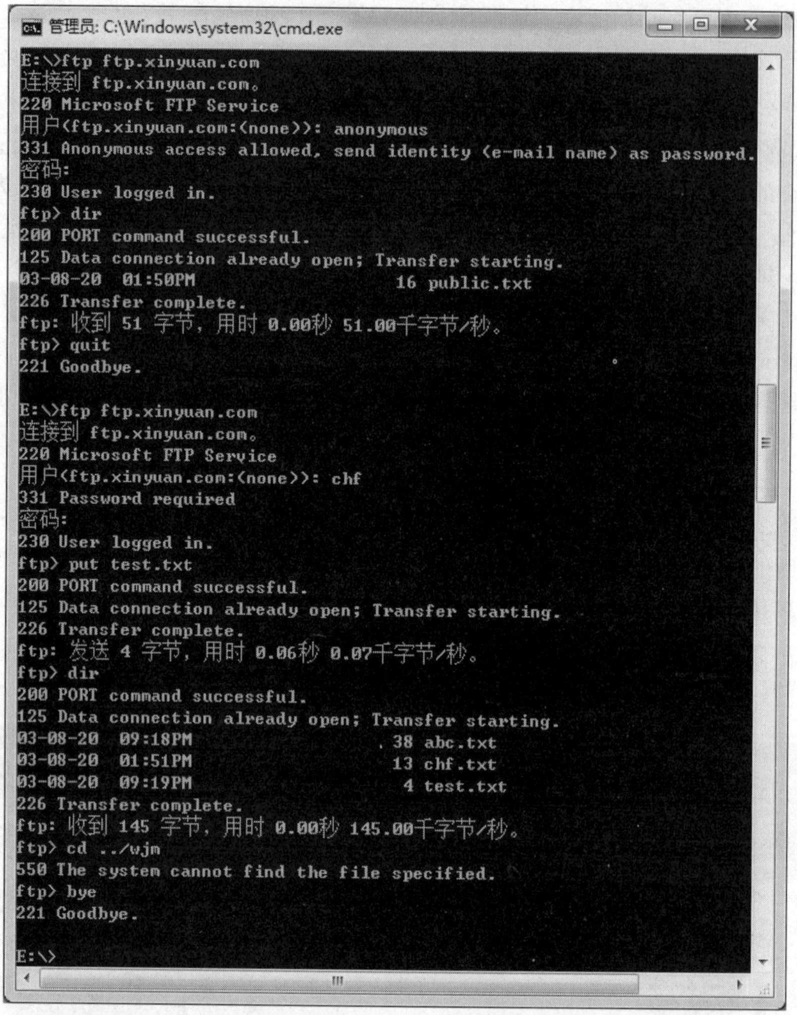

```
管理员: C:\Windows\system32\cmd.exe

E:\>ftp ftp.xinyuan.com
连接到 ftp.xinyuan.com。
220 Microsoft FTP Service
用户(ftp.xinyuan.com:(none)): anonymous
331 Anonymous access allowed, send identity (e-mail name) as password.
密码:
230 User logged in.
ftp> dir
200 PORT command successful.
125 Data connection already open; Transfer starting.
03-08-20   01:50PM                        16 public.txt
226 Transfer complete.
ftp: 收到 51 字节, 用时 0.00秒 51.00千字节/秒。
ftp> quit
221 Goodbye.

E:\>ftp ftp.xinyuan.com
连接到 ftp.xinyuan.com。
220 Microsoft FTP Service
用户(ftp.xinyuan.com:(none)): chf
331 Password required
密码:
230 User logged in.
ftp> put test.txt
200 PORT command successful.
125 Data connection already open; Transfer starting.
226 Transfer complete.
ftp: 发送 4 字节, 用时 0.06秒 0.07千字节/秒。
ftp> dir
200 PORT command successful.
125 Data connection already open; Transfer starting.
03-08-20   09:18PM                        38 abc.txt
03-08-20   01:51PM                        13 chf.txt
03-08-20   09:19PM                         4 test.txt
226 Transfer complete.
ftp: 收到 145 字节, 用时 0.00秒 145.00千字节/秒。
ftp> cd ../wjm
550 The system cannot find the file specified.
ftp> bye
221 Goodbye.

E:\>
```

图 5-31　登录隔离用户模式的 FTP 站点并进行访问测试

2. 创建 FTP 虚拟目录

其实无论哪种模式的 FTP 站点，其整个物理目录结构都基于站点根目录下，而站点根目录所在的物理服务器上某个分区的存储容量总是有限的，创建 FTP 虚拟目录就可以极大地扩展 FTP 服务器的存储能力。

虚拟目录可以是服务器本地或者网络上其他服务器中的任何一个目录。创建 FTP 虚拟目录就是将虚拟目录映射到 FTP 站点根目录或者某个子目录(公共目录 Public 或用户名目录)，并赋予虚拟目录一个别名。IIS 把虚拟目录处理为映射到 FTP 站点上对应目录下的一个子目录，并以虚拟目录的别名作为这个映射的目录名称。别名是 IIS 管理控制台中的有效名称，它可以与物理目录名称相同，也可以不同。

如果把虚拟目录映射到 FTP 站点的根目录，这个虚拟目录称为全局虚拟目录；如果把虚拟目录映射到 FTP 站点上某个用户名目录(Public 可看作是匿名用户的用户名目录)，这个虚拟目录称为用户虚拟目录。

对于 Internet 上的用户来说，在访问 FTP 站点时感觉不到虚拟目录的存在，访问虚拟目录就如同访问站点上的物理目录一样。因此，创建虚拟目录可以将 FTP 站点的存储空间分布到网络上多台服务器中，由 IIS 充当代理角色，通过远程连接并检索用户所请求的文件来实现信息服务支持；同时，用户访问虚拟目录时只需要指定虚拟目录的别名，并不知道其真实物理目录的位置和名称，有利于增强服务器的目录安全性。

假设在 D:\目录下创建 4 个目录：Virxy、Virchf、Virwjm 和 Virpub。其中，Virxy 目录作为全局虚拟目录(别名为 Vxy)映射到 FTP 站点的根目录 ftproot；其余 3 个目录 Virchf、Virwjm 和 Virpub 作为用户虚拟目录(别名依次为 Vchf、Vwjm 和 Vpub)分别映射到 FTP 站点的 chf、wjm 和 Public 目录。创建这些 FTP 虚拟目录的具体操作方法如下。

步骤 1　为 FTP 站点根目录添加全局虚拟目录(别名 Vxy)。打开 IIS8 控制台，在左窗格的"连接"列表中展开"网站"文件夹，右击"新源公司 FTP 站点"选项，在弹出的快捷菜单中选择"添加虚拟目录"命令，打开"添加虚拟目录"对话框，要求为虚拟目录指定别名和虚拟目录对应的物理路径。在"别名"文本框中输入虚拟目录的别名 Vxy；在"物理路径"文本框中输入"D:\Virxy"，或者通过右侧的…按钮来选择此物理目录，如图 5-32 所示，单击"确定"按钮即可。

💡 **注意：**　这里因为虚拟目录就在本地服务器中，所以直接指定路径即可。但如果要创建的虚拟目录是网络上的另一台服务器中，则需指定服务器名和虚拟目录的共享名(此时虚拟目录必须具有网络共享属性)，如\\servename\sharename。

步骤 2　为 FTP 用户名 chf 目录添加用户虚拟目录(别名 Vchf)。在 IIS8 控制台左窗格的"连接"列表中展开"新源公司 FTP 站点"→LocalUser 文件夹，右击 chf 文件夹，在弹出的快捷菜单中选择"添加虚拟目录"命令，打开"添加虚拟目录"对话框。在"别名"文本框中输入虚拟目录的别名"Vchf"；在"物理路径"文本框中输入 D:\Virchf，或者通过右侧的…按钮来选择此物理目录，如图 5-33 所示，单击"确定"按钮即可。

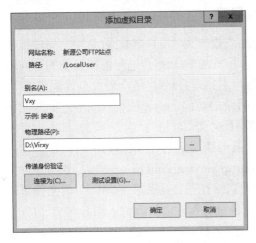

图 5-32　为站点根目录添加全局虚拟目录

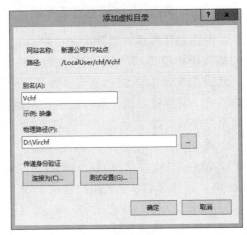

图 5-33　为用户名目录添加用户虚拟目录

步骤 3 为 FTP 用户名 wjm、Public 目录添加用户虚拟目录(别名 Vwjm、Vpub),请读者重复步骤 2 自行完成。

💡 注意: 创建 FTP 虚拟目录时需要注意的是,要为 FTP 站点上的哪个目录添加虚拟目录,就必须右击站点上相应的目录来打开"添加虚拟目录"对话框。在添加完成之后还必须通过以下操作使虚拟目录的配置生效并启用。

步骤 4 启用 FTP 站点的虚拟目录。在 IIS8 控制台左窗格的"连接"列表中选择"新源公司 FTP 站点"选项,在中间窗格就会显示"新源公司 FTP 站点 主页"功能视图(见图 5-10)。双击其中的"FTP 目录浏览"图标,打开"FTP 目录浏览"功能视图,在"目录列表选项"选项组中勾选"虚拟目录"复选框,如图 5-34 所示。然后,在右窗格的"操作"列表中单击"应用"链接,即可启用 FTP 虚拟目录的配置。

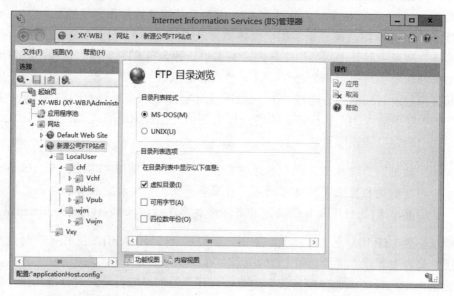

图 5-34 在新源公司 FTP 站点的"FTP 目录浏览"功能视图中启用虚拟目录

3. 访问隔离用户模式 FTP 站点的虚拟目录

前面在重新构建新源公司 FTP 站点时,是将站点设置为"用户名目录(禁用全局虚拟目录)"隔离用户模式,所以下面首先对这种隔离用户模式的 FTP 站点进行虚拟目录的访问测试,然后在步骤 3 将 FTP 站点设置为另一种"用户名物理目录(启用全局虚拟目录)"隔离用户模式,并通过步骤 4 和步骤 5 再次测试虚拟目录的访问,读者就可以从中看到这两种隔离用户模式 FTP 站点在用户访问虚拟目录上的不同之处。

步骤 1 客户机使用窗口访问测试"用户名目录(禁用全局虚拟目录)"隔离用户模式的 FTP 站点。在文件资源管理器的地址栏输入 ftp://ftp.xinyuan.com 或 ftp://192.168.1.4 并按 Enter 键,就会自动以匿名用户登录 FTP 站点,并直接打开公共目录 Public 下的文件目录列表。选择"文件"→"登录"命令,打开"登录身份"对话框,输入用户名"chf"及其密码后单击"登录"按钮,此时就会直接打开用户名目录 chf 下的文件目录列表。匿名用户和 chf 用户登录 FTP 站点的默认访问界面如图 5-35 所示。

图5-35　使用窗口测试"用户名目录(禁用全局虚拟目录)"隔离用户模式的FTP站点

步骤2　客户机使用命令访问测试"用户名目录(禁用全局虚拟目录)"隔离用户模式的FTP站点。打开命令提示符窗口，分别以匿名用户和chf用户登录FTP站点，并使用dir命令查看默认访问目录下的文件目录列表，如图5-36所示。

图5-36　使用命令测试"用户名目录(禁用全局虚拟目录)"隔离用户模式的FTP站点

💡 **注意：**　从窗口访问和命令测试结果都可以看出，登录"用户名目录(禁用全局虚拟目录)"隔离用户模式的FTP站点时，匿名用户的默认访问目录为公共目录Public，注册用户的默认访问目录为用户名目录，并且被锁定在各自的目录之下而不允许访问其他用户的用户名目录，所以Public可看作是匿名用户专属的用户名目录。此时，匿名用户和注册用户都不能访问FTP站点上的全局虚拟目录，但都可以访问属于自己的用户名目录下的用户虚拟目录。

步骤3　将新源公司FTP站点设置为"用户名物理目录(启用全局虚拟目录)"隔离用

户模式。打开 IIS8 控制台,在左窗格的"连接"列表中选择"新源公司 FTP 站点"选项,在中间窗格就会显示的"新源公司 FTP 站点主页"功能视图(见图 5-10)。双击其中的"FTP 用户隔离"图标,打开"FTP 用户隔离"功能视图(见图 5-30),选中"隔离用户"选项组中的"用户名物理目录(启用全局虚拟目录)"单选按钮。最后在右窗格的"操作"列表中单击"应用"链接,即可保存并启用设置。

步骤 4   客户机使用窗口访问测试"用户名物理目录(启用全局虚拟目录)"隔离用户模式的 FTP 站点。与上述步骤 1 的访问测试类似,此时匿名用户和 chf 用户登录 FTP 站点的默认访问界面如图 5-37 所示。

图 5-37   使用窗口测试"用户名物理目录(启用全局虚拟目录)"隔离用户模式的 FTP 站点

步骤 5   客户机使用命令访问测试"用户名物理目录(启用全局虚拟目录)"隔离用户模式的 FTP 站点。与上述步骤 2 的访问测试类似,在以匿名用户和 chf 用户登录 FTP 站点后,使用 dir 命令查看结果与窗口访问测试的结果完全一致,如图 5-38 所示。

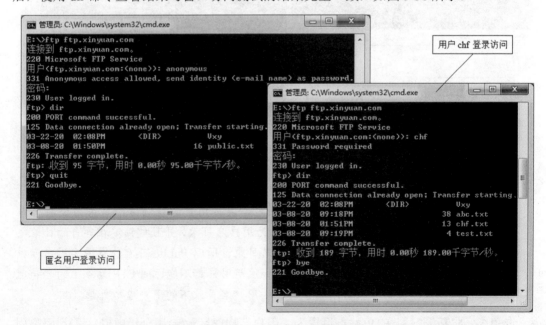

图 5-38   使用命令测试"用户名物理目录(启用全局虚拟目录)"隔离用户模式的 FTP 站点

💡 **注意:** 从窗口访问和命令测试结果都可以看出,登录"用户名物理目录(启用全局虚拟目录)"隔离用户模式的 FTP 站点时,匿名用户和注册用户默认访问且锁定的目录为用户名目录,这与前一种"用户名目录(禁用全局虚拟目录)"隔离用户模式的 FTP 站点相同。但此时匿名用户和注册用户都可以访问站点上的全局虚拟目录,却又都无法访问自己用户名目录下的用户虚拟目录。

二、Linux 下 FTP 站点的深入配置

针对有些企业可能提出的允许企业员工使用匿名用户上传文件、在同一台服务器上架设多个 FTP 站点等需求,这里将对新源公司的 FTP 站点进行深入配置。

1. 配置 FTP 站点允许匿名上传文件

新源公司的 FTP 站点对于匿名用户只要求能够下载文件而不允许上传文件,这也是 vsftpd 的默认配置。如果要使匿名用户也能够上传文件,可以按以下步骤进行配置。

步骤 1 备份主配置文件/etc/vsftpd/vsftpd.conf,操作命令如下。

```
# cd /etc/vsftpd                          //进入 vsftpd 配置文件所在目录
# cp vsftpd.conf vsftpd.conf.bak          //备份主配置文件
```

步骤 2 编辑主配置文件 vsftpd.conf,进行以下修改。

```
# vim vsftpd.conf                         //编辑主配置文件
…  //默认文件内容略,找到以下 2 个被注释的配置行,去掉行首的#号使其有效
anon_upload_enable=YES                    //允许匿名用户上传文件
anon_mkdir_write_enable=YES               //开启匿名用户写和创建目录权限
…  //在文件最后添加以下配置行(默认 vsftpd.conf 文件中该配置行不存在)
anon_world_readable_only=NO               //打开匿名用户的浏览权限
#                                         //修改后保存并退出
```

步骤 3 使用以下命令重新启动 vsftpd 服务。

```
# service vsftpd restart                  //重启 vsftpd 服务
Shutting down vsftpd:                          [ OK ]
Starting vsftpd for vsftpd:                    [ OK ]
#
```

步骤 4 在客户机本地的/wbj 目录下先建立一个文本文件 wbj.txt,然后进行以下操作连接 FTP 服务器,并测试匿名用户的上传功能。

```
[root@localhost ~]# cd /wbj
[root@localhost wbj]# ftp ftp.xinyuan.com          //连接 FTP 服务器
Connected to ftp.xinyuan.com.
220 (vsFTPd 2.2.2)
530 Please login with USER and PASS.
Name (ftp.xinyuan.com:root): ftp                   //输入匿名用户 ftp
```

```
331 Please specify the password.
Password:                                          //不输密码直接按 Enter 键
230 Login successful.
Remote system type is UNIX.
Using binary mode to transfer files.
ftp> pwd                                           //显示客户机在远程主机上的当前目录
257 "/"                                            //即站点根目录作为匿名用户的根目录
ftp> cd upload                                     //进入用于上传的目录
250 Directory successfully changed.
ftp> put wbj.txt                                   //上传客户机本地文件 wbj.txt
local: wbj.txt remote: wbj.txt
227 Entering Passive Mode (192,168,1,4,72,5)
150 Ok to send data.
226 Transfer complete.                             //文件传输完成
15 bytes sent in 0.33 seconds (0.045 Kbytes/s)
ftp> ls                                            //列出已上传的文件
227 Entering Passive Mode (192,168,1,4,225,143)
150 Here comes the directory listing.
-rw-------    1    14         50            15  Oct 30  03:36    wbj.txt
226 Directory send OK.
ftp> quit                                          //退出登录，断开连接 FTP 服务器
221 Goodbye.
[root@localhost wbj]#
```

💡 注意: 　在 Linux 系统中配置各种网络服务时，经常需要修改配置文件，作为管理员一定要养成良好的操作习惯。这里再次提醒两点：一是在修改配置文件之前应该先备份原文件，以便修改错误后能够恢复原文件内容；二是修改配置文件时，如果要去掉某个配置行，应在其行首加#注释，而不要把配置行删除，这样在下次需要恢复配置行时只需去掉#即可。

2. 在同一台服务器上架设多个 FTP 站点

与同一台服务器上架设多个 Web 站点类似，在一台服务器上架设多个 FTP 站点的方法也有 IP 地址法、TCP 端口法和主机头名法等。在架设了新源公司 FTP 站点基础上，这里仅介绍使用 IP 地址法架设多个虚拟 FTP 站点的操作方法。

步骤 1　为 FTP 服务器物理网络接口 eth0 配置子接口及 IP 地址，操作命令如下。

```
# ifconfig eth0:1 192.168.1.44 netmask 255.255.255.0
         //为网络接口 eth0 配置子接口 eth0:1，并设置子接口的 IP 地址
# ifconfig eth0:1                                  //查看子接口 eth0:1 的网络参数
eth0:1  Link encap:Ethernet      Hwaddr 00:26:2D:FD:6B:5C
        inet addr: 192.168.1.44  Bcast: 192.168.1.255  Mask:255.255.255.0
        UP BROADCAST RUNNING MULTICAST  MTU:1500    Metric:1
        Interrupt:20 Memory:f2400000-f2420000
#
```

💡 **注意:** 使用 ifconfig 命令只是临时为物理网络接口 eth0 配置了子接口 eth0:1 及其 IP
地址,Linux 系统重启后无效。如果要使子接口 eth0:1 的配置永久生效,则应
在/etc/sysconfig/network-scripts 目录下创建子接口配置文件 ifcfg-eth0:1,通常
是将物理接口 eth0 的配置文件 ifcfg-eth0 复制成 ifcfg-eth0:1 文件,再把文件
中的 DEVICE 选项值设为 eth0:1,IP 地址选项 IPADDR 的值设为 192.168.1.44,
然后重启 network 服务即可。

步骤 2 创建虚拟 FTP 站点的主目录(假设为/var/vftp),并在主目录下创建用于下载文
件的子目录 pub,同时修改目录权限,操作命令如下。

```
# mkdir -p /var/vftp/pub
        //使用-p 选项可以同时创建多层级的目录,即如果一个父目录不存在就创建它
# chmod -R 755 /var/vftp                    //为主目录及下级目录设置读取和打开权限
        //使用-R 选项可以对指定目录下的所有文件及子孙目录进行相同的权限变更(递回)
#
```

步骤 3 创建虚拟 FTP 站点的匿名用户所映射的本地用户 vftp,操作命令如下。

```
# adduser -d /var/vftp/ -M vftp
        //使用-d 选项指定用户的主目录,而使用-M 选项则不要自动创建用户的主目录
#
```

步骤 4 备份 FTP 服务器默认主配置文件 vsftpd.conf;然后修改 vsftpd.conf 文件,添
加 FTP 服务器与 IP 地址 192.168.1.4 绑定的配置行,操作命令如下。

```
# cd /etc/vsftpd
        //此后的操作命令均以/etc/vsftpd 为当前目录
# cp vsftpd.conf vsftpd.conf.bak                    //备份默认主配置文件
# vim vsftpd.conf
…       //默认文件内容略,添加以下配置行(为方便阅读可添加在 listen=YES 配置行的后面)
listen=YES
listen_address=192.168.1.4                    //添加该配置行
#                                             //修改后保存并退出
```

步骤 5 由默认主配置文件的备份文件 vsftpd.conf.bak 复制生成虚拟 FTP 服务器的主
配置文件 vftp.conf,并在 vftp.conf 文件中添加以下两个配置行,操作如下。

```
# cp vsftpd.conf.bak vftp.conf                      //生成虚拟 FTP 服务器主配置文件
# vim /etc/vsftpd/vftp.conf
…       //默认文件内容略,添加以下配置行(为方便阅读可添加在 listen=YES 配置行的后面)
listen=YES
listen_address=192.168.1.44                   //添加该配置行
        //将虚拟 FTP 服务器绑定到 IP 地址为 192.168.1.44 的网络子接口 eth0:1
ftp_username=vftp                             //添加该配置行
        //使虚拟 FTP 服务器的匿名用户映射为本地用户 vftp
# .                                           //修改后保存并退出
```

步骤 6　重启 vsftpd 服务，操作如下。

```
# service vsftpd restart                              //重启 vsftpd 服务
Shutting down vsftpd:                                 [ OK ]
Starting vsftpd for vftp:                             [ OK ]
Starting vsftpd for vsftpd:                           [ OK ]
        //此时可见除 vsftpd 启动成功外，增加了一行虚拟 FTP 服务 vftp 启动成功的信息
#
```

步骤 7　在客户机上使用匿名用户分别登录到原来的 FTP 服务器和新建立的虚拟 FTP 服务器进行测试。下面仅给出登录过程以及登录后验证匿名用户主目录的操作，文件下载和上传的测试请读者自行完成，并且操作过程不再给出详细注解。

```
[root@localhost wbj]# ftp ftp.xinyuan.com             //连接原来的 FTP 服务器
Connected to ftp.xinyuan.com.
220 (vsFTPd 2.2.2)
530 Please login with USER and PASS.
Name (ftp.xinyuan.com:root): ftp                      //输入匿名用户 ftp
331 Please specify the password.
Password:                                             //不输密码直接按 Enter 键
230 Login successful.
Remote system type is UNIX.
Using binary mode to transfer files.
ftp> pwd                                              //查看匿名用户主目录
257 "/"
ftp> ls                                               //列出主目录下的文件目录
227 Entering Passive Mode (192,168,1,4,63,235)
150 Here comes the directory listing.
drwxr-xr-x     2    0       0      4096   Oct 27  16:05   pub
drwxrwxrwx     2    0       0      4096   Oct 30  03:36   upload
226 Directory send OK.
        //可见此时列出的是原来的 FTP 服务器主目录/var/ftp 下的文件目录
ftp> bye                                              //退出 FTP 也可用 bye 命令
221 Goodbye.
[root@localhost wbj]#
[root@localhost wbj]# ftp 192.168.1.44                //连接虚拟 FTP 服务器
Connected to 192.168.1.44.
220 (vsFTPd 2.2.2)
530 Please login with USER and PASS.
Name (192.168.1.44:root): vftp                        //输入虚拟 FTP 服务器的匿名用户 vftp
331 Please specify the password.
Password:                                             //不输入密码直接按 Enter 键
230 Login successful.
Remote system type is UNIX.
Using binary mode to transfer files.
```

```
ftp> pwd                                              //查看匿名用户主目录
257 "/"
ftp> ls                                               //列出主目录下的文件目录
227 Entering Passive Mode (192,168,1,44,62,80)
150 Here comes the directory listing.
drwxr-xr-x        2    0        0        4096     Oct 30  04:43    pub
226 Directory send OK.
         //可见此时列出的是虚拟 FTP 服务器主目录/var/vftp 下的文件目录
ftp> bye
221 Goodbye.
[root@localhost wbj]#
```

💡 注意： 由于项目三在配置 DNS 服务器时，没有配置虚拟 FTP 服务器域名到 IP 地址
192.168.1.44 的解析记录，所以这里在连接虚拟 FTP 服务器时只能使用 IP 地
址。最后还要指出的是，除了使用 Linux 自带的 vsftpd 组件来搭建 FTP 服务
器外，还可以采用第三方的服务器软件来进行架设，如 Wu-FTP、ProFtpd。
与 vsftpd 相比，这些第三方 FTP 服务器软件往往更为通俗易懂、操作简便，
而且大多还提供一些高级管理工具，或许能够支持更完美的文件共享解决方
案，有兴趣的读者可以查阅相关资料自行学习。

小　　结

文件传输协议(FTP)是专门用来传输文件的协议，负责将文件从一台计算机传送到另一
台计算机，而与这两台计算机所处的位置、使用的操作系统和应用程序无关。FTP 位于
TCP/IP 体系的应用层，采用可靠的、面向连接的 TCP 传输服务，但不支持 UDP 传输。FTP
服务器则是提供存储空间的计算机，并采用 FTP 协议提供文件传输服务，用户可以连接到
FTP 服务器进行文件的下载，也可以将自己的文件上传到 FTP 服务器中。

FTP 服务器需要提供两个端口，即控制连接端口(默认为 21)和数据传输端口(PORT 模
式默认为 20)。当客户机向服务器 21 端口发起 FTP 请求建立 TCP 连接，并在服务器做出响
应后，根据数据传输连接的发起方不同，产生了主动模式(PORT)和被动模式(PASV)两种
FTP 的连接模式。由于 Internet 的各种应用不该违背开放性，所以大多数 FTP 站点都允许
匿名登录，但一般只能下载文件而不能上传文件(即只有读取权限)，只有合法用户登录到
站点后才允许上传文件(即具有写入权限)，这也是 FTP 服务器的一种安全措施。

在 Windows Server 2012/2008/2003 中，FTP 站点和 Web 站点都是由 IIS 控制台统一配
置和管理的网站，所以安装 FTP 服务器就是添加"Web 服务器(IIS)"角色中"FTP 服务器"
及其包含的"FTP 服务"和"FTP 扩展"角色服务。而 Linux 平台下通常利用系统自带的
vsftpd 组件就可以方便地架设符合各种企业需求的 FTP 站点。无论是 Windows Server 中使
用 IIS 还是 Linux 中使用 vsftpd 来搭建 FTP 站点，它们都直接使用系统的本地用户来实现
FTP 站点的用户登录验证，因此除了需要添加和配置 FTP 站点服务外，架设 FTP 站点通常
还包括创建用户和用户组、为站点中的目录分配用户权限等工作。从这方面来说，实际中

使用优秀的第三方软件来架设 FTP 站点可能会更加简便快捷，因为它们往往都有独立于系统之外、属于自己的 FTP 账户系统。

在 Windows Server 2012 使用的 IIS8 控制台中架设的 FTP 站点可以有不隔离用户和隔离用户两类模式，并且可以进一步细分为 5 种模式。隔离用户是为了防止用户访问 FTP 站点上的其他用户名目录。同时，IIS8 已将 FTP 的各层目录以树状结构纳入站点之下集中管理，使得为 FTP 目录分配用户访问权限可以通过 IIS8 控制台建立 FTP 授权规则来简单地实现，不像之前的 Windows Server 2008/2003 使用的 IIS7/6 那样只能通过 NTFS 文件系统来进行复杂的设置。Linux 下利用 vsftpd 架设 FTP 站点的功能和性能参数以及用户默认访问的起始目录等，都可以在主配置文件/etc/vsftpd/vsftpd.conf 中精准设置，同样可以实现不同的 FTP 用户隔离方案，并通过 userlist_enable 和 userlist_deny 选项的组合设置，且与辅助配置文件 ftpusers 和 user_list 配合，就可以实现用户访问 FTP 站点的控制。

客户机访问 FTP 服务器有多种方式，普通用户大多都使用图形界面下的浏览器或资源管理器来访问，也有使用第三方 FTP 客户机软件来访问的，但作为计算机专业人员，建议学会使用 ftp 命令访问，这样会更加简便、快捷。

习　题

一、简答题

1. 什么是 FTP？其主要功能是什么？

2. 客户机访问 FTP 服务器时使用哪两个端口？它们的用途是什么？

3. 文件下载和文件上传分别是什么意思？

4. 简述 PORT 和 PASV 两种 FTP 连接模式的工作过程和区别。

5. 客户机访问 FTP 服务器主要有哪几种方式？

6. 在 FTP 命令中，说明 get、put、cd、lcd、pwd、bye 命令的功能与用法。

7. 在同一台服务器上可采用哪些方法架设多个 FTP 站点？

8. 在 Windows Server 2012 使用的 IIS8 中，配置 FTP 站点需要安装哪些角色服务？

9. 在 Windows Server 2012 使用的 IIS 8 中，FTP 用户隔离分为哪几种模式？不同模式的 FTP 站点从用户访问角度来说有什么不同？

10. 利用 vsftpd 架设的 FTP 站点中，默认使用的匿名用户有哪两个？在 Windows 客户机使用浏览器或文件资源管理器访问 FTP 站点时，默认是以哪个匿名用户自动登录的？

11. Linux 中利用 vsftpd 架设 FTP 站点时涉及的配置文件有哪几个？怎样配置才能让用户列表文件 user_list 成为一个允许访问 FTP 站点的"白名单"？

12. 使用 vsftpd 架设 FTP 站点时，假设已建立包括 xtt 在内的一批用户，怎样配置才能使 xtt 用户允许跳出站点根目录之外去访问，而其他所有用户均锁定在站点根目录下？

二、训练题

盛达电子公司需要在 IP 地址为 192.168.1.2 的服务器上配置一个 FTP 站点，其域名为 ftp.sddz.com，使用默认端口。要求允许匿名用户(anonymous)访问，但只能下载文件，不能上传文件；公司员工使用自己的用户名和密码登录 FTP 站点时，在用户自己的目录下允许下载和上传文件，但在站点根目录和其他用户的目录下只能下载文件而不能上传文件。

(1) 按上述需求，分别在 Windows Server 2012 和 Linux 两种平台下完成 FTP 站点的配置。为使客户机能使用域名访问 FTP 站点，需要同时配置相应的 DNS 服务。

(2) 配置客户机，并使用浏览器和 FTP 命令两种方法访问 FTP 站点。

(3) 按附录 C 中简化的文档格式，撰写 FTP 服务项目实施报告。

项目六　E-mail 服务器配置与管理

能力目标

- 能根据企业网络信息化建设需求和项目总体规划合理设计 E-mail 服务方案
- 能在 Windows 和 Linux 两种平台下正确配置 E-mail 服务器
- 会配置 E-mail 客户端软件和使用命令连接 E-mail 服务器并收发电子邮件
- 具备 E-mail 服务器的基本管理和维护能力

知识要点

- E-mail 服务的基本概念与实现机制
- 邮件交换记录 MX、SMTP 和 POP3 服务的作用
- Sendmail 配置文件中的常用语句及功能

任务一　知识预备与方案设计

一、E-mail 服务及实现机制

1. 电子邮件概述

1971 年 10 月，美国工程师 Ray Tomlinson 在 BBN 科技公司的剑桥研究室，首次利用与 ARPAnet 连接的计算机向指定的另一台计算机传送信息，这便是电子邮件(E-mail)的起源。此后，电子邮件系统经历了一个较长的发展历程才逐渐稳定下来，尤其是 20 世纪 80 年代后，随着个人计算机(PC)和 Internet 的广泛流行和普及应用，E-mail 以其使用简易、投递快捷、成本低廉、易于保存等优势，成为 Internet 上最基本、最重要也最为广泛应用的服务。用户通过电子邮件系统，可以在几秒钟之内与世界上任何一个角落的其他网络用户联络关系，传递文字、图形、图像、声音等各种形式的信息，同时还可以得到大量免费的新闻、专题邮件，并轻松实现信息搜索。

E-mail 像普通信件一样也需要地址，但 E-mail 使用的地址必须是遵循 Internet 规范的电子邮箱地址。Internet 上的用户要收发电子邮件，首先要向 E-mail 服务器的系统管理人员申请注册，获得具有唯一性的 E-mail 地址。E-mail 服务器就是根据这些地址，将每封电子邮件传送到各个用户的信箱中。E-mail 地址采用以下统一的标准格式。

用户名@主机域名

其中，用户名是指用户在某个邮件系统上申请并获得的合法登录名，即用户在此邮件系统上的邮箱账号；主机域名是指该邮件系统的 E-mail 服务器域名；而间隔符 "@" 是英文 at 的意思(读作[ət])。因此，一个 E-mail 地址表达的其实就是 "某用户在某主机" 的意思。

例如，邮件地址 wbj0912@163.com，其用户名或邮箱账号为 wbj0912，163.com 表示是网易公司 E-mail 服务器的域名。

企业电子邮箱是指供企业内部员工之间相互收发电子邮件的邮箱，一般由网络管理员在 E-mail 服务器上为每个员工开设，可以根据不同的需求设定邮箱的空间大小，也可以随时关闭、删除这些邮箱。企业邮箱地址通常以企业的域名作为后缀，这样既能体现企业的品牌和形象，又便于企业员工以及有信函往来的客户记忆，也方便企业网络管理人员对员工的邮箱进行统一、安全、有效的管理。

2．E-mail 的使用方式

按照用户使用 E-mail 的方式不同，可将 E-mail 的收发分为以下两种方式。

(1) 网页邮件 Web Mail。Web Mail 是指用户使用浏览器，以 Web 网页方式来收发电子邮件。这种方式使用起来相对比较麻烦，因为用户每次要收发邮件都需打开相应的 Web 页面，然后输入自己的用户名和密码，才能进入自己的电子邮箱进行操作。

(2) 基于客户端的 E-mail。基于客户端的 E-mail 是指通过邮件客户端软件来进行收发电子邮件。这种方式使用相对比较简单，用户安装、配置好 E-mail 客户端软件后，使用时只需打开邮件客户端软件，在窗口中使用鼠标操作便可进行邮件的收发。目前较为常见的邮件客户端软件有 Outlook Express、Foxmail 等。

这两种使用方式的主要区别在于：用户使用 Web Mail 来撰写、发送、接收和阅读邮件等所有工作，都要打开 Web 页面并用自己的电子邮箱账号登录后才能进行；而使用基于客户端的 E-mail 则是利用安装在本地计算机上的邮件客户端软件来撰写和阅读邮件，此时并不与 E-mail 服务器发生联系，只有在发送已写好的邮件或接收自己的邮件时，邮件客户端软件才会自动用事先设定的用户名和密码登录到指定的 E-mail 服务器。

使用邮件客户端软件还有一个方便之处是，用户同时可以管理多个电子邮箱账户。当然，用户采用何种方式来收发电子邮件，一方面要看用户的使用场合、习惯和爱好等；另一方面还取决于 E-mail 服务商及其使用的服务端程序。目前 Internet 上大多数免费或收费的 E-mail 都提供 Web Mail 和基于客户端的 E-mail 两种使用方式。

3．E-mail 的收发与传输过程

通常，Internet 上的个人用户不能直接接收电子邮件，而是由用户获得电子邮箱的邮件系统中的 E-mail 服务器负责接收邮件。一旦有用户的邮件到来，E-mail 服务器就将邮件转移到用户的电子邮箱内，并通知用户有新邮件。因此，E-mail 服务器在整个邮件系统中起着"邮局"的作用。

E-mail 的收发与传输过程如图 6-1 所示。

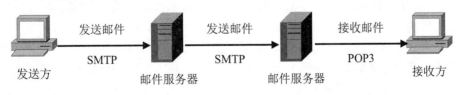

图 6-1　E-mail 的收发与传输过程

(1) 无论使用 Web Mail 还是邮件客户端软件，当用户输入邮件(包括收件人和发件人地

址及邮件内容)并开始发送时，计算机会将邮件打包后送到用户所属的邮件服务器上。

(2) 邮件服务器根据邮件中的收件人地址以及当前网上传输的情况，寻找一条最不拥挤的路径，将邮件传送至下一个邮件服务器，并照此一级一级继续往前传送。

(3) 当邮件被送到对方用户所属的邮件服务器后，邮件服务器会将邮件存放到收件人的电子邮箱中，等待收件人在方便的时候进行读取。

(4) 收件人在打算收取邮件时，使用 POP3 或者 IMAP 协议，通过个人计算机与邮件服务器的连接，从电子邮箱中读取自己的邮件。

💡 **注意：** 每个用户申请的电子邮箱都要在所属的邮件服务器上占用一定容量的硬盘空间，每个邮箱的存储空间必定是有限的，所以用户应该定期查收、阅读、删除邮箱中的邮件，以便腾出空间来接收新的邮件。

4. E-mail 系统的组成

从 E-mail 的收发与传输过程可见，一个完整的电子邮件系统应包括邮件用户代理、邮件传输代理、邮件分发代理以及邮件传输使用的协议 4 个组成构件。

(1) 邮件用户代理(Mial User Agent，MUA)。MUA 是用户与电子邮件系统之间的接口，通常是客户机运行的程序，主要负责邮件撰写、阅读、发送和接收工作。

(2) 邮件传输代理(Mail Transfer Agent，MTA)。MTA 负责邮件的转发，比如 Windows Server 2012/2008 系统自带的 SMTP 组件、多数 Linux 系统自带的 Sendmail 和 Postfix 等都是著名的邮件传输代理软件，其默认监听端口为25。

(3) 邮件分发代理(Mail Deliver Agent，MDA)。MDA 负责将邮件投递到用户邮箱，如 Windows Server 2003 中采用系统自带的 POP3 组件实现，RHEL、CentOS 中采用系统自带的 Dovecot 程序实现等，其默认监听端口为110。

💡 **注意：** MTA 和 MDA 是邮件服务端软件，也是电子邮件系统的核心构件，在实现邮件转发和分发的同时，还要向发件人报告邮件的传送情况，如已交付、被拒绝或丢失等。由于 MTA 是邮件服务器最重要的功能，所以人们习惯上把邮件传输代理软件直接称为邮件服务器，如 Sendmail 邮件服务器。

(4) 邮件传输使用的协议。为了确保 E-mail 在各种不同邮件系统之间的传输，E-mail 的收发与转发传输都要遵循共同的规则或协议，下面单独介绍常用的协议。

5. E-mail 服务常用的协议

E-mail 服务中最重要也最为人们熟知的两个协议是 SMTP 和 POP3 协议。

(1) 简单邮件传送协议(Simple Mail Transfer Protocol，SMTP)。该协议是一组由源地址到目的地址传送邮件的规则，用以控制邮件中转方式的请求响应协议。SMTP 工作有两种情况：一是将邮件从客户机传送到服务器，即工作在 MUA 与 MTA 之间完成邮件的发送；二是将邮件从某个服务器传输至另一个服务器，即工作在 MTA 与 MTA 之间完成邮件的转发。所谓 SMTP 服务器，就是遵循 SMTP 协议的发送邮件服务器，它默认侦听 25 端口，用来发送或中转邮件，最终把邮件寄到指定收件人所属的服务器上。

(2) 邮局协议第 3 版(Post Office Protocol 3，POP3)。该协议规定怎样将个人计算机连接到 Internet 上的邮件服务器,并允许用户从服务器上把邮件下载到本地主机上,同时删除保存在服务器上的邮件,即工作在 MUA 与 MDA 之间完成邮件的接收工作。所谓 POP3 服务器,就是遵循 POP3 协议的接收邮件服务器,它默认侦听 110 端口,一旦客户机需要使用 POP3 服务,客户机将与 POP3 服务器建立 TCP 连接,并完成邮件的接收。

除 SMTP 和 POP3 外,E-mail 系统还有 3 个较为常见的协议。一是因特网消息访问协议(Internet Message Access Protocol,IMAP),被用于接收邮件,可以实现更灵活高效的邮箱访问和信息管理,并能将服务器上的邮件视为本地客户机上的邮件,它使用 TCP 端口 143;二是轻量级目录访问协议(Lightweight Directory Access Protocol,LDAP),允许客户机在 Exchange 目录中查询几乎所有种类的信息,经常用来访问邮箱属性,以便发件人在写邮件时能够了解收件人的更多详细情况,它使用 TCP 端口 389;三是多用途因特网邮件扩展(Multipurpose Internet Mail Extensions,MIME),作为对电子邮件的标准格式 RFC 822 的扩展,它增强了定义电子邮件报文的能力,允许传输二进制数据,其编码技术用于将数据从 8 位编码格式转换成 7 位的 ASCII 码格式。

二、设计企业网络 E-mail 服务方案

1. 分析项目需求

新源公司的内部员工之间以及员工与客户之间经常需要使用电子邮件进行联络交流和公文传递,为此迫切需要架设一个安全、可靠的电子邮件系统,并为公司每个员工建立自己的邮箱账号。但由于公司规模不大,目前也难以投入较多的项目资金,所以暂时倾向于使用操作系统自带的组件或免费的第三方软件来搭建公司的 E-mail 服务器。

2. 设计网络拓扑结构

根据项目的总体规划,设计新源公司 E-mail 服务项目的网络拓扑结构如图 6-2 所示。

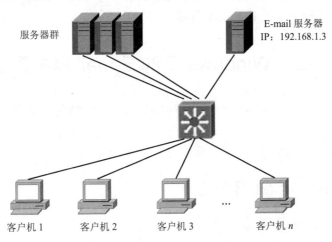

图 6-2 新源公司 E-mail 服务项目的网络拓扑结构

3. 确定 E-mail 服务实施方案

根据项目的总体规划,确定新源公司 E-mail 服务的实施方案如表 6-1 所示。

表 6-1　新源公司 E-mail 服务方案设计

服务器名称	服务器域名	IP 地址	端　口
E-mail 服务器	mail.xinyuan.com	192.168.1.3	默认端口，SMTP：25，POP3：110

从本项目的需求分析可知，新源公司目前不可能通过购买专业的服务器软件来架设邮件系统，因为采用这种方案就必须投入更多的项目资金，这对于许多规模较小的企业来说是难以接受的。因此，经过对成本、性能及其他利弊因素的综合权衡，本项目将选用操作系统自带的组件或第三方免费软件来搭建 E-mail 服务器。

在 Linux 平台下使用系统自带的 Sendmail 和 Dovecot 软件包，就可以搭建包含邮件传输代理(MTA)和邮件分发代理(MDA)的功能完整的免费邮件系统，而且其稳定性和安全性几乎可以达到商业级 E-mail 服务器的要求。但在 Windows 平台下，由于 Windows Server 2008 以后的服务器系统仅保留了 SMTP 服务组件，而去除了 POP3 服务组件，也就是说利用系统自带的组件只能架设具有邮件发送与转发功能的 SMTP 服务器，无法利用接收邮件的 POP3 服务将邮件分发到用户邮箱。因此，要在 Windows 平台下架设功能完整且免费的 E-mail 服务器，只能在以下 3 种方案中进行选择。

(1) 服务器安装较早的 Windows Server 2003 版本，该系统同时自带了 SMTP 和 POP3 两个服务组件，无须添加任何其他软件即可实现。

(2) 使用 Windows Server 2012 R2 系统自带的组件架设 SMTP 服务器，再搭配一个免费的第三方 POP3 服务器软件(如 Visendo SMTP Extender)来进行架设。

(3) 不使用 Windows Server 自带组件，完全选用第三方邮件服务器软件来架设。

鉴于目前还有部分企业的服务器在运行 Windows Server 2003 操作系统，所以任务二仍采用上述第一种方案来架设公司的 E-mail 服务器。任务四作为项目学习的拓展，介绍在 Windows Server 2012 R2 系统中架设 SMTP 服务器的方法，同时利用一款第三方邮件服务器软件 Winmail 来架设公司的 E-mail 服务器。

任务二　Windows 下的 E-mail 服务配置

本任务仅利用 Windows Server 2003 自带的 SMTP 和 POP3 服务组件，为新源公司架设功能完整的 E-mail 服务器，并配置邮件客户端软件进行收发邮件的测试。对于不再使用此版本操作系统的读者，可跳过本任务而直接进入任务四的配置。

一、架设公司的 E-mail 服务器

1. 安装 SMTP 和 POP3 服务组件

Windows Server 2003 默认没有安装 POP3 和 SMTP 服务组件，必须手动添加。

步骤 1　选择"开始"→"设置"→"控制面板"→"添加或删除程序"命令，打开"添加或删除程序"对话框，单击"添加/删除 Windows 组件"选项，打开"Windows 组件向导"对话框。勾选"组件"列表框中的"电子邮件服务"复选框，如图 6-3 所示。

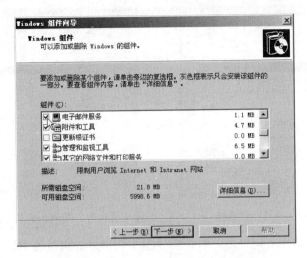

图6-3 "Windows 组件向导"对话框

步骤2 单击"详细信息"按钮,打开"电子邮件服务"对话框。在"电子邮件服务的子组件"列表框中包含了"POP3 服务"和"POP3 服务 Web 管理"两个复选框,默认已勾选"POP3 服务"复选框,但为了能够使用远程 Web 方式来管理邮件服务器,本项目中把"POP3 服务 Web 管理"复选框也一并选中,如图6-4所示。

步骤3 单击"确定"按钮后,即返回到"Windows 组件向导"对话框。勾选"组件"列表框中的"应用程序服务器"复选框,单击"详细信息"按钮,打开"应用程序服务器"对话框。勾选"应用程序服务器的子组件"列表框中的"Internet 信息服务(IIS)"复选框,如图6-5所示。

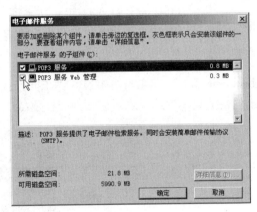

图6-4 "电子邮件服务"对话框

步骤4 单击"详细信息"按钮,打开"Internet 信息服务(IIS)"对话框。在"Internet 信息服务(IIS)的子组件"列表框中,勾选 SMTP Service 复选框,如图6-6所示。如果需要对邮件服务器进行远程 Web 管理,还必须选择默认已勾选的"万维网服务"复选框,再通过"详细信息"按钮将"远程管理(HTML)"子组件也一并选中。

步骤5 单击"确定"按钮后,即返回"Windows 组件向导"对话框,然后单击"下一步"按钮,系统就开始安装配置 POP3 和 SMTP 服务了。

2. 在 DNS 服务中新建邮件交换器(MX)

项目三中已经为邮件服务器配置了域名(mail.xinyuan.com)指向 IP 地址192.168.1.3的主机解析记录(A 记录),下面只需在 DNS 服务中新建邮件交换器(MX)即可。

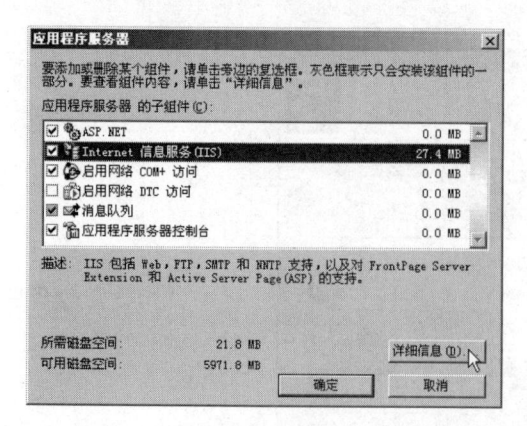

图 6-5　"应用程序服务器"对话框　　　　图 6-6　"Internet 信息服务(IIS)"对话框

💡 **注意：** 在大型邮件系统中，SMTP 和 POP3 服务可能架设在不同的服务器上，这就需要在 DNS 中配置两个不同的主机记录(通常以 smtp 和 pop3 命名)。但对于邮箱用户数及邮件收发量较小的企业，可以把 SMTP 和 POP3 服务架设在同一台服务器上，此时只需在 DNS 中配置一个主机记录(通常以 mail 命名)，并且让 MX 记录指向 mail 主机。当然，从使用习惯上也可以将 smtp 和 pop3 两个记录指向同一台物理服务器地址来配置。

步骤 1　选择"开始"→"设置"→"控制面板"→"管理工具"→DNS 命令，打开 dnsmgmt 窗口，在左窗格中展开"正向查找区域"文件夹，右击 xinyuan.com 选项，在弹出的快捷菜单中选择"新建邮件交换器(MX)"命令，如图 6-7 所示。

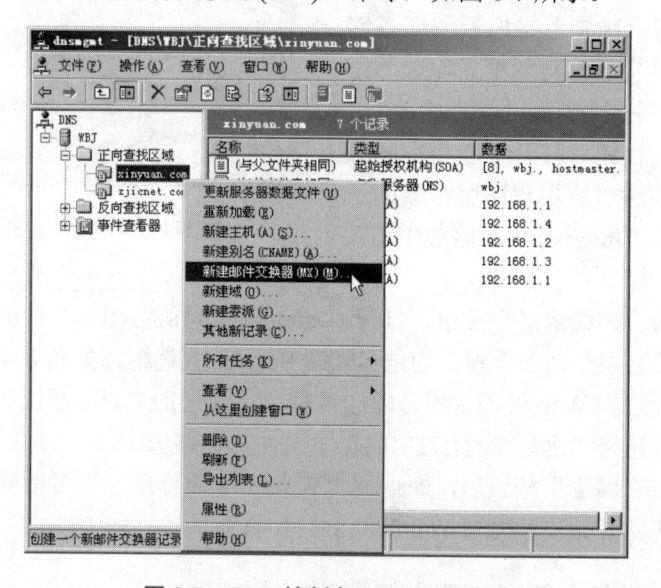

图 6-7　DNS 控制台 dnsmgmt 窗口

步骤 2　在打开的"新建资源记录"对话框中，由于要创建邮箱后缀为@xinyuan.com 的邮件服务器 MX 记录，所以"主机或子域"文本框中保留空白(默认)；在"邮件服务器的完全合格的域名(FQDN)"文本框中输入"mail.xinyuan.com"，即邮件服务器 IP 地址对应的 A 记录域名。由于本项目对邮件服务器的优先级没有特别需求，所以在"邮件服务器优先级"文本框中保持默认优先级 10 不变(其数字越小则优先级越高),如图 6-8 所示。

💡 **注意:** 如果在同一个域(如 xinyuan.com)中要创建第二台邮件服务器,则应该首先为该服务器创建不同于第一台邮件服务器的主机解析记录,比如域名 mail2.xinyuan.com 指向 IP 地址 192.168.1.33 的 A 记录。然后,在为该邮件服务器创建邮件交换记录时,DNS 只能使用 xinyuan.com 域的子域(如 vip),也就是说要创建邮箱后缀为@vip.xinyuan.com 的邮件服务器 MX 记录,这种情况下就应该在"新建资源记录"对话框的"主机或子域"文本框中输入"vip"。

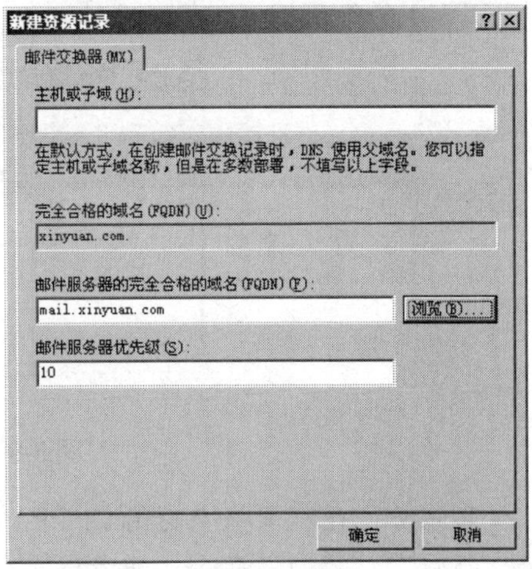

图 6-8 "新建资源记录"对话框

步骤 3 测试邮件服务器主机地址 A 资源记录和邮件交换器 MX 资源记录。选择"开始"→"运行"命令,在打开的"运行"对话框中输入"cmd",单击"确定"按钮,打开命令提示符窗口。然后使用下面的命令进行测试。

```
C:\> nslookup                              //该命令按 Enter 键后仅显示 ">" 提示符
Default Server: dns.xinyuan.com
Address: 192.168.1.1
> mail.xinyuan.com                         //测试邮件服务器主机地址 A 资源记录
Server: dns.xinyuan.com
Address: 192.168.1.1

Server: mail.xinyuan.com
Address: 192.168.1.3
> set type=mx                              //设置要测试的资源类型为 MX
> mail.xinyuan.com                         //测试邮件交换器 MX 资源记录
Server: dns.xinyuan.com
Address: 192.168.1.1

xinyuan.com
        primary name server = wbj
        responsible mail addr = hostmaster
        serial = 12
        refresh = 900 (15 mins)
```

上述测试结果表明,邮件服务器主机地址 A 记录和邮件交换器 MX 记录均成功解析。

3. 配置 POP3 服务

步骤 1 选择"开始"→"设置"→"控制面板"→"管理工具"→POP3 命令,打开

"POP3 服务"窗口，如图 6-9 所示。

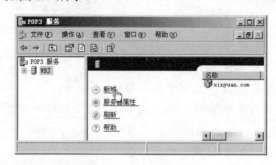

图 6-9　　"POP3 服务"窗口

步骤 2　在左窗格中右击"POP3 服务"下的"WBJ"主机名，在弹出的快捷菜单中选择"新建"→"域"命令，或者直接在右窗格中单击"新域"链接，打开"添加域"对话框，在"域名"文本框中输入邮件服务器的域名"xinyuan.com"，也就是所使用的邮箱地址中@符号后面的部分，如图 6-10 所示。

步骤 3　单击"确定"按钮，在"POP3 服务"窗口中即可看到新建的 xinyuan.com 域。然后右击该新建的域，在弹出的快捷菜单中选择"新建"→"邮箱"命令，或者直接在右窗格中单击"添加邮箱"链接，打开"添加邮箱"对话框，如图 6-11 所示。

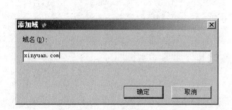

图 6-10　"添加域"对话框

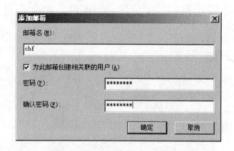

图 6-11　"添加邮箱"对话框

步骤 4　在"添加邮箱"对话框的"邮箱名"文本框中，输入邮箱的用户名，在本项目中输入用户名"chf"，然后为其设置邮箱密码，单击"确定"按钮。最后，再以同样的方法创建一个用户名为 wjm 的邮箱，完成邮箱的创建工作。

4．配置 SMTP 服务

步骤 1　选择"开始"→"设置"→"控制面板"→"管理工具"→"Internet 信息服务(IIS)管理器"命令，打开"Internet 信息服务(IIS)管理器"窗口。可以看到，系统已经内建了一个默认的 SMTP 虚拟服务器，服务器管理员可以通过修改此"默认 SMTP 虚拟服务器"的属性，将其设置为符合新源公司需求的 SMTP 虚拟服务器，当然也可以直接新建一个 SMTP 虚拟服务器。这里使用前一种方法，所以右击"默认 SMTP 虚拟服务器"选项，在弹出的快捷菜单中选择"属性"命令，如图 6-12 所示。

步骤 2　打开"默认 SMTP 虚拟服务器 属性"对话框后，在其"常规"选项卡中，单击"IP 地址"下拉按钮，选择此邮件服务器的 IP 地址，同时设定允许的最大连接数和连接超时时间值。其中，最大连接数是指 SMTP 虚拟服务器上允许的最大并发传入连接数，可设置值范围为 1～1999999999，若不勾选 "限制连接数为" 复选框则表示不予限制；连接超时是指在设定时间内，如果某一连接始终处于非活动状态，则 SMTP 虚拟服务器将关闭此连接，默认为 10 min，若用户的网络是一个低速网络，则可设置一个更长的时间。根据本项目的设计方案以及公司网络现状，这里将邮件服务器的 IP 地址选定为 192.168.1.3，限制连接数为 80，连接超时为默认的 10 min，如图 6-13 所示。

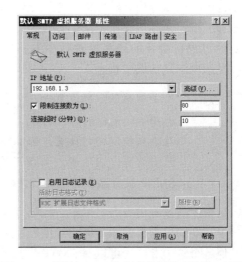

图 6-12　"Internet 信息服务(IIS)管理器" 窗口　　　图 6-13　"默认 SMTP 虚拟服务器 属性" 对话框

注意：　通过 "IP 地址" 下拉列表框右侧的 "高级" 按钮，还可以打开 "高级" 对话框继续为该虚拟 SMTP 服务器配置多个标识(IP 地址和 TCP 端口号)。如果勾选 "启用日志记录" 复选框，则 "活动日志格式" 下拉列表框即为有效，可选择采用 Microsoft IIS 日志文件格式、NCSA 公用日志文件格式、ODBC 日志记录或者 W3C 扩展日志文件格式(默认)。单击 "启用日志记录" 复选框后面的 "属性" 按钮，将打开 "日志记录属性" 对话框，其 "常规" 和 "高级" 选项卡如图 6-14 和图 6-15 所示，可对新日志计划、日志文件目录以及扩展日志选项(日志中记录的数据项)等进行设置。

图 6-14　"日志记录属性" 对话框的 "常规" 选项卡　　图 6-15　"日志记录属性" 对话框的 "高级" 选项卡

步骤 3 单击"默认 SMTP 虚拟服务器 属性"对话框中的"访问"选项卡,并单击其中的"中继"按钮,打开"中继限制"对话框,如图 6-16 所示。这里需要为 SMTP 服务器开通中继功能,如果不需要限制某些计算机通过此虚拟服务器进行中继,则可以选中"仅以下列表除外"单选按钮,而不通过"添加"按钮来添加任何记录,并保持下方"允许所有通过身份验证的计算机进行中继,而忽略上表"复选框的默认选中状态。

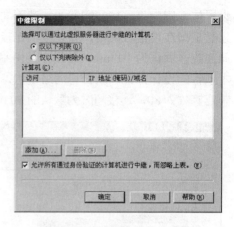

图 6-16 "中继限制"对话框

💡 **注意:** 除了中继限制的设置外,通过"访问"选项卡还可以对访问控制、安全通信及连接控制进行设置。但本项目暂时只需设置中继限制,必须开通 SMTP 服务器的中继功能,因为它是连接其他 SMTP 服务器和接收邮件(POP3)服务器的重要桥梁。

结束上述设置后单击"确定"按钮逐层关闭对话框,即完成了 SMTP 服务的配置,同时一个功能简单的邮件服务器已经架设完成。使用"默认 SMTP 虚拟服务器 属性"对话框的其他各个选项卡,还可以对 SMTP 虚拟服务器进行更完善、更详细的设置。

二、配置邮件客户端并收发邮件

对于熟知命令操作的专业人员来说,在字符界面下使用 telnet 或 ssh 命令连接 E-mail 服务器并进行邮件的收发,是一种测试 E-mail 服务器配置是否成功的较为快捷的方法;而对于习惯于图形界面操作的用户来说,通过配置邮件客户端软件并收发邮件来进行测试可能更显直观简便,这也是人们日常工作中管理自己邮箱的常用方法。运行于图形界面下的邮件客户端软件有很多,如 Windows 下常用的 Outlook Express 和 Foxmail、Linux 桌面系统 GNOME 自带的 Evolution 等。这些软件的配置方法大致相同,下面以 Windows 7 客户机使用 Foxmail 来测试 E-mail 服务器,使用字符命令的测试方法可参考任务三。

💡 **注意:** 微软的 Outlook Express 在 Windows XP 及以前的版本中是系统自带并且默认安装的邮件客户端软件,但在 Windows Vista 以后使用了 Windows Mail,而在 Windows 7 以后又将 Windows Mail 加入 Windows Live 成为了它的一个组件,其配置与 Outlook Express 类似。Foxmail 是一款免费、精致且性能优秀的国产邮件客户端软件,深受大批用户的青睐,它可以同时管理用户的多个邮箱账户,还可以为每个邮箱账户设置访问口令。

1. 在 Foxmail 中创建邮箱账户

在架设的 E-mail 服务器上已经为 chf 和 wjm 两个用户配置了各自的邮箱,他们的邮箱地址分别为 chf@xinyuan.com 和 wjm@xinyuan.com。实际测试时,应使用两台客户机分别安装 Foxmail 软件,并各自创建自己的邮箱账户。但这里为了节省篇幅,通过在同一台客户机的 Foxmail 中配置两个邮箱账户来进行收发邮件的测试。客户机安装 Foxmail 软件的工作请读者自行完成，默认安装后会在桌面上建立一个"Foxmail"图标。

步骤 1　第一次通过双击桌面上的"Foxmail"图标启动 Foxmail 时，因为还没有创建过任何邮箱账户，所以会直接打开如图 6-17 所示的"向导"对话框，要求用户新建一个邮箱账户。在"电子邮件地址"文本框中输入"chf@xinyuan.com"；在"密码"文本框中输入在创建 chf 用户时为其设置的密码。后面的"账户名称"和"邮件中采用的名称"文本框中会自动以默认的邮件地址和用户名填入，一般无须修改。

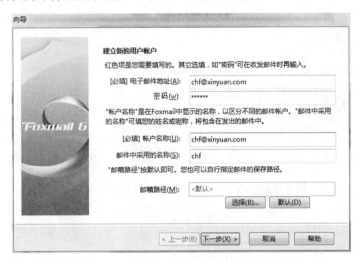

图 6-17　新建邮箱账户"向导"对话框的"建立新的用户账户"界面

💡 **注意：**　Foxmail 可以同时管理多个邮箱账户，这里的"账户名称"就是用于区分其他邮箱账户的具有唯一性的名称，创建后将会显示在 Foxmail 主窗口左窗格的账户列表中；"邮件中采用的名称"是指使用该邮箱账户向其他用户邮箱发送邮件时将出现在"发件人"栏中的名称，通常可输入用户的真实姓名。另外，如果在创建邮箱账户时输入了邮箱密码，则每次收取该邮箱的邮件或通过该邮箱发送邮件时，就会自动登录 E-mail 服务器进行验证；否则每次收发邮件时都会弹出对话框要求用户输入密码。

步骤 2　单击"下一步"按钮，新建邮箱账户的"向导"对话框进入"指定邮件服务器"界面，如图 6-18 所示。因为本项目用于中转邮件的 SMTP 服务和接收邮件的 POP3 服务都配置在同一台 E-mail 服务器上，所以在"POP3 服务器"和"SMTP 服务器"文本框中均输入"mail.xinyuan.com"，也可输入 IP 地址"192.168.1.3"；"POP3 账户名"就是电子邮件地址上的用户名，按自动填入的默认用户名 chf 而无须更改。

步骤 3　单击"下一步"按钮，新建邮箱账户的"向导"对话框进入"账户建立完成"界面，提示用户单击"完成"按钮即可完成账户的建立，如图 6-19 所示。

💡 **注意：**　默认情况下，Foxmail 在接收 E-mail 服务器上该账户的邮件并存放到客户机本地后，会删除存放在 E-mail 服务器上的邮件，这是为了能够及时腾出空间准备接收新邮件。但用户有时希望在服务器的邮箱内仍然保留(备份)自己的邮件，以便日后还可以通过浏览器或其他软件(包括在其他机器上)随时登录 E-mail 服务器来查看邮件，这样的话就应该勾选"邮件在服务器上保留备份，被接收后不从服务器删除"复选框。

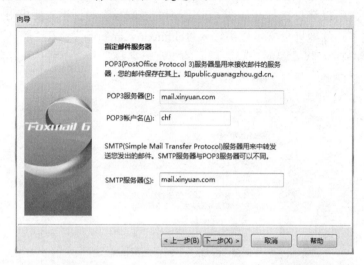

图 6-18　新建邮箱账户"向导"对话框的"指定邮件服务器"界面

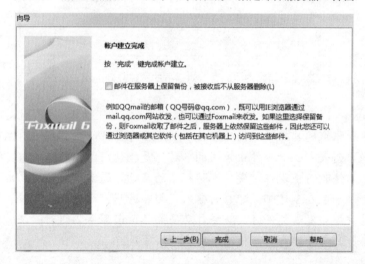

图 6-19　新建邮箱账户"向导"对话框的"账户建立完成"界面

步骤 4　单击"完成"按钮，用户 chf 的邮箱账户即创建完毕，随即就会打开 Foxmail 主窗口，并且新建的邮箱账户显示在左窗格的账户列表中。此后可以通过"邮箱"→"新建邮箱账户"菜单命令来打开"向导"对话框，继续新建其他的邮箱账户。读者可以按上述步骤再为用户 wjm 创建邮箱账户，图 6-20 所示就是已完成 chf 和 wjm 两个邮箱账户创建之后的 Foxmail 主窗口。

步骤 5　在为用户创建了邮箱账户后，还可以进一步设置账户的个人信息、邮件服务器、发送邮件、接收邮件以及字体与显示等属性。右击 Foxmail 左窗格中需要设置属性的账户名称"chf@xinyuan.com"，在弹出的快捷菜单中选择"属性"命令，即可打开该账户的"邮箱账户设置"对话框，其中的"邮件服务器"页面如图 6-21 所示。

图 6-20　创建邮箱账户后的 Foxmail 主窗口

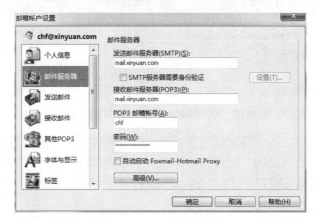

图 6-21　"邮箱账户设置"对话框的"邮件服务器"页面

💡 注意：　邮箱账户的基本信息已在创建过程中完成了设置，没有特殊需要不必对账户的属性进行修改。需要指出的是，Windows Server 2003 中配置的 SMTP 虚拟服务器默认是需要身份验证的，实际中用户申请邮箱所属的邮件系统大多也是如此，这样可以避免非法用户滥用邮件系统对外发送邮件而产生大量垃圾邮件。但 Foxmail 在新建邮箱账户时设置的邮件服务器属性中，"SMTP 服务器需要身份验证"复选框默认未被勾选，所以这里应勾选此复选框。在右击某个邮箱账户的弹出菜单中还有一个"设置账户访问口令"菜单项，利用它可以为指定的邮箱账户设置访问口令，此后在启动 Foxmail 并选择该账户时，必须通过口令验证才能查看其中的邮件，使客户机本地个人邮箱账户的私密性得到有效保证，这也是 Foxmail 非常实用的功能之一。

2. 使用 Foxmail 测试邮件的收发

假设用户 chf 要向 wjm 发送一封邮件，则首先应在用户 chf 的邮箱账户上撰写这封邮件并进行发送，然后在用户 wjm 的邮箱账户上接收邮件，操作步骤如下。

步骤 1　撰写邮件。在 Foxmail 的左窗格中选择邮箱账户“chf@xinyuan.com”，然后选择“邮件”→“写新邮件”菜单命令，或者直接单击工具栏上的“撰写”按钮，打开“写邮件”窗口，如图 6-22 所示。由于在创建邮箱账户时已将“邮件中采用的名称”默认地设置为 chf，所以此时发件人名称 chf 以及撰写邮件的日期(即系统日期)已经出现在邮件正文内容文本框的尾部。这里只需在“收件人”文本框中输入邮件地址“wjm@xinyuan.com”，并在“主题”和邮件正文的文本框中输入想要发送的主题和正文内容，如有需要还可以单击“附件”按钮来添加附件。

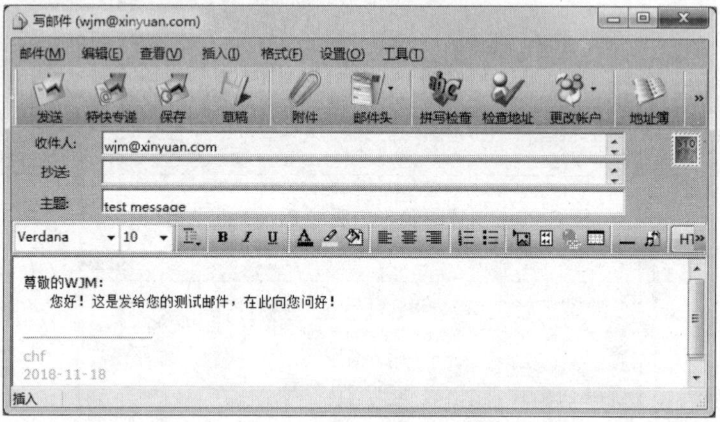

图 6-22　在“写邮件”窗口中撰写新邮件

步骤 2　发送邮件。在“写邮件”窗口中选择“邮件”→“立即发送”菜单命令，或者直接单击工具栏上的“发送”按钮，邮件就会立即被发送并返回 Foxmail 主窗口。此时如果在左窗格中选择邮箱账户“chf@xinyuan.com”下的“已发送邮件箱”文件夹，即可看到这封已被发送的邮件，如图 6-23 所示。

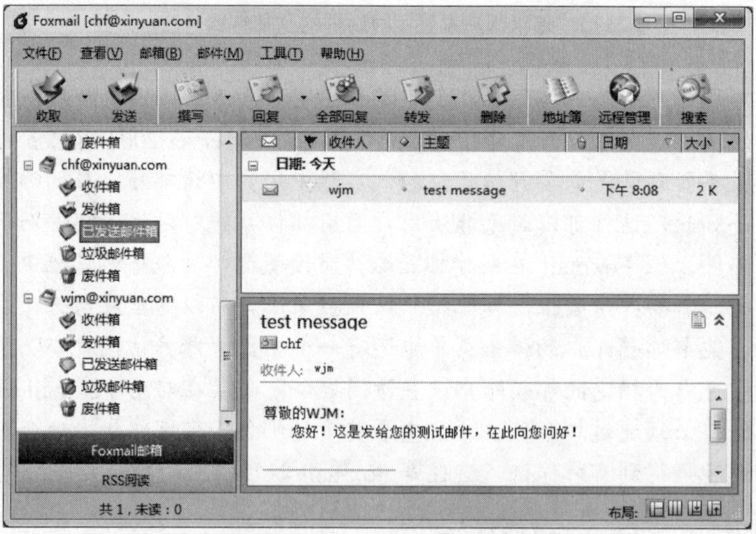

图 6-23　邮件发送后保存于“已发送邮件箱”文件夹

💡 **注意：** 在撰写邮件时，如果邮件内容尚未写完或尚未决定是否要发送出去，只是想暂时保存这封邮件，则可以通过"草稿"按钮将其保存为草稿，邮件就会存放到发件人邮箱账户的"发件箱"文件夹，以便下次再进行编辑。通过"保存"按钮也可以将邮件暂存到"发件箱"中，但这样保存的邮件是处于待发送状态，如果此时单击 Foxmail 主窗口工具栏的"发送"按钮就会立即将其发送出去，而保存为草稿的邮件是不会被发送的。事实上，Foxmail 非常人性化的实用功能还有很多，由于这里只是利用它来测试 E-mail 服务器的功能实现，对这些功能的具体使用不再展开细述。

步骤 3 接收邮件。在 Foxmail 的左窗格中选择邮箱帐户 wjm@xinyuan.com，然后选择"文件"→"收取邮件"→wjm@xinyuan.com 命令；或者选择"文件"→"收取当前邮箱的邮件"命令；或者直接单击工具栏上的"收取"按钮，就可以收取选定邮箱账户的邮件。已收取的邮件被保存在邮箱账户的"收件箱"文件夹中，如图 6-24 所示。此时双击右窗格上方已收取的邮件列表中指定的邮件，即可查看该邮件的详细信息。

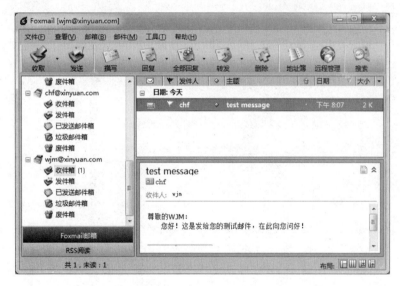

图 6-24 收取邮件后的邮件账户"收件箱"文件夹

上述测试表明，新源公司基本的邮件系统已成功实现。读者也可以反过来再进行一次由用户 wjm 向 chf 发送一封邮件的测试，并在用户 chf 的邮箱账户上接收邮件。

任务三 Linux 下的 E-mail 服务配置

新源公司要在 Linux 平台下架设公司内部的邮件系统，那么较为理想的选择无疑是目前已经广泛使用且深受人们青睐的 Sendmail 邮件传输代理软件，再加一个 Dovecot 邮件分发代理程序，几乎所有 Linux 发行版都自带了它们的安装包。Sendmail 最初是由加州大学组织开发的，可应用于多种操作系统，后来经过不断改进，其安全性、稳定性和可移植性都得到了很大的提高，已经可以达到商业级 E-mail 服务器的要求。

一、项目实施前的准备工作

1. 检查和安装需要的软件包

在 Linux 系统中，架设基于 Sendmail 的 E-mail 服务器需要以下 3 个组件。

(1) sendmail 组件。该组件包含两个软件包：一个是名称为 sendmail 的服务器主体软件包；另一个是名称为 sendmail-cf 的服务器相关配置文件和程序的软件包。

(2) m4 组件。该组件就是包含了一个宏处理程序 m4 的软件包，用于将 Sendmail 的宏配置文件 sendmail.mc 自动转换成主配置文件 sendmail.cf。

(3) dovecot 组件。该组件包含一些支持 IMAP 和 POP3 协议用于接收邮件的软件包。虽然在各种 Linux 发行版本中，完整安装该组件所包含的软件包个数可能有所不同，但是名称为 dovecot 的主体软件包通常是必需的。

以下是 CentOS 6.5 中已完整安装上述组件后查询到的软件包情况。如果没有安装这些组件或缺少某个软件包，可参阅项目一或附录 A 的有关内容来进行安装。

```
# rpm -qa |grep sendmail
sendmail-cf-8.14.4-8.el6.noarch
sendmail-8.14.4-8.el6.i686
# rpm -qa |grep m4
m4-1.4.13-5.el6.i686
# rpm -qa |grep dovecot
dovecot-mysql-2.0.9-7.el6.i686
dovecot-2.0.9-7.el6.i686
dovecot-pgsql-2.0.9-7.el6.i686
dovecot-pigeonhole-2.0.9-7.el6.i686
#
```

💡 **注意：** 在安装 Red Hat、Fedora、RHEL 和 CentOS 等版本的 Linux 系统过程中，如果选择了最小安装或没有定制软件包，默认可能只安装了另一款由 Wietse Venema 在 IBM 的 GPL 协议之下开发的邮件传输代理软件 Postfix。如果系统中已经启动了 postfix 服务，同时又安装并架设了基于 Sendmail 的 E-mail 服务器，则在启动 sendmail 服务时很可能会出现 Sendmail 已死的错误提示，遇到这种情况则应关闭 postfix 服务。

2. 配置 DNS 邮件交换记录

E-mail 系统与 DNS 之间有着密切的联系，在配置 E-mail 服务器之前要对 DNS 进行正确的配置。为了指明用于邮件发送和转发的 SMTP 服务器，在配置 DNS 服务器的正向解析资源文件中必须添加 MX(邮件交换)记录，操作如下。

```
# vim /var/named/xinyuan.com.zone            //编辑域名正向解析资源文件
$TTL        86400
@           1D  IN  SOA     dns.xinyuan.com. admin.xinyuan.com. (
            42              ; serial (d. adams)
```

```
           3H              ; refresh
           15M             ; retry
           1W              ; expiry
           1D )            ; minimum
           IN   NS     dns.xinyuan.com.
           IN   MX   5    mail.xinyuan.com.        //添加邮件交换记录
mail       IN   A        192.168.1.3             //添加 E-mail 服务器主机记录
dns        IN   A        192.168.1.1
www        IN   A        192.168.1.2
ftp        IN   A        192.168.1.4
wbj        IN   CNAME    www.xinyuan.com.
#                                                 //修改后保存并退出
```

　　修改 DNS 正向解析资源记录文件后必须重启 named 服务，还可以使用 nslookup 命令检查域名解析是否成功、查看 DNS 服务器能否正确处理 MX 记录，操作如下。

```
# service named restart                      //重启 named 服务
Stopping named:                      [ OK ]
Starting named:                      [ OK ]
# nslookup mail.xinyuan.com                  //测试域名解析是否成功
Server:     192.168.1.1
Address:    192.168.1.1#53

Name:      mail.xinyuan.com
Address:   192.168.1.3                       //上述显示表明测试成功
# nslookup -q=mx xinyuan.com                 //检查 DNS 是否正确处理 MX 记录
Server:     192.168.1.1
Address:    192.168.1.1#53

xinyuan.com     mail exchanger = 5 mail.xinyuan.com.
#                                            //上述显示表明处理 MX 记录正确
```

二、架设公司的 E-mail 服务器

1. 创建邮箱账号并指定别名

　　步骤 1　创建本地用户 chf 和 wjm 作为邮箱账号，并为他们设置密码。以下仅给出创建用户 chf 并为其设置密码的操作命令，另一个用户 wjm 由读者自行完成。

```
# useradd chf                                //创建新用户 chf
# passwd chf                                 //为用户 chf 设置密码
Changing password for user chf.
New UNIX password:                           //输入为用户设置的密码(无显示)
BAD PASSWORD: it is too simplistic/systematic
BAD PASSWORD: it is too simple               //该信息仅提示用户密码过于简单
```

```
Retype new UNIX password:                      //再次输入密码
passwd: all authentication tokens updated successfully.
#                                              //提示密码设置成功
      //用户密码也可以使用下面的操作命令直接设置
# echo 123456 | passwd --stdin chf
#                                              //命令执行后会直接提示密码设置成功
```

步骤 2 为用户 chf 和 wjm 创建邮箱目录。用户的邮箱目录默认是在该用户主目录(如 /home/chf)下的 mail/.imap/INBOX。以下给出为用户 chf 创建邮箱目录的操作命令,另一个用户 wjm 的邮箱目录由读者自行创建。

```
# mkdir -p /home/chf/mail/.imap/INBOX
        //使用-p选项可逐级自动创建目录,即上一级目录不存在就自动创建它,要注意大小写
        //也可以使用下面的方法来创建 chf 用户的邮箱目录:
# su - chf                              //临时切换到 chf 用户身份
$ mkdir -p mail/.imap/INBOX             //此时当前目录在 chf 用户主目录下
$ exit                                  //退出 chf 用户身份返回 root 身份
#
```

注意: 在 CentOS、RHEL 平台下架设基于 Sendmail 的 E-mail 服务器时,该步骤非常关键。如果不为用户创建邮箱目录,当使用 telnet 连接服务器的 110 端口时,在输入用户名和正确的密码后往往会显示 "Connection closed by foreign host." 而直接退出 telnet,如果在输入用户名时使用接收邮件账号全称(即邮箱地址,如 chf@xinyuan.com),却又会提示 "-ERR Authentication failed." 而同样无法登录,这曾是困扰许多初学者的问题。但在较早的 Red Hat、Fedora 中配置 E-mail 服务器时则不会出现这个问题,即可以忽略该步骤。另外,如果用户数量很多,使用上面的命令为每个用户创建邮箱目录会非常麻烦。遇到这种情况可以按以下方法来修改/etc/skel/.bash_profile 文件,使得每次创建一个新的用户时能自动为其创建邮箱目录。

```
# vim /etc/skel/.bash_profile
…        //文件内容略,在文件中添加以下代码
if [ ! -d ~/mail/.imap/INBOX ];then
    mkdir -p ~/mail/.imap/INBOX
fi
#                                              //输入后保存并退出
```

步骤 3 为用户邮箱账号设置别名。Sendmail 通过修改别名配置文件/etc/aliases 来为每个邮箱账号指定一个别名。别名只是一个虚拟的名称,虽然可以任意命名,但在系统中不能冲突。这里将别名设置为与用户名相同的名字,操作命令及注解如下。

```
# vim /etc/aliases                      //编辑/etc/aliases 文件
…        //已有内容略,在文件最后输入 chf 和 wjm 两个用户名与别名
# Person who shoukl get root's mail
# root:    marc
```

```
chf:          chf
wjm:          wjm
#                                              //输入完毕, 保存并退出
        //也可以使用以下命令直接把 chf 和 wjm 两个用户名及别名追加到 aliases 文件末尾
# echo "chf:     chf" >>/etc/aliases
# echo "wjm:     wjm" >>/etc/aliases
#
```

步骤 4 生成别名数据库文件。Sendmail 并不直接读取/etc/aliases 文本文件, 而是使用该文件的 DBM 数据库格式文件/etc/aliases.db。因此, 还需要通过 newaliases 命令, 根据文本文件/etc/aliases 的内容来自动生成/etc/aliases.db 数据库格式文件, 命令如下。

```
# newaliases
#
```

2. 配置邮件转发功能

Sendmail 的默认配置会给用户的邮件发送带来麻烦, 这是因为它只中继来自 E-mail 服务器自身的邮件。为了解决这一问题, 需要通过下列步骤的配置, 以使 Sendmail 具备邮件的转发功能, 即能为其他域或网络以及其他的主机中继邮件。

步骤 1 修改 Sendmail 主配置文件/etc/mail/sendmail.cf, 删去"DaemonPortOptions"配置选项的行首注释符#而使其生效, 并将"Addr=127.0.0.1"中的 IP 地址改为 0.0.0.0, 以允许中继来自 Internet 或其他任何网络传入的邮件。

```
# vim /etc/mail/sendmail.cf
...        //找到以下一行内容(CentOS 6.5 原始的默认文件中为第 261 行)
# O DaemonPortOptions=Port=smtp,Addr=127.0.0.1, Name=MTA
        //删去行首的注释符#, 并修改其中的 IP 地址为 0.0.0.0, 即:
O DaemonPortOptions=Port=smtp,Addr=0.0.0.0, Name=MTA
#                                              //修改后保存退出
```

💡 **注意:** 如果 E-mail 服务器仅供企业内部员工之间发送邮件, 无须中继其他网络传入的邮件, 则"DaemonPortOptions"配置选项后"Addr=127.0.0.1"中的 IP 地址也可改为 E-mail 服务器自身的 IP 地址 192.168.1.3。由于 Sendmail 主配置文件 sendmail.cf 的语法深奥难懂, 多数管理员不去直接修改该文件, 而是通过修改另一个相对容易理解的宏配置文件/etc/mail/sendmail.mc, 然后使用 m4 宏处理程序依据 sendmail.mc 文件来生成 sendmail.cf 文件。以下给出这种方法的操作步骤, 有关宏配置文件 sendmail.mc 详解可参阅附录 B。

```
# vim /etc/mail/sendmail.mc
...        //找到以下一行内容(CentOS 6.5 原始的默认文件中为第 116 行)
dnl # DAEMON_OPTIONS('Port=smtp,Addr=127.0.0.1, Name=MTA')dnl
        //删去行首的注释符"dnl #", 并修改语句中的 IP 地址为 0.0.0.0, 即改为如下
DAEMON_OPTIONS('Port=smtp,Addr=0.0.0.0, Name=MTA')dnl
#                                              //修改后保存并退出, 执行以下命令
```

```
# m4 /etc/mail/sendmail.mc > /etc/mail/sendmail.cf
        //根据宏配置文件 sendmail.mc 生成 Sendmail 主配置文件 sendmail.cf
#
```

步骤 2　设置中继域和网络。如果要让 Sendmail 为其他域或网络以及其他主机中继邮件，则需要配置 Sendmail 访问数据库文件/etc/mail/access.db，而该数据库文件可以根据另一个用于设置转发控制的文本文件/etc/mail/access 来自动生成。因此，应该首先在 access 文件中定义允许访问的该 E-mail 服务器的域、IP 地址和访问类型，然后执行 makemap 命令将其转换生成 access.db 数据库文件，具体操作如下。

```
# vim /etc/mail/access
        //在以下文件内容的最后添加两行内容，设置中继域和网络
# by default we allow relaying from localhost...
Connect:localhost.localdomain           RELAY
Connect:localhost                       RELAY
Connect:127.0.0.1                       RELAY
Connect:xinyuan.com                     RELAY
Connect:192.168.1.3                     RELAY
        //其中 RELAY 表示允许所有的邮件传输，如果设为 REJECT 则表示拒绝所有的邮件传输
#                                       //添加后保存并退出，执行以下命令
# makemap -r hash /etc/mail/access.db < /etc/mail/access
#                                       //生成 access.db 数据库文件
```

步骤 3　修改 Sendmail 接收邮件的主机列表文件/etc/mail/local-host-names。该文件也非常重要，其内容为指定收发邮件的主机域名信息，也就是说 Sendmail 将所有允许中继的本地域或主机名称放在该文件中。新源公司使用格式如 chf@xinyuan.com 的邮箱地址，只需把域名称 xinyuan.com 添加到 local-host-names 文件中即可，操作命令如下。

```
# vim /etc/mail/local-host-names
# local-host-names - include all aliases for your machine here.
        //该文件默认仅有以上一行注释，在此后添加 E-mail 服务器本地域名称
xinyuan.com
#                                       //添加后保存并退出
```

💡 **注意：**　如果把主机名 mail.xinyuan.com 也添加到 local-host-names 文件中，则还可以使用形如 chf@mail.xinyuan.com 的邮箱地址。事实上，该步骤也可通过修改 Sendmail 主配置文件/etc/mail/sendmail.cf 或宏配置文件/etc/mail/sendmail.mc 来实现。在 sendmail.cf 文件中是 Cw 配置行，关键字 Cw 后指定 E-mail 服务器本地域名称(如需设多个则以空格间隔)，默认为 "Cw localhost"，将其改为 "Cw localhost xinyuan.com" 即可；而在宏配置文件 sendmail.mc 中是 "LOCAL_DOMAIN" 配置选项，下面给出通过修改 sendmail.mc 文件来指定 E-mail 服务器域名的方法。

```
# vim /etc/mail/sendmail.mc
...     //找到以下一行内容(CentOS 6.5 原始的默认文件中为第 155 行)
```

```
LOCAL_DOMAIN('localhost.localdomain')dnl
        //如有行首注释符 "dnl" 将其删去,并修改为如下
LOCAL_DOMAIN('xinyuan.com')dnl
#                                          //修改后保存并退出
# m4 /etc/mail/sendmail.mc > /etc/mail/sendmail.cf
        //执行该命令来生成 Sendmail 主配置文件/etc/mail/sendmail.cf
#
```

3. 配置 POP3 服务

在 Fedora、RHEL/CentOS 等较新的 Linux 系统中,用于接收邮件的 POP3 服务使用了 dovecot 组件,它负责监听 110 端口,将邮件投递到用户邮箱。dovecot 服务的主配置文件 为/etc/dovecot/dovecot.conf,并且在/etc/dovecot/conf.d 目录下还包含了有关邮箱、日志、用户认证方式等许多单独的配置文件,而在 dovecot.conf 文件的最后用 include 语句把这些单独的配置文件全部都包含到了主配置文件中。

为实现新源公司最基本的邮件系统功能,对 dovecot 服务需要进行以下步骤的配置。

步骤1　修改 dovecot 服务主配置文件/etc/dovecot/dovecot.conf,操作如下。

```
# vim /etc/dovecot/dovecot.conf
…        //找到以下一行内容(CentOS 6.5 原始的默认文件中为第 20 行)
# protocols = imap pop3 lmtp
        //删去行首的注释符#,即改为以下配置行,或者在原注释行后直接添加以下配置行
protocols = imap pop3 lmtp                    //也可删去其他协议仅保留 POP3
…        //其他配置内容略,文件最后有一个 include 语句,注意以感叹号(!)开头
!include conf.d/*.conf                        //包含 conf.d 目录下的所有配置文件
#                                            //修改后保存并退出
```

步骤2　修改/etc/dovecot/conf.d/10-auth.conf 文件,该文件负责设置 dovecot 所使用的 sasl 验证方法。因为新源公司基本的邮件系统并不使用 sasl 验证,而是使用明文认证,所以必须对 10-auth.conf 文件内容进行以下修改。

```
# vim /etc/dovecot/conf.d/10-auth.conf
…        //找到以下一行内容
#disable_plaintext_auth = yes
        //删去行首的注释符#,并将选项值 yes 改为 no,也可在此注释行后直接添加以下行
disable_plaintext_auth = no
#                                            //修改后保存并退出
```

💡 **注意:**　在 10-auth.conf 文件中将 disable_plaintext_auth 选项的值设置为 no 非常重要,因为此前并没有配置带认证的 E-mail 服务器,但 dovecot 默认使用 sasl 验证 POP3 用户,而不使用明文认证。因此,如果不进行上述配置行的修改,则使用 telnet 连接 110 端口进行接收邮件的测试时,当输入用户名后将会显示 " -ERR Plaintext authentication disallowed on non-secure (SSL/TLS) connections."(在非安全 SSL/TLS 连接上禁用明文认证)的错误信息而无法登录。关于配置带认证的 E-mail 服务器将在任务四中实施。

步骤 3 修改/etc/dovecot/conf.d/10-ssl.conf 文件，该文件主要负责 dovecot 的 SSL 认证相关的配置。这里我们先禁用 SSL 认证，其原因与上一步骤设置不使用 sasl 验证类似。

```
# vim /etc/dovecot/conf.d/10-ssl.conf
…        //找到以下一行内容
#ssl = yes
        //删去行首的注释符#，并将其值 yes 改为 no，也可在此注释行后直接添加以下行
ssl = no
#                                          //修改后保存退出
```

步骤 4 修改/etc/dovecot/conf.d/10-mail.conf 文件，该文件主要定义邮件用户存储相关信息的位置。这里需要通过 mail_location 选项来指定用户邮箱的目录位置，修改如下。

```
# vim /etc/dovecot/conf.d/10-mail.conf
…        //找到以下一行被注释的用于指定用户邮箱目录位置的配置选项
#   mail_location = mbox:~/mail:INBOX=/var/mail/%u
        //只需删去行首的注释符#，即改为：
mail_location = mbox:~/mail:INBOX=/var/mail/%u
#                                          //修改后保存并退出
```

💡 **注意：** 前面在创建邮件账户时为其创建的邮箱目录位置，就是由 10-mail.conf 文件中的 mail_location 选项指定的，因此这两处配置必须关联一致，缺一不可。

4. 启动 sendmail 和 dovecot 服务

至此，满足新源公司基本需求的 E-mail 服务器已配置完毕，接下来只要启动 sendmail 和 dovecot 服务，并测试连接到 E-mail 服务器本地主机的 25 端口和 110 端口，如果连接成功就可以在客户机上进行发送和接收邮件的测试了。

步骤 1 启动或重启 sendmail 服务，并在服务器本地测试连接到 25 端口。

```
# service sendmail restart                    //重启 sendmail 服务
Shutting down sm-client:                              [ OK ]
Shutting down sendmail:                               [ OK ]
Starting sendmail:                                    [ OK ]
Starting sm-client:                                   [ OK ]
# telnet localhost 25                        //测试连接本机 25 端口
Trying 127.0.0.1...
Connected to localhost (127.0.0.1).
Escape character is '^]'.
220 localhost.localdomain ESMTP Sendmail 8.14.1/8.14.1; Fri, 16 Nov 2018 19:09:55
+0800
        //以上显示表示已成功连接到本地主机 25 端口，按 Ctrl+]可进入 telnet 提示符
        //此时只有行首的光标闪烁，输入 help 命令可查看 telnet 的所有操作命令
help                                         //显示帮助信息
2014-2.0.0 This is sendmail
```

```
2014-2.0.0 Topics:
2014-2.0.0     HELO    EHLO    MAIL    RCPT    DATA
2014-2.0.0     RSET    NOOP    QUIT    HELP    VRFY
2014-2.0.0     EXPN    VERB    ETRN    DSN     AUTH
2014-2.0.0     STARTTLS
2014-2.0.0 For more info use "HELP <topic>".
2014-2.0.0 To report bugs in the implementation see
2014-2.0.0     http://www.wendmail.org/email-addresses.html
2014-2.0.0 For local information send email to Postmaster at your site.
2014-2.0.0 End of HELP info
^]                                        //按 Ctrl+]组合键
telnet> quit                              //退出 telnet
Connection closed.
#
```

步骤 2　启动 dovecot 服务，并在服务器本地测试连接到 110 端口。

```
# service dovecot start                   //启动 dovecot 服务
Starting Dovecot Imap:                                        [ OK ]
# netstat -antulp | grep :110             //查看服务是否启动成功
tcp    0    0   0.0.0.0:110      0.0.0.0:*        LISTEN   9778/dovecot
tcp    0    0   :::110           :::*             LISTEN   9778/dovecot
       //有上述显示表明 dovecot 服务已成功启动
# telnet localhost 110                    //测试连接本机 110 端口
Trying ::1...
Connected to localhost (::1).
Escape character is '^]'.
+OK Dovecot ready.
       //以上显示表示已成功连接到本地主机 110 端口，按 Ctrl+]可进入 telnet 提示符
       //此时只有行首的光标闪烁，可以输入 telnet 的操作命令
quit                                      //退出 telnet
+OK Logging out
Connection closed by foreign host.
#
```

💡 **注意：**　在成功连接 E-mail 服务器之际，有必要再次提醒读者，上述一系列配置步骤是针对目前使用较多的 CentOS、RHEL 版本的。在较早的 Red Hat Linux 中并没有使用 dovecot 服务组件，配置用于接收邮件的 POP3 服务只需要修改 /etc/xinetd.d/ipop3 和/etc/xinetd.d/imap 文件，将其中的 disable=yes 配置行改为 disable=no，然后重启 xinetd 服务即可，而且创建邮箱账号后也不需要为用户创建邮箱目录。而在 Fedora 中，虽然 POP3 服务已使用 dovecot 组件，但其配置只需修改 dovecot.conf 文件这一步骤即可，不需要修改 conf.d 目录下那些子配置文件，创建邮箱账号后也无须为用户创建邮箱目录。

三、使用 Linux 客户机测试 E-mail 服务

无论运行 Windows 的客户机还是运行 Linux 的客户机，都可以采用图形界面中的邮件客户端软件(如 Windows 中的 Foxmail 或 Linux 自带的 Evolution)，或者在字符命令界面下使用 telnet 或 SSH 命令远程连接 E-mail 服务器并收发邮件。这里仅介绍 Linux 客户机上使用远程登录命令来测试 E-mail 服务器的方法，这些命令同样可以用于 Windows 客户机的命令提示符窗口。使用图形界面下的邮件客户端软件来测试 E-mail 服务器，读者可以参考任务二的方法自行实施。

1. 远程登录命令 Telnet 和 SSH 简介

Telnet 和 SSH 是常用于远程访问服务器的两大基于 TCP/IP 的协议，利用它们可以远程登录并且管理和监控服务器。其中，Telnet 取名自 Telecommunications 和 Networks 的联合缩写，是 UNIX 平台上最广为人知的网络协议；SSH 是 Secure Shell(安全外壳)的缩写，是目前通过互联网访问网络设备和服务器的主要协议。Telnet 和 SSH 最大的区别是：Telnet 使用明文传送数据(包括密码)，不使用任何验证策略及数据加密方法，所以是一种不安全的协议，默认使用端口为 23；而 SSH 使用加密传送数据，并支持压缩，还使用公钥对访问的服务器进行用户身份验证，以进一步提高安全性，默认使用端口为 22。

正因为 SSH 比古老的 Telnet 更加安全，所以推出不久便占据了主流，尤其是通过公共网络访问网络设备和服务器时，已经不再推荐使用 Telnet。但 Telnet 以其易用和便捷的特性仍为人们熟知和青睐，而且几乎所有操作系统都支持，许多管理员也常常会使用 Telnet 来测试内部局域网中配置的服务器。因此，下面先使用 Telnet 对 E-mail 服务器进行连接并收发邮件的测试，然后简要介绍使用 SSH 登录 E-mail 服务器的操作方法。

2. 使用 telnet 发送邮件

在 Windows 或 Linux 客户机的命令提示符下，使用 telnet 命令登录 E-mail 服务器并收发邮件的方法基本相同。这里通过一台 IP 地址为 192.168.1.19 的 Linux 客户机使用 telnet 命令来进行邮件的撰写和发送，以测试前面配置的 sendmail 服务是否实现了预期功能，并给出完整的操作过程及注解。其中，telnet 登录 E-mail 服务器后加下划线的部分为用户输入的 telnet 子命令。

💡 注意： 在 Windows 7 客户机上运行 telnet 命令时，如果显示它不是内部或外部命令等错误信息，则可能是因为没有开启 telnet 功能。可以选择"控制面板"→"程序"→"打开或关闭 Windows 功能"选项，打开如图 6-25 所示的"Windows 功能"窗口，勾选"Telnet 客户端"复选框(若有需要也可同时勾选"Telnet 服务器"复选框)，并单击"确定"按钮。

图 6-25 "Windows 功能"窗口

然后右击桌面上的"计算机"图标，在弹出的快捷菜单中选择"管理"命令，在打开的"计算机管理"窗口中选择"服务"选项，找到 Telnet 服务并启动它，这样就可以使用 telnet 命令了。

```
# telnet mail.xinyuan.com  25                //连接 E-mail 服务器的 smtp 端口 25
Trying 192.168.1.3...
Connected to mail.xinyuan.com (192.168.1.3).
Escape character is '^]'.
220 mail.xinyuan.com ESMTP Sendmail 8.14.1/8.14.1; Fri, 16 Nov 2018 20:58:53  +0800
        //以上显示表明已成功连接到 E-mail 服务器 25 端口，此后可输入 telnet 命令如下
mail from:chf@xinyuan.com                    //mail from:命令后跟发件人地址
250 2.1.0 chf@xinyuan.com... Sender ok
rcpt to:wjm@xinyuan.com                       //rcpt to:命令后跟收件人地址
250 2.1.5 wjm@xinyuan.com... Recipient ok
data                                          //data 命令后写邮件内容
354 Enter mail, end  with "." on a line by itself
        //提示输入邮件内容，输入结束应按 Enter 键换至新行上输入点(.)表示结尾
subject: test message                         //subject:后输入邮件主题
This is a test message from chf to wjm.       //输入邮件正文
.                                             //输入完毕在新行上输入"."表示结尾
250 2.0.0 wA4FTABk010420 Message accepted for delivery
quit                                          //退出 telnet
221 2.0.0 mail.xinyuan.com closing connection
Connection closed by foreign host.
#                                             //上述每条命令显示结果表明是成功的
```

💡 **注意:** 客户机之间使用 telnet 命令发送或接收邮件都是通过远程登录到 E-mail 服务器来实现的，而 Linux 中的 mail 命令用于查看本地用户邮件。上述操作是由用户 chf 向 wjm 成功发送了一封邮件，只表明为新源公司架设的 E-mail 服务器上配置的 sendmail 实现了邮件的发送和转发功能，或者说已成功架设了 SMTP 服务。因为收件人 wjm 也是公司 E-mail 服务器域(xinyuan.com)上的邮箱账号，所以该邮件默认被存放在服务器的/var/spool/mail/wjm 文件中。此时如果在服务器本地用 su 命令切换到 wjm 用户，然后使用 mail 命令就可以调取 wjm 文件并查看到 chf 用户发来的这封邮件。但是要在客户机上接收并阅读自己的邮件，则需要通过以下操作来实现。

3. 使用 telnet 接收邮件

下面仍然在 IP 地址为 192.168.1.19 的 Linux 客户机上使用 telnet 命令登录用户 wjm 的邮箱并接收来自用户 chf 的邮件，以测试前面配置的 dovecot 服务是否实现了预期功能，并给出完整的操作过程及注解。

```
# telnet mail.xinyuan.com 110                 //连接 E-mail 服务器的 pop3 端口 110
Trying 192.168.1.3...
```

```
Connected to mail.xinyuan.com (192.168.1.3).
Escape character is '^]'.
+OK Dovecot ready.
        //以上显示表示已成功连接 E-mail 服务器 110 端口,此后可输入 telnet 命令如下
user wjm                                    //登录要接收邮件的用户名 wjm
+OK
pass 123456                                 //输入用户 wjm 的邮箱密码
+OK Logged in
list                                        //列出该邮箱账号已收到的邮件
+OK 1 messages:
1  501
.
retr 1                                      //查看第 1 封信件的详细内容
+OK 501 octets
Return-Path: <chf@xinyuan.com>
Received: from [192.168.1.19] ([192.168.1.19])
        by localhost.localdomain (8.14.1/8.14.1) with SMTP id wA4FTABk010420
        for wjm@xinyuan.com; Fri, 16 Nov 2018 21:03:17 +0800
Date: Fri, 16 Nov 2018 20:58:53  +0800
From: chf@xinyuan.com
Message-Id: <201811161303.wA4FTABk010420@localhost.localdomain>
X-Authentication-Warning: localhost.localdomain [192.168.1.19] didn't
use HELO protocol
subject: test message
This is a test message from chf to wjm.
.
quit                                        //退出 telnet
+OK Logging out.
Connection closed by foreign host.
#
```

在上述使用 telnet 命令接收邮件的操作中,list 命令用于列出指定用户的邮箱中已收到的全部邮件,它是以邮件编号(n)和邮件大小(字节数)列表的形式显示的。当指定用户的邮箱中已收到多封邮件时,retr 命令后面跟的数字 n 就是要查看第 n 封邮件的详细内容。在接收邮件所用的 telnet 命令中,比较常用的还有以下两个命令。

(1) stat 命令。stat 命令不跟参数,执行后 POP3 服务器会响应一个正确应答,显示一个单行的信息提示,它以+OK 开头,接着是两个数字,第一个是邮件数目,第二个是邮件的总大小,例如,+OK 5 2378,表示总共 5 封邮件,大小为 2378 字节。

(2) dele 命令。dele 命令后面跟一个数字 n,用于将指定编号 n 的邮件设置删除标记。

注意: dele 命令仅仅为编号 n 的邮件设置了删除标记,只有在执行 quit 命令退出 telnet 时才会将设置有删除标记的邮件从用户邮箱中实际删除。在退出 telnet 之前,可以使用 rset 命令清除所有已设置删除标记的邮件。

4．使用 SSH 登录 E-mail 服务器

SSH 是目前较多推荐使用的一种比 Telnet 更加安全的远程访问协议。这里仅简要介绍利用 SSH 登录 E-mail 服务器并查看邮件的方法，如果要深入使用其丰富的功能，读者可查阅相关资料。使用 SSH 登录远程服务器有以下两种命令格式。

格式 I：　ssh -l 用户名 远程主机名
格式 II：　ssh 用户名@远程主机名

如果在 Linux 客户机上执行 ssh 命令登录到 E-mail 服务器，会提示用户输入登录邮箱账号的密码，通过验证后就相当于把 E-mail 服务器当成客户机本地的一个终端来使用，所以使用 mail 命令可以查看登录用户的邮箱。为了更清楚地区分当前处于本地客户机上还是在远程服务器上，验证在本地客户机和远程服务器之间相互切换的效果，以下操作将给出完整的命令提示符，并事先在客户机的/wbj 目录下建立一个文本文件 wbj.txt，在 E-mail 服务器的/home/wjm 目录下建立一个文本文件 wjm.txt。

```
[root@localhost ~]# cd /wbj
[root@localhost wbj]# ssh -l wjm mail.xinyuan.com
The authenticity of host 'mail.xinyuan.com (192.168.1.3)' can't be established.
RSA key fingerprint is 5d:4a:ce:e2:eb:86:2b:53:19:4e:d4:a6:bf:35:7a:d6.
Are you sure you want to continue connecting (yes/no)?yes
        //在客户机上第一次用 ssh 登录远程主机时会出现这些警告信息，意思是无法确认主机的
        //真实性，只知道它的公钥指纹，并要求用户确认是否继续连接。由于公钥采用 RSA 算法
        //长达 1024 位，很难比对，所以对其进行 MD5 计算后转换为 128 位的公钥指纹，再进行
        //比对就容易得多。但其实用户没办法知道远程主机的公钥指纹是多少，除非在远程主机
        //自己的网站上公布，以便用户自行核对。这里直接输入 yes 确认接受这个公钥指纹，就
        //会出现下面的提示。注意：此客户机以后再用 ssh 登录该主机时不会再出现上述警告
wjm@mail.xinyuan.com's password:           //输入用户密码(无显示)
Last login: Fri Nov 16 21:13:49 2018 from 192.168.1.18
        //显示最后一次登录该服务器的时间以及客户机 IP 地址
[wjm@localhost ~]$                          //该提示符表示用户已登录服务器
[wjm@localhost ~]$ pwd
/home/wjm                                   //处于服务器中 wjm 用户主目录下
[wjm@localhost ~]$ ls
mail    wjm.txt
[wjm@localhost ~]$ mail                     //查看用户的邮件
Heirloom Mail version 12.4 7/29/08. Type ? for help.
"/var/spool/mail/wjm": 3 messages 1 new 1 unread
    1 chf@xinyuan.com      Fri Nov 16 21:06  15/594"test message"
>U  2 chf@xinyuan.com      Sat Nov 17 22:23  15/595"test message 2"
>N  3 chf@xinyuan.com      Sat Nov 17 22:35  15/559"test message 3"
        //显示用户 wjm 有 3 封邮件，1 封新邮件(标记 N)，1 封未读邮件(标记 U)
&  ?                                        //&为 mail 提示符，?显示帮助信息
       mail commands
```

```
type <message list>          type messages
next                         goto and type next message
from <message list>          give head lines of messages
headers                      print out active message headers
delete <message list>        delete messages
undelete <message list>      undelete messages
save <message list> folder   append messages to folder and mark as saved
copy <message list> folder   append messages to folder without marking them
write <message list> file    append message texts to file, save attachments
preserve <message list>      keep incoming messages in mailbox even if saved
Reply <message list>         reply to message senders
reply <message list>         reply to message senders and all recipients
mail addresses               mail to specific recipients
file folder                  change to another folder
quit                         quit and apply changes to folder
xit                          quit and discard changes made to folder
!                            shell escape
cd <directory>               chdir to directory or home if none given
list                         list names of all available commands
A <message list> consists of integers, ranges of same, or other criteria
separated by spaces.  If omitted, mail uses the last message typed.
& 3                                          //查看第3封邮件
Message 3:
From chf@xinyuan.com Sat Nov 17 22:35:31 2018
Return-Path: <chf@xinyuan.com>
Date: Sat, 17 Nov 2018 22:34:14 +0800
From: chf@xinyuan.com
X-Authentication-Warning: localhost.localdomain: mail.xinyuan.com [192.168.1.3]
didn't use HELO protocol
subject: test message 3
Status: R
This is a test message 3 from chf to wjm.


& quit                                       //退出mail命令
Held 3 messages in /var/spool/mail/wjm
You have mail in /var/spool/mail/wjm
[wjm@localhost ~]$ ~^Z [suspend ssh]
        //输入"~"(该符号不会立即在屏幕上看到),再使用Ctrl+Z组合键(此时才一并显
        //示"~^Z"符号),可将当前ssh远程客户端会话切换到后台,而本地客户机回到前台
[1]+  Stopped          ssh -l wjm mail.xinyuan.com
[root@localhost wbj]# ls
wbj.txt                                      //本地客户机当前处于前台
[root@localhost wbj]# jobs                   //可查看后台的ssh远程客户端会话
```

```
[1]+  Stopped            ssh -l wjm mail.xinyuan.com
[root@localhost wbj]# fg %1                    //将后台的ssh远程会话切换到前台
ssh -l wjm mail.xinyuan.com
[wjm@localhost ~]$ exit                        //ssh远程客户端会话处于前台
logout                                         //exit命令退出ssh远程登录
Connection to mail.xinyuan.com closed.
[root@localhost wbj]#
```

💡 **注意:** 上述操作仅使用 ssh 登录到 E-mail 服务器, 并使用 mail 命令查看登录用户的邮件(其中加下划线部分是用户输入的 mail 命令的子命令), 同时在 ssh 远程客户端会话与本地客户机之间进行了前台和后台运行的切换, 这些都只是最基本的操作。事实上, 使用 ssh 登录到远程主机后, 还可以在远程主机和本地客户机之间进行文件目录的复制等操作; mail 命令也不只是可以查看用户的邮箱, 还可以进行删除邮件等各种邮箱管理操作以及向别的用户发送邮件, 这些功能的使用本书不再深入讨论, 读者可查阅命令详解进一步学习。

任务四 E-mail 服务器运维及深入配置

虽然 Microsoft 从 Windows Server 2008 以后就不再提供 POP3 服务组件, 但仍可以利用 Windows 系统自带的 SMTP 服务组件来架设 SMTP 服务器。本任务作为读者选学的拓展内容, 将介绍 Windows Server 2012 R2 平台下架设并深入优化 SMTP 服务器、常用的第三方邮件服务器软件、以 Winmail 为例搭建公司的 E-mail 服务器, 同时为任务三在 Linux 平台下架设的新源公司 E-mail 服务器配置认证功能。

一、Windows Server 2012 R2 架设 SMTP 服务器

1. 安装 SMTP 服务器

在 Windows Server 2012 R2 中安装 SMTP 服务器, 就是在这台服务器上添加 "SMTP 服务器" 功能。通过 "服务器管理器" 窗口打开 "添加角色和功能向导" 为服务器添加角色和功能的详细操作步骤可参阅项目一, 这里仅给出向导进入的 "选择功能" 界面, 只需在 "功能" 列表框中勾选 "SMTP 服务器" 复选框即可, 如图 6-26 所示。

单击 "下一步" 按钮, 向导进入 "确认安装所选内容" 界面, 显示此前所选的 "SMTP 服务器" 功能, 在确认无误后单击 "安装" 按钮, 向导就会进入 "安装进度" 界面, 待安装完成后单击 "关闭" 按钮即可。

成功安装 SMTP 服务器后, 在 "管理工具" 窗口中会增加一个名为 "Internet Information Services(IIS) 6.0 管理器" 的图标, 在 "服务器管理器" 窗口的 "工具" 菜单中也会增加一个同名菜单项, 利用该图标或菜单项即可打开 "Internet Information Services(IIS) 6.0 管理器" 窗口, 如图 6-27 所示。可以看到左窗格的服务器名称 "XY-WBJ(本地计算机)" 下面已包含一个[SMTP Virtual Server #1]选项, 这就是系统内建的默认 SMTP 虚拟服务器。

💡 **注意：** Windows Server 2012/2008 中打开的 "Internet Information Services(IIS) 6.0 管理器" 窗口与 Windows Server 2003 中的 "Internet 信息服务(IIS)管理器" 窗口(见图 6-12)几乎完全相同，只是系统内建的默认 SMTP 虚拟服务器的名称不同。因此，完全可以参照任务二的操作，通过设置[SMTP Virtual Server #1] 的属性，即可将其架设为符合公司实际需求的 SMTP 服务器。

图 6-26　在 "添加角色和功能向导" 中选择 "SMTP 服务器" 功能

图 6-27　"Internet Information Services(IIS) 6.0 管理器" 窗口

任务二只是通过设置 "默认 SMTP 虚拟服务器 属性" 对话框的 "常规" 选项卡，架设了基本功能的 SMTP 服务器，下面将详细介绍 "[SMTP Virtual Server #1] 属性" 对话框中其余的 5 个选项卡，即 "访问" "邮件" "传递" "LDAP 路由" 和 "安全" 选项卡的设置内容，通过它们可以配置功能更加完善、性能更为优化的 SMTP 服务器。

2. 设置 SMTP 服务器的 "访问" 选项

在 "Internet Information Services(IIS) 6.0 管理器" 窗口中，右击[SMTP Virtual Server #1] 选项，在弹出的快捷菜单中选择 "属性" 命令，打开 "[SMTP Virtual Server #1] 属性" 对话框并切换到 "访问" 选项卡，可以对访问控制、安全通信、连接控制和中继限制进行设置，如图 6-28 所示。

(1) 访问控制。单击"身份验证"按钮，打开如图 6-29 所示的"身份验证"对话框。

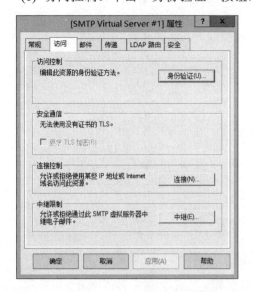

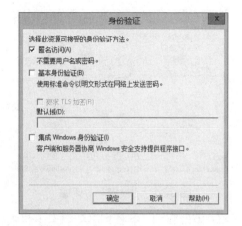

图 6-28   "[SMTP Virtual Server #1]属性"
对话框的"访问"选项卡

图 6-29   "身份验证"对话框

① "匿名访问"复选框。用于选择是否允许所有客户端匿名访问 E-mail 服务器，如果勾选该复选框并清除其余两个复选框，则表示禁用此 SMTP 服务器的身份验证。

② "基本身份验证"复选框。勾选该复选框，则用户邮箱账号和密码将以明文形式在网络上传输，此时需要在"默认域"文本框中指定域名，用作对传入邮件进行基本身份验证的默认域。若勾选"要求 TLS 加密"复选框，则使用传输层安全(TLS)加密传入邮件。

③ "集成 Windows 身份验证"复选框。勾选该复选框，则启用 Microsoft .NET Server 系列产品提供的标准安全机制。这种安全机制采用加密技术对用户进行身份验证，并且不要求用户通过网络传输真实的密码，使企业为用户提供安全登录服务成为可能，但要求邮件客户端软件必须支持此身份验证方法。

💡 注意：　在"身份验证"对话框的 3 个复选框中，默认勾选的是"匿名访问"。通常只有在 SMTP 服务器是专用网络服务器，即这个 SMTP 服务器只用于企业内部邮件账户之间互发邮件或与自己系统内的其他 SMTP 服务器通信，而不与外部 Internet 的邮件系统通信的情况下，才会选择另外两个选项。

(2) 安全通信。由于尚未安装证书服务，所以该选项组无效。安装证书服务后，可以勾选"要求 TLS 加密"复选框，实现 SMTP 服务的安全加密通信。

(3) 连接控制。单击"连接"按钮，打开如图 6-30 所示的"连接"对话框。默认选中的是"以下列表除外"单选按钮，表示可以从所有 IP 地址的客户端访问 SMTP 服务器，但也可以授予或拒绝特定 IP 地址的访问权限。若要同时拒绝或允许更大范围的 IP 地址进行访问，可通过指定单个 IP 地址、使用子网掩码的地址组或域名达到这一目的。

如果只允许指定的计算机连接到此 SMTP 服务器，则可以选中"仅以下列表"单选按钮，然后单击"添加"按钮，打开"计算机"对话框，添加可以使用此 SMTP 服务器的单台计算机 IP 地址、用子网地址和子网掩码指定的计算机组或者指定域中的全部计算机。例如，要允许 IP 地址为 192.168.1.1～192.168.1.30 的一组计算机连接 SMTP 服务器，则选中"一组计算机"单选按钮，然后在"子网地址"文本框中输入 192.168.1.0，在"子网掩码"文本框中输入"255.255.255.224"，单击"确定"按钮即可，如图 6-31 所示。

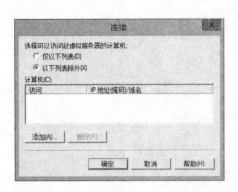

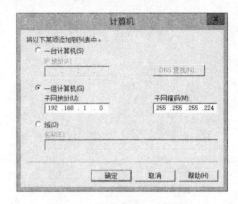

图 6-30　"连接"对话框　　　　　　图 6-31　"计算机"对话框

　　(4) 中继限制。SMTP 服务器用于将邮件中转到其他 SMTP 服务器或 POP3 服务器。如果 SMTP 服务器被入侵者控制，就可能成为垃圾邮件的发送者，所以管理员需要对其采取某些中继控制或限制措施。单击"中继"按钮，将打开如图 6-32 所示的"中继限制"对话框。

　　默认选中的是"仅以下列表"单选按钮，此时如果"计算机"列表为空，则表示 SMTP 服务器不具备中继功能，即用户的邮件传送到该服务器后无法将其中继到任何其他 SMTP 服务器。因此，如果选中"仅以下列表"单选按钮，则应该通过单击"添加"按钮，打开与图 6-31 相同的"计算机"对话框，选中"一台计算机"单选按钮，将此 SMTP 服务器自身的 IP 地址添加到可中继的计算机列表；或者选中"一组计算机"或"域"单选按钮，将一组计算机或某个域中的所有计算机添加为可以通过此

图 6-32　"中继限制"对话框

SMTP 服务器进行中继的计算机。当然，最简单的处理方法是选中"以下列表除外"单选按钮，而不添加任何计算机(即保持"计算机"列表为空)，但这样会使 SMTP 服务器更容易被入侵者控制，成为垃圾邮件的发送者，从而降低 SMTP 服务器的安全性。

💡 注意：　SMTP 服务器是连接其他 SMTP 服务器和 POP3 服务器的桥梁，即使是架设基本功能的邮件服务器，至少也应该将其自身的 IP 地址添加到可以中继的计算机列表中，这样才能将到达 SMTP 服务器的邮件中继到 POP3 服务器，最终将邮件投递到收件人的邮箱。

3. 设置 SMTP 服务器的"邮件"选项

　　"[SMTP Virtual Server #1] 属性"对话框的"邮件"选项卡如图 6-33 所示，可以对邮件大小、会话大小、每个连接的邮件数和每个邮件的收件人数进行限制。

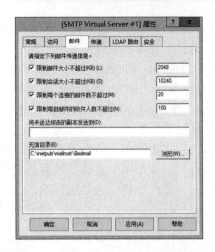

图 6-33   "[SMTP Virtual Server #1]属性"对话框的"邮件"选项卡

(1) 限制邮件大小不超过(KB)。用于设置 SMTP 服务器可接收的最大邮件大小(以 KB 为单位)。如果邮件客户端发送的邮件超过了此限制,它将收到一条错误消息。如果远程服务器支持 EHLO,则在它连接到 SMTP 服务器时将自动检测所通知的最大邮件大小,并且不会尝试发送超过此限制的邮件。另外,SMTP 服务器只是简单地向发件人发送一个 NDR 消息,而不支持 EHLO 的远程服务器将尝试发送超过大小限制的邮件,并在邮件无法通过时终止发送,且向发件人发送一个 NDR 消息。限制邮件大小的默认值为 2048KB,最小值为 1 KB,如果需要不加限制,则可以取消勾选该复选框。

(2) 限制会话大小不超过(KB)。用于设置 SMTP 整个连接过程中允许接收的最大数据量即所有邮件正文的总和,以 KB 为单位。在设置该数值时必须特别谨慎,因为连接邮件传输代理可能会反复提交邮件。限制会话大小的默认值为 10 240KB,管理员设置此数值应该大于或等于"限制会话大小不超过(KB)"的数值,如果不需要加以限制,则取消勾选该复选框。

(3) 限制每个连接的邮件数不超过。勾选该复选框后,可设置每一次连接 SMTP 服务器可发送的最大邮件数,默认值为 20。利用这一参数的设置,可以通过多个连接向远程域发送邮件,从而提高系统性能。每次连接在达到所设定的限制之后,系统将自动打开一个新的连接并继续传输邮件,直到所有邮件传递完毕。要禁用此功能而不限制每个连接的邮件数,可取消勾选此复选框。

(4) 限制每封邮件的收件人数不超过。勾选该复选框后,可设置每个邮件的最多收件人数。默认限制值为 100,这也是"征求意见文件(RFC)821"中指定的最小要求值。如果要禁用此功能而不限制每个邮件的收件人数,可取消勾选此复选框。

某些客户端在收到表明已超过最大收件人数的错误消息后,会返回一封邮件并附有未传递报告 NDR。这种情况下,SMTP 服务器就不会返回带有 NDR 的邮件,它会立即打开一个新连接并处理剩余的收件人。例如,如果收件人数限制为 100 并且正在传输一封具有 105 个收件人的邮件,则在收到错误消息之后,将在一个连接中传递发往前 100 个收件人的邮件。然后,系统会打开一个新连接并将邮件发送给剩余的 5 个收件人。

(5) "将未送达报告的副本发送到"配置项。如果邮件无法送达,则系统会将其返回发件人,并附上一个未送达报告 NDR,将 NDR 的副本发送到一个特定的 SMTP 信箱,即管理员在"将未送达报告的副本发送到"文本框中输入的邮件地址。如果不启用此项功能，则在"将未送达报告的副本发送到"文本框中保留空白。

(6) 死信目录。如果邮件无法传递，则 SMTP 服务器会将其返回发件人，并附上一个未传递报告 NDR。但 SMTP 服务器发送 NDR 副本到特定邮箱的过程与用户邮件的发送过程完全相同，如果已达到重试次数限制还是无法将 NDR 发送给发件人，则 SMTP 服务器会将此邮件的副本放置在死信目录中。默认的死信目录为 C:\Inetpub\mailroot\Badmail，管理员可以根据需要在"死信目录"文本框中重新设置死信目录的位置。因为死信目录中的邮件不能被传递或返回，所以管理员要定期检查该目录并处理这些邮件，否则该目录中的文件占空间太满，会对 SMTP 服务器的性能带来负面影响。

4. 设置 SMTP 服务器的"传递"选项

"[SMTP Virtual Server #1] 属性"对话框的"传递"选项卡如图 6-34 所示，可以对邮件出站的相关参数、出站安全、出站连接和一些高级传递参数等进行设置。

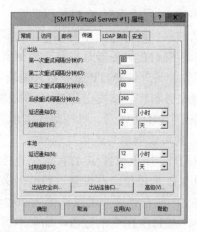

图 6-34　"[SMTP Virtual Server #1]属性"对话框的"传递"选项卡

(1) 出站设置。"出站"设置组中包含以下 6 项参数的设置。

① 第一次重试间隔(分钟)。表示 SMTP 服务器在重试传递之前必须等待的时间，有效范围是 1～9999 分钟，默认为 15 分钟。

② 第二次重试间隔(分钟)。表示 SMTP 服务器在第二次重试邮件传递之前必须等待的时间，有效范围是 1～9999 分钟，默认间隔为 30 分钟。

③ 第三次重试间隔(分钟)。表示 SMTP 服务器在第三次重试邮件传递之前必须等待的时间，有效范围是 1～9999 分钟，默认间隔为 60 分钟。

④ 后续重试间隔(分钟)。表示 SMTP 服务器在发出后续传递状态通知前必须等待的时间，有效范围是 1～9999 分钟，默认间隔为 240 分钟。

⑤ 延迟通知。若要允许本地和远程传递具有网络延迟，可以设置一个延迟时间段，在此时间段后才会发送传递通知。对于"出站"和"本地"传递，最小值为 1 分钟，默认值为 12 小时，最大值为 9999 天。可以在"延迟通知"文本框中设置数值的同时，在其后面的下拉列表框中选择时间的单位为分钟、小时或天。

⑥ 过期超时。如果已达到最大重试次数并且延迟时间段已过，但邮件仍无法传递，可

以为邮件在"过期超时"中设置一个时间值及相应的时间单位(分钟、小时或天)。对于"出站"和"本地"传递，最小值为 1 分钟，默认值为 2 天，最大值为 9999 天。

(2) 本地设置。"本地"选项组中包含"延迟通知"和"过期超时"两项参数，其意义与"出站"设置组中的"延迟设置"和"过期超时"相同。

(3) "出站安全"设置。单击"出站安全"按钮，弹出如图 6-35 所示的"出站安全"对话框，可设置本 SMTP 服务器访问其他 SMTP 服务器时的安全规则。默认选中的是"匿名访问"单选按钮，如果需要 SMTP 服务器向其他 SMTP 服务器转发电子邮件，通常都选择默认设置。当然也可以选中"基本身份验证"或"集成 Windows 身份验证"单选按钮，其含义与"访问"选项卡中的访问控制设置类似，只是这里所针对的是 SMTP 服务器之间转发邮件的安全规则。

(4) "出站连接"设置。单击"出站连接"按钮，打开如图 6-36 所示的"出站连接"对话框，用于配置 SMTP 虚拟服务器传出连接的以下 4 项参数。

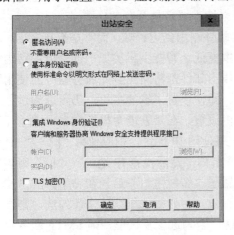

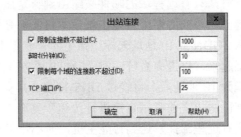

图 6-35　"出站安全"对话框　　　　图 6-36　"出站连接"对话框

① 限制连接数不超过。对于传出连接，如果要使 SMTP 服务器同时能连接到远程域的出站连接总数的最大值，则应勾选"限制连接数不超过"复选框，并在其后的文本框中输入最大连接数。该复选框默认为被勾选，默认限制连接数为 1000，最小连接数为 1。如果不限制最大连接数，则取消勾选该复选框。

② 超时(分钟)。在指定时间内，如果某一连接始终处于非活动状态，则 SMTP 服务将关闭此连接。对于传入和传出连接，默认时间都是 10 分钟。

③ 限制每个域的连接数不超过。用于设置限制可以连接到单个远程域的传出连接数，其默认值为 100。此数值应小于或等于限制连接数不超过所设置的数值。

④ TCP 端口。指定用于传出连接的 TCP 端口，默认是 SMTP 标准端口 25，没有特殊要求时，建议不要修改此端口号。

(5) 高级设置。单击"高级"按钮，打开如图 6-37

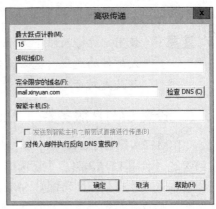

图 6-37　"高级传递"对话框

所示的"高级传递"对话框,可以设置 SMTP 服务器的下列路由选项。

① 最大跃点计数。传递的邮件在到达最终目的地前可能要经过多个服务器,每经过一个服务器就会将跃点数加 1。在设置最大跃点计数(即指定允许邮件通过服务器的最大数目)后,SMTP 服务器将对邮件头内"已收到"行中的跃点数进行计数,当跃点数的值超过最大跃点计数设置时,邮件将被退回发件人,并附有未传递报告 NDR。默认的最大跃点计数为 15,最小为 10,最大为 256。

② 虚拟域。虚拟域名将替换协议中"邮件来自于"行中的本地域名。

③ 完全限定的域名。设置 SMTP 服务器的完全限定的域名(Fully Qualified Domain Name,FQDN),也就是使用邮件交换记录 MX 和主机记录 A 标识并验证 TCP/IP 网络中的主机全域名。同时使用这两个记录时,名称解析的速度更快。在 SMTP 服务器中,必须为处理 MX 记录的 SMTP 服务指定一个 FQDN。反过来,此 FQDN 又必须在 DNS 中被用来标识域的主机服务器,并被解析到 SMTP 服务器的 IP 地址(如 192.168.1.3)。当设置好"完全限定的域名"后,可以单击"检查 DNS"按钮来检查域名是否有效。

④ 智能主机。可以通过智能主机将所有传出邮件路由到远程域,而不是直接发送。这种邮件路由连接方式比其他路由方式更直接、成本更低。智能主机类似于远程域的路由域选项,它们的区别在于指定智能主机之后,所有传出邮件都将路由到此服务器;而使用路由域时,只有远程域的邮件被路由到特定服务器。即使设置了智能主机,仍可以为远程域指定一个不同的路由,路由域设置将覆盖智能主机设置。在"智能主机"文本框中,可以输入 FQDN 或 IP 地址来标识指定的智能主机。如果使用 IP 地址,则应使用"[ ]"将 IP 地址括起来,以提高系统性能。SMTP 服务首先检查名称,然后检查 IP 地址。"[ ]"将该值标识为 IP 地址后,可绕过 DNS 搜索。只有当设置了"智能主机"后,在它下方的"发送到智能主机之前尝试直接进行传递"复选框才会有效。若该复选框默认未被勾选,则表示将所有远程邮件发送到智能主机,而不是直接发送;若勾选该复选框,则 SMTP 服务会在将远程邮件转发到智能主机服务器前尝试直接发送。

⑤ "对传入邮件执行反向 DNS 查找"。该复选框默认未被勾选,即对传入的邮件不执行反向 DNS 搜索。如果勾选此复选框,SMTP 服务器将试图验证客户端 IP 地址是否与 EHLO/HELO 命令中客户端提交的主机/域相匹配。如果反向 DNS 搜索成功,则邮件的"已收到"头将完整保留并进行验证;要是验证失败,邮件"已收到"头中的 IP 地址后面将显示"未验证";若反向 DNS 搜索失败,邮件"已收到"头中将显示"RDNS 失败"。

💡 注意: 使用"对传入邮件执行反向 DNS 查找"功能后,SMTP 服务器将验证所有传入邮件的地址,这必然会在一定程度上降低 SMTP 服务器的转发效率,但其好处是对于一些进行"DNS 欺骗"的邮箱地址,系统将会拒绝收取。

5. 设置 SMTP 服务器的"LDAP 路由"选项

"[SMTP Virtual Server #1] 属性"对话框的"LDAP 路由"选项卡如图 6-38 所示。只有当勾选"启用 LDAP 路由"复选框后,其下方的服务器、架构、绑定、域、用户名、密码和基本选项才有效,即可配置 SMTP 服务器的目录服务器标识和属性、目录服务存储与邮件客户端及其邮箱等有关的信息。SMTP 虚拟服务器使用轻量级目录存取协议(LDAP)与目录服务进行通信。通常情况下不需要启用 LDAP 路由,保持默认设置即可。

💡 **注意:** 轻量级目录访问协议(Lightweight Directory Access Protocol,LDAP)是基于 X.500 的目录访问协议的简化版本。目录是一个为查询、浏览和搜索而优化的数据库,类似于文件目录构成树状结构来组织数据。为了访问存储在目录中的信息,就需要使用运行在 TCP/IP 之上的目录访问协议。

6. 设置 SMTP 服务器的"安全"选项

"[SMTP Virtual Server #1] 属性"对话框的"安全"选项卡如图 6-39 所示。其中,"操作员"列表框包含了 Administrators 本地组中的每个成员,可根据实际需要添加或删除能对 SMTP 服务器进行操作的用户。如果要添加用户,则单击"添加"按钮,打开如图 6-40 所示的"选择用户或组"对话框,可以直接输入对象名称来选择,也可以单击"高级"按钮进行用户或组的查找并从中选择。

图 6-38 "[SMTP Virtual Server #1] 属性"对话框的"LDAP 路由"选项卡

图 6-39 "[SMTP Virtual Server #1] 属性"对话框的"安全"选项卡

图 6-40 "选择用户或组"对话框

二、使用第三方软件搭建公司 E-mail 服务器

1. 常用的第三方邮件服务器软件

邮件系统是企业信息化建设中非常重要的一环,庞大的市场需求带动了邮件系统行业的快速发展,目前已有许多功能齐全、性能卓越的邮件服务器软件,其中有一些是需要付

费的商业软件，但也有不少是可供用户自由下载并安装使用的免费软件。

这里首先介绍几款 Linux 平台下常用的免费开源邮件服务器软件。

(1) Postfix——这是在 IBM 资助下由 Wietse Venema 负责开发的自由软件工程的产物，其目的是为用户提供除 Sendmail 之外的邮件服务器选择。Postfix 力图做到快速、安全并易于管理，同时尽可能做到与 Sendmail 保持兼容，以满足用户的使用习惯。Postfix 的主要特点是支持多传输域，其灵活的设计使得无须虚拟域或别名即可实现邮件转发。从性能上来说，Postfix 的速度要比同类服务器产品快三倍以上，一个安装 Postfix 的台式机每天可以收发百万封信件；它采用了 Web 服务器设计技巧以减少进程创建开销，同时采用了其他的一些文件访问优化技术以提高效率，并且保证了软件的可靠性。

(2) Qmail——这是由 Dan Bernstein 开发的，可以自由下载的 MTA，比如人们熟知的 Hotmail 采用的就是 Qmail 邮件服务器。Qmail 的主要特点是节省时间，这是因为它相对于其他 MTA 要简单很多，从而在邮件转发机制、投递模式及限制系统负载等方面都与其他 MTA 不同，它自身不提供 RBL 的支持，而需要 add-on 来实现，而且它不完全遵从标准，并不支持 DNS 等。从性能上来说，Qmail 在设计上特别考虑了安全问题，拥有一个安全的邮件网关；它有自己的配置文件，其配置目录中包含了 5~30 个不同的文件，各个文件实现对不同部分的配置，如虚拟域或虚拟主机等。

(3) Sendmail——这是发展历史悠久的 MTA，并在其发展过程中产生了一批经验丰富的 Sendmail 管理员，也积累了大量完整的文档资料，除了 Sendmail 的宝典 OReillys Sendmail Book、Written by Bryan Costales with Eric Allman 以外，网络上有大量的 Tutorial、FAQ 和其他的资源，使人们能很好地利用其拥有的各种各样的特色功能，这也是 Sendmail 的主要特点之一。除此之外，Sendmail 的技术十分成熟，支持多传输域，可在 Internet、DECnet、X.400 及 UUCP 之间转发消息，并且节省宽带资源，同时发送很多邮件时效率非常高。从性能上来说，由于 Sendmail 采用一个"单块"的程序结构设计实现所有的功能，有利于在系统的不同部分之间共享数据，在可移植性、稳定性及确保没有 BUG 方面也有一定的保证。但正因为 Sendmail 的特色功能过多，导致配置文件变得十分复杂。

(4) Exim——这是基于 GPL 协议的开放源代码软件，由英国剑桥大学的 Philip Hazel 开发。Exim 的最大特点就是配置极其灵活，还支持一种被称为 String Expansion 的技术，基本功能相当丰富，但其安全性不如 Qmail 和 Postfix。从性能上来说，Exim 有两种称为 Driver 的元素：Router 和 Transport，在配置上与其他 MTA 不同，很大程度上来源于 String Expansion 技术，这使得它几乎有了无限的扩展能力，实现无限复杂的需要。

以上 4 款 Linux 平台下的开源邮件服务器都有一个共同的缺点，即它们都只是一套基础的邮件收发邮件服务器，需要专业人员来安装和部署，只有简单的黑名单技术，没有专业的反垃圾邮件和反病毒邮件功能。此外，组织机构、邮件审计方面的功能都需要开发，因此对维护人员的要求相对较高。

接下来再简单介绍几款 Windows 平台下的免费邮件服务器软件。

(1) hMailServer——相比其他邮件系统，这款软件的体积很小，但提供的功能不少，包括 POP3、SMTP、IMAP 服务，支持多域名和别名、SSL、多语言、脚本和服务端规则、Web 管理界面以及 MYSQL、PostgreSQL 或 MSSQL 后端，具有防病毒、防垃圾和内置备份功能等，在配置上也非常简单。但它没有中文版，需要用户在网上寻找中文包补丁。

(2) Macallan Mail Solution——这款基于 Windows 的免费邮件服务器，简称 MMS，它支持 POP3、IMAP、SMTP、HTTP、NEWS、SSL 等协议，包含防垃圾邮件机制，支持微软的 Outlook Express/Outlook 客户端工作，可同时管理内部或外部互联网的电子邮件。

(3) ArGoSoft Mail Server Free——这是一款支持 POP3、SMTP、FINGER 的全功能邮件服务器，并且简单易用。

最后再介绍几款商业邮件服务器软件或者有部分限制的免费测试版软件。

(1) TurboMail——这是国内一款一流的企业级邮件服务器软件，提供有 WebMail、安全防护、防垃圾邮件、防病毒邮件、系统监控、数据加密、密码防控、高级中继、邮件归档、邮件监控、邮件审批、邮件跟踪、手机短信、手机邮箱、掌上邮手机客户端、视频邮件、语音邮件、网络硬盘、超大附件、日程管理、移动书签等功能模块。TurboMail 支持跨平台安装，在 Windows、Linux 等多种操作系统平台下安装和维护都非常简便，适合新手操作，提供 25 个用户以内的免费试用版，可根据企业需要进行安装使用。

(2) WinWebMail——这款软件只支持 Windows 平台，但它支持主流协议，提供简单的反垃圾设置和支持多种杀毒引擎，提供网络硬盘和文件夹共享以及用户级虚拟邮箱等。由于该产品属于国内个人开发，背后没有强大的研发团队支持，产品更新缓慢，比较适合中小企业使用。WinWebMail 在未注册时的唯一限制是不能超过 25 个用户数，除此之外没有任何在功能和时间上的限制。

(3) Exchange Server——这是 Microsoft 的产品，对 Windows 操作系统的支持自然是邮件系统产品的标杆，其功能之强大也无须细说。但正版 Exchange Server 的价格及其维护成本都非常高，因此客户群主要是大型的外资企业集团，其安装维护也较为复杂。

(4) MDaemon——这是美国 Alt-N 公司开发的一款著名的邮件服务系统，与 Exchange 一样也只支持 Windows 操作系统，但其安装与维护比较简单，授权费用也相对较为经济。MDaemon 能够保护用户不受垃圾邮件的干扰，且与 MDaemon AntiVirus 插件结合使用时还可防御邮件病毒，特别适用于既需要在局域网中互发邮件，又需要通过 Internet 互发邮件的用户。除了标准的 SMTP、POP、IMAP 外，MDaemon 服务器还包括邮件清单、支持别名、自动回复、自动转发、多域名、远程管理等服务，具有内置防病毒插件、防垃圾邮件、组群功能、个性化的交互界面、远程管理、内容过滤器、在线申请账号等功能。即使在没有专线、路由器、网关等这些昂贵设备的情况下，依然可以利用 MDaemon 在局域网和 Internet 上互发邮件，从而以低廉的价格来构造性能强大的邮件系统。

(5) Winmail——这是由华兆科技公司开发的一款可运行于 Windows XP 以上全部 32/64 位操作系统上的邮件服务系统。与 MDaemon 类似，Winmail 邮件服务器的运行和维护成本相比于 Exchange 要低廉得多，并且性能稳定、具有非常友好的管理界面。Winmail 不仅可用于 Internet 互联网和 Intranet 局域网的邮件服务器，还可以作为拨号 ADSL 宽带、FTTB 光纤、LAN/主机托管、云主机等接入方式的邮件服务器和邮件网关，其 SMTP 服务可支持多域名、域别名、ESMTP 发信验证等功能，并支持 SSL 安全传输协议加密通信。用户可以使用各种通用邮件客户端软件(如 Foxmail、Windows Live Mail)来收发邮件。

💡 **注意：** 邮件系统对于企业来说是非常重要的业务系统，尽管在互联网上有很多诸如 Exchange、MDaemon 等产品的破解版本可以下载，但这些破解版本或多或少地存在功能上的残缺或性能上的不稳定，最终会导致产品质量上的风险，并不适用于正式企业在生产环境上的应用。第三方邮件服务器软件一般都非常简单易用，下面就使用 Winmail 来搭建公司的 E-mail 服务器。

2. 使用 Winmail 搭建公司 E-mail 服务器

Winmail 可以直接从官网 http://www.magicwinmail.com/download.php 下载最新的软件安装包，其安装非常简单，请读者自行完成。如果不输入注册码即为试用版，但试用版只能使用 30 天，仅支持 20 个邮箱、5 个域名，并有其他功能的限制。

在 Windows Server 2012 R2 系统中成功安装 Winmail 后，在"开始"→"应用"菜单中就会增加一个包含多个菜单项的 Magic WinMail 程序组。其中，"Magic WinMail 服务器程序"菜单项用于启动 WinMail 邮件服务器；"Magic WinMail 管理端工具"菜单项用于打开 Winmail 的管理界面，即"Winmail Mail Server -- 管理工具"窗口，可以对邮件系统的功能和性能参数以及域名、用户和组等进行详细配置。

下面以建立 chf 和 wjm 两个邮箱用户为例，简单介绍使用 Winmail 搭建具备基本邮件服务器功能的配置步骤，并进行收发邮件的测试。对于多域名、邮件过滤、防病毒设置等更多功能和性能参数的设置，读者可查阅相关资料自行实施。

步骤 1 启动 Winmail 并快速设置邮件服务器。首次通过选择"开始"→"应用"→"Magic WinMail 服务器程序"命令启动 Winmail 时，因为还没有创建任何邮件服务器的域和邮箱用户，所以会自动打开"快速设置向导"对话框，要求新建一个包含域名的邮箱地址。在"要新建的邮箱地址"文本框中输入"chf@xinyuan.com"，在"密码"文本框和"确认密码"文本框中两次输入该邮箱用户的密码。此时，Winmail 会自动开始初始化邮件系统的设置，完成初始化后就在"设置结果"中显示"新增域名 xinyuan.com 成功"和"新增邮箱地址 chf@xinyuan.com 成功"的信息，如图 6-41 所示。

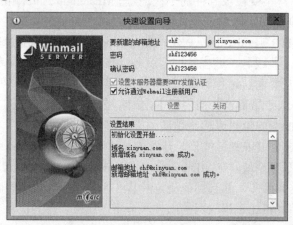

图 6-41　首次启动 Winmail 时自动打开的"快速设置向导"对话框

💡 **注意：** 如果企业邮件系统要求允许用户自行通过 Web 方式申请电子邮箱，则在"快速设置向导"对话框中应勾选"允许通过 Webmail 注册新用户"复选框。在完成快速设置后，就可以正常启动 Winmail 邮件服务器了，此时在 Windows 桌面的托盘上就会显示一个🖼图标，可以看出 Winmail 服务器程序的运行状态，通过右击该图标的快捷菜单还可以进行配置、邮件系统管理、停止邮件系统和退出系统等操作。此后，可以通过"Winmail Mail Server -- 管理工具"窗口对邮件系统的功能和性能参数以及用户等进行配置。

步骤 2　打开 Winmail 管理工具，进入用户管理界面。选择"开始"→"应用"→"Magic WinMail 管理端工具"命令，打开"Winmail Mail Server -- 管理工具"窗口，在左窗格中选择"用户和组"→"用户管理"选项，此时在右窗格的"用户管理"列表中就会列出已创建的 chf 和系统内建的 postmaster 两个邮箱用户，如图 6-42 所示。

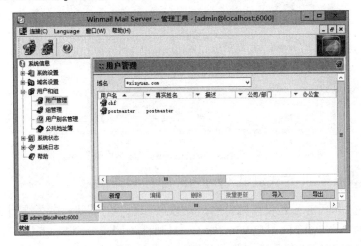

图 6-42　"Winmail Mail Server -- 管理工具"窗口的"用户管理"界面

💡 **注意：**　该窗口提供了对 Winmail 邮件服务器系统信息、系统设置、域名设置、用户和组、系统状态以及系统日志等所有信息进行集中管理的平台。其中，系统设置选项用于配置系统服务、SMTP、邮件过滤、Internet、邮件网关、计划任务、SSL/TLS 证书、防病毒等；域名设置选项用于创建多个普通域、允许通过 Webmail 注册邮箱、设置邮件默认容量和权限等；用户和组选项用于新建、删除、禁用用户邮箱，并设置用户邮箱大小、最多的邮件数、最大的允许发邮件字节数以及用户信息是否公开等，还可以将用户邮箱设置为只读邮箱，使用户通过邮件客户端或 Webmail 无法删除邮件；系统状态选项可用于查看邮件队列和邮件系统的当前状态；系统日志选项可用于查看系统所有服务的日志信息。由于这里仅搭建基本功能的邮件服务器，除了需要创建邮箱用户外，其他选项均保持默认配置即可，所以不再展开细述。

步骤 3　创建邮箱用户。为了对 Winmail 邮件服务器进行收发邮件的测试，还需要再创建一个 wjm 邮箱用户。单击"用户管理"列表框下方的"新增"按钮，打开"基本设置"对话框。在"用户名"文本框中输入"wjm"，在"密码"文本框中输入该邮箱用户的密码，"认证类型"和"账号状态"等均保持默认设置即可，如图 6-43 所示。最后单击"完成"按钮，即可在"用户管理"列表中看到新建的邮箱用户 wjm。

通过以上 3 个简单的设置步骤，一个具备基本功能的邮件服务器便架设完成，接下来就可以通过客户机使用自己的邮箱账户进行收发邮件了。

图 6-43   创建 Winmail 邮箱用户的"基本设置"对话框

3．使用 Web Mail 方式测试 Winmail 邮件服务器

本项目任务二和任务三是使用邮件客户端软件和命令方式进行收发邮件来测试 E-mail 服务器的，这里以用户 chf 向用户 wjm 发送一封邮件为例，介绍在 Windows 7 客户机上使用另一种 Web Mail 方式进行收发邮件，以测试 Winmail 邮件服务器的操作方法。

步骤 1   登录邮箱。打开 IE 浏览器，在地址栏中输入 http://mail.xinyuan.com:6080/并按 Enter 键，就会打开 Winmail 的登录页面，如图 6-44 所示。只需在"用户名"文本框中输入"chf"，在"密码"文本框中输入该邮箱用户的密码，并单击"登录"按钮，即可登录到用户 chf 的 Winmail 邮箱页面。

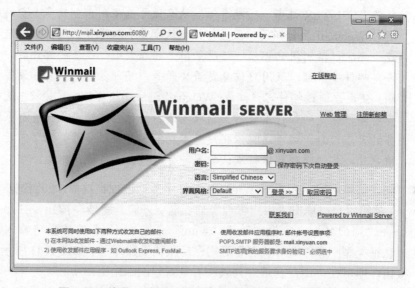

图 6-44   使用 IE 浏览器登录用户 chf 的 Winmail 邮箱页面

步骤 2 发送邮件。选择左侧的"写邮件"选项，在"收件人"文本框中输入邮件地址"wjm@xinyuan.com"，并在"主题"和邮件正文的文本框中输入想要发送的主题和正文内容，如有需要还可以单击"附件"按钮来添加附件，如图 6-45 所示。完成邮件撰写后单击"发送"按钮，该邮件就会立即被发送至用户 wjm 的邮箱中。

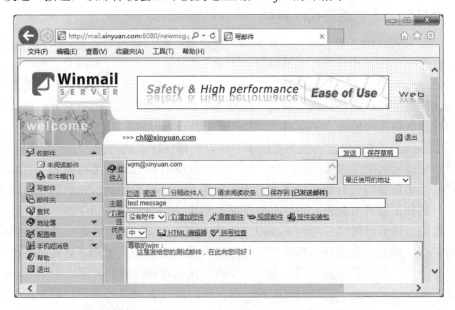

图 6-45　在用户 chf 的 Winmail 邮箱页面中撰写新邮件

步骤 3 接收邮件。按步骤 1 使用 IE 浏览器打开 Winmail 登录页面，在"用户名"和"密码"文本框中输入"wjm"及对应邮箱用户的密码，并单击"登录"按钮，即可登录到用户 wjm 的邮箱页面。在左侧选择"收邮件"→"收件箱"选项，即可查看来自邮箱用户 chf 的邮件详细内容，如图 6-46 所示。

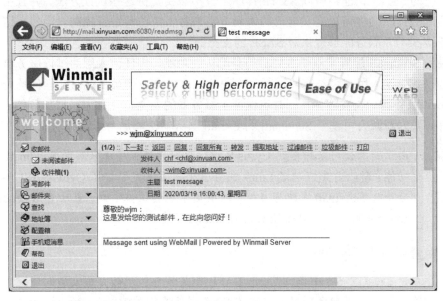

图 6-46　登录用户 wjm 的 Winmail 邮箱后查看收到的邮件

三、配置带认证的 Sendmail 服务

通过对 Sendmail 的深入和精准配置，可以架设满足各种企业需求的 E-mail 服务器。这里仅介绍一种带认证功能的 Sendmail 配置方法，并进行测试验证。

1．SMTP 认证功能与技术方案

如果使用 Sendmail 的默认配置，在为用户发送或中转邮件时并不会对用户的身份进行认证，这就给一些广告或垃圾邮件的制造者提供了机会。任何人只要想发送邮件，就可以利用任何一台没有带认证功能而又开放中转(Open Relay)功能的 E-mail 服务器为其发送大量的广告或垃圾邮件。同时，没有身份认证功能的邮件传送机制，也会给网络服务器的管理员处理问题邮件带来追踪上的困难。

虽然 Sendmail 8.9.3 以上的版本提供了一些限制邮件转发的功能，但它只能根据 IP 地址、邮件地址或域名来进行限制。因此，为了不让公司的 E-mail 服务器成为广告或垃圾邮件的中转站，多数管理员只能将服务器设置为限制开放中转的模式，拒绝为可信赖的企业内部网以外的使用者转发邮件；可这种限制又会给合法用户带来使用上的不便，比如员工出差在外地就无法继续使用公司的 E-mail 服务器发送邮件。而如果将 E-mail 服务器设置为开放中转模式，则又会造成服务器的转发功能很容易被恶意用户滥用。这是长期困扰着管理员的一个矛盾，对于那些免费邮件服务提供商来说也存在同样的问题。

以往要解决这个问题，必须通过购买一些昂贵的商业 E-mail 服务器，以便在使用者发出邮件前首先进行身份的认证。但 Sendmail 8.10.0 以上的版本已开始支持 SMTP 认证功能，它可以搭配 Cyrus-SASL 身份认证程序库，实现了以往只有商业 E-mail 服务器软件才具备的身份认证功能。SASL(Simple Authentication and Security Layer，简单认证安全层)提供了模块化的 SMTP 认证扩展，在实现了对 PLAIN 以及 CRAM-MD5 加密等协议的基础之上，还提供了 Kerberos、用户数据库、passwd 文件、PAM 等多种认证方法。由于是在 SASL 之上构建自己的 SMTP 认证，所以 SMTP 程序本身不需要支持这些认证方法，并且用户成功认证以后，SMTP 同样可以定义自己的访问策略来对用户访问进行控制。当然，这里首先必须保证该 SMTP 服务能够提供对 SASL 的支持。

如果为 Sendmail 配置了基于 SASL 的身份认证功能，则任何人想通过该服务器发送邮件，都必须首先输入用户名和密码进行身份确认，这样既方便员工能够在任何场合使用公司的 E-mail 服务器来收发邮件，同时也保证了服务器的安全，并且无须增加额外的费用。因此，有必要为新源公司基于 Sendmail 的 E-mail 服务器上添加身份认证功能。

💡 **注意：** 由于新源公司采用搭配 Cyrus-SASL 身份认证程序库来实现 Sendmail 的认证功能，所以首先应确定 Linux 服务器上是否已完整安装 Cyrus-SASL 组件；然后修改 Sendmail 主配置文件，以确定系统的认证方式；最后重启 sendmail 和 dovecot 服务，而且必须启动 saslauthd 服务。

2．检查或安装 Cyrus-SASL 软件包

以下命令是 CentOS 6.5 中查询 Cyrus-SASL 相关软件包已被完整安装的情况。如果没有查询到这些软件包，可参考项目一中安装 DNS 服务器相关软件包的示例来进行安装。

```
# rpm -qa |grep cyrus-sasl
cyrus-sasl-devel-2.1.23-13.el6_3.1.i686
cyrus-sasl-2.1.23-13.el6_3.1.i686
cyrus-sasl-md5-2.1.23-13.el6_3.1.i686
cyrus-sasl-lib-2.1.23-13.el6_3.1.i686
cyrus-sasl-plain-2.1.23-13.el6_3.1.i686
cyrus-sasl-gssapi-2.1.23-13.el6_3.1.i686
#
```

3. 配置 Sendmail 的认证功能

步骤 1 查看/usr/lib/sasl2/Sendmail.conf 文件。该文件默认仅有一个 pwcheck_method 配置选项，且已指定 Sendmail 采用的认证方法为 saslauthd，因此无须修改。

```
# cat /usr/lib/sasl2/Sendmail.conf              //注意文件名首字母为大写
pwcheck_method: saslauthd
```

步骤 2 修改 Sendmail 宏配置文件 sendmail.mc 中的以下内容，并重新使用宏处理程序 m4 生成主配置文件 sendmail.cf。

```
# vim /etc/mail/sendmail.mc
…  //找到以下与认证相关的两行(CentOS 6.5 原始的默认文件中为第 52 和 53 行)
    //删去行首的 dnl 注释符成为有效配置行，即修改为如下
TRUST_AUTH_MECH('EXTERNAL DIGEST-MD5 CRAM-MD5 LOGIN PLAIN')dnl
define('confAUTH_MECHANISMS', `EXTERNAL  GSSAPI  DIGEST-MD5  CRAM-MD5  LOGIN
PLAIN')dnl
    //以下配置行此前已设置，因其重要性再次列出核对，其中的 IP 地址也可用 192.168.1.3
DAEMON_OPTIONS('Port=smtp,Addr=0.0.0.0, Name=MTA')dnl
    //以下配置行默认是以 dnl 开头被注释的，可去掉注释符
DAEMON_OPTIONS(`Port=submission, Name=MSA, M=Ea')dnl
#                                        //修改后保存并退出
# m4 /etc/mail/sendmail.mc > /etc/mail/sendmail.cf
#                                        //生成主配置文件 sendmail.cf
```

💡 **注意：** 管理员在配置 Sendmail 服务时，通常都是先修改宏配置文件 sendmail.mc，再用 m4 命令生成主配置文件 sendmail.cf，而不是直接修改 sendmail.cf 文件。其实这样做不仅仅是因为 sendmail.mc 文件中的语法相对比较容易理解，还因为有些功能必须通过修改 sendmail.mc 文件才能实现，比如配置 Sendmail 的认证功能就是如此。

步骤 3 清除转发控制文件/etc/mail/access 中的所有内容(包括此前添加的两行)，或者在每行的行首加#号注释，使 Sendmail 允许中转来自任何网络的邮件；然后使用 makemap 命令将 access 文件重新转换生成 access.db 数据库文件，具体操作如下。

```
# vim /etc/mail/access
…  //原有注释行略，在以下所有配置行的行首加#号注释使其无效，或删除所有行
```

```
#Connect:localhost.localdomain                    RELAY
#Connect:localhost                                RELAY
#Connect:127.0.0.1                                RELAY
#Connect:xinyuan.com                              RELAY
#Connect:192.168.1.3                              RELAY
#                                                 //清空或全部被注释后保存并退出
# makemap -r hash /etc/mail/access.db < /etc/mail/access
#                                                 //生成 access.db 数据库文件
```

4. 启动或重启有关服务并检测认证功能

在重新生成 Sendmail 主配置文件 sendmail.cf 后，必须重启 sendmail 服务才能使修改的配置生效，这里同时将 dovecot 服务也进行一次重启。另外，为 Sendmail 配置了基于 SASL 的身份认证功能，还必须启动 saslauthd 服务，这一点切不可忘记。

```
# service sendmail restart                        //重启 sendmail 服务
Shutting down sm-client:                          [ OK ]
Shutting down sendmail:                           [ OK ]
Starting sendmail:                                [ OK ]
Starting sm-client:                               [ OK ]
# service dovecot restart                         //重启 dovecot 服务
Stopping Dovecot Imap:                            [ OK ]
Starting Dovecot Imap:                            [ OK ]
# service saslauthd start                         //启动 saslauthd 服务
# sendmail -d0.1 -bv root |grep SASL              //检测是否已包含 SASL 认证
        NETUNIX NEWDB NIS PIPELINING SASLv2 SCANF SOCKETMAP STARTTLS
        //有此行显示表明 SASL 已被编译到 sendmail 中(CentOS 中使用 SASL 的 v2 版本)
# telnet 127.0.0.1 25                             //使用 telnet 进一步测试
Trying 127.0.0.1...
Connected to localhost (127.0.0.1).
Escape character is '^]'.
220 localhost.localdomain ESMTP Sendmail 8.14.1/8.14.1; Tue, 20 Nov 2018 21:11:51
+0800
EHLO 127.0.0.1
250-localhost.localdomain Hello localhost [127.0.0.1], pleased to meet you
250-ENHANCEDSTATUSCODES
250-PIPELINING
250-8BITMIME
250-SIZE
250-DSN
250-ETRN
250-AUTH GSSAPI DIGEST-MD5 CRAM-MD5 LOGIN PLAIN
250-DELIVERBY
250 HELP
```

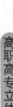

```
        //有"AUTH"一行(倒数第 3 行)内容显示,则表示带认证的 Sendmail 配置成功
quit                                                    //退出 telnet
221 2.0.0 mail.xinyuan.com closing connection
Connection closed by foreign host.
#
```

5. 使用 Foxmail 测试带认证的 E-mail 服务器

通过上述操作,尽管已经对 Sendmail 是否具备 SASL 认证功能采取了两种方法加以检测,但最终的测试还是应通过邮件客户端软件设置 SMTP 认证后也能正常收发邮件。仍以 Foxmail 为例,只需修改 chf@xinyuan.com 和 wjm@xinyuan.com 两个邮箱账户的属性,在图 6-21 所示的"邮箱账户设置"对话框中,勾选"SMTP 服务器需要身份验证"复选框即可。Foxmail 的具体配置及收发邮件测试请读者参考任务二,这里不再赘述。

小　　结

电子邮件(E-mail)以其使用简易、传送快捷、成本低廉、易于保存等优势,一直是 Internet 上最重要、应用最为广泛的服务之一。E-mail 像普通邮件一样也需要地址,其地址的统一标准格式为"用户名@主机域名"。按照用户使用 E-mail 的方式不同,E-mail 的收发有网页邮件 Web Mail 和基于客户端的 E-mail 两种方式。

一个完整的电子邮件系统通常包括 4 个主要构件:邮件用户代理(MUA)、邮件传输代理(MTA)、邮件分发代理(MDA)以及邮件传输使用的协议。其中,MTA 和 MDA 是邮件服务端程序,由于 MTA 在邮件系统中承担着邮件转发的核心任务,所以人们习惯上将邮件传输代理软件直接称为邮件服务器(如 Sendmail);MUA 是运行于客户机的程序,用于邮件撰写、阅读、发送和接收;目前 E-mail 使用的两个最重要的协议是负责邮件发送或中转的简单邮件传送协议(SMTP,默认端口 25)和负责邮件接收的邮局协议第 3 版(POP3,默认端口 110)。当用户发送一封写好的 E-mail 时,邮件客户端程序会将信件打包并发送到用户所属的 ISP 邮件服务器上;邮件服务器根据收件人地址寻找一条合适的路径,将邮件传送至下一个邮件服务器,并照此一级一级继续往前传送,直至收件人所属的 ISP 邮件服务器,并保存在收件人邮箱中,通知收件人有一封新邮件。当收信人接收邮件时,邮件客户端软件与邮件服务器进行连接,并从收件人邮箱中读取自己的邮件。

企业架设邮件服务器,通常是用于企业内部员工之间、员工与公司客户之间使用电子邮件进行联络交流和公文传递。利用 Windows Server 2003 自带的 POP3 和 SMTP 两个服务组件,无须添加任何其他软件就可以架设一台功能完整的邮件服务器。但 Windows Server 2008 及以后就去除了 POP3 服务组件,仅包含 SMTP 服务组件,因此要架设一台功能完整的邮件服务器,只能使用 Microsoft Exchange Server 或借助于其他的第三方邮件服务器软件了。在 Linux 系统中,Sendmail 是一个安全性、稳定性和可移植性都非常好的邮件服务器软件,几乎所有 Linux 发行版都自带了它的安装包。除此之外,Postfix、Qmail、Exim 等也是 Linux 平台下较为常用的免费开源邮件服务器软件。

无论是 Windows 平台还是 Linux 平台,架设 E-mail 服务器其实就是配置 POP3 和 SMTP

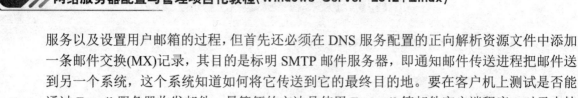

服务以及设置用户邮箱的过程,但首先还必须在 DNS 服务配置的正向解析资源文件中添加一条邮件交换(MX)记录,其目的是标明 SMTP 邮件服务器,即通知邮件传送进程把邮件送到另一个系统,这个系统知道如何将它传送到它的最终目的地。要在客户机上测试是否能通过 E-mail 服务器收发邮件,最简便的方法是使用 Foxmail 等邮件客户端程序;对于支持Web Mail 方式的 E-mail 服务器(如 Winmail),也可以使用浏览器登录到用户邮箱进行收发邮件;当然,作为系统管理员,还应学会使用远程访问工具 Telnet 和 SSH 来进行测试,尤其是 E-mail 服务器工作异常时,通过命令访问测试更容易找出问题所在。

习　　题

一、简答题

1. 用户使用电子邮件的方式有哪几种?它们各有什么优缺点?

2. 一个邮件系统主要由哪几部分组成?分别起什么作用?

3. E-mail 最常用的协议有哪两个?简述其功能及使用的默认端口号。

4. 简述从发件人发送邮件到收件人接收邮件的工作过程。

5. 仅利用 Windows Server 2012 自带的组件能否架设一台功能完整的邮件服务器?要架设功能完整的邮件服务器,您认为可以有哪几种解决方案?

6. Linux 平台下常用的免费邮件服务器软件有哪些?简述各自的优缺点。

7. 在配置邮件服务器时,为什么需要在 DNS 服务器的正向解析资源文件中添加一条邮件交换(MX)记录?如何使用 nslookup 命令来测试 MX 记录配置是否成功?

8. 在基于 Sendmail 的邮件服务器架设中,为什么通常都是修改 sendmail.mc 文件来修改配置?如何将其转换成主配置文件 sendmail.cf?如何创建邮箱用户及其邮箱目录?

9. 简述客户机上使用 telnet 命令发送和接收邮件的主要步骤和命令。

二、训练题

魅影饰品公司为了让员工之间能使用公司内部邮箱进行联络交流和公文传递,决定使用 Linux 平台架设基于 Sendmail 的邮件服务器,其 IP 地址为 192.168.1.5,要求为每个员工配置形如 "username@mysp.com" 的邮箱,员工均使用 Foxmail 来管理自己的邮箱账户。

(1) 配置符合公司需求的邮件服务器(邮箱账户暂时只设置 xtt 和 wbj 用于测试)。

(2) 在两台安装有 Foxmail 软件的 Windows 7 客户机上,分别配置 wjm@mysp.com 和 chf@mysp.com 邮箱账户,进行互相发送和接收邮件的测试。

(3) 在两个客户机上分别使用各自的邮件账户,用 telnet 命令相互发送和接收邮件。

(4) 按附录 C 中简化的文档格式,撰写 E-mail 服务项目实施报告。

项目七 VPN 服务器配置与管理

能力目标

- 能根据企业网络信息化建设需求和项目总体规划合理设计 VPN 服务方案
- 能在 Windows 和 Linux 两种平台下正确安装和配置 VPN 服务器
- 会配置 Windows 客户机并进行 VPN 连接与访问的测试
- 初步具备 VPN 服务器及其访问中常见问题的诊断与排查能力

知识要点

- VPN 服务的基本概念与实现机制
- 常用的 VPN 隧道协议和认证方式
- Linux 下配置 VPN 服务器所需的软件包及有关配置文件的语法

任务一 知识预备与方案设计

一、VPN 及其实现机制

1. VPN 的定义

实际中的许多企业往往在不同地域开设有多家分支机构，企业总部通常配置有多台应用服务器，架设了服务完善的企业内部网，而各分支机构也建设有自己的局域网。企业需要实现总部与各分公司之间的协同办公，分公司的员工要能访问集成在企业总部的文件服务器、Web 站点、电子邮件系统等信息服务，实现各部门之间的信息交互。

虽然移动用户或远程用户通过拨号访问企业内部专用网络的实现方法有许多种，但传统的远程访问方式不仅通信费用比较高，而且在与企业内部专用网络中的计算机进行数据传输时，不能保证企业内部私有数据的通信安全。近些年来，VPN 作为一种虚拟网络技术得到了广泛的应用，企业通过部署 VPN 系统，利用公共网络实现企业总部与异地分公司之间的异地组网，已成为目前最廉价却又最理想的解决方案。

VPN(Virtual Private Network，虚拟专用网络)是一种利用公共网络来构建私人专用网络的技术，也是一条穿越公用网络的安全、稳定的隧道。它涵盖了跨共享网络或公共网络的封装、加密和身份验证链接的专用网络的扩展，从而避开了各种安全问题的干扰。之所以称之为虚拟网，主要是因为整个 VPN 的任意两个节点之间的连接并没有传统专用网所需要的端到端的物理链路，而是架构在公用网络服务商所提供的网络平台，如 Internet、ATM(异步传输模式)、Frame Relay(帧中继)等之上的逻辑网络，用户数据在逻辑链路中传输。因此，VPN 借助于公共网络，可以使本来只能局限在很小地理范围内的企业内部网扩展到世界上的任何一个角落。

2. VPN 的典型架构及实现机制

一种典型的企业 VPN 服务项目网络拓扑结构如图 7-1 所示。

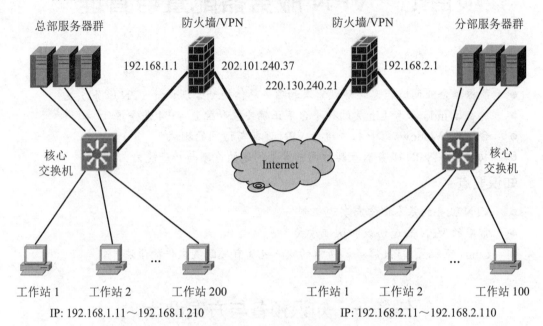

图 7-1　典型企业 VPN 项目的网络拓扑结构

　　两个具有 VPN 发起能力的设备提供了通过 Internet 安全地对企业内部网络进行远程访问的连接方式。VPN 客户机采用基于 TCP/IP 的隧道协议对 VPN 服务器的虚拟端口进行虚拟呼叫；服务器接受呼叫并验证对方身份后，就在客户机和服务器之间通过 Internet 建立了点对点的 VPN 连接，或者说开辟了一条穿越 Internet 的临时虚拟通道(即隧道)。此后，在隧道的发起端即服务端，用户的私有数据经过封包和加密之后在隧道中传输，而到了隧道的接收端即客户机上，再将接收到的数据经过拆包和解密之后安全地交给用户端程序。这样，企业分部的用户通过 Internet 远程访问企业总部的服务器时，如同通过"网上邻居"访问本地服务器一样。在外部看起来，这条虚拟通道好像是一条通信专线，达到了私有网络的安全级别，但它又无须铺设专用的通信电缆或光缆。由此可见，实现 VPN 访问的最大优点是成本低廉、安全性高，并且企业完全具有控制隧道通信的主动权，因为 VPN 上的设施和服务都是由企业自己掌控的。

　　上述用于实现 VPN 连接的设备可以是专用防火墙或者带 VPN 功能的路由器，而对于不具备这些专用设备的中小企业或个人家庭网络，也可以使用运行 Linux 或 Windows 的普通计算机，通过安装防火墙/VPN 服务器软件并做一些简单的配置来实现。但在这种典型的企业 VPN 系统架构中，无论采用哪种 VPN 设备，这个设备都必须具有两个网络接口，一个用于连接企业内部网络，另一个用于连接外部的 Internet 公网。

　　实际中还有另一种在仅安装单网卡的计算机上配置 VPN 服务器，并实现 VPN 访问的方法。这种方法在内部网络结构较为简单，且只是在通过 Optical Modem(光猫)接入 Internet 的家庭网络、小型企业甚至某些中型企业中应用十分广泛。在本项目中，新源公司 VPN 服

务采用的就是这种成本低廉却又安全的 VPN 解决方案。

3．VPN 隧道协议

VPN 是采用隧道技术实现通信的。所谓隧道技术，就是当数据包经过源局域网与公网的接口处时，由特定的设备将这些数据包作为负载封装在一种可以在公网上传输的数据报文中；而当数据报文到达公网与目的局域网的接口处时，再由相应的设备将数据报文解封装，取出原来在源局域网中传输的数据包，放入目的局域网中。被封装的局域网数据包穿越公网传递时所经过的逻辑路径被形象地称为"隧道"。

客户机和服务器必须使用相同的协议才能建立隧道并实现隧道通信。目前，VPN 使用的协议主要有第二层隧道协议 PPTP 和 L2TP，以及第三层隧道协议 IPSec。

(1) PPTP(Point-to-Point Tunneling Protocol，点对点隧道协议)。PPTP 在 RFC2637 中定义，可看作是对 PPP(点对点协议)的扩展，它将 PPP 数据帧封装成 IP 数据包，并提供了在 PPTP 客户端与服务端之间的加密通信，其前提是通信双方有连通且可用的 IP 网络。PPTP 客户端与服务端交换的报文有控制报文和数据报文两种。其中，控制报文负责 PPTP 隧道的建立、维护和断开，控制连接由客户机首先发起，它向 PPTP 服务器监听的 TCP 端口(默认为 1723 号端口)发送连接请求，得到回应后建立起控制连接，再通过协商建立起 PPTP 隧道用于传送数据报文；数据报文负责传送真正的用户数据，承载用户数据的 IP 包经过加密、压缩之后，再依次经过 PPP、GRE(通用路由封装)、IP 的封装，最终得到一个可以在 IP 网络中传输的 IP 包送达 PPTP 服务器。PPTP 服务器接收到该 IP 包后，经过层层解包、解密和解压缩，最终得到承载用户数据的 IP 包，并将其转发到内部网络上。PPTP 采用 RSA 公司的 RC4 作为数据加密算法，保证了隧道通信的安全性。

💡 注意：　除了 IP 外，用户数据包也可以是其他协议，如 IPX 数据包或 NetBEUI 数据包等。也就是说，PPTP 允许对多协议通信进行加密，然后封装在 IP 包头中，以通过基于 IP 的互联网发送。

(2) L2TP(Layer 2 Tunneling Protocol，第二层隧道协议)。L2TP 由 RFC2661 定义，结合了 L2F(第二层转发)协议和 PPTP 的优点，由 Cisco、Ascend、Microsoft 等公司在 1999 年联合制定，已成为第二层隧道协议的工业标准，得到了众多网络厂商的支持。L2TP 支持 IP、X.25、帧中继或 ATM 等作为传输协议，但目前使用最多的还是基于 IP 网络的 L2TP。与 PPTP 类似，L2TP 客户端与服务端之间交换的报文也包括控制报文和数据报文，并且也使用 PPP 协议，可对多种不同协议的用户数据包进行封装，然后再添加运输协议的包头，以便能在互联网上传输。L2TP 与 PPTP 的不同之处主要有：①L2TP 的两种报文都是把 PPP 帧使用 UDP 进行封装，默认监听 1701 端口进行隧道维护，而 PPTP 使用 TCP 封装，默认监听端口号为 1723；②L2TP 允许在任何支持点对点传输的媒介中发送数据包，而 PPTP 要求传输网络必须是 IP 网络；③L2TP 支持在两端使用多条隧道，而 PPTP 只能在两端建立一条隧道；④L2TP 可提供隧道验证，而 PPTP 则不支持；⑤L2TP 依靠 IPSec(Internet 协议安全)为其提供加密服务，二者的组合称为 L2TP/IPSec，提供了封装和加密专用数据的主要 VPN 服务，而 PPTP 自身就提供 RC4 数据加密。

(3) IPSec(Internet Protocol Security，Internet 协议安全)。IPSec 是由 IETF 标准定义的

Internet 安全通信的一系列规范,它提供了私有信息通过公用网的安全保障。由于 IPSec 所处的 IP 层是 TCP/IP 的核心层,因此可以有效地保护各种上层协议,并为各种应用层服务提供一个统一的安全平台。IPSec 也是构建第三层隧道时最常用的一种协议,将来有可能成为 IP VPN 的标准。IPSec 的基本思想是把与密码学相关的安全机制引入 IP,通过使用现代密码学所创立的方法来支持保密和认证服务,使用户可以有选择地使用它提供的功能,以获得所要求的安全服务。IPSec 是随着 IPv6 的制定而产生的,但由于 IPv4 的应用仍非常广泛,所以在 IPSec 规范的制定过程中也增加了对 IPv4 的支持。IPSec 规范相当复杂,其包含的许多标准还在不断完善中,主要内容有:安全关联和安全策略;IPSec 协议的运行模式;AH(Authentication Header,认证头)协议;ESP(Encapsulate Security Payload,封装安全载荷)协议;IKE(Internet 密钥交换)协议等。

4. VPN 的身份认证协议

PPTP 和 L2TP 都是对 PPP 帧进行再次封装,以便能通过公网到达目的地,再解除封装还原成 PPP 帧。从这个角度来说,也可以认为隧道双方是通过 PPP 进行通信的。PPP 链路的建立过程中,有个重要阶段就是对用户的身份进行认证,即要求链路连接发起方在认证选项中填写认证信息,只有得到接收方的许可后才能建立链路,这样可以防止非法用户的连接。VPN 隧道通信除了使用 PPP 协议本身的 PAP 和 CHAP 两种认证方式外,还可以使用另一种支持多种链路(包括 PPP)的更加灵活的 EAP 认证方式。

(1) PAP(Password Authentication Protocol,口令认证协议)。PAP 由 RFC2865 定义,只在建立链路时进行 PAP 认证,一旦链路建立成功就不再进行认证检测。PAP 认证采用简单的二次握手机制,即被验证方发送明文的用户名和密码到验证方,验证方则根据自己的网络用户配置信息验证用户和密码是否正确,然后做出允许或拒绝连接的选择。因为明文的用户名和密码在网络传输过程中很容易被第三者截获,从而对网络安全造成威胁,所以 PAP 并不是一种健全的认证方法,它仅适用于对安全要求较低的网络环境。

(2) CHAP(Challenge-Handshake Authentication Protocol,质询握手认证协议)。CHAP 由 RFC1994 定义,不仅在链路建立过程中进行 CHAP 认证,并且在链路建立成功后还会进行多次认证检测。CHAP 的认证过程采用较为复杂的三次握手机制,即①主认证方发送包含一个随机数和认证用户名的挑战(Challenge)消息到被认证方;②被认证方接收到主认证方的认证请求后,在本地用户表中查找该用户名对应的密码(若没有设置密码则使用默认密码),并根据此密码以及主认证方发来的报文 ID 和随机数采用 MD5 算法生成一个 Hash 值,将其与用户名一起作为响应(Response)消息发回给主认证方;③主认证方接收到响应消息后,在本地用户表中查找被认证方发来的认证用户名对应的密码,同样根据此密码以及报文 ID 和随机数采用 MD5 算法生成一个 Hash 值,然后将该 Hash 值与被认证方发来的 Hash 值进行比较,如果一致,则向被认证方发送一个承认(Acknowledge)消息表示认证通过,否则就向被认证方发送一个不承认(Not Acknowledge)消息,表示认证失败而终止链路。由此可见,CHAP 虽然要求双方都知道用户的密码明文,但密码从不在网络上传输。只要链路还存在,CHAP 认证过程随时都可能发生,并且链路两端谁都可以作为主认证方而向对方发起挑战,并且通过使用递增的报文 ID 和随机数,可以防止对方的重放攻击。

(3) MS-CHAP。这是微软版的 CHAP,起初的 v1 版由 RFC2433 定义,后来的 v2 版由

RFC2759 定义。MS-CHAPv2 在 Windows 2000 中引入，并在更新 Windows 95/98 时也提供了对 v2 的支持，而从 Windows Vista 后就去掉了对 v1 的支持。与标准 CHAP 相比，MS-CHAP 的主要特点有 3 个方面：①双方可以通过协商起用 MS-CHAP；②提供了一种由验证发起方控制的密码修改和重试机制；③定义了验证失败时的出错代码。

(4) EAP(Extensible Authentication Protocol，可扩展认证协议)。EAP 实际上是一系列认证方式的集合，其设计理念是满足任何链路层的认证需求，可以提供不同的方法分别支持 PPP、以太网、无线局域网的链路认证。EAP 是 IEEE 802.1x 认证机制的核心，它并不在链路建立阶段指定认证方法，而是到了认证阶段才指定，甚至允许指定专门的认证服务器来执行真正的认证工作，这样就实现了 EAP 的可扩展性和灵活性。

二、设计企业网络 VPN 服务方案

1. 分析项目需求

新源公司是一家中小型民营企业，目前在外地尚未正式成立分公司，仅有两名员工长期驻留在上海办事处。公司内部网络结构非常简单，所有员工都是通过 Optical Modem 共享方式接入 Internet。但公司需要员工在家里或在外地也能便捷、安全地访问公司内网资源，包括内网计算机中的共享资源、仅供内网访问的 Web 站点、FTP 站点等，还能通过公司内部网中的 E-mail 服务器收发邮件。为此，新源公司要求在不增加额外硬件成本的前提下，在已有服务器上架设 VPN 服务，让公司员工能随时随地通过 VPN 访问内网资源。

2. 设计网络拓扑结构

根据项目的需求分析，新源公司决定采用单网卡实现 VPN 安全访问的简单架构，为此设计 VPN 服务项目的网络拓扑结构如图 7-2 所示。

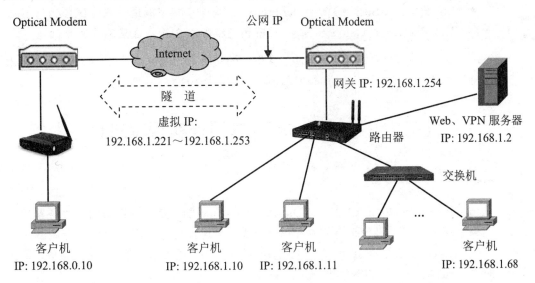

图 7-2 新源公司 VPN 服务项目的网络拓扑结构

💡 注意： 本项目采用单网卡 VPN 架构也便于读者在简单的网络实训环境中实施模拟

配置，而多数书籍和网上资料介绍的都是典型双网卡 VPN 架构(见图 7-1)的实现方法，对于具备相应实训条件的读者也可以自行参考实施配置。

3. 制定 VPN 实施方案

按照 VPN 服务项目的网络拓扑结构设计，新源公司 VPN 服务器与 Web 服务器架设在同一台物理服务器上，该服务器上仅安装有一块网卡，配置的 IP 地址为 192.168.1.2。客户机在远程连接 VPN 服务器后，客户机和服务器需要各自获取一个虚拟 IP 地址，本项目将虚拟 IP 地址的范围设置为与公司内网同一网段的 192.168.1.221～192.168.1.253(实际中也可以指定任何其他网段的某个 IP 地址)，这些 IP 地址已在项目二规划 IP 地址时专门为此用途而保留。这样，客户机与 VPN 服务器之间通过相同网段的虚拟 IP 地址实现通信，就像建立了一条穿越 Internet 的虚拟专用"隧道"，实现了公司员工在家里或外地也能如同处于公司内部一样，访问各种内网资源(如 Web、FTP 站点等)的目的。

从实现 VPN 的 PPTP、L2TP 和 IPSec 三种常用隧道协议来说，由于点对点隧道协议 PPTP 使用时间最久，有着占用资源少、运行速度快、非常容易搭建等优势，并且几乎所有平台都内置了 PPTP 协议的 VPN 客户端，至今仍然是企业和 VPN 供应商的热门选择，因此新源公司也决定架设基于 PPTP 的 VPN 服务器。

💡 **注意：** 事实上，除了 PPTP、L2TP 和 IPSec 三种隧道协议外，还有多种 VPN 实现技术。例如，OpenVPN 就是一种新的基于 OpenSSL 库和 SSLv3/TLSv1 协议的应用层 VPN 实现，是免费的开源软件。与 PPTP 相比，OpenVPN 的加密强度较高，不易在传输通路上被人劫持和破解信息，并且可以将其配置在任何端口上运行，具有穿越网络地址转换(NAT)和防火墙的功能，但它需要第三方软件，安装配置过程较为烦琐，连接速度和传输效率相对略低。另外还有 SSTP(Secure Socket Tunneling Protocol，安全套接字隧道协议)、IKEv2(Internet Key Exchange version 2，因特网密钥交换版本 2)等，这里不再展开细述。

另外，公司员工在家里或外地上网时，客户机的私有 IP 地址其实可以是任意的，在本项目中只是为了便于介绍 VPN 的访问测试，所以假设为 192.168.0.10。

任务二　Windows 下单网卡实现 VPN

一、安装 VPN 服务器

在 Windows Server 2012 R2 中，"DirectAccess 和 VPN"是"远程访问"服务器角色中的一个角色服务，它通过虚拟专用网络(VPN)或拨号连接为远程用户提供对专用网络上资源的访问。因此，如果要在 IP 地址为 192.168.1.2 的 Web 服务器上架设 VPN 服务，首先就要添加"DirectAccess 和 VPN"这一角色服务。

步骤 1　打开"服务器管理器"窗口，在左窗格中选择"仪表板"选项后，在右窗格中选择"添加角色和功能"选项；或者直接选择"管理"→"添加角色和功能"命令，打开"添加角色和功能向导"窗口。在向导进入"选择服务器角色"界面后，勾选"远程访问"复选框，如图 7-3 所示。

　　步骤 2　单击"下一步"按钮，向导进入"选择功能"界面，勾选"RAS 连接管理器管理工具包(CMAK)"复选框，如图 7-4 所示。

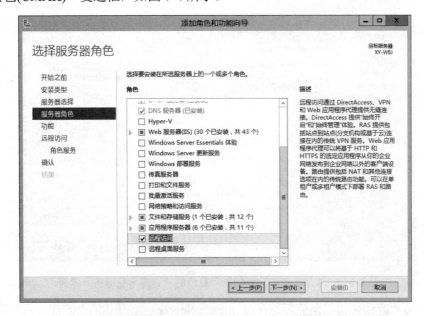

图 7-3　"添加角色和功能向导"窗口的"选择服务器角色"界面

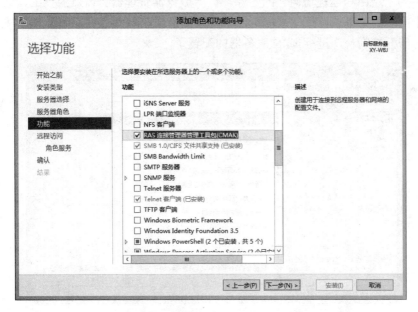

图 7-4　"添加角色和功能向导"窗口的"选择功能"界面

　　步骤 3　单击"下一步"按钮，向导进入"远程访问"界面，介绍 DirectAccess、VPN和 Web 应用程序代理的功能。继续单击"下一步"按钮，向导就进入"选择角色服务"界面，勾选"DirectAccess 和 VPN (RAS)"和"路由"两个复选框，如图 7-5 所示。

　　步骤 4　单击"下一步"按钮，再单击"安装"按钮，向导即可开始安装，当安装完毕并显示"安装进度"界面时,单击"结束"按钮即可。

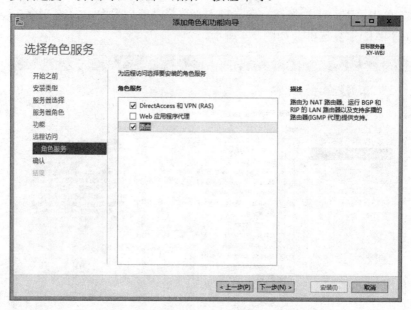

图 7-5 "添加角色和功能向导"窗口的"选择角色服务"界面

成功安装"远程访问"角色后,在 Windows Server 2012 R2 的"管理工具"窗口中会增加一个名为"路由和远程访问"的图标,在"服务器管理器"窗口的"工具"菜单中也会增加一个同名的菜单项。接下来就可以利用该图标或菜单命令打开如图 7-6 所示的"路由和远程访问"控制台,进行 VPN 服务器的配置了。

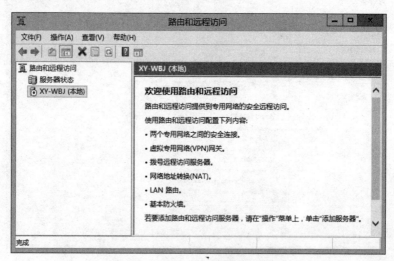

图 7-6 "路由和远程访问"控制台

注意: 在"路由和远程访问"控制台中可以看到,左窗格的"服务器状态"选项下面已有一个名称为"XY-WBJ(本地)"的服务器图标,即系统已经将此计算机添加为路由和远程访问服务器。但是,该服务器名称的图标上有一个红色箭头标记,表示服务器并未启用而处于停止状态。

二、配置 VPN 服务器

在此计算机添加路由和远程访问服务器后，VPN 服务器还需要进行以下 3 项配置。

(1) 配置"VPN 访问"服务，并启用路由和远程访问服务。

(2) 设置隧道通信双方在建立 VPN 连接时自动获取的虚拟 IP 地址段。

(3) 创建有拨入权限的用户，让客户端有权连接到 VPN 服务器。

💡 **注意：** 管理员也可以不使用系统默认添加的路由和远程访问服务器，而是通过右击"服务器状态"选项，在弹出的快捷菜单中选择"添加服务器"命令，打开如图 7-7 所示的"添加服务器"对话框，将此计算机或者指定网络中的其他计算机添加为路由和远程访问服务器。实际上，在旧版本的 Windows Server 2003 系统中，安装"路由和远程访问"组件后，默认并没有将此计算机添加为路由和远程访问服务器，而是需要管理员使用上述操作来手动添加。

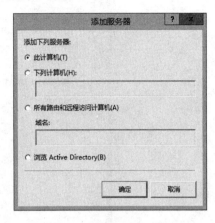

图 7-7 "添加服务器"对话框

1. 配置并启用路由和远程访问服务

步骤 1 在"路由和远程访问"窗口中，右击"XY-WBJ (本地)"服务器图标，在弹出的快捷菜单中选择"配置并启用路由和远程访问"命令，打开"路由和远程访问服务器安装向导"对话框。在向导首先出现的"欢迎"界面中直接单击"下一步"按钮，向导进入"配置"界面，选中"自定义配置"单选按钮，如图 7-8 所示。

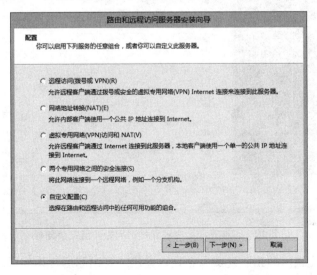

图 7-8 在向导的"配置"界面中选中"自定义配置"单选按钮

注意： 因为这里配置的是采用单网卡实现 VPN，所以在该步骤中必须选中"自定义配置"单选按钮，否则后续步骤将无法进行下去。

步骤2 单击"下一步"按钮，向导进入"自定义配置"界面，在"选择你想在此服务器上启用的服务"选项组中勾选"VPN 访问"复选框，如图 7-9 所示。

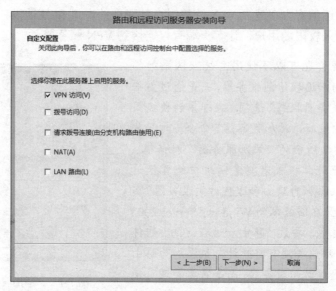

图 7-9 在向导的"自定义配置"界面中勾选"VPN 访问"复选框

步骤3 单击"下一步"按钮，向导进入"正在完成路由和远程访问服务器安装向导"界面，在"选择摘要"列表框中显示了已选择的"VPN 访问"选项，如图 7-10 所示。

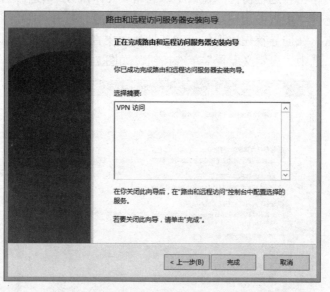

图 7-10 正在完成路由和远程访问服务器安装向导

步骤4 检查无误后单击"完成"按钮，弹出"路由和远程访问"对话框，告知用户路由和远程访问服务已处于可用状态，要求选择是否要启动服务，如图 7-11 所示。

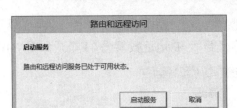

图 7-11 提示是否要启动路由和远程访问服务

步骤 5 单击"启动服务"按钮，即返回到"路由和远程访问"窗口。此时可以看到左窗格的"XY-WBJ(本地)"服务器图标上有个绿色箭头标记，表示该服务器已启用，展开其中"端口"选项后的窗口如图 7-12 所示。

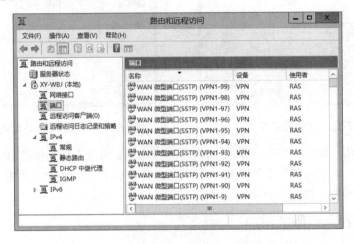

图 7-12 启动服务后的"路由和远程访问"窗口

2．设置虚拟 IP 地址段

在客户机远程连接 VPN 服务器时，路由和远程访问服务将为隧道通信双方自动分配虚拟 IP 地址。如果不对虚拟 IP 地址段进行设置，则建立 VPN 连接的双方将会自动获取微软保留的 169.254.0.0/16 网段的地址，相当于没有获得虚拟 IP 地址。根据本项目的方案设计，这里将虚拟 IP 地址设置为内网专门保留的 192.168.1.221～192.168.1.253，其操作步骤如下。

💡 **注意：** 这里再次强调，虚拟 IP 地址并非必须与 VPN 服务器处于相同网段。根据企业规模不同，有的公司的内网网段中可能已没有多余的 IP 地址，有的公司甚至使用了多个网段。这种情况下，虚拟 IP 地址可以设置为公司内网中任何一个网段的地址，也可以设置为单独的一个甚至多个网段，只要公司内网的各网段以及虚拟 IP 地址的网段之间有连通的路由即可。

步骤 1 在"路由和远程访问"窗口中，右击"XY-WBJ(本地)"服务器图标，在弹出的快捷菜单中选择"属性"命令，打开"XY-WBJ(本地) 属性"对话框，切换到 IPv4 选项卡。在"IPv4 地址分配"选项组中，默认选中的是"动态主机配置协议(DHCP)"单选按钮，这里应选中"静态地址池"单选按钮，如图 7-13 所示。

步骤 2 单击"添加"按钮，打开"新建 IPv4 地址范围"对话框，在"起始 IP 地址"

文本框中输入"192.168.1.221",在"结束 IP 地址"文本框中输入"192.168.1.253"。此时在"地址数"文本框中会自动显示 IP 地址数量为 33 个,如图 7-14 所示。

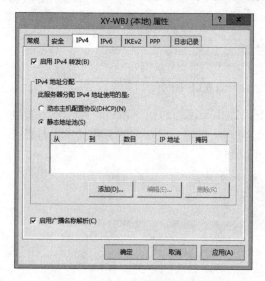

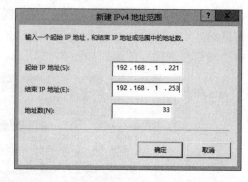

图 7-13　IPv4 选项卡　　　　图 7-14　"新建 IPv4 地址范围"对话框

步骤 3　单击"确定"按钮,返回"XY-WBJ(本地) 属性"对话框的 IPv4 选项卡,即可看到"静态地址池"列表中显示了刚才设置的虚拟 IP 地址范围。此时单击"应用"按钮,再单击"确定"按钮关闭对话框即可。

3. 创建有拨入权限的用户

为使客户机能登录到 VPN 服务器,必须要在该服务器上为其创建一个或多个有拨入权限的用户,操作步骤如下。

步骤 1　右击"开始"按钮,在弹出的快捷菜单中选择"计算机管理"命令,打开"计算机管理"窗口,在左窗格中依次展开"系统工具"→"本地用户和组"→"用户"文件夹,右击"用户"文件夹,或者在中间窗格显示已有用户列表的空白处右击,在弹出的快捷菜单中选择"新用户"命令,如图 7-15 所示。

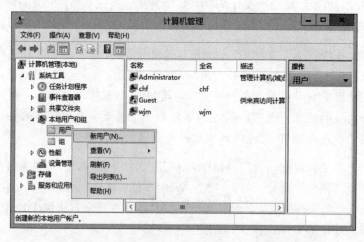

图 7-15　在"计算机管理"窗口中新建用户

步骤 2 打开"新用户"对话框后，在"用户名"文本框中输入"csvpn"，在"密码"文本框中输入该用户的密码。取消默认勾选的"用户下次登录时须更改密码"复选框，并勾选"用户不能更改密码"和"密码永不过期"两个复选框，如图 7-16 所示。

步骤 3 单击"创建"按钮，即可完成用户 csvpn 的创建。如果还需要新建更多其他新用户，可以在"新用户"对话框中继续创建新的用户。由于本项目仅新建一个用于 VPN 访问测试的用户，所以单击"关闭"按钮即可。

步骤 4 选择"计算机管理"窗口中的"用户"文件夹，就可以看到新建的 csvpn 用户。右击该用户名，在弹出的快捷菜单中选择"属性"命令，打开"csvpn 属性"对话框并切换到"拨入"选项卡。在"网络访问权限"选项组中，默认已选中"通过 NPS 网络策略控制访问"单选按钮，本项目应选中"允许访问"单选按钮，如图 7-17 所示。

图 7-16 "新用户"对话框　　　　图 7-17 设置用户允许拨入 VPN 服务器权限

💡 **注意：** 该步骤是为新建的用户赋予拨入或 VPN 方式访问该 VPN 服务器的权限，所以此处必须选中"允许访问"单选按钮，否则将无法使用这个新建的用户登录到 VPN 服务器。

最后，单击"应用"按钮，再单击"确定"按钮，关闭该用户的属性对话框即可。接下来就可以在客户机上使用 csvpn 用户连接到 VPN 服务器了。

三、在内网客户机上测试 VPN 连接

为验证 VPN 服务器配置的正确性，在使用客户机远程连接到 VPN 服务器之前，或者受实训条件限制而无法实现远程连接的情况下，可以先使用与 VPN 服务器在同一网段的内网中的客户机进行 VPN 连接测试。下面以 IP 地址为 192.168.1.20 的 Windows 7 客户机为

例(几乎所有版本的 Windows 系统都内置了对 PPTP 的支持),介绍创建 VPN 连接、连接 VPN 服务器以及查看 VPN 连接状态数据的方法。

1. 创建 VPN 连接并连接到 VPN 服务器

步骤 1 右击桌面任务栏右侧托盘区上的"网络连接"图标,在弹出的快捷菜单中选择"打开网络和共享中心"命令,或者打开"控制面板"窗口,单击"网络和 Internet"→"网络和共享中心"超链接,打开"网络和共享中心"窗口,如图 7-18 所示。

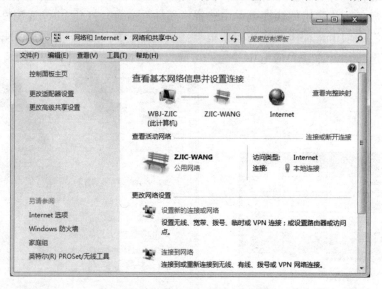

图 7-18　"网络和共享中心"窗口

步骤 2 在"更改网络设置"选项组中,单击"设置新的连接或网络"超链接,打开"设置连接或网络"窗口,要求用户选择一个连接选项。由于这里要创建的是 VPN 连接,所以选择"连接到工作区"选项,如图 7-19 所示。

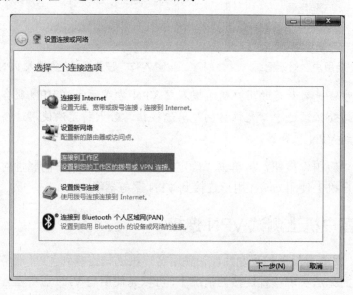

图 7-19　选择"连接到工作区"选项

步骤 3 单击"下一步"按钮，进入"连接到工作区"窗口。首先要求用户选择如何连接到 VPN 服务器，也就是在"使用我的 Internet 连接(VPN)"和"直接拨号"两个选项中选择一种连接到工作区的手段，这里选择前者，如图 7-20 所示。

图 7-20 选择"使用我的 Internet 连接(VPN)"选项

步骤 4 选择连接方式后，向导会直接进入 "键入要连接的 Internet 地址"界面。在"Internet 地址"文本框中输入 VPN 服务器的 IP 地址"192.168.1.2"；"目标名称"文本框中默认名称为"VPN 连接"，但此处建立用于测试的连接，所以使用了 test 这一名称，如图 7-21 所示。如果要让有权访问这台计算机的其他用户也能使用 test 连接，则可勾选"允许其他人使用此连接"复选框；如果只是创建一个 VPN 连接，并不想立即连接到 VPN 服务器，则可勾选"现在不连接；仅进行设置以便稍后连接"复选框。

图 7-21 输入要连接的 VPN 服务器地址和目标名称

💡 **注意:** 目标名称是该连接创建后呈现在"网络连接"窗口中的连接图标的名称,实际中通常使用与连接对象相关的、便于记忆的名称(如公司名称)。

步骤5 单击"下一步"按钮,向导进入"键入您的用户名和密码"界面。在"用户名"文本框中输入"csvpn",这是在配置 VPN 服务器时创建的有拨入权限的 VPN 用户名,然后在"密码"文本框中输入该用户相应的密码,如图 7-22 所示。

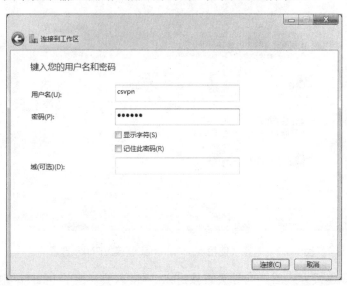

图 7-22 输入连接 VPN 服务器的合法用户名和密码

步骤6 至此,VPN 连接已创建完成。由于步骤 4 时未勾选"现在不连接;仅进行设置以便稍后连接"复选框,所以单击"连接"按钮就会立即开始连接。验证用户名和密码、在网络上注册计算机后,"连接到工作区"窗口最终显示"您已经连接"提示信息,如图 7-23 所示。成功连接到 VPN 服务器后,单击"关闭"按钮即可。

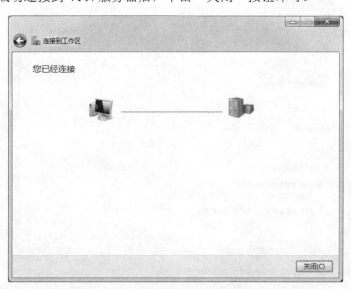

图 7-23 成功连接到 VPN 服务器

2．查看 VPN 连接状态并测试隧道连通性

单击桌面任务栏右侧托盘区上的"网络连接"图标，就会弹出一个显示现有连接的对话框，从中可以看到除原有的本地连接外，增加了一个名称为 test 的连接，表明已连接到 VPN 服务器，如图 7-24 所示。此时如果在"网络和共享中心"窗口(见图 7-18)中单击左侧的"更改适配器设置"超链接，在打开的"网络连接"窗口中也可以看到已成功连接的 test 图标(呈彩色高亮显示)，如图 7-25 所示。

图 7-24　托盘区的"连接"图标

图 7-25　创建 test 连接后的"网络连接"窗口

在托盘区上显示的现有连接中，右击 test 连接选项，在弹出的快捷菜单中选择"状态"命令，或者在"网络连接"窗口中双击 test 连接图标，都将打开"test 状态"对话框并切换到"常规"选项卡，其中显示了 test 连接的状态、持续时间以及活动(已发送和已接收的字节数、压缩率、错误率)等信息，如图 7-26 所示。切换到"详细信息"选项卡，可以看到 VPN 服务器端的虚拟 IP 地址为 192.168.1.221，而 VPN 客户端从之前设置的隧道 IP 地址池 192.168.1.222～253 内获取到的虚拟 IP 地址为 192.168.1.222，连接目标地址(即 VPN 服务器 IP 地址)为 192.168.1.2，如图 7-27 所示。

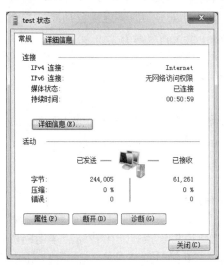

图 7-26　"test 状态"对话框的"常规"选项卡

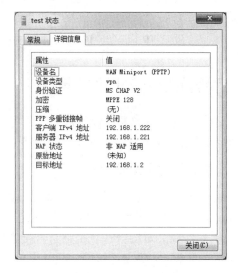

图 7-27　"test 状态"对话框的"详细信息"选项卡

如果要断开 test 连接，则可以在托盘区上显示的现有连接中右击 test 连接，或者在"网络连接"窗口中右击 test 图标，在弹出的快捷菜单中选择"断开"命令。断开 test 连接后，"网络连接"窗口中的 test 图标就会呈灰色显示。此后再要使用 test 连接 VPN 服务器，可以双击 test 图标，打开如图 7-28 所示的"连接 test"对话框，输入用户名"csvpn"及对应的密码，并单击"连接"按钮。为了省去每次连接时都要输入用户名和密码的麻烦，也可以勾选"为下面用户保存用户名和密码"复选框。

在客户机连接到 VPN 服务器后，也可以打开命令提示符窗口，使用 ipconfig /all 命令来查看"PPP 适配器 test"连接的网络参数。此时如果 Ping VPN 服务器的虚拟 IP 地址是 192.168.1.221，则也是能 Ping 通的，如图 7-29 所示。

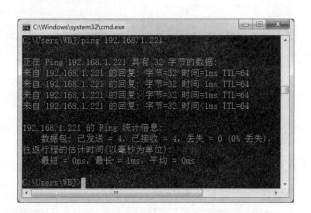

图 7-28　"连接 test"对话框　　　图 7-29　测试与 VPN 服务器虚拟 IP 地址的连通性

注意：　因为使用与 VPN 服务器(192.168.1.2)相同网段的客户机(如 192.168.1.20)进行 VPN 连接测试，而且此前设置隧道通信的虚拟 IP 地址也是同一网段的，所以读者可能会认为 Ping 通 192.168.1.221 并不奇怪。但是，此时在 VPN 服务器上 Ping 192.168.1.222 也是能 Ping 通的，至少说明在建立 VPN 连接后，服务器和客户机都获取到了指定范围内的虚拟 IP 地址，因为在测试的局域网内并没有 IP 地址为 192.168.1.221 和 192.168.1.222 的这两台实际机器。

四、远程连接 VPN 服务器

上述在本地内网的其他计算机上连接 VPN 服务器，仅仅用于测试连接的正确性，并没有 VPN 访问的实际意义，下面介绍客户机通过 Internet 进行远程连接的方法。

1．远程连接前的准备工作

在远程连接 VPN 服务器之前，需要做好以下两项准备工作。

(1) 获得企业内部网接入 Internet 时使用的公网 IP 地址。在本项目采用的网络架构(见图 7-2)中，新源公司每台计算机都是直接连接或通过交换机连接在一个普通的家用路由器上，路由器的 WAN 接口连接 Optical Modem，所以公网 IP 地址通常是当 Optical Modem 拨号接入 Internet 时由 ISP 自动分配，并不是一个固定的 IP 地址。这种情况下，要得到内网接入 Internet 后所获取的公网 IP 地址，最简单的方法是使用浏览器登录路由器的管理界面 (即访问网关 IP 地址，不同路由器使用的地址有所不同，如 http://192.168.1.254)，在"运行状态"界面的"WAN 口状态"中就可以查看到。当然，要得到公网 IP 地址还有很多种方法，这些方法本书不再深究，读者可自行查找资料学习运用。

(2) 在路由器上要做一个 VPN 服务端口的映射。公司内部每个私有地址的计算机都能够共享一个 Internet 连接上网，是因为连接 Optical Modem 的路由器中内置了 NAT(Network Address Translation，网络地址转换)服务，这种方式必须在路由器上做一个 VPN 服务端口的映射。由于本项目架设的是基于 PPTP 的 VPN 服务器，默认使用 1723 号端口，所以要将 1723 号端口映射到 192.168.1.2 这台 VPN 服务器，如图 7-30 所示。

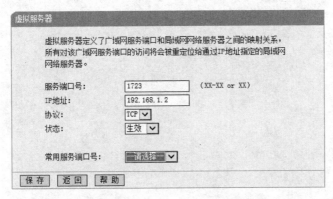

图 7-30　在路由器上将 1723 号端口映射到 VPN 服务器

注意：　如果用的是直接拨号，则无须做端口映射，只要在防火墙中打开 1723 号端口即可。现在有些小型企业只是向 ISP 申请安装了像普通家庭一样的价格相对低廉的宽带上网，在接入 Internet 后所获取的可能还是一个私有 IP 地址(可以理解为更大的局域网内部地址)，而不是公网 IP 地址，除非向 ISP 购买专线服务。这种情况下就无法架设 VPN 服务器，让客户机通过 Internet 远程访问自己的 VPN 服务器了。读者可以登录路由器的管理界面，查看"WAN 口状态"中的 IP 地址，如果该地址是 10 开头的 A 类地址、172.16～172.31 开头的 B 类地址或 192.168 开头的 C 类地址，都是属于私有 IP 地址。

2．远程连接并测试 VPN 连接

接下来就可以在家里通过 Optical Modem 上网的客户机上创建 VPN 连接并进行远程连接测试了。无论使用哪个版本的 Windows 客户机，其创建 VPN 连接的过程与上述在内网客户机上测试时基本相同，所不同的只是到了要求输入连接的 Internet 地址时(见图 7-21)，应输入公司内网接入 Internet 的公网 IP 地址，而不是 VPN 服务器的私有地址 192.168.1.2。

客户机成功连接 VPN 服务器后，可以打开命令提示符窗口，输入"ipconfig /all"命令查看所有网络连接的 IP 地址等网络参数，如图 7-31 所示。

可以看到，除了进行 VPN 连接之前本地已有的全部连接外，还增加了一个"PPP 适配器 VPN 连接"，它在 VPN 连接时获取的虚拟 IP 地址为 192.168.1.222，该地址处于此前配置 VPN 服务器时所设定的虚拟 IP 地址范围内。除了使用 ipconfig 命令查看计算机上某个网络连接的状态参数外,读者还可以使用 Ping 192.168.1.221、Ping 192.168.1.2 命令来测试是否能 Ping 通 VPN 服务器虚拟 IP 地址和实际内网 IP 地址,进一步验证客户机是否已成功连接 VPN 服务器。图 7-32 所示的就是 Ping 通 IP 地址 192.168.1.2 的显示结果,表明实际 IP 地址为 192.168.0.10 的远程客户机通过 VPN 连接,就能 Ping 通架设在公司内部的 VPN 服务器,并且它们不在同一个网段。

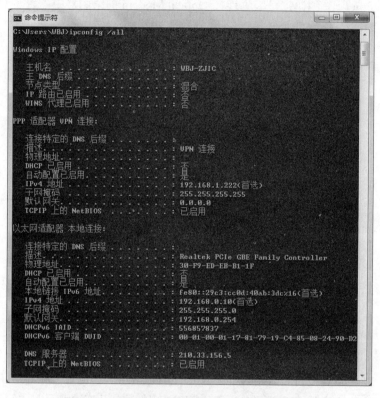

图 7-31　在远程客户机查看所有连接的网络参数

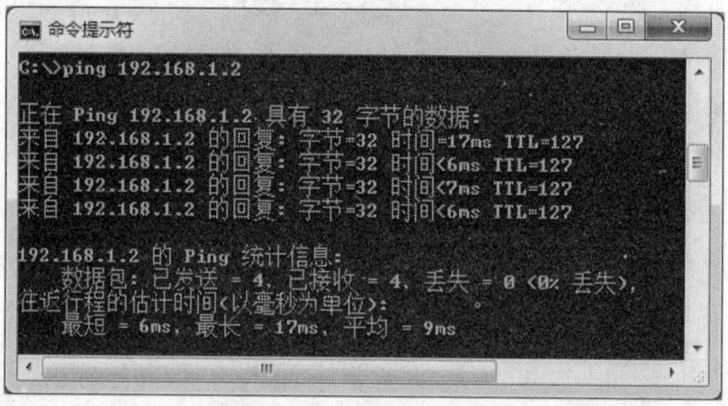

图 7-32　远程客户机 Ping 公司内部的 VPN 服务器

💡 注意:　客户机使用任何私有 IP 地址都无关紧要,这里只是为说明测试结果,按本项目网络拓扑方案,假设其私有 IP 地址为 192.168.0.10。

其实在客户机远程连接公司 VPN 服务器后,Ping 公司内网中任何一台计算机的 IP 地址也都是能够 Ping 通的。由此也说明,客户机与公司内部的计算机就像是处于同一个局域网中，可以直接通过"网上邻居"相互访问彼此共享的资源(需确保双方拥有相同的工作组名称且都安装了 NetBEUI 协议)，也可以直接访问架设在公司内部的 Web、FTP 站点或者通过公司内部的 E-mail 服务器来收发邮件。读者可以尝试将项目四架设的公司内网站点(http://www2.xinyuan.com)采用 IP 地址限制的方法设置为仅允许内网地址访问，然后通过 VPN 连接后实现远程访问该站点。

💡 **注意：** 在 Windows Server 2008 及以前的版本中，安装 VPN 服务器是添加"网络策略和访问服务"角色中的"路由和远程访问服务"角色服务(包括远程访问服务和路由两个选项)。从 Windows Server 2008 R2 开始，Microsoft 提供了一项被称为 DirectAccess 的技术，使得身处公司局域网外部只要能连上 Internet 的用户无须进行较为复杂的 VPN 配置，甚至不需要执行任何额外操作，便能自动与公司内部网络建立起双向的沟通管道，轻松地访问公司内部网络中的资源，系统管理员也可以管理这些处于局域网外部的计算机。但在 Windows Server 2008 R2 中构建 DirectAccess 仍较为复杂，所以 Microsoft 对 Windows Server 2012 R2 中的 DirectAccess 做了较多的改进，也增加了一些功能，让系统管理员更容易搭建 DirectAccess 环境。

任务三　Linux 下的 VPN 服务配置

根据前面的方案设计，本项任务就是在 IP 地址为 192.168.1.2 的 Linux 服务器上架设基于 PPTP 的 VPN 服务器，并使用客户机进行 VPN 连接与访问测试。

一、检查并安装需要的软件包

在 Linux 系统中，基于 PPTP 的 VPN 服务器名称是 pptpd。pptpd 是 Poptop 中最重要的程序，也是 PPTP 的守护进程，用来管理基于 PPTP 隧道协议的 VPN 连接。当 pptpd 接收到用户的 VPN 接入请求后，会自动调用 PPP 的 pppd 程序来完成认证过程，然后建立 VPN 连接。因此，在架设 VPN 的服务器上除了要安装 pptpd 软件包外，还要安装 ppp 以及相关的功能软件包，然后进行一些相关配置并启动 pptpd 服务。

在架设基于 PPTP 的 VPN 服务器上，通常需要安装以下 4 个软件包。

(1) ppp 软件包：ppp-2.4.5-5.el6.i686.rpm。

(2) pptpd 软件包：pptpd-1.4.0-3.el6.i686.rpm。

(3) DKMS 动态内核模块支持软件包：dkms-2.0.17.5-1.noarch.rpm。

(4) MPPE 加密协议的内核补丁软件包：kernel_ppp_mppe-1.0.2-3dkms.noarch.rpm。

其中，DKMS(Dynamic Kernel Module Support，动态内核模块支持)是 Oikawa 等人在 1996 年提出一种与 LKM 类似的动态核心模块技术，它以文件的形式存储并能在系统运行过程中动态地加载和卸载，这使用户在不编译内核的情况下就可以外挂一些内核的模块；MPPE(Microsoft Point-to-Point Encryption，微软点对点加密)协议由 Microsoft 设计，它规定了如何在数据链路层对通信机密性进行保护的机制，通过对 PPP 超链接中 PPP 分组的加密以及 PPP 封装处理,实现数据链路层的机密性保护。这两个软件包也是搭建 VPN 服务器非常关键的功能软件包,若不安装则无法使用 VPN 的加密连接。

包括 CentOS 在内的多数 Linux 发行版都自带 ppp 软件包,而另外 3 个软件包一般都没有自带的。因此,ppp 软件包可以从 Linux 安装光盘上找到,当然也可以与其他 3 个软件包一样从网上获取较新版本来进行安装或更新。这些软件包都可以从 Poptop 的官方网站 http://poptop.sourceforge.net/或者从 https://dl.fedoraproject.org/网站下载。

💡 注意: 上述软件包名称中的版本号都是目前较新的,应与读者所使用的 Linux 系统版本相适应,尤其是 pptpd 和 DKMS 软件包。版本信息中 ".el6" 和 ".i686" 的问题在项目一检查和安装服务器软件包时已有说明,对于 32 位的 CentOS 或 RHEL 系统,通常 ".rhel6" 及 ".i386" 的 RPM 包也可以适用,但如果读者安装的是 64 位系统,则应下载 ".x86_64" 的 RPM 包。

在获得所需的软件包之后,安装之前可以先查询是否已安装了 ppp 软件包,并对系统内核是否支持 MPPE 补丁、ppp 是否支持 MPPE 等兼容性进行检查,操作命令如下。

```
        //以下命令查询系统中是否已安装了 ppp 软件包
# rpm -qa |grep ppp
rp-pppoe-3.10-10.el6.i686
ppp-2.4.5-5.el6.i686                     //有该软件包显示表明已安装,无显示则未安装
        //以下命令检查系统内核是否支持 MPPE 补丁
# modprobe ppp-compress-18 && echo 'ok!!! '
ok!!!                                    //显示 "ok!!!" 则表示支持,否则表示不支持
        //以下命令检查 ppp 是否支持 MPPE
# strings '/usr/sbin/pppd'|grep -i mppe|wc -l
42                                       //显示≥30 的数字表示支持,显示为 0 表示不支持
        //以下命令检查系统是否开启 ppp 支持
# cat /dev/ppp
cat: /dev/ppp: No such device or address        //有该行文本显示表明通过
        //以下命令检查系统是否开启 TUN/TAP 支持
# cat /dev/net/tun
cat: /dev/net/tun: File descriptor in bad state //有该行文本显示表明通过
#
```

在上述检查结果均支持或通过的情况下,就可以开始安装 VPN 服务器所需要的软件包了。RPM 软件包的安装方法很简单,读者可以参考项目一中检查和安装服务器软件包以及附录 A 中有关 Linux 下的软件安装等内容,这里不再赘述。但有一点需要提醒的是,DKMS 软件包必须在 MPPE 内核补丁包之前安装。

二、配置基于 PPTP 的 VPN 服务器

基于 PPTP 的 VPN 服务器配置并不复杂,其中最关键的是以下两项配置工作。
(1) 设置隧道通信双方在建立 VPN 连接时自动获取的虚拟 IP 地址段。
(2) 创建有拨入权限的用户,让客户端有权连接到 VPN 服务器。

1. 修改 VPN 服务器主配置文件

基于 PPTP 的 VPN 服务器主配置文件是/etc/pptpd.conf，在该文件中可以指定 PPP 选项文件和 pppd 程序的路径，以及为 VPN 服务器和客户端指定隧道的虚拟 IP 地址等。默认的/etc/pptpd.conf 文件(去掉说明性注释后)内容及详细解释如下，其中的每个配置行以选项名称开头，后面跟着参数值或关键字，它们之间用空格分隔。在读取配置文件时，pptpd 进程将忽略空行和以#号开头的注释内容。

```
# vim /etc/pptpd.conf                       //编辑VPN服务器主配置文件
        //去掉说明性注释后的默认配置内容如下
#ppp /usr/sbin/pppd                         //指定pppd程序的路径
option /etc/ppp/options.pptpd
        //指定PPP选项文件(PPTP加密和认证选项配置文件)的路径，该文件的内容作为pptpd
        //进程启动时的命令行参数，与执行pptpd命令时使用"--option"指定参数效果相同
#debug
        //打开调试功能(把所有debug信息记入系统日志文件/var/log/messages)
# stimeout 10                               //指定PPTP控制连接超时时间，单位为秒
#noipparam
        //默认情况下客户端原始的IP地址是传递给ip-up脚本，如果存在该选项将不传递
logwtmp                                     //使用/var/log/wtmp文件来记录客户连接和断开的信息
#bcrelay eth1
        //打开从接口到客户端的广播中继，若启用则将从eth1接口收到的广播包转发给客户端
#delegate
        //默认情况下该选项不存在，此时由pptpd进程管理IP地址的分配，把可分配的IP地址分
        //配给客户端；若存在该选项，则pptpd进程不负责IP地址的分配，由客户端对应的pppd
        //进程采用radius或chap-secrets方式进行分配
#connections 100                            //限制可被接受客户端的连接数量
        //以下为指定VPN隧道中VPN服务器和客户端的虚拟IP地址范围，提供了两种示例
        //指定虚拟IP地址时，可以使用逗号分隔的单个IP地址，也可以使用IP地址范围
#localip 192.168.0.1
        //在隧道中为VPN服务器设置一个虚拟IP地址
#remoteip 192.168.0.234-238,192.168.0.245
        //在隧道中指定自动分配给VPN客户端的虚拟IP地址范围
# or                                        //或者按以下示例设置
#localip 192.168.0.234-238, 192.168.0.245
#remoteip 192.168.1.234-238,192.168.1.245
#
```

修改 VPN 服务器主配置文件主要就是设置 localip 和 remoteip 这两个选项，localip 用于指定 VPN 连接时分配给服务器的虚拟 IP 地址；而 remoteip 用于指定远程 VPN 客户机可以获取的虚拟 IP 地址范围，即设置一个虚拟 IP 地址池。默认主配置文件中提供了两种设置示例，按照新源公司 VPN 服务项目设计方案，这里采用前一种设置方法，将 localip 指定为固定的 IP 地址 192.168.1.221，将 remoteip 设置地址池为 192.168.1.222~192.168.1.253。修改后的/etc/pptpd.conf 文件内容(仅给出有去掉#注释符及修改的行)如下。

```
# vim /etc/pptpd.conf
        //以下为默认配置文件中有变动的行,其他内容保持不变
ppp /usr/sbin/pppd
connections 100
localip 192.168.1.221
remoteip 192.168.1.222-253
#                                                           //修改后保存并退出
```

💡 **注意:** 如果需要将虚拟 IP 地址池设置为多个分段,则 remoteip 语句指定的多个虚拟 IP 地址段之间使用逗号间隔即可。另外,在某些 Linux 版本中,打开 logwmpt 功能有可能会与 PPP 冲突而引起 VPN 拨号失败,这种情况下应该关闭 logwmpt 功能,即在 logwmpt 行首加"#"将其注释。

2. 修改 PPP 选项文件

由于 pptpd 在接收到用户的 VPN 接入请求后,会自动调用 PPP 服务来完成相应的认证过程,然后建立 VPN 连接。因此,要使 pptpd 服务正常工作,还必须在 PPP 选项文件中对 VPN 连接的认证服务等方面进行相关的配置。

PPP 选项文件为/etc/ppp/options.pptpd,这是由 VPN 服务器主配置文件/etc/pptpd.conf 中的 option 选项所指定的。在 PPP 选项文件中,可以设置身份认证方式、加密长度,以及为 VPN 客户机指定 DNS 服务器和 WINS 服务器的 IP 地址。默认的/etc/ppp/options.pptpd 文件(去掉说明性注释后)内容及详细解释如下。

```
# vim /etc/ppp/options.pptpd                //编辑 PPTP 加密和认证选项配置文件
        //去掉说明性注释后的默认配置内容如下
name pptpd                                  //用于身份验证的本地系统的名称
        //注意:必须与/etc/ppp/chap-secrets 条目中的第二个字段匹配
#chapms-strip-domain                        //在验证之前从用户名中删除域前缀
# {{{
refuse-pap                                  //拒绝 pap 身份验证
refuse-chap                                 //拒绝 chap 身份验证
refuse-mschap                               //拒绝 mschap 身份验证
require-mschap-v2                           //采用 mschap-v2 身份验证
require-mppe-128                            //使用 128 位 MPPE 加密
        //注意:使用 128 位 MPPE 加密必须采用 mschap-v2 身份验证方式
# }}}
# {{{
#-chap
#-chapms
        //要求对方使用 MS-CHAPv2(Microsoft 质询握手身份验证协议版本 2)进行身份认证
#+chapms-v2
        //需要 MPPE 加密(注意 MPPE 需要在认证过程中使用 mschap-v2)
#mppe-40
#mppe-128
```

```
        //使用 40 位或 128 位 MPPE 加密，注意二者只能选其一
#mppe-stateless
# }}}
#ms-dns 10.0.0.1
#ms-dns 10.0.0.2
        //如果 pppd 充当 Microsoft Windows 客户端的服务器，则允许 pppd 向客户端提供
        //一个或两个 DNS 地址，第一个指定主 DNS 地址；第二个(如果有)为备用 DNS 地址
#ms-wins 10.0.0.3
#ms-wins 10.0.0.4
        //如果 pppd 充当 Microsoft Windows 或 Samba 客户端的服务器，则允许 pppd 向客
        //户端提供一个或两个 WINS(Windows Internet 名称服务，网上邻居可见的)服务器
        //地址，第一个实例指定主 WINS 地址；第二个(如果有)指定备用 WINS 地址
proxyarp
        //启动 ARP 代理，如果分配给客户端的 IP 地址与内网在一个子网就需要启用 ARP 代理
#10.8.0.100
        //通常由 pptpd 分配 IP 地址并传递给 pppd，但如果 pptpd 在 pptpd.conf 文件中使用
        //delegate 选项进行了委托，则 pppd 将使用 radius 或 chap-secrets 分配客户端的
        //IP 地址，则需要在此处指定本地 IP 地址(除非使用委托选项，否则不能使用此选项)
#debug                                  //启用连接调试工具(把信息记入系统日志)
#dump                                   //显示出所有已设置的选项值
lock                                    //锁定 PTY(伪终端)设备文件
nobsdcomp                               //关闭 BSD-compress 压缩
novj
novjccomp
        //禁用 Van Jacobson 压缩(在有 Windows 9x/ME/XP 客户端的一些网络上需要)
nologfd
        //关闭日志记录到标准错误，因为这可能被重定向到 pptpd，有可能引发回送
#
```

本项目针对默认 PPP 选项文件/etc/ppp/options.pptpd 内容的修改主要有以下两处。

(1) 增加 auth 选项，表示使用默认的/etc/ppp/chap-secrets 文件进行身份验证。

(2) 去掉 debug 选项的行首"#"号注释符，使其生效，把所有调试(debug)信息记录到系统日志文件/var/log/messages 中。

修改后的/etc/ppp/options.pptpd 文件内容(仅给出有效配置行)如下。

```
# vim /etc/ppp/options.pptpd              //有效配置行如下
name pptpd
refuse-pap
refuse-chap
refuse-mschap
require-mschap-v2
require-mppe-128
proxyarp
auth                                      //新增的配置选项
```

```
debug                                        //该选项去掉行首的#注释符
lock
nobsdcomp
novj
novjccomp
nologfd
#                                            //修改后保存并退出
```

3. 创建 VPN 用户和密码

由于在 PPP 选项文件中已通过 auth 选项指定默认使用/etc/ppp/chap-secrets 安全认证文件进行身份验证,所以创建 VPN 用户和密码可以直接通过编辑该文件来完成。

在/etc/ppp/chap-secrets 文件中,每个用户占一行内容,每一行包括 VPN 用户名、服务名称、密码和隧道 IP 地址等 4 个数据项,以空格或 Tab 键分隔。其中,VPN 用户名和密码要加双引号;服务名称使用默认的 pptpd,这是由 PPP 选项文件/etc/ppp/options.pptpd 中的 name 选项指定的;隧道 IP 地址是指在该用户连接时分配给 VPN 客户端的 IP 地址,可以使用"*"号表示由 VPN 服务器动态分配 IP 地址。在为新源公司初步实施 VPN 服务项目时,暂时仅创建一个用于 VPN 连接测试的 csvpn 用户,密码设置为 123456,因此修改安全认证文件/etc/ppp/chap-secrets 的内容如下。

```
# vim /etc/ppp/chap-secrets                          // 编辑安全认证文件
        //默认仅包含 4 行注释,为提高可读性,通常在最后一行注释前添加 VPN 用户,即:
# Secrets for authentication using CHAP
# client            server       secret            IP addresses
####### system-config-network will overwrite this part!!! (begin) #########
"csvpn"             pptpd        "123456"              *
####### system-config-network will overwrite this part!!! (end) ###########
#                                                    //修改后保存并退出
```

💡 **注意:** 创建和管理 VPN 用户,除了直接编辑安全认证文件/etc/ppp/chap-secrets 的方法外,还可以使用 vpnuser 命令来实现,其命令格式如下。

```
vpnuser add [用户名] [密码]                   //添加 VPN 用户
vpnuser del [用户名]                          //删除 VPN 用户
vpnuser show [用户名]                         //显示 VPN 用户
vpnuser domain [用户名] [域名]                //为 VPN 用户设置域名
```

4. 开启 IP 转发功能

Linux 系统默认情况下是不开启 IP 转发功能的,因为大多数人不会用到此项功能,但如果是架设 Linux 路由或者 VPN 服务器,就需要打开系统内核路由模式,使其支持 IP 包转发。可以执行以下命令来开启 IP 转发功能(无须重启系统即可生效)。

```
# sysctl -w net.ipv4.ip_forward=1                    //或者使用下面的命令:
# echo 1 > /proc/sys/net/ipv4/ip_forward
```

但上述命令只能用于临时开启 IP 转发功能，重启系统后就会失效。如果要使 IP 转发功能永久生效(即随系统启动而自动开启)，则可以修改 sysctl 的配置文件/etc/sysctl.conf，将其中"net.ipv4.ip_forward"参数的值由默认值 0 改为 1，并使其生效，具体操作如下。

```
# vim /etc/sysctl.conf
        //…其他内容略，仅将以下配置参数的值改为1，即
net.ipv4.ip_forward = 1
#                                               //修改后保存并退出
# sysctl -p                                     //使配置的内核参数生效
net.ipv4.ip_forward = 1
net.ipv4.conf.default.rp_filter = 1
net.ipv4.conf.default.accept_source_route = 0
kernel.sysrq = 0
kernel.core_uses_pid = 1
net.ipv4.tcp_syncookies = 1
net.bridge.bridge-nf-call-ip6tables = 0
net.bridge.bridge-nf-call-iptables = 0
net.bridge.bridge-nf-call-arptables = 0
kernel.msgmnb = 65536
kernel.msgmax = 65536
kernel.shmmax = 4294967295
kernel.shmall = 268435456
#
```

💡 **注意:** 在修改/etc/sysctl.conf 文件后，对 Red Hat 系列 Linux 来说，也可以执行网络服务重启的 service network restart 命令来使之生效，而在 Debian/Ubuntu 系列 Linux 中需要执行/etc/init.d/procps.sh restart 命令来使之生效。

5. 设置防火墙转发规则并打开 PPTP 端口

实际上 VPN 服务器的配置到这里已经完成，但由于没有设置 Linux 防火墙 iptables 的相关转发规则，所以 VPN 客户端还是不能通过隧道虚拟 IP 地址来访问企业内部网。一般来说，VPN 服务器和 NAT(网络地址转换)服务器架设在同一台服务器上，执行下列命令可以添加 iptables 的 NAT 规则，同时打开 PPTP 默认监听的 1723 号端口。

```
# service iptables start                          //启动 iptables 服务
# iptables -F -t filter
# iptables -F -t nat
# iptables -P INPUT ACCEPT
# iptables -P OUTPUT ACCEPT
# iptables -P FORWARD ACCEPT
# iptables -t nat -P PREROUTING ACCEPT
# iptables -t nat -P POSTROUTING ACCEPT
# iptables -t nat -P OUTPUT ACCEPT
# iptables -A INPUT -s 192.168.1.0/24 -j ACCEPT   //注①
```

```
# iptables -A INPUT -p tcp --dport 1723 -j ACCEPT              //注②
# iptables -A INPUT -p gre -j ACCEPT                           //注③
# iptables -t nat -A POSTROUTING -o ppp0 -s 192.168.1.0/24 -j MASQUERADE
# service iptables save                                  //保存防火墙 iptables 规则
#
```

　　关于 Linux 防火墙 iptables 的配置方法及命令含义可参阅项目八中的相关内容,这里仅对本任务涉及的相关命令加以说明。注释为"注①"的命令表示接受 192.168.1.0/24 网段 IP 地址的主机访问,因为在 VPN 服务器主配置文件/etc/pptpd.conf 中指定 VPN 隧道使用的虚拟 IP 地址就是在该网段中的 IP 地址;注释为"注②"的命令表示打开 1723 号端口的监听,这是 PPTP 服务默认使用的端口;注释为"注③"的命令表示打开 GRE(通用路由封装)协议。上述用于启动、重启 iptables 服务或者保存防火墙 iptables 规则的命令,也可以使用等效的/etc/init.d/iptables start|restart|save 命令替代。

💡 **注意:** 　保存防火墙规则其实就是把此前执行 iptables 命令所设定的那些规则保存到其配置文件/etc/sysconfig/iptables 中去,使得在系统重启后无须再执行这些命令,而直接启动 iptables 服务即可。因此也可以直接编辑/etc/sysconfig/iptables 文件,将这些规则(命令名称 iptables 后面的参数部分)输入到该文件中。但如果读者只为测试 VPN 而临时建立这些规则,并不想永久保存它们,可又不希望每次重启系统或 iptables 服务后反复地去敲这些烦琐的命令,这种情况下还可以采用另一种方法,就是把这些 iptables 命令(最好前面加上绝对路径,即/sbin/iptables)组织到一个文件名如 vpn.sh 的脚本中,然后将该文件添加执行权限或设置为 777 权限,这样只要每次开机或启动 iptables 服务后执行一次脚本 vpn.sh 即可(注意,因为没有把这些 iptables 规则写入其配置文件,所以重启 iptables 服务后这些规则就失效了),命令参考如下。

```
# vim vpn.sh                              //编辑脚本 vpn.sh,输入内容后保存退出
# chmod a+x vpn.sh                        //将 vpn.sh 文件为所有用户添加执行权
# service iptables start                  //启动 iptables 服务
# ./vpn.sh                                //执行 vpn.sh 脚本
```

6. 启动 pptpd 服务

　　完成以上全部配置后,就可以使用以下命令启动 pptpd 服务,或者重新加载 pptpd 服务配置,并查看 pptpd 进程监听了哪些网络端口(是否包含有 1723 号端口)。

```
# service pptpd start                            //启动 pptpd 服务,或者使用命令
Starting pptpd:                                         [ OK ]
# service pptpd reload                           //重新加载 pptpd 服务配置
Warning: a pptpd restart does not terminate existing
connections, so new connections may be assigned the same IP
address and cause unexpected results. Use restart-kill to
destroy existing connections during a restart.
# netstat -anp |grep pptpd                       //查看 pptpd 监听的端口
```

```
tcp          0    0 0.0.0.0:1723         0.0.0.0:*        LISTEN        5837/pptpd
unix 2        [ ]         DGRAM           21354 5837/pptpd
```

也可以使用下面的命令，使得在重新引导系统时能自动启动 pptpd 服务。

```
# chkconfig pptpd on                              //设置 2～5 运行级别自动启动 pptpd 服务
# chkconfig --list pptpd
pptpd           0:off   1:off   2:on    3:on    4:on    5:on    6:off
#
```

至此，Linux 平台下基于 PPTP 的 VPN 服务已架设完毕。由于服务器的 IP 地址、设置的虚拟 IP 地址段以及建立的 VPN 用户均与任务二架设的 VPN 服务完全相同，所以使用 Windows 客户机的测试过程不再赘述，请读者对照任务二自行完成测试。

💡 **注意：** 目前大多数 Linux 发行版本都没有内置对 PPTP 协议的支持，如果要在 Linux 客户机上使用命令进行拨号连接 VPN 服务器的测试，除了要安装 Poptop 及 PPP 套件外，还要下载并安装 PPTPClient 软件包。这里不再对 PPTPClient 的配置展开讨论，有兴趣的读者可查阅有关资料自行配置并测试。

任务四 解决 VPN 应用中的常见问题

虽然已经顺利完成了新源公司 VPN 服务项目的实施，但在实际进行 VPN 连接测试及应用中，由于受到诸如服务器和客户机系统以及网络环境不同等多种因素的影响，往往会遇到各种各样的问题，尤其对初学者来说，遇到这些问题可能就会束手无策。这里针对实际在 VPN 连接与应用中经常出现的问题进行梳理和分析，并寻求解决方案，不作为本项目实施的工作任务，旨在提高读者分析问题和解决问题的能力。

一、解决 VPN 连接后不能访问 Internet 问题

1．问题的引出及分析

在本项目采用的 VPN 架构中，最常遇到也最令人困惑的问题是：远程客户机原本可以正常通过 Optical Modem 访问 Internet 的，但当它成功连接到 VPN 服务器后，它与公司内网之间的通信和访问完全正常，却反而变成无法访问 Internet 了。

事实上，不仅是在远程客户机上进行 VPN 连接时会如此，即使是在 VPN 服务器本机上进行测试也同样会出现这个问题。此时应该首先通过查看路由表来分析出现这一问题的原因。在客户机上打开命令提示符窗口，执行 route print 命令会显示如下结果。

```
C:\>route print
===========================================================
IPv4 路由表
===========================================================
    活动路由：
```

目标网络	网络掩码	网关	接口	跃点数
0.0.0.0	0.0.0.0	192.168.1.222	192.168.1.222	1
0.0.0.0	0.0.0.0	192.168.0.254	192.168.0.10	2
127.0.0.0	255.0.0.0	127.0.0.1	127.0.0.1	1
…	…	…	…	…

```
C:\>
```

在列出的活动路由(Active Routes)中，每条路由有 5 列数据，分别为目标网络(Network Destination)、网络掩码(Netmask)、网关(Gateway)、接口(Interface)和跃点数(Metric)。可以看到，此时的路由表中有两条到达目标网络 0.0.0.0 的路由，其中一条是原来上网所需的本地网关 192.168.0.254，跃点数为 2；另一条是建立 VPN 连接后的网关，即客户机获取的虚拟 IP 地址 192.168.1.222，跃点数为 1。

根据路由规则，如果在路由条目中有多条相同目标网络的路由，则按优先级高的路由来进行处理，而优先级与跃点数成反比，即跃点数越小的路由优先级越高。因此，这里对所有非本网段的访问都被转发到了 VPN 网关上，而不是转发到原来的本地网关，或者说本地网关失效了，于是就出现了不能访问 Internet 的问题。

2. 解决问题的方法

找到了问题出现的症结，就不难找出解决的办法了。通常可以采用以下两种方法来解决连接 VPN 后却不能访问 Internet 的问题。

(1) 修改路由表。route 命令不仅可以打印(print)当前系统缓存中的活动路由，还可以用来添加(add)路由以及更改(change)和删除(delete)现有的路由，而且该命令在 Windows 或 Linux 系统中的使用方法基本相同。使用 route 命令修改现有路由的操作步骤如下。

步骤 1 删除接入 VPN 后增加的网关为虚拟 IP 的那条路由。

```
C:\>route delete 0.0.0.0 mask 0.0.0.0 192.168.1.222
```

步骤 2 添加一条指向 VPN 服务器所在网络的路由。由于本项目中 VPN 服务器 IP 地址为 192.168.1.2，所以只要将目的网络为 192.168.1.0 的路由，指向客户机连接 VPN 服务器时所获取的虚拟 IP 地址 192.168.1.222 即可。

```
C:\>route add 192.168.1.0 mask 255.255.255.0 192.168.1.222
```

💡 **注意：** 为了解决客户机连接 VPN 后却不能访问 Internet 的问题，修改路由表只是一种临时性的解决方案，因为路由表是在客户机的缓存中自动生成的，当客户机重新连接 VPN 服务器后，被删除的路由又会自动产生。如果要永久性地解决这一问题，则可以采用下面第二种方法。

(2) 修改 VPN 连接属性。修改 VPN 连接属性的操作步骤如下。

步骤 1 在 Windows 客户机桌面上右击"网络"图标，在弹出的快捷菜单中选择"属性"命令；或者在桌面最下方任务栏右侧的托盘区上，右击"网络连接"图标，在弹出的快捷菜单中选择"打开网络和共享中心"命令；或者打开"控制面板"窗口，单击"网络和 Internet"→"网络和共享中心"链接，这三种方法都可以打开"网络和共享中心"窗口(见图 7-18)。然后，单击左侧的"管理网络连接"链接，打开"网络连接"窗口，右击 test

连接图标,在弹出的快捷菜单中选择"属性"命令,打开"test 属性"对话框并切换到"网络"选项卡,如图 7-33 所示。

步骤 2　在"此连接使用下列项目"列表中双击"Internet 协议版本 4 (TCP/IPv4)"选项,打开"Internet 协议版本 4 (TCP/IPv4) 属性"对话框,单击"高级"按钮,打开"高级 TCP/IP 设置"对话框,在"IP 设置"选项卡中,取消默认勾选的"在远程网络上使用默认网关"复选框,如图 7-34 所示。

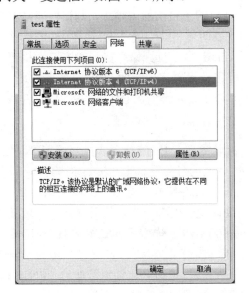 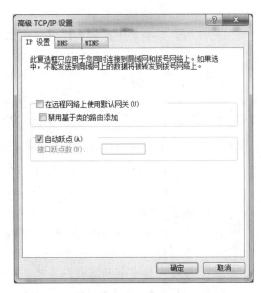

图 7-33　"test 属性"对话框的"网络"选项卡　　图 7-34　"高级 TCP/IP 设置"对话框

步骤 3　连续 3 次单击"确定"按钮关闭各个对话框。将 test 连接断开并重新进行连接后,客户机不仅能正常访问公司内部网络,也能正常访问 Internet 了。此时,如果在客户机上打开命令提示符窗口,输入"route print"命令查看路由表,就会发现只有一条目标网络为 0.0.0.0 的、指向本地网关 192.168.0.254 的路由了。

二、排查与解决 VPN 连接中的常见错误

在完成 VPN 服务器的配置后,实际使用客户端进行 VPN 连接时可能会出现各种各样的错误,系统会以不同的错误代码报告给用户。本书不可能囊括几百种 VPN 错误代码,下面仅列举最常见的几种错误,并给出相应的解决方法。通过这几种典型错误的分析与排查方法的介绍,希望读者触类旁通,能够解决实际中遇到的各种 VPN 连接错误。

1. 代码 800 错误及其排查与解决

800 错误是指不能建立 VPN 连接,即 VPN 服务器可能无法到达,或者此连接的安全参数没有正确配置。这是客户端进行 VPN 连接测试时经常出现的一种错误提示,其成因也非常复杂——VPN 服务器或客户端设置上的问题都有可能导致 800 错误。

从 VPN 服务器方面来说,很有可能是 Linux 防火墙 iptables 设置上的问题,如没有开启 VPN 服务器内网网段或隧道 IP 地址段的 NAT 转发,或者没有打开 PPTP 的监听端口(默认为端口号为 1723),甚至也可能根本没有启动 pptpd 服务。如果读者是连接测试自己配置

的 VPN 服务器,则应该对照任务二的项目实施仔细检查每个步骤的配置及服务开启;但如果在连接一个日常使用的 VPN 服务器时提示 800 错误,则应该更多地检查 VPN 客户端的设置是否存在问题,主要从以下几个方面进行排查。

(1) 检查所在的网络是否与要连接的 VPN 服务器有正确的通道。包括两个方面:一是检查客户端的网络是否能连通;二是如果您在 VPN 连接中设置的"Internet 地址"是目的主机的 IP 地址,则应检查 IP 地址是否正确。

(2) 如果在 VPN 连接中设置的"Internet 地址"是目的主机的域名地址,则很可能是客户端使用的 DNS 服务器无法解析或者繁忙而引起的临时性故障,特别是连接国外的一些 VPN 服务器时比较容易出现这种情况。此时可运行 cmd 命令打开命令提示符窗口,执行 ipconfig /flushdns 命令来清除现有的 DNS 缓存;也可重新设置客户端的 DNS 服务器地址,把首选 DNS 和备选 DNS 分别修改为 8.8.8.8 和 8.8.4.4(Google 的免费 DNS 服务器),或者修改为 208.67.222.222 和 208.67.220.220(Open DNS),然后再尝试 VPN 连接。

注意: 与大多数可以通过 Internet 访问的 VPN 服务器一样,作为企业内部的 VPN 服务器,最好也要为其配置一个域名。这样做的好处是,客户端创建 VPN 连接时可以使用域名作为目的主机的地址,因为 VPN 服务器通常需要定期维护,其 IP 地址可能会改变,但域名一般不会改变。还有一点需要引起注意,这里分析的是连接 VPN 服务器时所出现的 800 错误,与前面讨论的连接 VPN 后不能访问 Internet 是两个不同的问题。后者除了因建立 VPN 连接后增加了一条跃点数更小的路由而导致外,还有一种情况(特别是连接到国外的 VPN 时)可能 QQ 提示在国外登录,却无法打开一些国外的网站,或者速度很慢。这种情况多数也是 DNS 解析的问题,由客户端自己来修改 DNS 服务器地址当然是解决方法之一,但管理员在配置企业 VPN 服务器时为了使其具有更好的适应性,可以在 PPP 选项文件/etc/ppp/options.pptpd 中去掉默认两个 ms-dns 实例行首的"#"号注释符,并把它后面的 IP 地址改为 Google 的两个免费 DNS 服务器(8.8.8.8 和 8.8.4.4)或者其他有效的 DNS 服务器地址。

(3) 由于客户端配置异常而造成无法连接到 VPN 服务器。这种情况不一定是因为用户做了配置上的修改,也可能是系统内部故障而导致配置(如注册表信息)出现异常,这往往在 Windows 系统中较为多见,通常的处理方法是打开"网络连接"窗口(见图 7-25),删除原来的 VPN 连接配置,重新建立一个新的 VPN 连接,再进行 VPN 连接的尝试。

(4) 检查 VPN 连接的安全参数与配置要求是否一致。可能计算机上的防火墙规则设置过于严格,导致无法对外进行连接,可以调整或关闭所有防火墙再进行尝试。

(5) 对于安装有家庭网关的用户,建议重新启动一下家庭网关设备。

2. 代码 619 错误及其排查与解决

619 错误是指无法连接到指定的服务器,用于此连接的端口已关闭。从 VPN 服务器配置上来说,应重点检查 Linux 防火墙 iptables 的设置,是否已打开 PPTP 默认监听的 1723 号端口。如果客户机通过家庭宽带路由器、公司的网关路由器或防火墙连接上网,则很可能是这些 Internet 网关设备的问题,应从以下几个方面来检查和解决。

(1) 首先把路由器的DMZ设置为主机内网IP地址进行尝试，然后通过"网络连接"窗口打开VPN连接的"test属性"对话框，在"安全"选项卡中把VPN类型(默认为自动)改为"点对点隧道协议(PPTP)"，如图7-35所示。单击"确定"按钮后再尝试VPN连接是否正常。

(2) 检查Internet网关设备是否关闭了NAT-T功能，可以打开网关路由的NAT-T功能再进行VPN连接尝试。如果还是出错，可以换个网络环境进行测试。若是在其他网络环境下可以连接，则很可能网关路由设备对VPN支持性不好，主要是对GRE和PPTP协议的NAT-T不支持，则需要更换网关设备。现在市面上大多数设备都已经支持此功能。

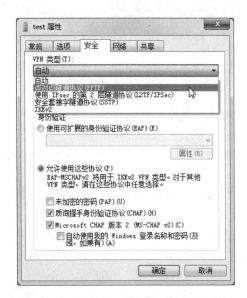

图7-35　"test属性"对话框的"安全"选项卡

(3) 客户机使用PPTP模式连接VPN服务器，需要开启TCP的47号和1723号端口；如果尝试使用L2TP模式连接VPN，则需要开启UDP的500号、1701号和4500号端口。因此客户机连接的路由器、防火墙以及安装的防火墙软件都不能屏蔽相应的这些端口。

3. 代码691错误及其排查与解决

691错误是由于域上的用户名或密码无效而被拒绝访问所引起的。因此，从VPN服务器配置方面来说，应重点从以下两个方面来进行检查。

(1) 安全认证文件/etc/ppp/chap-secrets中设置VPN用户的配置行是否正确，包括用户名、服务名称、密码和隧道IP地址等，特别注意VPN用户名和密码要加双引号。

(2) 在VPN服务器主配置文件/etc/pptpd.conf中，可能使用connections选项设置了限制可被接受的客户端连接数量，应检查限制的连接数会不会太小。

从VPN客户机方面来说，主要从以下几个方面进行检查。

(1) 核对VPN用户名和密码是否输入正确。有些用户可能设置的VPN账号和密码比较复杂，输入时要特别注意字母的大小写、小键盘上的数字锁定键有无开启等；有些用户则习惯使用复制、粘贴来输入，则应注意不要复制空格。

(2) 如果是新注册的VPN账户和密码，还应注意账户中是否含有非法的特殊字符(如引号、冒号等)，因为虽然含这些非法特殊字符的账户允许被注册，但是VPN服务器不能识别这些特殊字符，所以会被拒绝认证，这种情况可以再注册一个账户重试。

(3) 有时候客户机连接了VPN服务器，正常使用时异常中断也会提示691错误，这种情况往往是因为某些VPN提供商对免费用户设置了一个账户同时只能在一个客户端上连接使用，一旦异常断开就需要等待一段时间才能重新连接。当然也有可能此账户在别的客户端上登录，或者被盗用，可以修改密码并稍等片刻后再尝试连接。

(4) 在确定VPN用户名和密码完全正确，并且也没有在多个客户机登录的情况下，则应检查 VPN 提供商是否设置了流量限制，如果流量已用完也会提示 691 错误。

4．代码 721、720、711 等错误及其排查与解决

721 错误是指远程 PPP 对等机不响应；720 错误是指未配置 PPP 控制协议；而 711 错误是 RasMan 初始化失败。排查这几种错误主要从以下几个方面入手。

(1) 检查客户机上是否启动了 VPN 连接所需要的相关服务，主要包括 Telephony、Remote Access Connection Manager、Remote Access Auto Connection Manager、Remote Procedure Call (RPC) Locator 和 Network Connections 等 5 个服务。在 Windows 系统中，对于任何服务，启动或设置启动类型的方法都是一样的，所以这里仅以 Telephony 服务为例进行说明。右击桌面上的"计算机"图标，在弹出的快捷菜单中选择"管理"命令，打开"计算机管理"窗口，在左窗格中选择"服务和应用程序"→"服务"选项，此时在中间窗格就会列出本地计算机的所有服务。找到需要设置的 Telephony 服务，可以看到其状态为空白(即未启动)，启动类型为"手动"。右击该服务，在弹出的快捷菜单中选择"启动"命令即可启动该服务，如图 7-36 所示。

图 7-36　在"计算机管理"窗口的"服务"列表中启动选定的服务

但这只是临时启动服务，如果要让此服务随系统引导而自动启动，则需要修改它的启动类型。可以双击需要设置的服务项，或选择右键快捷菜单中的"属性"命令，打开该服务的属性对话框，单击"常规"选项卡的"启动类型"下拉列表框，选择"自动"选项，如图 7-37 所示，最后单击"确定"按钮即可。

(2) 检查客户端上网使用的路由器安全设置，主要是防火墙和 VPN 两个方面。使用浏览器登录路由器的管理界面(通常可以在路由器的外标签上查看到默认访问地址，大多数品牌的路由器为 http://192.168.1.1 或 http://192.168.0.1)。图 7-38 所示的是一款 TP-LINK 路由

器的管理界面，在窗口左侧选择"安全功能"→"安全设置"，然后在右侧的"状态检测防火墙(SPI)"区域中将"SPI防火墙"设置为"不启用"，在"虚拟专用网络(VPN)"区域中将"PPTP穿透""L2TP穿透"和"IPSec穿透"均设置为"启用"。设置完成后单击"保存"按钮，并在窗口左侧选择"系统工具"→"重启系统"选项来重启路由器，再进行VPN的连接测试。

图7-37　在"Telephony的属性(本地计算机)"对话框中设置"启动类型"

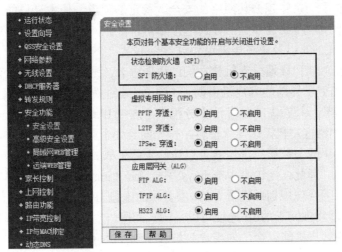

图7-38　在路由器管理界面中设置安全功能

(3) 如果客户机使用的还是早期的Windows XP系统，并且安装了SP2，出现721错误可能是WAN微型端口配置上的问题。可以运行regedit命令打开"注册表编辑器"窗口，找到HKEY_LOCAL_MACHINE\SYSTEM\CurrentControlSet\Control\Class\4D36E972-325-11CE-BFC1-08O02bE10318}\<000x>主键，这是WAN微型端口(PPTP)驱动程序的网络适配器。查看<000x>主键中是否包含一个ValidateAddress键值，如果已存在，其值很可能为 1 表示处于打开状态,将其值改为 0 表示关闭即可;如果不存在,则新建该键值,数据类型为 DWORD,值为 0。然后重启计算机系统,再进行 VPN 连接尝试。

(4) 在发起 PPTP 的 VPN 连接请求时应禁止 IPSec 功能,但某些版本的 Windows 系统中缺省启动了 IPSec 功能,可通过"注册表编辑器"窗口找到[HKEY_LOCAL_MACHINE\SYSTEM\CurrentControlSet\Services\RasMan\Parameters]主键中的键值 ProhibitIPSec,将其值改为 dword:1,表示关闭 RAS 的 L2TP/IPSec 功能(如该键值不存在,则可以新建一个)。当然,如果要使用基于 L2TP/IPSec 的 VPN 连接,则 ProhibitIPSec 键值的值应设为 dword:0,表示使用 RAS 的 L2TP IPSec 功能。

💡 **注意:** 从客户机这一方来说,VPN 相关服务开启情况和路由器安全设置上的检查实际上也是常规性的两项检查,并不仅仅只针对 721、720、711 错误,如前面提到的 619、800 等很多 VPN 连接上的错误都可以作为排查因素之一。最后两处对 Windows 注册表的修改也不一定是解决这几种 VPN 错误的方法,只是作为排查问题的思路提供给读者。VPN 错误的成因非常复杂,但上述四类错误中涉及的检查和解决方法,基本涵盖了多数常见的错误。

小　　结

虚拟专用网络(VPN)是一种利用公共网络来构建私人专用网络的技术,通过身份认证以及对网络数据的封装和加密传输,实现了在公共网络上安全地传输私有数据的目的,就像是通信双方建立了一条穿越公共网络的安全、稳定的隧道,使本来只能局限在很小地理范围内的企业内部网扩展到世界上的任何一个角落。目前,VPN 使用的协议主要有第二层隧道协议 PPTP 和 L2TP 以及第三层隧道协议 IPSec。

为了实现企业总部和异地分支机构之间的协同办公,通常可以在企业总部的内网上架设 VPN 服务器。当处于异地的客户机借助于 Internet 通过拨号连接 VPN 服务器时,服务器验证用户身份后,就会从虚拟 IP 地址池中分配一个虚拟 IP 地址(与服务器自身的虚拟 IP 地址处于同一个网段)给客户机,这样就使客户机如同身处企业总部的内网中,与企业总部内网上的计算机成为"网上邻居",也就可以访问企业总部的 Web、FTP 站点或通过 E-mail 服务器来收发邮件。因此,无论是 Windows 平台还是 Linux 平台,配置 VPN 服务器最主要的工作任务是:①合理规划并设置 VPN 服务端的虚拟 IP 地址以及客户端可获取的虚拟 IP 地址段(与服务器物理网卡的 IP 地址可以是同一网段,也可以是不同网段);②创建有拨入权限的用户,使客户机能以合法的用户身份登录到 VPN 服务器。

在 Windows Server 2012 R2 中,要架设 VPN 服务器必须添加"远程访问"角色及其包含的"DirectAccess 和 VPN (RAS)"和"路由"两个角色服务。在 Linux 系统中,Poptop 是目前使用较多的、基于 PPTP 协议开发的 VPN 服务器软件。要使 Poptop 正常工作,除了需要用作 PPTP 守护进程来管理 VPN 隧道的 pptpd 程序外,还需要 PPP 套件的支持。因此在架设基于 PPTP 的 VPN 服务之前,应首先检查并安装 ppp、pptpd、DKMS 动态内核模块支持和 MPPE 加密协议的内核补丁共 4 个软件包。

客户机在创建 VPN 连接并成功连接到 VPN 服务器后,可以在 VPN 连接状态信息中查看到所获取的虚拟 IP 地址，也可以通过命令(Windows 系统中使用 ipconfig 命令，Linux 系统中使用 ifconfig 命令)来查看 VPN 连接的虚拟 IP 地址，还可以使用 Ping 对方虚拟 IP 地址的方法来测试 VPN 连接是否成功。但在实际 VPN 连接与访问时可能会出现各种各样的错误，作为管理员应该能读懂常见的 VPN 错误代码，并据此来分析及排查故障。

习　题

一、简答题

1. 什么是 VPN？简述 VPN 隧道的建立过程。

2. 利用 VPN 技术实现企业总部和各分公司之间的异地组网有哪些优越性？

3. 常用的 VPN 隧道协议和身份认证方式分别有哪几种？

4. 当异地分支机构的远程客户机与企业总部的 VPN 服务器建立连接后，客户机访问企业总部内网中的资源时为什么能够像访问本地局域网中的资源一样？

5. 在 Windows Server 2012 平台下要架设 VPN 服务器，需要添加什么角色与服务？需要做的配置工作主要有哪些？

6. 在配置 VPN 服务器的过程中，为什么需要设置虚拟 IP 地址段？虚拟 IP 地址与企业内网使用的 IP 地址可以是不同网段吗？

7. 在 Linux 平台下架设基于 PPTP 协议的 VPN 服务器，需要安装哪几个软件包？怎样检查它们的兼容性？

8. 当客户机连接 VPN 服务器后，如何通过命令来检查 VPN 连接是否成功？

9. 当客户机成功连接到公司的 VPN 服务器后，能够访问公司内网资源，但原本正常上网的客户机却打不开 Internet 上的网站了。您认为出现这个问题的原因是什么？怎样检查并解决这个问题？

二、训练题

盛达电子公司目前尚未在异地开设分公司，但希望员工在家里或者在外地出差时，也能使用 VPN 方式通过 Internet 访问公司的内部网站。为此，需要在公司内网已架设 DNS 服务和内部 Web 站点的服务器上架设 VPN 服务器。该服务器使用 Windows Server 2012 操作系统，IP 地址为 192.168.1.1，并且在公司网络的 IP 地址规划时，已经把 192.168.1.221～192.168.1.253 地址段保留给 VPN 的虚拟 IP 地址使用。

(1) 按上述需求，完成 Windows Server 2012 R2 平台下的 VPN 服务器配置(有拨入权限的用户暂时只要求创建一个 vpn_xtt 用于测试)。

(2) 在 Windows 7 客户机上创建一个 VPN 连接，并连接到公司内网的 VPN 服务器。

(3) 在客户机上使用 ipconfig 命令查看 VPN 连接所获取的虚拟 IP 地址，并使用 Ping 命令验证 VPN 连接是否成功。

(4) 按附录 C 中简化的文档格式，撰写 VPN 服务项目实施报告。

项目八 CA 及安全 Web 服务配置

能力目标

- 能根据企业网络信息化需求和项目规划合理设计 CA 及安全 Web 服务方案
- 能在 Windows 和 Linux 两种平台下正确安装、配置和管理 CA 服务器
- 能在 Windows 和 Linux 两种平台下架设基于 SSL/TLS 的安全 Web 站点
- 初步具备 Windows 服务器的安全设置和 Linux 防火墙 iptables 的配置能力

知识要点

- HTTP 的安全问题以及基于 SSL/TLS 的 HTTPS 加密与认证机制
- CA、数字证书、PKI 等基本概念
- 网络服务器安全涵盖的主要内容、防火墙的作用及 iptables 的工作原理

任务一 知识预备与方案设计

一、基于 SSL 协议的 HTTPS 概述

1. 纯文本 HTTP 的安全问题

项目四只是为新源公司在同一台服务器上架设了 4 个不同用途的普通 Web 站点。这里之所以说 "普通"，是因为这些 Web 站点与人们日常访问的多数网站一样，都是基于一个纯文本的 HTTP。正如其名称所暗示的，纯文本协议不会对传输中的数据进行任何形式的加密和认证，因此在安全方面存在着以下 3 个重大缺陷。

(1) 通信使用明文(不加密)，内容可能会被窃听。在基于 TCP/IP 的 Internet 上，世界任何一个角落的服务器与客户机之间通信时，数据所经过的各种网络设备、通信线路和计算机等都不可能是个人的私有物，任何一个环节都有可能遭到恶意窥视。要窃听相同段上的通信并非难事，只需收集在互联网上流动的数据包(帧)即可，至于对这些数据包的解析工作，则完全可以交由抓包(Packet Capture)或嗅探器(Sniffer)等工具来完成。HTTP 本身不具备加密的功能，所以无法做到对通信整体(包括使用 HTTP 通信的请求和响应内容)进行加密，也就是说 HTTP 报文都使用明文方式传送。

(2) 不验证通信方的身份，有可能遭遇伪装。HTTP 中的请求和响应都不会对通信方进行确认，任何人都可以发起 HTTP 请求，Web 服务器接收到请求后，只要发送端的 IP 地址和端口号没有被设置为限制访问，不管请求来自何方、出自谁手都会返回一个响应，这样就很容易受到中间人的攻击(Man-in-the-Middle attack，MITM)。这种攻击方式就是 "中间人" 冒充真正的服务器接收用户传送给服务器的数据，然后再冒充该用户把数据传给真正的服务器，或者说 Web 服务器和客户机都有可能是 "中间人" 伪装的。不仅如此，Web

服务器也无法阻止海量请求下的 DoS(Denial of Service，拒绝服务)攻击，因为即使是毫无意义的请求，服务器也会"照单全收"。

(3) 无法证明报文的完整性，内容可能已遭篡改。由于 HTTP 无法证明通信的报文完整性，所以在请求或响应送出之后直到对方接收之前的这段时间内，如果遭到了"中间人"的攻击，服务器和用户之间传送的数据被"中间人"转手做了手脚(请求或响应的内容被篡改)，也没有任何办法获悉，即无法确认发出的请求或响应与接收到的请求或响应是前后一致的，这就会出现很严重的安全问题。例如，用户从某个 Web 网站下载内容，很可能在传输途中已经被篡改为其他的内容，而用户作为接收方却浑然不知。

2．确保 Web 安全的 HTTPS

为了统一解决 HTTP 使用明文传输造成数据容易被窃听、没有认证造成身份容易被伪装进而数据被篡改等安全问题，人们想方设法在 HTTP 基础上加入加密处理和身份认证等机制，于是就产生了一种安全的 HTTP，即 HTTPS(HTTP Secure)。

HTTPS 并非是应用层的一种新协议，只是把 HTTP 通信接口部分用 SSL(Secure Socket Layer，安全套接层)或 TLS(Transport Layer Security，传输层安全)协议代替而已。SSL 技术最初由浏览器开发商网景通信公司率先倡导，但由于所开发的 SSL 1.0 和 SSL 2.0 都被发现存在问题，所以很多浏览器直接废除了该协议版本。后来由 IETF(Internet Engineering Task Force，Internet 工程任务组)主导开发了当前主流的 SSL 3.0 协议版本，并以此为基准进一步制定了同样成为主流的 TLS 1.0、TLS 1.1 和 TLS 1.2。正因为 TLS 是以 SSL 为原型开发的协议，所以有时也统一称该协议为 SSL。

其实 HTTPS 就是身披 SSL 协议这层外壳的 HTTP。通常，应用层 HTTP 是直接和 TCP 通信的，而结合 SSL 后演变成 HTTP 先和 SSL 通信，再由 SSL 和 TCP 通信了。这一通信过程，中间的 SSL 提供了认证、加密处理及摘要功能，使 HTTP 拥有了 HTTPS 可以验明对方身份以及防止被窃听和篡改的功效。

💡 **注意：** SSL 是独立于 HTTP 的协议，也是目前应用十分广泛的网络安全技术。实际上不只是 HTTP 协议，其他运行在应用层的 SMTP 和 Telnet 等协议都可以配合 SSL 协议使用。一般来说，对于用户只能读取内容而不提交任何信息的只读型网站，纯文本通信的 HTTP 仍然是一种更高效的选择，因为加密通信的 HTTPS 会消耗更多 CPU 和内存资源。但对于那些保存敏感信息的网站，如用户需要登录来获得网站服务的页面、需要输入信用卡信息进行结算的购物页面等，则应使用 HTTPS 通信以提高安全性。

3．HTTPS 的加密机制

要理解 HTTPS 的加密机制，必须首先了解加密方法。近代加密方法中的加密算法是公开的，而密钥是保密的，这样就保持了加密方法的安全性。加密和解密使用同一个密钥的加密方法称为共享密钥加密(Common Key Cryptosystem)，也叫对称密钥加密。

很显然，加密和解密都要用到密钥，没有密钥就无法对加密过的密文进行解密。但反过来说，任何人只需获取密钥就必定能解密。于是，以共享密钥方式加密通信时就产生了一个令人困惑的难题，如果不把密钥发送给对方，对方就无法对收到的密文进行解密，因此必须把密钥也发送给对方;而在互联网上转发密钥时,如果通信被监听,那么密钥就可能会落入攻击者之手,也就失去了加密的意义(试想,密钥若能安全送达对方,数据也同样能安全送达了)。图 8-1 形象地描述了以共享密钥方式加密通信的这一困境。

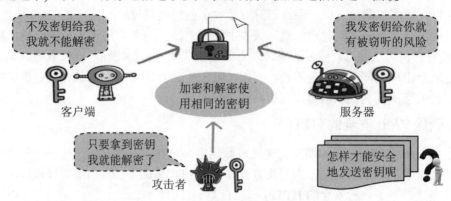

图 8-1 以共享密钥方式加密通信的困境

SSL 采用了一种叫作公开密钥加密(Public-key cryptography)的加密处理方式,走出了共享密钥加密的困境。公开密钥加密使用一对"非对称"的密钥,一把叫做私有密钥(private key),简称私钥;另一把叫作公开密钥(public key),简称公钥。顾名思义,私钥不能让其他任何人知道,而公钥则可以随意发布,任何人都可以获得,它们是配对的一套密钥。使用公开密钥方式加密通信的过程如图 8-2 所示,发送密文的一方使用对方的公钥进行加密处理,对方收到被加密的信息后,再使用自己的私钥进行解密。

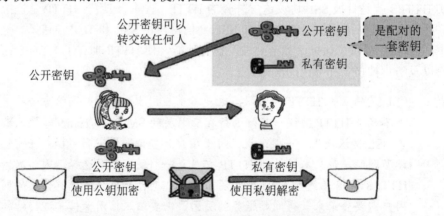

图 8-2 使用公开密钥方式加密通信的过程

由此可见,使用公开密钥加密方式不需要发送用来解密的私钥,也就不必担心密钥被攻击者窃听而盗取。但是,与共享密钥加密方式相比,公开密钥加密的处理更加复杂,如果 Web 服务器和客户机之间的所有通信全部使用公开密钥加密方式来实现,则处理效率会进一步降低,速度会变得更慢。为此,HTTPS 采用共享密钥加密和公开密钥加密两者并用的混合加密机制,先使用公开密钥加密方式来交换密钥,在确保密钥是安全的前提下,再使用共享密钥加密方式进行报文的交换,这就充分利用了两种加密方法各自的优势。

💡 **注意:** 无论采用何种加密方式,加密后的通信内容照样也会被攻击者窃听,这点与传输未加密的明文是相同的，只是说即使攻击者窥视到加密的通信内容，也难以破解报文信息的含义。另外，在公开密钥加密通信方式中，要想根据密文和公钥将信息恢复到原文，就目前的技术而言还是异常困难的。

遗憾的是，公开密钥加密方式还是存在一些问题，那就是无法证明公钥本身就是货真价实的公钥。比如，正准备和某台服务器建立通信时，如何证明收到的公钥就是原本预想的那台服务器发行的公钥，真正的公钥会不会在传输途中已经被攻击者替换掉了。

4．公钥和身份绑定的证书认证

为了确认公钥的真实性，SSL 采用由数字证书认证机构(Certificate Authority，CA)及其相关机关颁发的公开密钥证书，简称公钥证书，也称数字证书或直呼其为证书。CA 是专门负责为各种认证需求提供数字证书服务的权威公正的第三方机构，并处于客户端与服务器双方都可信赖的立场上。下面简单介绍一下 CA 的业务流程。

首先由服务器的运营人员向 CA 提出公钥申请，CA 在判明申请者身份后，会对已申请的公钥做数字签名；然后分配这个已签名的公钥，将其放入公钥证书并绑定在一起。服务器会将这份由 CA 颁发的公钥证书发送给客户端，以进行公钥加密方式通信。接到证书的客户端可使用 CA 的公钥，对那张证书上的数字签名进行验证，客户端一旦验证通过就可以确认：服务器的公钥是值得信赖的，其认证机构是真实有效的 CA。但在这一流程中，认证机构的公钥必须安全地转交给客户端，而使用网络通信方式则很难保证。为此，大多数浏览器开发商发布版本时，会事先在内部植入常用认证机构的公钥。

由于数字证书是一个经 CA 签名、包含公钥及其拥有者身份信息的文件，所以添加了 SSL 功能的 HTTPS 利用数字证书不仅确保了公钥的真实性，而且对通信方(服务器或客户端)的身份进行了验证，确认了通信方的实际存在以及真实意图，使那些蓄意攻击的"中间人"难以伪装和假冒，进而篡改通信方的请求或响应信息，因为伪造证书从技术角度来说是异常困难的事。从使用者的角度来说，也可以降低个人信息泄露的危险性。

💡 注意： CA 颁发的数字证书均遵循 X.509 V3 标准，该标准在编排公钥密码格式方面已被广泛接受。要架设支持 HTTPS 的 Web 服务器，第一要务就是获得数字证书。对于全球性的商业网站，数字证书建议从诸如 VeriSign(威瑞信)等值得信赖的国际知名证书颁发机构购买，这可以增强网站服务的信誉度。除此之外，数字证书还可以通过两种途径免费获得，一种是采用自签名证书，适用于以测试为目的的网站，或者用户之间相互信任的个人项目网站；另一种是向以社区为基础的认证供应商(如 StartSSL 等)申请获得，但建议只用于对安全性要求不高的个人项目网站。

综上所述，HTTPS 就是基于 SSL 协议所提供的加密通信、身份认证以及完整性保护之后的 HTTP，解决了纯文本协议 HTTP 所存在的安全问题。最后有必要介绍一下公钥基础设施(Public Key Infrastructure，PKI)的概念。PKI 是一种遵循既定标准的密钥管理平台，它能够为所有网络应用提供数据加密和数字签名(身份验证)等服务，以及这些服务所必需的密钥和证书管理体系。简而言之，PKI 就是利用公钥理论和技术建立的提供安全服务的基础设施，主要由认证机构和数字证书库、密钥备份及恢复系统和证书吊销系统、PKI 应用接口系统共 3 个部分组成。PKI 技术是信息安全技术的核心，也是目前电子商务、电子政务、网上金融业务以及企业网络安全等系统最为关键和基础的技术。

💡 注意： PKI 既不是一个协议，也不是一个软件，它是一个标准，或可看成是一套理论，基于这套理论或标准而发展出的所有提供公钥加密和数字签名服务的系统都称为 PKI 系统。由此可见，CA 是 PKI 的一部分，而 SSL 是 PKI 的具体应用。也就是说，PKI 不仅仅是应用于本项目所讨论的基于 SSL 的安全 Web 服务(即 HTTPS 服务)，基于 SET 的电子交易系统、基于 S/MIME 的安全电子邮件系统以及智能卡和 VPN 的安全认证等都是 PKI 应用的典型案例。

二、设计 CA 及安全 Web 服务方案

1．分析项目需求

由于新源公司对外的 Web 站点具有电子商务功能，为确保公司可信任的客户与服务器之间信息交互以及 Web 交易的安全，须将该站点配置为 HTTPS 访问的站点，在不增加额外成本的前提下利用 PKI 技术，依靠数字证书实现身份验证和数据加密。

2．设计网络拓扑结构

根据项目总体规划，设计新源公司 CA 及安全 Web 服务网络拓扑结构如图 8-3 所示。

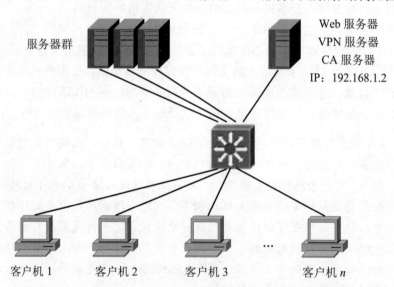

图 8-3 新源公司 CA 及安全 Web 服务项目的网络拓扑结构

3．规划项目实施方案

由于新源公司数字证书服务主要应用于架设基于 SSL 协议的 Web 站点，在不增加额外费用的前提下解决可信任客户与公司的电子商务安全问题，所以采用不需要花钱购买的自签名证书。同时也兼顾到实训条件的限制，确定将 CA 证书服务器与 Web、VPN 服务器架设在 IP 地址为 192.168.1.2 的同一台物理服务器上。

任务二　Windows 下的 CA 及安全 Web 服务配置

按照本项目的设计方案，将项目四架设的新源公司外网 Web 站点(http://www.xinyuan.com) 配置为基于 SSL 访问的 HTTPS 站点，因为采用自签名证书实现身份验证和数据加密，所以首先需要搭建 CA 证书服务器，然后向公司的 Web 服务器颁发证书。

一、安装证书服务器角色

要想使用 SSL 安全机制的功能，首先就要在运行 Windows Server 2012 R2 的服务器上安装"Active Directory 证书服务"角色。

步骤 1　打开"服务器管理器"窗口，选择左窗格中的"仪表板"选项后，在右窗格中选择"添加角色和功能"选项，打开"添加角色和功能向导"对话框。在经过"开始之前"→"选择安装类型"→"选择目标服务器"步骤后，向导进入"选择服务器角色"界面，此时勾选"Active Directory 证书服务"复选框，如图 8-4 所示。

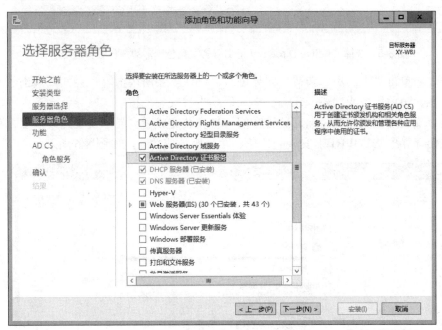

图 8-4　选择"Active Directory 证书服务"服务器角色

步骤 2　单击"下一步"按钮，向导进入"Active Directory 证书服务"界面，其中简要介绍了 Active Directory 证书服务(AD CS)及其注意事项。再次单击"下一步"按钮，向导进入"选择角色服务"界面。在"角色服务"列表框中有 6 个角色服务的复选框，这里至少应该勾选"证书颁发机构"和"证书颁发机构 Web 注册"两个复选框(默认只勾选了前者)。但由于安装"证书颁发机构 Web 注册"角色服务必须同时安装"Web 服务器(IIS)"角色中的"HTTP 重定向"和"跟踪"两个功能，所以当选中该角色服务的复选框时，会自动弹出一个询问是否要添加所需功能的对话框，此时只需勾选"包括管理工具(如果适用)"复选框，并单击"添加功能"按钮即可，如图 8-5 所示。

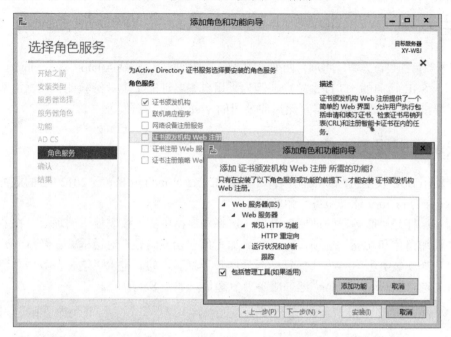

图 8-5 选择"Active Directory 证书服务"角色所需的角色服务或功能

步骤 3 单击"下一步"按钮，向导进入"确认安装所选内容"界面，列出了此前所选择的角色、角色服务或功能。在确认无误后单击"安装"按钮，向导就会进入"安装进度"界面，安装过程大约会持续几分钟时间。待安装完成后会显示安装结果摘要，列出已成功在这台计算机(XY-WBJ)上安装的角色、角色服务或功能，如图 8-6 所示。

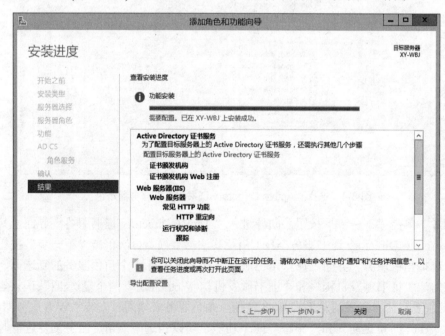

图 8-6 安装完成后在"安装进度"界面中显示结果

💡 注意：　至此，虽然已成功安装"Active Directory 证书服务"角色及所需的角色服务和功能，但还必须对其进行配置。此时即使单击"关闭"按钮关闭了"添加角色和功能向导"对话框，也不会中断这项配置任务，在返回的"服务器管理器"窗口中，"管理"菜单左侧的"通知"图标会出现一个黄色的警告信息标记(⚠)，单击该图标会弹出一个提示信息框，选择"功能安装"选项即可再次打开上图的安装结果界面，也可通过"部署后配置"选项直接进入"AD CS 配置"向导。这里不关闭此安装结果界面，而按以下步骤立即开始配置。

步骤 4　在"安装进度"界面的安装结果列表框中，单击"配置目标服务器上的 Active Directory 证书服务"超链接，打开"AD CS 配置"向导的"凭据"界面。这里只需在指定"凭据"的文本框中保持默认的 XY-WBJ\Administrator 即可，如图 8-7 所示。

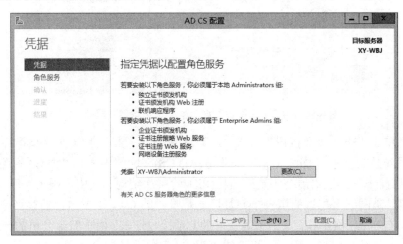

图 8-7　"AD CS 配置"窗口的"凭据"界面

步骤 5　单击"下一步"按钮，进入"AD CS 配置"窗口的"角色服务"界面，选择要配置的角色服务。这里把前面安装的"证书颁发机构"和"证书颁发机构 Web 注册"两个角色服务的复选框均勾选，如图 8-8 所示。

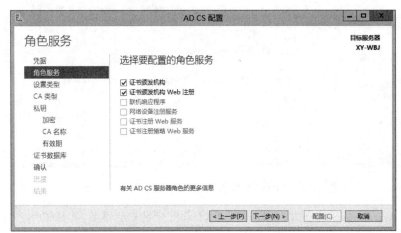

图 8-8　"AD CS 配置"窗口的"角色服务"界面

步骤6 单击"下一步"按钮，进入"AD CS 配置" 窗口的"设置类型"界面，这里虽然提供了"企业 CA"和"独立 CA"两种 CA 设置类型的单选按钮，但前者是不可选择的无效选项(呈灰色)，所以默认只能选择后者，如图 8-9 所示。

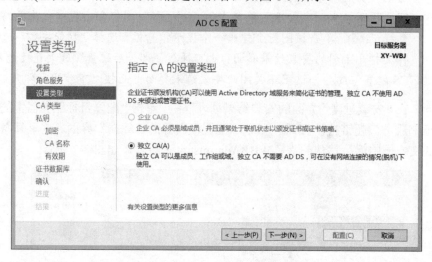

图 8-9 "AD CS 配置"窗口的"设置类型"界面

步骤7 单击"下一步"按钮，进入"AD CS 配置" 窗口的"CA 类型"界面，要求指定该服务器安装的 Active Directory 证书服务(AD CS)在网络中作为"根 CA"还是"从属 CA"类型，以此来创建或扩展公钥基础结构(PKI)的层次结构。其中，根 CA 位于 PKI 层次结构的项部，是网络上配置的第一个并且可能是唯一的 CA，颁发自己的签名证书；从属 CA 需要已建立 PKI 层次结构，从位于其上方的 CA 接收证书。由于新源公司的认证体系是仅包含一个 CA 的简单情形，因此这里选中"根 CA"单选按钮，如图 8-10 所示。

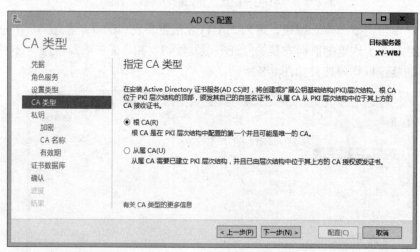

图 8-10 "AD CS 配置"窗口的"CA 类型"界面

注意： Windows Server 2012 R2 中的 PKI 采用分层 CA 模型，其认证体系可以由相互信任的多重 CA 构成，最简单的情况是认证体系中只包含一个 CA。证书颁发机构首先分为企业 CA 和独立 CA 两种设置类型(由于 Windows Server 2008

中配置 CA 是在安装 AD 证书服务时进行的，所以称安装类型)。其中，企业 CA 需要活动目录(Active Directory，AD)的支持，因为证书服务的企业策略信息是存放在活动目录中的，所以需要使用目录服务来颁发和管理证书；而独立 CA 无须 AD 的支持。由于新源公司网络信息化项目中未采用活动目录支持的域架构网络，没有安装 AD 服务的域控制器，所以这台计算机不可能以成员服务器角色登录到域，而仅在网络中作为独立服务器角色。正因为如此，上述步骤 6 在指定 CA 的设置类型时(见图 8-9)只可能选中"独立 CA"单选按钮，而"企业 CA"选项无效。这两种设置类型分别又有"根 CA"和"从属 CA"两种 CA 类型，于是就组合成为如表 8-1 所示的 4 种类型的 CA。

表 8-1 证书颁发机构(CA)的类型说明

类　型	说　明
企业根 CA	企业根 CA 是认证体系中最高级别的证书颁发机构。企业根 CA 只对域中的用户和计算机颁发证书，因为它是通过活动目录来识别申请者，并确定申请者是否对特定证书有访问权限。但一般情况下，企业根 CA 只对其下级 CA 颁发证书，再由下级 CA 颁发证书给用户和计算机。因此，安装企业根 CA 需要以下支持： (1) 活动目录。证书服务的企业策略信息存放在活动目录中； (2) DNS 名称解析服务。在 Windows 中活动目录与 DNS 紧密集成； (3) 对 DNS、活动目录和 CA 服务器的管理权限
企业从属 CA	企业从属 CA 是组织中直接向用户和计算机颁发证书的 CA，它也需要活动目录的支持。企业从属 CA 在组织中不是最受信任的 CA，必须由上一级 CA 来确定自己的身份，即从上级 CA 获得其 CA 证书
独立根 CA	独立根 CA 是认证体系中最高级别的证书颁发机构。独立根 CA 可以是域中的成员也可以不是，因此它不需要活动目录。也正因为如此，独立根 CA 可从网络中断开，置于安全的区域，这在创建安全的脱机根 CA 时非常有用。独立根 CA 可用于向组织外部的实体颁发证书，但通常类似于企业根 CA，它只向其下一级独立 CA 颁发证书
独立从属 CA	独立从属 CA 将直接对组织外部的实体颁发证书，它必须从另一个 CA 获得其 CA 证书。独立从属 CA 可以是域中的成员也可以不是，因此它不需要活动目录，但它需要有以下支持： (1) 上一级 CA。比如组织外部的第三方商业性认证机构； (2) 因为独立 CA 不需要加入域中，因此要有对本机操作的管理员权限

步骤 8 单击"下一步"按钮，进入"AD CS 配置"窗口的"私钥"界面，要求指定私钥类型。如果要生成证书并将其颁发给客户端，CA 必须有一个私钥。因为此前在新源公司内部网络中没有安装过 CA，也没有现有的私钥，所以这里保持默认选中的"创建新的私钥"单选按钮即可，如图 8-11 所示。

步骤 9 单击"下一步"按钮，进入"AD CS 配置"窗口的"CA 的加密"界面，要求指定加密选项，包括选择加密服务提供程序、私钥的密钥长度以及对此 CA 颁发的证书进行签名的哈希算法。默认使用的加密提供程序为"RSA#Microsoft Software Key Storage Provider"，密钥字符长度为 2048KB，使用的哈希算法为 SHA1。如果勾选"当 CA 访问私钥时，允许管理员交互操作"复选框，则每次 CA 访问该私钥时需要和管理员交互操作，以提高安全性。这里没有特殊需求即保持默认选项不变，如图 8-12 所示。

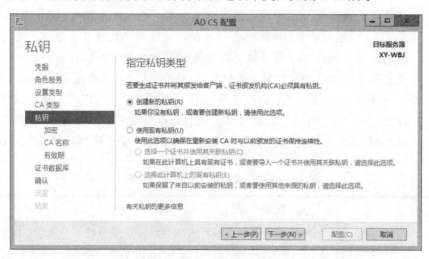

图 8-11 "AD CS 配置"窗口的"私钥"界面

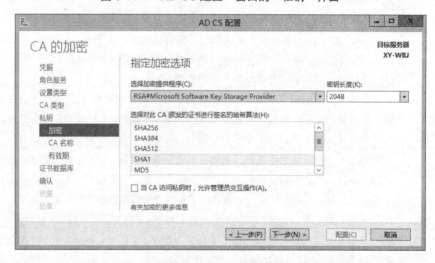

图 8-12 "AD CS 配置"窗口的"CA 的加密"界面

步骤 10 单击"下一步"按钮，进入"AD CS 配置"窗口的"CA 名称"界面，要求为正在配置的 CA 指定一个公用名称。为便于记忆，通常采用与公司名称相关的名字作为 CA 的公用名称。这里在"此 CA 的公用名称"文本框中输入"XY-CA"(其中的 XY 为公司名"新源"的汉语拼音缩写)；在"可分辨名称后缀"文本框中保持空白。此时会在"预览可分辨名称"文本框中自动出现"CN=XY-CA"，如图 8-13 所示。

注意： CA 的公用名称将出现在 IIS 8 控制台的"服务器证书"功能视图中，作为本地 CA 的标识名称。在新源公司的认证体系中，XY-CA 也是最高级别(根)证书颁发机构的名称。

步骤 11 单击"下一步"按钮，进入"AD CS 配置"窗口的"有效期"界面。CA 生成的证书的有效期默认为 5 年，或者说 CA 仅在从此刻起的 5 年之内能颁发有效证书。有

高职高专立体化教材 计算机系列

效期长短的设置主要从企业的实际预期以及 CA 的安全等角度考虑，管理员可以先选择时间的年、月等单位，然后填入时间值。这里保持默认值，如图 8-14 所示。

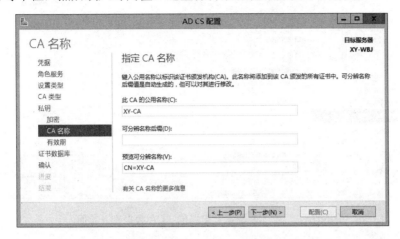

图 8-13 "AD CS 配置"窗口的"CA 名称"界面

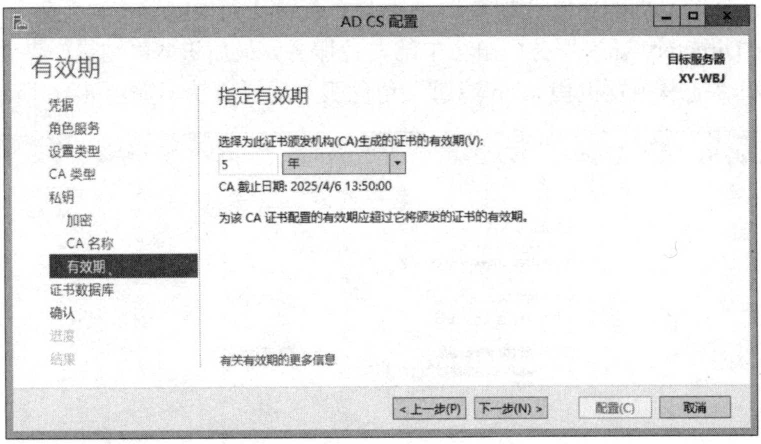

图 8-14 "AD CS 配置"窗口的"有效期"界面

步骤 12 单击"下一步"按钮，进入"AD CS 配置"窗口的"CA 数据库"界面，要求配置证书数据库和证书数据库日志存放的位置(目录路径)。证书数据库文件用来记录所有的证书请求以及已颁发的证书、已吊销的证书或已过期的证书，而对该数据库的所有添加、删除、修改等操作都会记录在证书数据库的日志文件中，使得管理员可以监视对证书数据库的管理活动。证书数据库及其日志文件默认都存放在 C:\Windows\System32\CertLog 目录下，一般来说无须更改，而且只有确保证书数据库的默认存放位置，系统才会根据证书类型自动分类和调用，如图 8-15 所示。

💡 **注意：** 在较大型的企业网络中，为获取最佳性能，证书数据库及其日志文件应保存在单独的物理磁盘上，而且最好是保存在单独的磁盘控制器上，这样可以最大限度地增加磁盘吞吐量，并使 CA 以较好的性能执行操作。

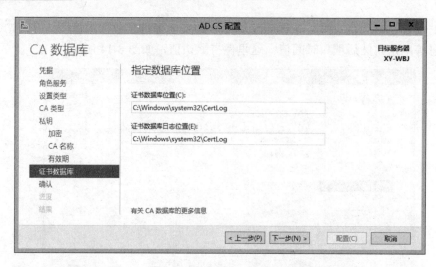

图 8-15　"AD CS 配置"窗口的"CA 数据库"界面

步骤 13　单击"下一步"按钮，进入"AD CS 配置"窗口的"确认"界面，显示了此前各个步骤对证书颁发机构所做的配置信息摘要。若确认无误则单击"配置"按钮，即开始配置"Active Directory 证书服务"角色中的角色服务，最后进入"结果"界面，显示"证书颁发机构"和"证书颁发机构 Web 注册"角色服务配置成功，如图 8-16 所示。

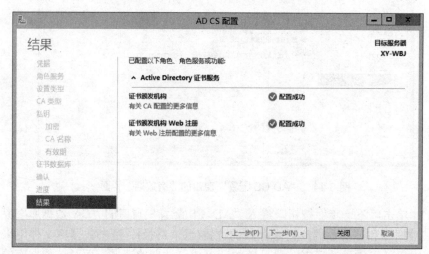

图 8-16　"AD CS 配置"窗口的"结果"界面

步骤 14　单击"关闭"按钮，会返回步骤 3 显示安装结果的"安装进度"界面(见图 8-6)，此时再次单击"关闭"按钮即可。成功安装"Active Directory 证书服务"角色及所需的角色服务后，在 Windows Server 2012 R2 的"管理工具"窗口中就会增加一个"证书颁发机构"的图标，用于打开管理为公钥安全程序颁发证书的控制台。

二、为 Web 服务器颁发证书

CA 证书服务器是根据来自其他服务器的证书请求文件来颁发证书的。因此，要为使用 SSL 安全机制的 Web 服务器颁发证书，需要做以下三项工作。

(1) 在需要使用 SSL 安全机制的 Web 服务器上生成证书申请文件。

(2) 凭借证书申请文件向证书服务器提交证书申请。

(3) 由证书服务器向提出证书申请的 Web 服务器颁发证书。

1. 在 Web 服务器上生成证书申请

步骤 1 双击"管理工具"窗口中名为"Internet Information Services(IIS)管理器"的图标，或者打开"服务器管理器"窗口后选择"工具"菜单中的同名菜单项，打开 IIS8 控制台。然后，在左窗格的"连接"列表中选择服务器名称 XY-WBJ，在中间窗格就会显示"XY-WBJ 主页"的功能视图，如图 8-17 所示。

图 8-17　IIS8 控制台中服务器 XY-WBJ 的主页功能视图

步骤 2 双击"IIS"区域下的"服务器证书"图标，即可在"服务器证书"功能视图的列表中看到颁发给 XY-CA 的根证书，如图 8-18 所示。在这个界面中，可以对需要配置 SSL 的网站使用的证书进行申请和管理。

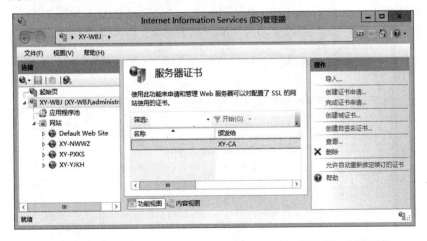

图 8-18　IIS8 控制台中服务器 XY-WBJ 的"服务器证书"功能视图

步骤3 单击右窗格"操作"列表中的"创建证书申请"超链接,打开"申请证书"窗口对话框的"可分辨名称属性"界面,要求指定申请证书所必需的信息。一般来说,如果要配置基于 SSL 访问的 Web 服务器位于 Internet 上,则通用名称可以使用此 Web 服务器的域名;如果服务器位于 Intranet 上,也可以使用其 NetBIOS 名。这里采用新源公司外网 Web 站点的域名 http://www.xinyuan.com 作为通用名称;在"组织""组织单位""城市/地点""省/市/自治区"文本框中填入公司名称及所在位置的实际信息,分别为新源公司、销售部、杭州、浙江,并在"国家/地区"下拉列表中选择 CN,如图 8-19 所示。

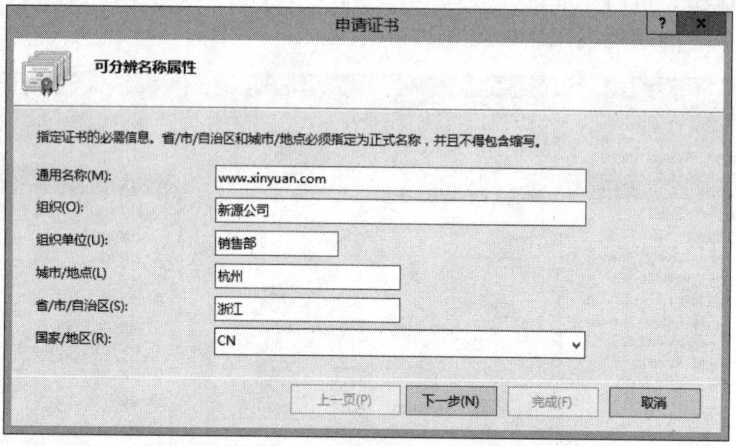

图 8-19 "申请证书"对话框的"可分辨名称属性"界面

💡 **注意:** 如果通用名称发生变化,就需要重新获取新的证书。另外,公司名称及所在位置等信息将放在证书申请中,因此要确保其真实性和准确性。CA 将验证这些信息并将其放在证书中,用户在浏览该 Web 服务器上绑定为 SSL 访问的网站时,需要查看这些信息,以便决定他们是否接受证书。

步骤4 单击"下一步"按钮,向导进入"加密服务提供程序属性"界面,要求选择加密服务提供程序以及加密密钥的位长。这里使用默认设置,即"加密服务提供程序"为 Microsoft RSA SChannel Cryptographic Provider,"位长"为 1024,如图 8-20 所示。

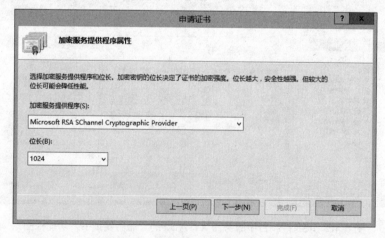

图 8-20 "申请证书"对话框的"加密服务提供程序属性"界面

注意： 加密密钥的位长决定了证书的加密强度。一般来说，密钥的位长越长，则安全性越高，但过长的位长同时也会降低服务器的性能。

步骤 5　单击"下一步"按钮，进入"文件名"界面，要求指定请求证书文件的名称及保存位置。这里，为证书申请指定的文件为 C:\CA\certreq.txt，如图 8-21 所示。

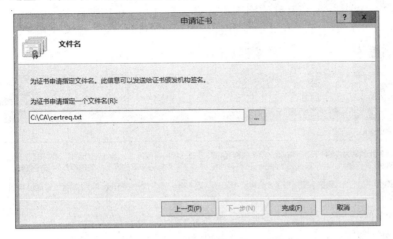

图 8-21　"申请证书"对话框的"文件名"界面

注意： 证书申请文件命名为".txt"扩展名的文本文件，便于后面的步骤复制文本内容。其存放目录 C:\CA 须事先创建好，后续产生的文件都存于此目录下。

步骤 6　最后单击"完成"按钮，即完成 Web 服务器证书申请文件的生成。

2. 向证书服务器申请证书

步骤 1　使用记事本打开刚才生成的证书申请文件，即 C:\CA\certreq.txt 文件，选中全部文本内容，包括第一行"-----BEGIN NEW CERTIFICATE REQUEST-----"和最后一行"-----END NEW CERTIFICATE REQUEST-----"。然后，右击选中的文本区域，在弹出的快捷菜单中选择"复制"命令(或按 Ctrl+C 组合键)将文本复制到剪贴板，如图 8-22 所示。

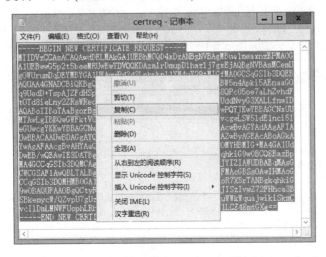

图 8-22　复制证书申请文件内容到剪贴板

💡 **注意：** 向证书服务器申请证书，其实就是使用 Microsoft 证书服务提交此前生成的证书申请文件内容。该步骤先把证书申请文件内容复制到剪贴板，是为了在后面的步骤 4 中粘贴此文件的内容。

步骤 2 打开 IE 浏览器，在地址栏输入 http://192.168.1.2/certsrv/default.asp。其中，CA 服务器 IP 地址 192.168.1.2 也可使用本机回环地址 127.0.0.1 或者 localhost；而/default.asp 可以省略不输入。只要 IIS 工作正常，并且证书服务安装正确，就会打开"Microsoft Active Directory 证书服务 -- XY-CA"的欢迎页面，如图 8-23 所示。

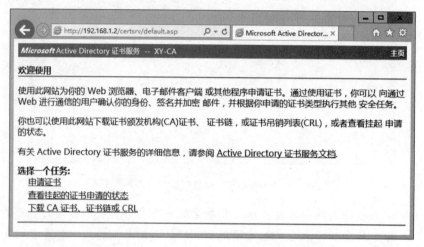

图 8-23 "Microsoft Active Directory 证书服务 -- XY-CA"的欢迎页面

💡 **注意：** 如果在 IE 浏览器访问 http://192.168.1.2/certsrv/default.asp 站点时弹出一个警告信息对话框，提示用户 IE 增强安全配置正在阻止来自 http://192.168.1.2 网站的内容，则可以单击对话框中的"添加"按钮，将该网站添加到可信站点区域，然后就可以正常浏览该站点了。

步骤 3 单击"申请证书"超链接，打开"申请一个证书"窗口。然后单击"高级证书申请"超链接，打开"高级证书申请"窗口，如图 8-24 所示。

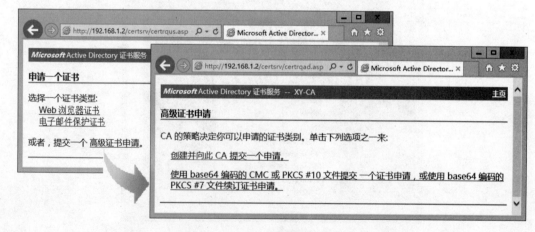

图 8-24 从"申请一个证书"超链接到"高级证书申请"窗口

步骤 4　在"高级证书申请"窗口中，单击"使用 base64 编码的 CMC 或 PKCS#10 文件提交一个证书申请，或使用 base64 编码的 PKCS#7 文件续订证书申请"超链接，打开"提交一个证书申请或续订申请"窗口，右击"Base-64 编码的证书申请(CMC 或 PKCS#10 或 PKCS#7)"文本框，在弹出的快捷菜单中选择"粘贴"命令(或按 Ctrl+V 组合键)，即可将前面步骤 1 复制到剪贴板中的文本内容粘贴到该文本框内，如图 8-25 所示。

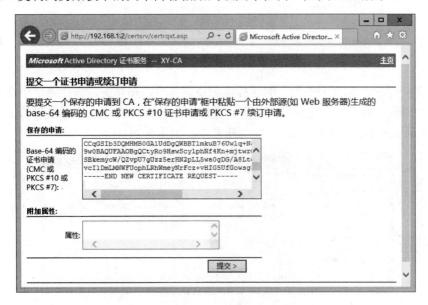

图 8-25　"提交一个证书申请或续订申请"窗口

步骤 5　单击"提交"按钮，显示"证书正在挂起"页面，可以看到提交信息，告知用户证书服务器已收到证书申请，但必须等待管理员颁发用户所申请的证书，如图 8-26 所示。至此，已完成向证书服务器申请证书的过程，关闭 IE 浏览器即可。

图 8-26　"证书正在挂起"窗口

3．证书服务器给 Web 服务器颁发证书

完成证书申请工作后，接下来就要领取刚刚申请的证书，操作步骤如下。

步骤 1　打开"管理工具"窗口后，双击"证书颁发机构"图标，打开"证书颁发机构(本地)"控制台，单击左窗格中的"挂起的申请"文件夹，则在右窗格中就可以看到前面所提交的证书申请("请求 ID"为 2)，如图 8-27 所示。

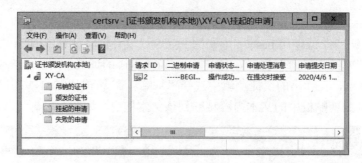

图 8-27   "证书颁发机构(本地)"控制台中"挂起的申请"文件夹

步骤 2   右击"请求 ID"为 2 的这行证书申请条目,在弹出的快捷菜单中选择"所有任务"→"颁发"命令即可完成颁发证书。此时,该证书申请就会从"挂起的证书"文件夹下消失,而后出现在"颁发的证书"文件夹中,如图 8-28 所示。

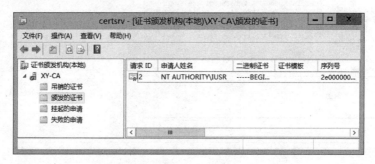

图 8-28   "证书颁发机构(本地)"控制台中"颁发的证书"文件夹

步骤 3   在右窗格中双击刚才颁发的"请求 ID"为 2 证书,会显示"证书"对话框,其"常规"选项卡和"详细信息"选项卡如图 8-29 和图 8-30 所示("证书路径"选项卡显示了证书路径"XY-CA"→"www.xinyuan.com"及证书状态)。

图 8-29   "证书"对话框的"常规"选项卡

图 8-30   "证书"对话框的"详细信息"选项卡

步骤 4 在"证书"对话框的"详细信息"选项卡中，单击"复制到文件"按钮即可打开"证书导出向导"对话框，直接单击"下一步"按钮进入"导出文件格式"对话框，这里选择使用"Base64 编码 X.509 (.CER)"证书格式，如图 8-31 所示。

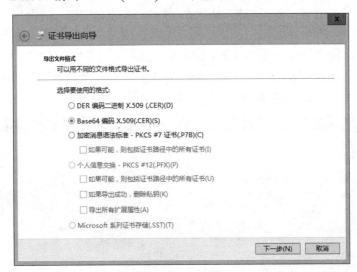

图 8-31 在"证书导出向导"对话框中选择导出文件格式

步骤 5 单击"下一步"按钮，向导进入"要导出的文件"界面，要求指定证书文件的存放位置和文件名。这里，把导出的证书文件保存为 C:\CA\xinyuan.cer。最后，单击"完成"按钮，并关闭"证书"对话框以及"证书颁发机构(本地)"控制台。

💡 **注意：** 在指定导出证书文件的文件名时只需输入文件主名，扩展名默认为".cer"。上述步骤 3~5 用于查看颁发的证书，并将其保存为指定格式的证书文件。该任务还可以通过以下方法完成：打开 IE 浏览器，访问 http://192.168.1.2/certsrv/default.asp 站点(见图 8-23)，单击"查看挂起的证书申请的状态"→"保存的申请证书"超链接，在"证书已颁发"对话框中选中"Base 64 编码"单选按钮，并单击"下载证书"超链接，将证书文件从证书服务器下载并保存为指定的文件。具体的浏览页面不再给出图解，请读者自行操作实施。

三、将 Web 站点配置为要求 SSL 访问

在获得 CA 证书服务器为 Web 服务器颁发的证书文件后，还应该将此证书文件安装在 Web 服务器上，使得其拥有自己的证书和私钥。但要让用户能够使用 HTTPS 方式访问指定的 Web 站点，还必须将 Web 服务器上的证书传递给客户机的浏览器，这就要 SSL 与 IIS 进行配合。因此，要完成基于 SSL 的安全 Web 站点的配置，还要做以下两项工作。

(1) 在 Web 服务器上安装证书。

(2) 将证书绑定到需要配置基于 SSL 访问的站点。

1. 在 Web 服务器上安装证书

步骤 1 如同此前在 Web 服务器上生成证书申请时的步骤 1 和步骤 2 操作，首先打开

IIS8 控制台，然后在选择服务器名称"XY-WBJ"而显示的"XY-WBJ 主页"功能视图中，双击"服务器证书"图标，此时的 IIS8 控制台见图 8-18。

步骤 2 单击右窗格"操作"列表中的"完成证书申请"超链接，打开"完成证书申请"对话框。在"包含证书颁发机构响应的文件名"文本框中输入前面导出的证书文件路径和文件名，即 C:\CA\xinyuan.cer，或者通过文本框右侧的…按钮来选择此证书文件；在"好记名称"文本框中输入一个便于记忆的名称，这里使用名称 XY-Web-CA；在"为新证书选择证书存储"下拉列表中有"个人"和"Web 宿主"两个选项，只需保持默认选择的"个人"选项即可，如图 8-32 所示。

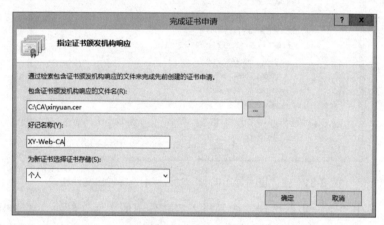

图 8-32 在"完成证书申请"对话框中指定证书颁发机构响应

步骤 3 单击"确定"按钮，在 IIS8 控制台中间窗格的"服务器证书"功能视图中就可以看到所安装的证书了，如图 8-33 所示。

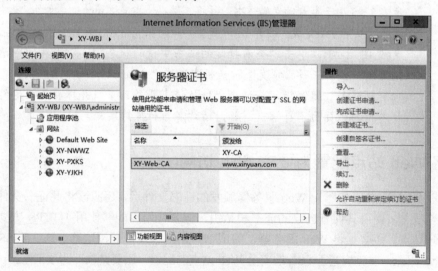

图 8-33 安装 Web 服务器证书后的 IIS8 控制台

2. 将证书绑定到需要 SSL 访问的站点

步骤 1 在 IIS8 控制台中，展开左窗格"连接"列表中的"网站"文件夹，右击想要配置 SSL 访问的 Default Web Site 站点(即项目四架设的新源公司外网站点)，在弹出的快捷菜单中选择"编辑绑定"命令；也可以选中此站点后单击右窗格"操作"列表中的"绑定"超链接，打开"网站绑定"对话框，如图 8-34 所示。

图 8-34 "网站绑定"对话框

步骤 2 单击"添加"按钮，打开"添加网站绑定"对话框。在"类型"下拉列表中选择 https 选项；在"IP 地址"下拉列表中选择 192.168.1.2 (此 Web 服务器的 IP 地址)选项；"端口"文本框保持默认端口号为 443(这是 HTTPS 服务的标准端口)；在"SSL 证书"下拉列表中选择 XY-Web-CA(即安装证书时设定的好记名称)选项，其右侧的"查看"按钮可用于查看证书的信息(见图 8-29 和图 8-30)，如图 8-35 所示。

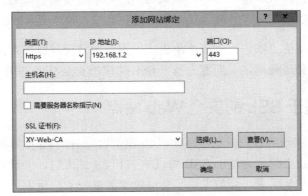

图 8-35 "添加网站绑定"对话框

步骤 3 单击"确定"按钮关闭"添加网站绑定"对话框，即可在"网站绑定"对话框中看到新添加的 https 绑定，如图 8-36 所示，单击"关闭"按钮即可。

图 8-36 为站点添加 https 绑定后的"网站绑定"对话框

步骤4 在 IIS8 控制台中，选择左窗格中"网站"文件夹下的 Default Web Site 站点，在中间窗格的"Default Web Site 主页"功能视图中双击"SSL 设置"图标，打开"SSL 设置"功能视图，勾选"要求 SSL"复选框，在"客户证书"选项组中保持默认选中的"忽略"单选按钮，如图 8-37 所示。

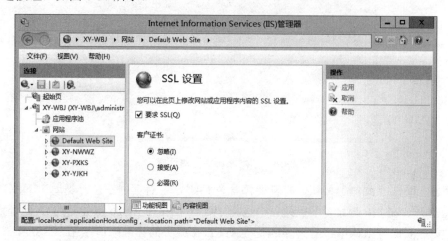

图 8-37 将 Default Web Site 站点设置为"要求 SSL"访问

💡 **注意：** 在"客户证书"选项组中，默认的"忽略"选项安全级别最低，不要求客户端提供证书，即客户端在获得内容访问权限之前不要求验证其身份。

步骤5 在右窗格的"操作"列表中单击"应用"超链接，以保存并启用上述设置。至此，已完成将新源公司外网站点配置为基于 SSL 协议的安全 Web 站点。

四、测试访问基于 SSL 的安全 Web 站点

这里以 Windows 7 作为客户机系统，使用 IE 浏览器对 HTTPS 站点进行访问测试。但因为将新源公司外网站点配置为基于 SSL 协议的 HTTPS 站点时，并没有使用从受信任的证书颁发机构颁发的安全证书，而是采用了公司内部搭建的 CA 证书服务器颁发的自签名证书，所以当客户机第一次访问该站点时必然会提示"此网站的安全证书存在问题"的警报信息，这就需要在客户机上安装所接收到的来自 Web 服务器的证书，并将其颁发机构存储为受信任的根证书颁发机构之后才能正常访问。

1. 首次访问公司 HTTPS 站点并查看证书

步骤1 在客户机上打开 IE 浏览器，在地址栏中输入 https://www.xinyuan.com(注意协议头为"https://"而不是"http://")并按 Enter 键，将会显示"此网站的安全证书存在问题"的安全警报页面，提示用户"此网站出具的安全证书不是由受信任的证书颁发机构颁发的"。此时可以单击"单击此处关闭该网页"或"继续浏览此网站(不推荐)"超链接进行操作，也可以展开"详细信息"进行查看，如图 8-38 所示。

步骤2 单击"继续浏览此网站(不推荐)"链接，即可打开项目四架设的新源公司可供外网访问的默认主站点页面，如图 8-39 所示。但此时的地址栏显示有底纹颜色，且右侧会出现一个带红色"⊗"符号的"证书错误"安全标记。

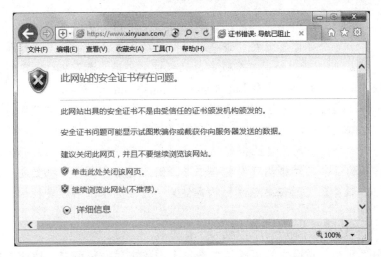

图 8-38 首次访问 HTTPS 站点显示的安全警报页面

图 8-39 浏览新源公司 HTTPS 站点时提示"证书错误"

步骤 3 单击地址栏右侧带红色"⊗"符号的"证书错误"标记，将会弹出如图 8-40 所示的"不受信任的证书"信息框。单击该信息框下方的"查看证书"超链接，即可打开"证书"对话框，在其"常规"选项卡中显示了证书的基本信息，包括颁发给谁的、颁发者是谁以及证书的有效期等，如图 8-41 所示。

图 8-40 "不受信任的证书"信息框

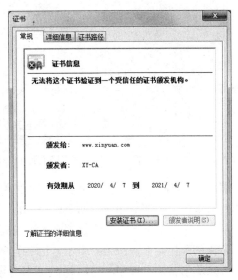

图 8-41 "证书"对话框的"常规"选项卡

💡 **注意:** 在"证书"对话框的"详细信息"选项卡中列出了证书的版本、序列号、签名算法等全部信息;在"证书路径"选项卡中,以树状层次结构显示了从证书颁发机构(新源公司 CA 服务器的根证书公用名称 XY-CA)直到该证书(Web 服务器的证书公用名称 http://www.xinyuan.com)的全部路径;在"常规"选项卡中还显示了"无法将这个证书验证到一个受信任的证书颁发机构"的证书信息(在"证书路径"选项卡中有类似的"证书状态"信息显示),这正是因为新源公司采用了自己搭建的 CA 服务器颁发自签名证书,而不是采用从受信任的证书颁发机构颁发安全证书,因此还需要在客户机上安装证书,将此 Web 服务器上的证书颁发机构存储为受信任的根证书颁发机构。

2. 安装根证书使其受客户端信任

步骤 1 在"证书"对话框的"常规"选项卡中单击"安装证书"按钮,打开"证书导入向导"对话框的"欢迎使用证书导入向导"界面。直接单击"下一步"按钮,向导进入"证书存储"界面,要求选择将证书保存到哪个用于存储证书的系统区域,是由 Windows 自动选择还是由用户自己指定一个存储位置,这里选中"将所有的证书放入下列存储"单选按钮,如图 8-42 所示。

步骤 2 单击"证书存储"文本框右侧的"浏览"按钮,打开"选择证书存储"对话框,这里选择"受信任的根证书颁发机构"文件夹,如图 8-43 所示。如果要显示所选择的系统存储区域在磁盘上的实际物理路径,还可以勾选"显示物理存储区"复选框。然后单击"确定"按钮,返回到"证书导入向导"对话框。

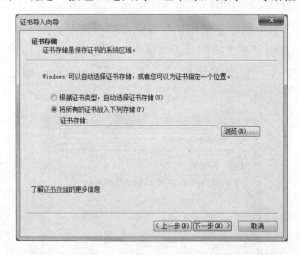

图 8-42 "证书导入向导"对话框的"证书存储"界面 | 图 8-43 "选择证书存储"对话框

步骤 3 单击"下一步"按钮,向导进入"正在完成证书导入向导"界面,显示了上述选择的摘要信息。此时单击"完成"按钮,会弹出一个"安全性警告"对话框,警告用户即将从一个声称代表 XY-CA 的证书颁发机构安装证书,以及安装未经指纹确认的证书有可能带来的风险,如图 8-44 所示。因为这里对安装新源公司 Web 服务器证书是完全确定的,所以单击"是"按钮,随即弹出证书"导入成功"提示信息对话框,如图 8-45 所示。最后单击"确定"按钮,并关闭此前打开的"证书"对话框即可。

图 8-44 "安全性警告"对话框 　　8-45 证书"导入成功"

3. 客户机信任证书后再次访问 HTTPS 站点

在客户机上成功导入证书后，通过浏览器可以查看到证书的颁发机构已被存储在"受信任的证书颁发机构"中，此后就可以正常浏览新源公司的 HTTPS 站点了。

步骤 1 打开 IE 浏览器窗口，选择"工具"→"Internet 选项"命令，打开"Internet 选项"对话框，并切换至"内容"选项卡，如图 8-46 所示。

步骤 2 单击"证书"按钮，打开"证书"对话框并切换到"受信任的根证书颁发机构"选项卡，即可查看到"颁发给"和"颁发者"均为 XY-CA 的证书颁发机构，如图 8-47 所示。然后，关闭"证书"和"Internet 选项"对话框即可。

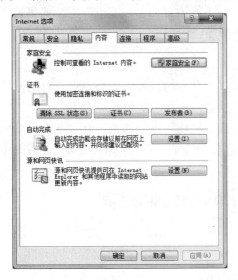

图 8-46 "Internet 选项"对话框的"内容"选项卡 　图 8-47 查看"受信任的根证书颁发机构"

💡 **注意：** 在"受信任的根证书颁发机构"选项卡中查看到证书颁发机构 XY-CA 后，表明客户机已成功安装源自新源公司 Web 服务器的证书，且已信任该自签名证书的颁发机构。实际上也可以通过浏览器访问 http://192.168.1.2/certsrv 站点，利用"Microsoft Active Directory 证书服务"欢迎页面(见图 8-23)中的"下载 CA 证书、证书链或 CRL"超链接，将证书下载到客户机本地；然后再通过单击图 8-47 对话框中的"导入"按钮，将其导入浏览器的信任区域。

步骤 3　先关闭原来打开着的 IE 浏览器窗口，再重新打开 IE 浏览器，在地址栏输入 https://www.xinyuan.com 并按 Enter 键，此时不再出现图 8-38 所示的安全警报信息，而是直接打开新源公司基于 SSL 的安全 Web 站点主页了，如图 8-48 所示。

图 8-48　新源公司基于 SSL 的安全 Web 站点主页

💡 **注意：**　请读者对比正常浏览的页面与此前出现"证书错误"的页面(见图 8-39)在地址栏上有何区别。虽然将证书绑定新源公司外网站点 Default Web Site 时是添加了一项 https 绑定(见图 8-36)，即原有的 http 绑定仍然有效，但由于将该站点设置了"要求 SSL"访问，所以此时使用 http 访问已无法打开此站点。

五、管理数字证书

管理数字证书是系统管理员的一项重要工作，主要包括对证书颁发机构(CA)的备份与还原、证书的吊销与更新以及用户证书的导入与导出等，确保证书的安全使用。

1．CA 的备份与还原

可以使用 CA 自带的工具来对整个 CA 的数据进行备份与还原。一般来说，对 CA 的备份频率取决于它所颁发的证书数量，颁发的证书越多，则备份次数就应该越多。

步骤 1　打开"管理工具"窗口，双击"证书颁发机构"图标即可打开"证书颁发机构(本地)"控制台。在左窗格中右击想要备份的新源公司根证书颁发机构 XY-CA，在弹出的快捷菜单中选择"所有任务"→"备份 CA"命令，如图 8-49 所示。

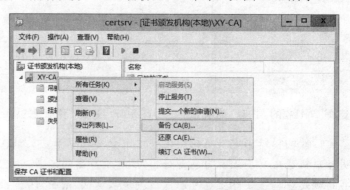

图 8-49　在"证书颁发机构(本地)"控制台中启动 CA 备份向导

步骤 2 打开"证书颁发机构备份向导"的欢迎界面后直接单击"下一步"按钮,进入"要备份的项目"界面,在"选择要备份的项目"选项组中,根据需要勾选"私钥和 CA 证书"和"证书数据库和证书数据库日志"两个复选框;在"备份到这个位置"文本框中输入 CA 备份文件的存放路径(如 C:\CABAK),如图 8-50 所示。

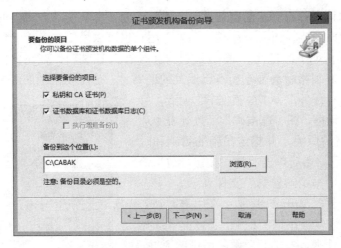

图 8-50 "证书颁发机构备份向导"的"要备份的项目"界面

步骤 3 单击"下一步"按钮后,进入"选择密码"界面,输入还原 CA 操作时所需的密码(也可以不设置密码),如图 8-51 所示。

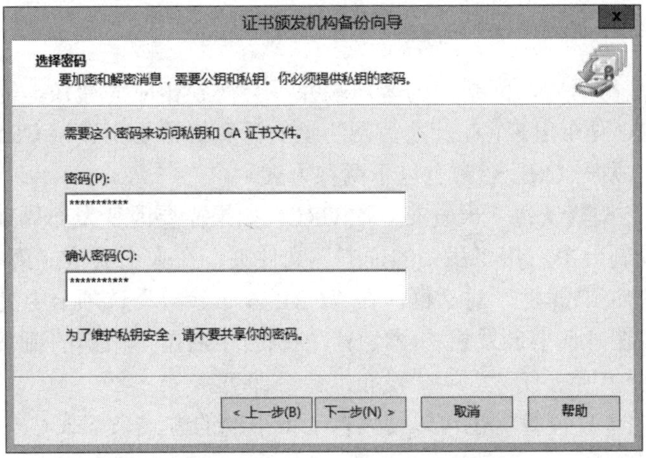

图 8-51 "证书颁发机构备份向导"的"选择密码"界面

步骤 4 单击"下一步"按钮,再单击"完成"按钮,即可完成 CA 的备份。

在对新源公司根证书颁发机构 XY-CA 进行备份后,需要时同样可以使用 CA 自带的工具对其进行还原。在"证书颁发机构(本地)"控制台中右击 CA 名称 XY-CA,在弹出的快捷菜单中选择"所有任务"→"还原 CA"命令,此时将弹出对话框,提示用户在还原 CA 操作之前需要停止 Active Directory 证书服务。单击"确定"按钮,即可打开"证书颁发机构还原向导"对话框。此后的步骤与备份 CA 时基本相同,在选择要还原的项目、CA 备份文件的位置并提供备份 CA 时所设置的密码之后,即可完成证书的还原。

💡 **注意：** 建议不要在工作时段或服务访问较为频繁的时段执行还原 CA 的操作。因为在完成还原 CA 操作后，需要重启 Active Directory 证书服务。

2．吊销证书

用户所申请的证书都有一定的有效期，一般默认为 1 年。当用户离开企业后，证书将不能继续使用，此时应当及时予以吊销。另外，用户也可以吊销自己尚未到期的证书。

吊销证书的操作如下：打开"证书颁发机构(本地)"控制台，在左窗格中选择"颁发的证书"文件夹，右窗格就会显示所有已颁发的证书。右击想要吊销的证书，在弹出的快捷菜单中选择"所有任务"→"吊销证书"命令，打开"证书吊销"对话框，在"理由码"下拉列表中选择一个吊销该证书的原因，并指定吊销的日期和时间，如图 8-52 所示。然后单击"是"按钮，被吊销的证书就会出现在"吊销的证书"文件夹下。

如果用户只是暂时离开公司，那么在用户回到公司后，还可以为其恢复被吊销的证书，方法是：选择"吊销的证书"文件夹，右击想要解除吊销的证书，在弹出的快捷菜单中选择"所有任务"→"解除吊销证书"命令即可。

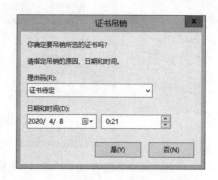

图 8-52 "证书吊销"对话框

💡 **注意：** 并不是所有被吊销的证书都可以解除吊销，只有在证书吊销时选择的"理由码"为"证书待定"的证书才可以解除吊销。

证书在服务器端吊销后，网络中的客户端并不会得到相应的通知。因此，必须由 CA 将证书吊销列表 CRL 发布出来，在此之后网络上的计算机只要下载该 CRL，即可知道有哪些证书已经被吊销。发布 CRL 通常有以下两种方式。

(1) 自动发布。CA 默认每 7 天发布一次 CRL。如果需要改变发布周期，可以在"证书颁发机构(本地)"控制台中右击"吊销的证书"文件夹，在弹出的快捷菜单中选择"属性"命令，打开"吊销的证书属性"对话框，在"CRL 发布参数"选项卡中进行更改。

(2) 手动发布。在"证书颁发机构(本地)"控制台中右击"吊销的证书"文件夹，在弹出的快捷菜单中选择"所有任务"→"发布"命令即可。

同样，网络中的客户计算机也可以使用自动或手动的方式来下载 CRL。自动下载可在 Web 浏览器或 Outlook Express 等软件上设置。

3．更新证书

由于根 CA 的证书都是自己发给自己的，而从属 CA 的证书是向根 CA 申请的，根 CA 发放给从属 CA 证书的有效期绝对不会超过根 CA 本身的有效期限。如果 CA 本身的有效时间已剩下不多，则它发送的证书有效时间就会更短。因此，应尽早更新 CA 的证书，而用户的证书也要在过期之前进行更新。

要更新 CA 证书，可以在"证书颁发机构(本地)"控制台中右击 CA 名称，在弹出的快捷菜单中选择"所有任务"→"续订 CA 证书"命令，打开"续订 CA 证书"对话框，如

图 8-53 所示。该对话框除了可以为 CA 获取新的证书外，还可以生成新的签名密钥。如果要重新建立一组新的公钥和私钥，则可以选中"是"单选按钮；如果不需要重建密钥，则可以选中"否"单选按钮。最后单击"确定"按钮即可。

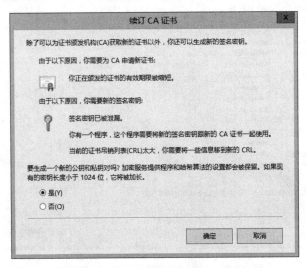

图 8-53 "续订 CA 证书"对话框

4．用户证书的导出与导入

当用户的计算机需要重新安装或更换时，应当将其所申请的证书导出并备份，然后再将备份的证书导入到新的系统中。

可以直接利用 Web 浏览器来完成导入与导出用户证书，其操作方法如下。

打开 IE 浏览器，选择"工具"→"Internet 选项"命令，打开"Internet 选项"对话框并切换到"内容"选项卡；单击"证书"按钮，打开"证书"对话框并切换到"个人"选项卡；从中选择要导出的证书后，单击"导出"按钮即可导出证书。需要导入证书时，则单击"导入"按钮，选择原来已导出的证书即可。

5．使用 Windows 控制台管理证书

在 Windows Server 2012 R2 平台下搭建的 CA 服务器上，除了可以利用"证书颁发机构(本地)"控制台对数字证书进行部分常规管理操作外，还可以通过在统一的"控制台"窗口中添加"证书"管理单元，来实现对 CA 及用户证书更全面的管理。

步骤 1　运行 command 或 cmd 命令，打开一个命令提示符窗口，输入 MMC 命令并按 Enter 键，打开"控制台"窗口；选择"文件"→"添加/删除管理单元"命令，打开"添加或删除管理单元"对话框，如图 8-54 所示。

步骤 2　在"可用的管理单元"列表中选择"证书"选项并单击"添加"按钮，在"所选管理单元"列表中即可看到"控制台根节点"文件夹下增加的"证书"管理单元。

步骤 3　单击"确定"按钮，在"控制台 1"窗口的"控制台根节点"文件夹下就有了"证书"管理单元，如图 8-55 所示。

利用该窗口对 CA 及证书进行管理操作这里不再展开细述，读者完全可以自行学用。

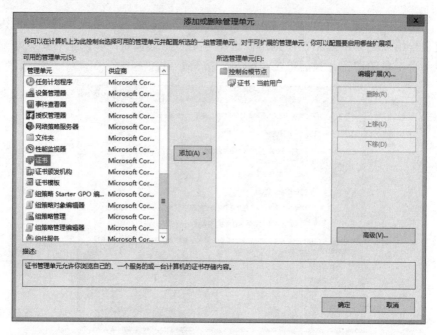

图 8-54　"添加或删除管理单元"对话框

图 8-55　添加了"证书"管理单元的"控制台"窗口

任务三　Linux 下的 CA 及安全 Web 服务配置

　　类似于 Windows 平台下的配置，要将 Linux 平台下架设的新源公司外网站点配置为基于 SSL 的安全 Web 站点（支持 HTTPS 访问的站点），依靠数字证书实现身份验证和数据加密，同样需要做 3 项工作：搭建 CA 证书服务器、为 Web 服务器颁发证书、将 Web 站点设置为要求 SSL 访问。其中，前两项工作由 OpenSSL 软件实现；而后一项工作则需要在 Web 服务器上安装并配置 mod_ssl 模块，使 SSL 与 httpd 相互配合与协作。

一、OpenSSL 及软件模块安装

1. OpenSSL 简介

OpenSSL 是一个开放源代码的基于 SSL 协议的产品实现。它采用 C 语言开发，具备跨系统的性能，支持 Linux、UNIX、Windows、Mac OS 和 VMS 等多种平台。OpenSSL 最早的版本于 1995 年发布，1998 年后由 OpenSSL 项目组进行维护和开发。目前，OpenSSL 已经得到了广泛的应用，许多软件中的安全部分都使用了 OpenSSL 库，如 VOIP 的 OpenH323 协议、Apache、Linux 安全模块等。

虽然 OpenSSL 使用 SSL 作为其名字的重要组成部分，但其实现的功能却远远超出了 SSL 协议本身，主要包括 3 个部分：密码算法库、SSL 协议库和应用程序库。

(1) 密码算法库。这是 OpenSSL 的基础部分，实现了目前大部分主流的密码算法和标准，主要包括公开密钥算法、对称加密算法、散列函数算法、X509 数字证书标准、PKCS12、PKCS7 等标准，OpenSSL 的 SSL 协议和应用程序部分都是基于这个库而开发的。

(2) SSL 协议库。这部分是在密码算法库基础上实现的，并封装了 SSL 协议的 3 个版本和 TLS 协议，使用该库完全可以建立一个 SSL 服务器和 SSL 客户端。

(3) 应用程序库。这是 OpenSSL 使用入门和最生动的部分，它基于上述密码算法库和 SSL 协议库，实现了很多实用和范例性的应用程序，覆盖了众多的密码学应用。

2. 检查并安装 OpenSSL 软件和 mod_ssl 模块

根据本项目的设计方案，新源公司 CA 证书服务器和 Web 服务器架设在同一台 IP 地址为 192.168.1.2 的物理服务器上。因此，只需在这台运行 Linux 系统的服务器上检查是否已安装 OpenSSL 软件和 mod_ssl 模块即可。以下是 CentOS 6.5 中的查询结果。

```
# rpm -qa|grep openssl                          //检查是否已安装 OpenSSL 软件
openssl-devel-1.0.1e-15.el6.i686
krb5-pkinit-openssl-1.10.3-10.el6_4.6.i686
openssl098e-0.9.8e-17.el6.centos.2.i686
openssl-1.0.1e-15.el6.i686
# rpm -qa|grep mod_ssl                          //检查是否已安装 mod_ssl 模块
mod_ssl-2.2.15-29.el6.centos.i686
#
```

有上述查询结果则表明 OpenSSL 软件和 mod_ssl 模块均已被完整安装。如果执行查询命令后无任何软件包显示或缺少软件包，则可以参考项目一或附录 A 中有关 RPM 软件包的安装方法，自行通过 CentOS 的安装光盘、U 盘或 yum 来实施安装。

二、搭建 CA 证书服务器

1. 修改 OpenSSL 主配置文件

步骤 1　首先将 OpenSSL 主配置文件/etc/pki/tls/openssl.cnf 进行备份；然后用 vi/vim 编辑器打开该配置文件，找到其中的[CA_default]节内容，其原始默认配置如下。

```
# cd /etc/pki/tls
# cp openssl.cnf openssl.cnf.bak          //备份 OpenSSL 主配置文件
# vim openssl.cnf                         //编辑 OpenSSL 主配置文件
...
####################################################################
[ ca ]
default_ca      = CA_default              # The default ca section
####################################################################
[ CA_default ]                            //重点阅读该节的配置内容
dir             = /etc/pki/CA             # Where everything is kept
certs           = $dir/certs              # Where the issued certs are kept
crl_dir         = $dir/crl                # Where the issued crl are kept
database        = $dir/index.txt          # database index file.
#unique_subject = no                      # Set to 'no' to allow creation of
                                          # several ctificates with same subject.
new_certs_dir   = $dir/newcerts           # default place for new certs.
certificate     = $dir/cacert.pem         # The CA certificate
serial          = $dir/serial             # The current serial number
crlnumber       = $dir/crlnumber          # the current crl number
                                          # must be commented out to leave a V1 CRL
crl             = $dir/crl.pem            # The current CRL
private_key     = $dir/private/cakey.pem   # The private key
RANDFILE        = $dir/private/.rand       # private random number file

X509_extensions = usr_cert                # The extentions to add to the cert
name_opt        = ca_default              # Subject Name options
cert_opt        = ca_default              # Certificate field options
default_days    = 365                     # how long to certify for
default_crl_days = 30                     # how long before next CRL
default_md      = sha1                    # which md to use.
preserve        = no                      # keep passed DN ordering
policy          = policy_match            #
...
```

上述内容的注释部分也是原始配置文件中的英文注释。[CA_default]节中的配置项几乎都不用修改,使用默认配置即可。但是,其中有几项重要的配置内容读者必须理解其含义和作用,因为在后续的实施过程中,有些步骤需要按照 oppenssl.cnf 文件的要求来进行配置,如创建需要的文件、生成私钥和证书文件等。因此,下面把这些重要的配置行及其中文注解单独列出,便于读者进一步理解和记忆。

```
dir             = /etc/pki/CA             //指定 CA 的默认目录位置
certs           = $dir/certs              //指定存放已生成的证书的默认目录
crl_dir         = $dir/crl                //指定存放证书撤销列表(CRL)的默认目录
database        = $dir/index.txt          //保存已签发证书的文本数据库文件,初始时为空
```

```
new_certs_dir    = $dir/newcerts
        //存放新签发证书的默认目录，证书名就是该证书的系列号，扩展名是.pem
certificate      = $dir/cacert.pem    //存放 CA 本身根证书的文件名
serial           = $dir/serial
        //签发证书时使用的序列号文本文件，里面必须包含下一个可用的十六进制数字
private_key      = $dir/private/cakey.pem            //存放 CA 自身私钥的文件名
```

💡 **注意：** 这里列出的是 CentOS 6.5 中的 openssl.cnf 文件原始内容，在较早的 Red Hat、Fedora 等版本中，dir 选项的默认设置可能是 "dir = ../../CA"，强烈建议使用绝对路径来指定 CA 的默认目录，即将其改为 "dir = /etc/pki/CA"，否则有可能会在后续为 Web 服务器颁发证书等步骤中出错。

步骤 2　在 OpenSSL 配置文件/etc/pki/tls/openssl.cnf 中，找到[policy_match]节的配置内容，其原始默认配置如下。

```
# For the CA policy
[ policy_match ]
countryName             = match
stateOrProvinceName     = match
organizationName        = match
organizationalUnitName  = optional
commonName              = supplied
emailAddress            = optional
...
```

在[policy_match]节的前 3 行内容中，应把选项的值 match 改为 optional，否则将只有和 CA 在同一个国家、省份、组织的主机才能从 CA 获得证书，即修改为如下。

```
countryName                 = optional
stateOrProvinceName         = optional
organizationName            = optional
```

步骤 3　在 OpenSSL 配置文件/etc/pki/tls/openssl.cnf 中，找到[req_distinguished_name]节的配置内容，其原始默认配置如下。

```
# req_extensions = v3_req # The extensions to add to a certificate request
[ req_distinguished_name ]
countryName                     = Country Name (2 letter code)
countryName_default             = XX
ountryName_min                  = 2
countryName_max                 = 2
stateOrProvinceName             = State or Province Name (full name)
#stateOrProvinceName_default     = Default Province
localityName                    = Locality Name (eg, city)
localityName_default            = Default City
0.organizationName              = Organization Name (eg, company)
```

```
0.organizationName_default        = Default Company Ltd
organizationalUnitName            = Organizational Unit Name (eg, section)
#organizationalUnitName_default =
commonName          = Common Name (eg, your name or your server\'s hostname)
commonName_max                    = 64
emailAddress                      = Email Address
emailAddress_max                  = 64
# SET-ex3                         = SET extension number 3
...
```

上述配置行中，带边框的 4 行分别用于设置默认的国家名称、省份名称、城市名称和公司名称，分别将选项的值设置为中国(CN)、浙江(ZJ)、杭州(HZ)、新源公司(xinyuan)，即把对应的 4 行内容修改为如下。

```
countryName_default               = CN
stateOrProvinceName_default       = ZJ
localityName_default              = HZ
0.organizationName_default        = xinyuan
...
```

完成上述修改后保存文件，并退出 vi/vim 编辑器即可。

2. 创建签发证书的文本数据库和序列号文件

刚安装好 OpenSSL 软件模块时，在/etc/pki/CA 目录下默认已包含 certs、crl、newcerts 和 private 共 4 个目录。其中，private 用于存放 CA 证书服务器自己的私钥和证书文件，其余 3 个目录的用途可参见前面对配置文件的注解。但是，按照 openssl.cnf 文件中的配置要求，在/etc/pki/CA 目录下还应该有两个文件，一个是用于保存已签发证书的文本数据库文件 index.txt；另一个是用于存放签发证书时使用的序列号文件 serial。因为这两个文件默认情况下是不存在的，所以必须事先创建它们，其操作命令如下。

```
# cd /etc/pki/CA
# touch index.txt                          //创建空文件 index.txt
# echo "01" >serial                        //创建 serial 文件并置内容为 "01"
# ll                                       //该命令等同于 "ls -l" 命令
total 20
drwxr-xr-x. 2   root   root   4096   Nov 22   2013 certs
drwxr-xr-x. 2   root   root   4096   Nov 22   2013 crl
-rw-r--r-- 1   root   root      0   Dec 16   22:12 index.txt
drwxr-xr-x. 2   root   root   4096   Nov 22   2013 newcerts
drwx------. 2   root   root   4096   Nov 22   2013 private
-rw-r--r-- 1   root   root      3   Dec 16   22:13 serial
#
```

💡 注意： 因为初始的时候，用于保存已签发证书的文本数据库文件内容为空，所以直接使用 touch 命令来创建内容为空的 index.txt 文件；而存放签发证书时使用的序列号文本文件 serial 中，必须包含下一个可用的十六进制数字，所以初始时该文件内容应为 "01"(注意不能用 "1")。创建文本文件除了使用功能强大的 vi/vim 编辑器外，对于创建这种内容非常简单的文件，通常有两种更简便的方法。一种是使用 "echo '文本内容' >文件名" 格式的命令，将回显到屏幕上的文本内容重定向到指定的文件中；另一种是使用 "cat >文件名" 格式的命令，将键盘输入的内容重定向到文本文件中。上述以详细格式列出文件目录时使用了 ll 命令，它与 ls -l 命令等价。作为 Linux 的初学者，要逐渐学会灵活使用这些命令。另外，在较早的 Red Hat、Fedora 版本中，/etc/pki/CA 目录下默认可能只有一个 private 目录，这种情况下只要使用 mkdir 命令创建其余 3 个空目录(certs、crl 和 newcerts)即可。

3. 生成 CA 服务器的私钥和证书文件

步骤 1　使用 openssl 命令在 CA 证书服务器上产生自己的私钥文件 cakey.pem，该私钥为 1024 位，存放在/etc/pki/CA/private 目录下。操作命令如下。

```
# pwd                                        //检查当前目录位置
/etc/pki/CA
# openssl genrsa 1024 > private/cakey.pem    //显示下列信息则表明私钥已生成
Generating RSA private key, 1024 bit long modulus
.....++++++
...++++++
e is 65537 (0x10001)
# ll private                                 //查看 private 下产生的私钥文件
total 4
-rw-r--r-- 1 root root 887 Dec 16 22:51 cakey.pam
#
```

步骤 2　在 CA 证书服务器上，使用 openssl 命令根据自己的私钥文件 cakey.pem 来生成自己的证书文件 cacert.pem。该证书遵循 X.509 v3 标准，称作 X509 证书，有效期设置为 3650 天，存放在/etc/pki/CA 目录下。操作命令如下。

```
# openssl req -new -key private/cakey.pem -x509 -out cacert.pem -days 3650
        //根据自己的私钥文件生成证书文件，其中-x509 是专用于 CA 生成自签名证书的选项(如
        //果不是自签名证书则无须该选项)，显示以下信息以及提示用户确认或输入信息
You are about to be asked to enter information that will be incorporated
into your certificate request.
What you are about to enter is what is called a Distinguished Name or a DN.
There are quite a few fields but you can leave some blank
For some fields there will be a default value,
If you enter '.', the field will be left blank.
-----
Country Name (2 letter code) [CN]:
```

在执行 openssl 命令并显示了一些提示信息后，光标停在了最后一行的末尾处，要求输

入两个字符代码的国家名称,方括号内给出了默认的国家名称为 CN,这正是之前在修改 OpenSSL 主配置文件 openssl.cnf 时所设置的默认国家名称,如果不需要修改则直接按 Enter 键确认。接下来会逐一提示要求输入省份名称、城市名称、公司名称、部门名称、证书的公用名称以及 E-mail 地址,其中省份名称、城市名称和公司名称也因为已在 openssl.cnf 文件中设置了默认值,所以都只需按 Enter 键确认即可。但是,前面在修改 openssl.cnf 文件时并没有设置部门名称、证书公用名称及 E-mail 地址的默认值,所以在这几处提示时需要输入相应的内容。执行过程如下(其中带下划线的文字是需要输入的内容)。

```
Country Name (2 letter code) [CN]:                      //直接按 Enter 键
State or Province Name (full name) [ZJ]:                //直接按 Enter 键
Locality Name (eg, city) [HZ]:                          //直接按 Enter 键
Organization Name (eg, company) [xinyuan]:             //直接按 Enter 键
Organizational Unit Name (eg, section) [ ]: tec         //输入部门名称
Common Name (eg, your name or your server's hostname) [ ]: wbj
                                                         //输入证书公用名称
Email Address [ ]: wbj@xinyuan.com                      //输入 E-mail 地址
# ll cacert.pem                                          //查看产生的自己的证书文件
-rw-r--r-- 1  root  root  1005  Dec 16  23:09 cacert.pem
#
```

步骤3 修改证书文件和私钥文件的权限为 600,即文件主具有读、写权限,同组用户和普通用户无任何权限。操作命令如下。

```
# pwd                                                    //检查当前目录位置
/etc/pki/CA
# chmod 600 cacert.pem                                   //修改证书文件的权限为 600
# ll cacert.pem                                          //查看证书文件的权限设置
-rw------- 1  root  root  1005  Dec 16  23:09 cacert.pem
# chmod 600 private/cakey.pem                            //修改私钥文件的权限为 600
# ll private/cakey.pem                                   //查看私钥文件的权限设置
-rw------- 1  root  root  1005  Dec 16  22:51 private/cakey.pem
#
```

三、为 Web 服务器颁发证书

由于 CA 证书服务器是根据 Web 服务器的证书请求文件来颁发证书的,所以首先要在 Web 服务器上产生自己的私钥文件,并根据私钥来生成证书请求文件。在本项目中,这些操作都在同一台 IP 地址为 192.168.1.2 的物理服务器上进行的。

步骤1 首先在 Web 服务器上的/etc/httpd 目录下创建一个 certs 目录,用来存放服务器的私钥、证书请求以及证书文件;然后使用 openssl 命令生成 Web 服务器自己的私钥文件 httpd.key。该私钥为 1024 位,存放在 certs 目录下。操作命令如下。

```
# cd /etc/httpd
# mkdir certs
```

```
# cd certs                                            //使当前目录为/etc/httpd/certs
# openssl genrsa 1024 > httpd.key
        //产生私钥文件 httpd.key，有以下显示表明私钥文件已生成
Generating RSA private key, 1024 bit long modulus
..++++++
.........................................................++++++
e is 65537 (0x10001)
# ll                                                  //查看 Web 服务器上创建的私钥文件
-rw-r--r--  1  root  root    887   Dec 17  00:27 httpd.key
#
```

步骤 2 在/etc/httpd/certs 目录下，使用 openssl 命令根据私钥 httpd.key 来生成证书请求文件 httpd.csr。操作命令如下(其中带下划线的文字是需要用户输入的内容)。

```
# pwd                                                 //查看确认当前目录位置
/etc/httpd/certs
# openssl req -new -key httpd.key -out httpd.csr
        //根据私钥生成证书请求文件，显示以下信息以及提示用户确认或输入信息
You are about to be asked to enter information that will be incorporated
into your certificate request.
What you are about to enter is what is called a Distinguished Name or a DN.
There are quite a few fields but you can leave some blank
For some fields there will be a default value,
If you enter '.', the field will be left blank.
-----
Country Name (2 letter code) [CN]:                    //直接按 Enter 键
State or Province Name (full name) [ZJ]:              //直接按 Enter 键
Locality Name (eg, city) [HZ]:                        //直接按 Enter 键
Organization Name (eg, company) [xinyuan]:           //直接按 Enter 键
Organizational Unit Name (eg, section) [ ]: office
Common Name (eg, your name or your server's hostname) [ ]: www.xinyuan.com
                                                     //输入证书公用名称
Email Address [ ]: wbj@xinyuan.com                   //输入 E-mail 地址

Please enter the following 'extra' attributes
to be sent with your certificate request
A challenge password [ ]:                            //直接按 Enter 键
An optional company name [ ]:                        //直接按 Enter 键
# ll httpd.csr                                        //查看生成的证书请求文件
-rw-r--r--  1  root  root    692   Dec 17  00:48 httpd.csr
#
```

这里的部门名称输入了公司网站的管理部门 office；证书公用名称设置为要求 SSL 访问的 Web 站点域名 www.xinyuan.com。最后是提示输入随证书请求一起发送给 CA 证书服务器的附加信息，包括质询密码和公司的可选名称两项，若无必要则可直接按 Enter 键。

💡 **注意:** 从生成证书请求文件的操作过程来看,与此前在 CA 证书服务器上生成自己的 X509 证书文件类似,在提示输入国家名称、省份名称、城市名称、公司名称时,同样在方括号内给出了 openssl.cnf 文件中已设置的默认值。但这里生成的是 Web 服务器向 CA 证书服务器申请颁发证书的请求文件,所以每一步提示时应根据 Web 服务器的实际所在位置和公司信息来输入或确认,可能与 CA 证书服务器自己的证书文件信息并不相同。

步骤 3 使用 openssl 命令让 CA 证书服务器根据证书请求文件 httpd.csr 向 Web 服务器颁发证书。操作命令如下。

```
# openssl ca -in httpd.csr -out httpd.cert          //颁发证书,显示如下信息:
Using configuration from /etc/pki/tls/openssl.cnf
Check that the request matches the signature
Signature ok
Certificate Details:
      Serial Number: 1 (0x1)
      Validity
          Not Before : Dec 16 16:54:40 2018 GMT
          Not After  : Dec 16 16:54:40 2019 GMT
      Subject:
          countryName          = CN
          stateOrProvinceName  = ZJ
          organizationName     = xinyuan
          organizationalUnitName = office
          commonName           = www.xinyuan.com
          emailAddress         = wbj@xinyuan.com
      X509v3 extensions:
          X509v3 Basic Constraints:
              CA:FALSE
          Netscape Comment:
              OpenSSL Generated Certificate
          X509v3 Subject Key Identifier:
      79:06:98:81:28:C3:1E:51:D7:6B:AC:63:FB:91:1E:1D:9A:58:3E:70
          X509v3 Authority Key Identifier:
      keyid:1F:C8:FC:4C:E3:F3:5C:7F:73:B6:1C:0C:E5:D9:A6:77:77:10:7F:D4

Certificate is to be certified until Dec 16 16:54:40 2019 GMT (365 days)
Sign the certificate? [y/n]: y                         //是否颁发

1 out of 1 certificate requests certified, commit? [y/n] y        //是否提交
Write out database with 1 new entries
Data Base Updated
# ll httpd.cert                          //查看 CA 为 Web 服务器颁发的证书
-rw-r--r-- 1  root  root   3174   Dec 17  01:03 httpd.cert
```

```
# ls                                        //此时当前目录下应显示有 3 个文件
httpd.cert    httpd.csr    httpd.key
#
```

在显示证书内容后，提示用户是否颁发(或称签发，Sign)，此时按 y 键(表示 yes)进行确认；接着提示用户是否提交(Commit)，再次按 y 键确认；此后 CA 服务器向 Web 服务器颁发的证书文件 httpd.cert 随即产生。

步骤 4 此时在/etc/httpd/certs 目录下应有 3 个文件，即私钥文件 httpd.key、证书请求文件 httpd.csr 和 CA 颁发的证书文件 httpd.cert。将这 3 个文件的权限修改为 600，即文件主具有读、写权限，同组用户和普通用户无任何权限。操作命令如下。

```
# pwd                                       //检查当前目录位置
/etc/httpd/certs
# ll                                        //查看当前目录下的所有文件详细列表
total 12
-rw-r--r--    1    root    root    3174    Dec 17    01:03 httpd.cert
-rw-r--r--    1    root    root     692    Dec 17    00:48 httpd.csr
-rw-r--r--    1    root    root     887    Dec 17    00:27 httpd.key
# chmod 600 *                               //所有文件的权限修改为 600
# ll
total 12
-rw-------    1    root    root    3174    Dec 17    01:03 httpd.cert
-rw-------    1    root    root     692    Dec 17    00:48 httpd.csr
-rw-------    1    root    root     887    Dec 17    00:27 httpd.key
#
```

💡 **注意:** 该步骤的实际目的是修改证书文件 httpd.cert 和私钥文件 httpd.key 这两个文件的权限，这里只是为了操作方便，使用了带星号(*)通配符的一条命令同时修改了当前目录下所有(3 个)文件的权限。因为证书已经颁发，所以证书请求文件 httpd.csr 的权限甚至文件本身的存在都已无关紧要。另外，前面在许多操作中经常使用 pwd 命令查看当前目录的位置，目的只是提醒读者其后续的命令应在此当前目录下执行才是正确的。

四、将 Web 站点配置为要求 SSL 访问

通过上述配置，Web 服务器已经有自己的证书和私钥了。但此时，如果客户机浏览器要使用 HTTPS 方式访问新源公司的 Web 站点，则 Web 服务器还应该将证书传递到客户机的浏览器，这就需要用到 mod_ssl 软件模块，使 SSL 与 httpd 相互配合与协作。

只要安装了 mod_ssl 模块，就会在/etc/httpd/conf.d 目录下自动生成一个 SSL 的配置文件 ssl.conf。将 Web 站点配置为要求 HTTPS 访问就是通过修改 ssl.conf 来实现的。

步骤 1 首先将 SSL 的配置文件/etc/httpd/conf.d/ssl.conf 进行备份；然后使用 vi/vim 编辑器打开该配置文件，修改其中用于指定 Web 服务器的证书文件和私钥文件及其存放位置的两个配置行，具体操作命令和方法如下。

```
# cd /etc/httpd/conf.d
# cp ssl.conf ssl.conf.bak                    // 备份 SSL 的配置文件
# vim ssl.conf                                // 编辑配置文件 ssl.conf
        //…(其他内容略),找到以下两个配置行
SSLCertificateFile /etc/pki/tls/certs/localhost.crt
        //指定 Web 服务器的证书文件及其存放位置(CentOS 6 中原始配置文件为第 105 行)
…
SSLCertificateKeyFile /etc/pki/tls/private/localhost.key
        //指定 Web 服务器的私钥文件及其存放位置(CentOS 6 中原始配置文件为第 112 行)
```

根据此前 CA 证书服务器为 Web 服务器颁发的证书文件,以及在 Web 服务器上生成自己的私钥文件的文件名及其存放位置,将上述两个配置行修改如下。

```
SSLCertificateFile /etc/httpd/certs/httpd.cert
SSLCertificateKeyFile /etc/httpd/certs/httpd.key
```

步骤 2　在 SSL 配置文件 ssl.conf 中找到以下被注释的用于修改证书链的配置行,指定用于存放 CA 本身根证书的文件名及其路径。

```
#SSLCertificateChainFile /etc/pki/tls/certs/server-chain.crt
        //修改证书链,指定存放 CA 本身根证书的文件(CentOS 6 中原始配置文件为第 121 行)
```

删去该行行首的#号注释符,并根据此前在 CA 证书服务器上生成的 X509 标准证书文件 cacert.pem,将配置行修改如下。

```
SSLCertificateChainFile /etc/pki/CA/cacert.pem
```

步骤 3　完成上述修改后,保存 ssl.conf 文件并退出 vi/vim 编辑器,回到命令提示符后重新启动 httpd 服务。操作命令如下。

```
# service httpd restart
Stopping httpd:                                              [  OK  ]
Starting httpd:                                              [  OK  ]
#
```

💡 **注意:**　至此,Linux 平台下基于 SSL 的安全 Web 站点已配置完成。接下来通过客户机使用 HTTPS 访问新源公司外网站点的测试(包括安装证书)工作,读者完全可以参照任务二的测试过程自行完成,唯一不同的只是 CA 证书服务器使用的证书公用名称(根证书颁发机构)为 wbj,而任务二使用的是 XY-CA。但读者可能还会发现一个问题,如果此时使用 http://www.xinyuan.com 也同样能访问到该站点的主页,这是因为将新源公司外网 Web 站点配置为要求 HTTPS 访问时,并没有在 Apache 主配置文件 httpd.conf 中去掉对 HTTP 服务标准端口号的监听。如果要使该站点只能通过 SSL 服务默认的 433 号端口访问(即 HTTPS 访问),而不允许使用 HTTP 访问,则还需要修改 httpd.conf 文件,将其中的 "Listen 192.168.1.2:80" 和 "Listen 80" 两个配置选项加 "#" 号注释,即禁用 80 号端口,然后重启 httpd 服务。

任务四　网络服务器运维与安全设置

在初步完成新源公司信息化建设后，各种企业级的网络应用已经逐步展开，网络服务器的运维与安全随之成为公司信息化系统管理的优先事务。虽然本项目配置了基于 SSL 的安全 Web 服务配置，前面每个单独的网络服务配置与管理项目中对运维与安全问题也有所涉足，但从网络服务器的整体运维与安全来说还仅仅只是冰山一角，本书不可能将这些内容全部囊括。本任务将从管理员的视角，对 Windows 服务器实施备份与恢复操作、系统密码和账号策略的安全设置，并介绍 Linux 防火墙 iptables 的原理及应用，使读者对网络服务器的运维与安全设置有初步的认识，起到抛砖引玉的作用。

一、Windows 服务器的备份与恢复

在重装 Windows Server 2012 R2 或者 IIS 之后，就需要对服务器系统或者 IIS 中的网站等进行重新配置，这是件非常麻烦的事。为此，系统提供了一个功能强大的、专用于备份和恢复服务器系统的 Windows Server Backup 工具。作为 Windows 服务器的一项功能，必须首先利用"添加角色和功能向导"来进行安装，添加角色和功能的完整操作步骤可参考项目一，只是在向导到达"选择功能"的步骤时勾选 Windows Server Backup 复选框即可。安装完成后，在"管理工具"窗口中会增加一个名称为 Windows Server Backup 的图标，在"服务器管理器"窗口的"工具"菜单中也会增加一个同名菜单项。

1．服务器系统的备份

Windows Server Backup 提供了备份计划和一次性备份两种备份方式。

(1) 备份计划。这是一种实现无人值守的自动备份方式。当管理员为服务器系统创建了一个定期备份的计划后，Windows Server Backup 会根据设定的时间、要备份的项目自动进行备份。备份计划通常用于系统相关信息变化较频繁的服务器，如 Web 服务器。

(2) 一次性备份。这是一种由系统管理员手动备份的方式。当管理员为服务器系统指定的备份项目创建一次备份后，Windows Server Backup 就会立即进行备份。一次性备份通常用于系统相关信息比较稳定的服务器，如 DHCP、DNS 服务器。

下面采用一次性备份的方式，介绍对服务器系统实施备份的具体操作过程。

步骤 1　打开"服务器管理器"窗口，选择"工具"→Windows Server Backup 命令，打开"wbadmin - [Windows Server Backup(本地)\本地备份]"窗口。在左窗格中选择"本地备份"选项，在中间窗格就会显示本地备份的一个"消息"列表框，列出了系统在不同日期和时间已自动进行过备份的消息记录；而在右窗格的"操作"列表中列出了可供管理员进行备份或恢复操作的链接，如图 8-56 所示。

步骤 2　在右窗格的"操作"列表中单击"一次性备份"超链接，就会打开"一次性备份向导"对话框的"备份选项"界面，有"计划的备份选项"和"其他选项"两种创建备份的方式可供选择。因为在这台服务器上还没有创建过计划备份，这次要备份的项目、备份的存放位置等设置也就不可能参照计划备份时的设置，所以"计划的备份选项"呈灰

色不可选状态,这里保持默认选中的"其他选项"单选按钮,如图 8-57 所示。

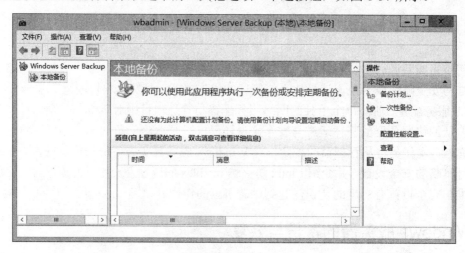

图 8-56   "wbadmin - [Windows Server Backup(本地)\本地备份]"窗口

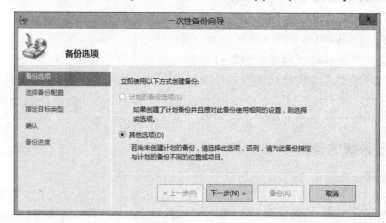

图 8-57   "一次性备份向导"对话框的"备份选项"界面

💡 **注意:**   只有当这台服务器上已经创建过计划备份,"计划的备份选项"单选按钮才会
有效,那么如果这次计划之外的一次性备份与计划备份时使用完全相同的设置,
就可以选中此单选按钮以简化设置过程;但如果要使用与已创建的备份计划不
同的设置,则仍然应该选中"其他选项"单选按钮。

步骤 3   单击"下一步"按钮,向导进入"选择备份配置"界面,提供了"整个服务
器"和"自定义"两个单选按钮。这里仅作为介绍服务器系统备份操作过程的案例,只是
把安装 Windows Server 2012 R2 系统的分区(C 盘)以及系统状态信息备份到服务器本地的其
他分区,所以选中"自定义"单选按钮,如图 8-58 所示。

💡 **注意:**   如果选中"整个服务器"单选按钮,则是备份该服务器上所有的数据、应用程
序和系统状态信息,通常需要单独的物理硬盘或网络上其他计算机中的共享文
件夹来存储备份,其备份过程往往需要耗费较长的时间。"自定义"单选按钮
除了备份指定的卷,也可用于只备份指定的文件(如某个 IIS 网站的配置文件)。

步骤 4 单击"下一步"按钮，向导进入"选择要备份的项"界面，要求选择备份服务器上的哪些内容。单击"添加项目"按钮，弹出"选择项"对话框，这里勾选"系统状态""系统保留"和"本地磁盘(C:)"3 个复选框，如图 8-59 所示。单击"确定"按钮，此时被选中的备份项就会显示在"选择要备份的项"界面的列表框中。

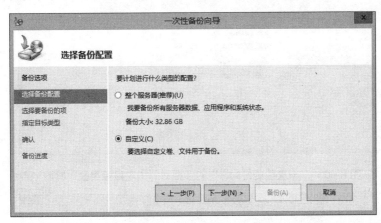

图 8-58 "一次性备份向导"对话框的"选择备份配置"界面

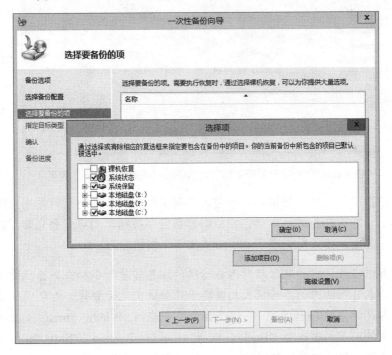

图 8-59 "一次性备份向导"对话框的"选择要备份的项"界面

步骤 5 单击"下一步"按钮，向导进入"指定目标类型"界面，选择将备份存储到本地驱动器还是远程共享文件夹。这里选中"本地驱动器"单选按钮，如图 8-60 所示。

步骤 6 单击"下一步"按钮，向导进入"选择备份目标"界面。由于此前选择要备份的项中包含本地磁盘(C:)，且备份的目标类型又是本地驱动器，所以在"备份目标"下拉列表中列出了除"本地磁盘(C:)"以外所有本地磁盘选项。这里选择"本地磁盘(F:)"作为备份存储的目标位置，如图 8-61 所示。

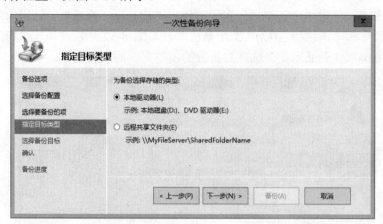

图 8-60 "一次性备份向导"对话框的"指定目标类型"界面

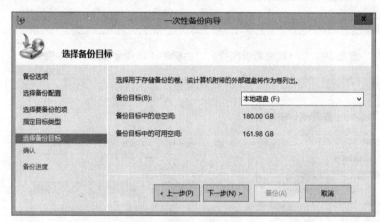

图 8-61 "一次性备份向导"对话框的"选择备份目标"界面

步骤 7 单击"下一步"按钮，向导进入"确认"界面，列出了前面为这次备份所做设置的摘要信息。经检查若确认无误，则单击"备份"按钮，向导就会立即开始备份而进入"备份进度"界面。待备份完成后，单击"关闭"按钮即可。

💡 **注意：** 备份过程所需的耗时与所选备份项的信息容量大小和服务器性能等有关，按照本案例所选的备份项大约需要十几分钟至几十分钟。由于存储备份的目标卷是"本地磁盘(F:)"，所以备份时会在 F:\WindowsImageBackup\XY-WBJ 文件夹下创建一个"Backup 日期"开头(如 Backup 2020-04-20)的文件夹，而备份数据的映像文件(扩展名为.vhdx)都存放在此文件夹下。

2. 服务器系统的恢复

虽然前面是把服务器上的整个系统分区(C:)及系统状态信息备份到了本地磁盘(F:)，但仍可以有所选择地恢复系统分区上的文件或文件夹。这里假设误删了服务器本地磁盘(C:)中的 inetpub 文件夹，则其恢复操作步骤如下。

步骤 1 与备份服务器系统时一样，首先打开 Windows Server Backup 工具的管理窗口

(见图 8-56)，然后在右窗格的"操作"列表中单击"恢复"超链接，打开"恢复向导"对话框并进入"开始"界面，选择要用于恢复的备份存储位置。因为在备份时把备份存放在该服务器本地，所以这里选中"此服务器(XY-WBJ)"单选按钮，如图 8-62 所示。

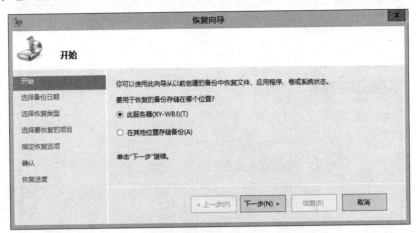

图 8-62　"恢复向导"对话框的"开始"界面

步骤 2　单击"下一步"按钮，向导进入"选择备份日期"界面。此时会显示一个日历，其中以粗体显示的日期表示有可用的备份，通常是选择一个最新日期和时间的可用备份来进行恢复(前面所做的就是 2020 年 4 月 20 日的备份)，如图 8-63 所示。

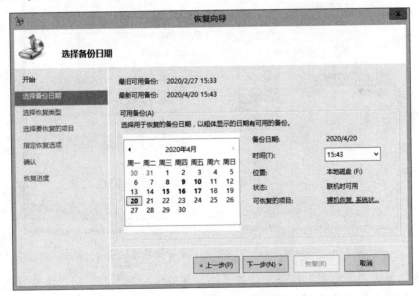

图 8-63　"恢复向导"对话框的"选择备份日期"界面

步骤 3　单击"下一步"按钮，进入"选择恢复类型"界面，可以从"文件和文件夹"Hyper-V、"卷""应用程序"和"系统状态"5 个选项中选择要恢复的内容(Hyper-V 选项用于还原虚拟机，此处不可选)。因为本案例要恢复被误删的本地磁盘(C:)中的 inetpub 文件夹，所以选中"文件和文件夹"单选按钮，如图 8-64 所示。

步骤 4　单击"下一步"按钮，进入"选择要恢复的项目"界面。在左侧"可用项目"

列表框中选择"本地磁盘(C:)"下面的 inetpub 文件夹，则该文件夹所包含的子文件夹和文件就会显示在右侧"要恢复的项目"列表框中，如图 8-65 所示。

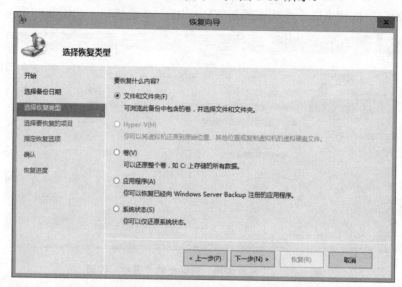

图 8-64 "恢复向导"对话框的"选择恢复类型"界面

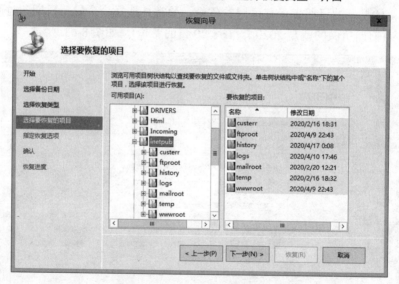

图 8-65 "恢复向导"对话框的"选择要恢复的项目"界面

步骤 5 单击"下一步"按钮，进入"指定恢复选项"界面。在"恢复目标"选项组中选中"原始位置"单选按钮；在"当此向导发现要备份的某些项目已在恢复目标中存在时"选项组中选中"使用要恢复的版本覆盖现有版本"单选按钮，如图 8-66 所示。

步骤 6 单击"下一步"按钮，进入"确认"界面，列出了前面各个步骤中选择的备份来源和恢复项目等信息。经检查确认无误后，单击"恢复"按钮，向导随即开始恢复并进入"恢复进度"界面。待恢复完成后，单击"关闭"按钮即可。此时打开"这台电脑"并选择"本地磁盘(C:)"，就可以看到 inetpub 文件夹已经恢复。

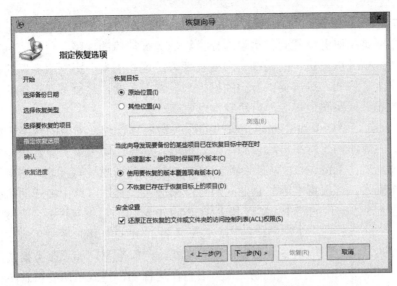

图 8-66　"恢复向导"对话框的"指定恢复选项"界面

注意： 上述备份与恢复操作案例中，备份时选择的是系统状态、系统保留和安装系统的本地磁盘(C:)3 个备份项。如果只要恢复系统状态，则应在恢复步骤 3 时选中"系统状态"单选按钮(见图 8-64)；如果步骤 3 选择的恢复类型是"文件和文件夹"选项，而步骤 4 时在"可用项目"目录树列表(见图 8-65)中选择这台服务器(XY-WBJ)下的"本地磁盘(C:)"，其实也就是恢复整个系统卷(C:)上包含的所有文件和文件夹，但实际上并非所有文件都可以从备份中得以恢复，特别是应用程序目录(C:\Program Files)、用户目录(C:\Users)、系统目录(C:\Windows)等包含的文件，而且这种文件复制方式的恢复速度相对较慢，可能要持续 1 至数小时。如果要利用上述备份并以类似于硬盘克隆的方式完整地恢复 Windows Server 2012 R2 系统(C:)，还可以采用另一种方法，其操作过程如下：使用 Windows Server 2012 R2 安装光盘或 U 盘引导计算机进入安装界面，在经过安装语言、时间和货币格式、键盘和输入方法的默认选择后，选择"修复计算机"→"疑难解答"→"系统映像恢复"→Windows Server 2012 R2→"使用最新的可用系统映像"或"选择系统映像"选项，最终弹出"对计算机进行重镜像"对话框，单击"是"按钮即开始恢复系统。这种方法恢复系统的速度较前一种方法快得多，大约只需十几分钟至几十分钟。

二、网络服务器的安全设置

1．网络服务器安全概述

从整体上说，网络服务器的安全涉及多个学科领域，包括服务器硬件与运行环境相关的物理安全、访问防护与控制有关的网络安全、操作系统与软件有关的系统安全以及权限和日志等方面安全管理。当然，无论是网络资源的管理者还是使用者，都应该增强网络安全意识，这对网络服务器及其信息安全至关重要。

(1) 物理安全。物理安全是为了保护服务器系统硬件实体和通信链路的正常运转所采取的策略，主要是指服务器托管机房设施提供物理运行环境的保障，包括通风系统、电源系统、防雷防火系统以及机房的温度、湿度条件等，这些因素会影响服务器的使用寿命和所有数据的安全。例如，机房提供专门的机柜来放置服务器，从服务器运行的物理环境上说比采用开放式机架要安全得多，当然成本也更高一些。

(2) 网络安全。网络安全主要是指机房的服务器要有合理、安全的网络拓扑结构，通常应在服务器的前面构筑网络屏蔽设施，即防火墙。通过在防火墙上设置一定的访问控制策略，可以过滤来自 Internet 的对服务器 NFS 端口的访问请求。防火墙有路由模式和透明模式两种工作模式，可根据实际的企业网络环境来选用。其中，路由模式的防火墙就像一个路由器，能进行数据包的路由，实现基于 TCP/UDP 端口的数据包过滤；而透明模式的防火墙则更像一个网桥，它不干涉网络结构，也不具备 IP 地址，用户感觉不到它的存在，即对用户是透明的，但它同样具备数据包过滤的功能。一般来说，如果服务器使用真实的公网 IP 地址，则可以选择透明模式的防火墙，因为在这种工作模式下所有符合防火墙规则的对服务器的访问请求都直接到达服务器，而不符合规则的数据包会被丢弃。

(3) 系统安全。系统安全主要是针对服务器使用的操作系统自身的安全，管理员应及时为操作系统更新补丁程序，定期或自动升级操作系统版本。

(4) 安全管理。安全管理主要是指管理员对服务器系统有关安全与权限方面的必要设置。例如，对系统的密码和账号策略设置；对 IIS 站点的用户验证、访问许可、IP 地址限制设置。同时，管理员应能清楚地分析系统日志，从中判断其安全风险。

注意：下面仅以 Windows Server 2012 R2 服务器为例，介绍系统密码和系统账号策略的设置以及关闭系统默认共享的意义和操作方法。作为安全管理措施，Linux 服务器也有类似的策略设置，读者要从技术上进行触类旁通。

2. 密码策略设置

入侵者最基本的攻击方法就是破解系统的密码，而定期更改的复杂密码可以降低密码被攻破的可能性。密码策略设置就是要控制密码的复杂度和使用期限，以确保用户创建的密码遵循技术复杂性和强安全策略要求。在设立密码时，应注意以下几个方面。

(1) 不要使用任何语言词典中的单词，包括常见或巧妙拼错的单词。

(2) 在将当前密码修改为新密码时，不能只是增加当前密码中的一个数字。

(3) 密码的开头或结尾不要使用数字，因为与数字在中间的密码相比，数字开头或结尾的密码更容易猜测到。

(4) 其他人只要对用户稍加了解甚至只需看看用户的办公桌，就可以轻松猜想到的密码不宜使用，如用户的宠物名称、用户喜欢的运动队名称或者用户的家人姓名等。

(5) 不要使用来自大众文化的单词。

(6) 强制使用需要在键盘上用两手输入的密码。

(7) 强制在所有密码中混合使用大小写字母、数字和符号。

(8) 强制使用空格字符和只有按 Alt 键才能生成的字符。

密码策略主要包括强制密码历史、密码最长使用期限、密码最短使用期限、密码长度最小值、密码必须符合复杂性要求、用可还原的加密来存储密码等，其设置方法为：打开"管理工具"窗口，双击"本地安全策略"图标，打开"本地安全策略"窗口，展开左窗格中的"安全设置"→"账户策略"→"密码策略"文件夹，如图 8-67 所示。

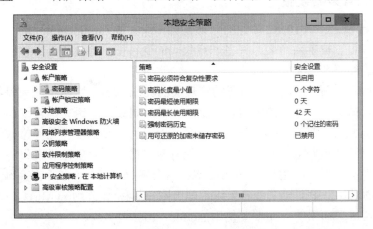

图 8-67　"本地安全策略"窗口中的"密码策略"文件夹设置

为了增强网络服务器的安全性，"密码必须符合复杂性要求"选项通常设置为"启用"；而"用可还原的加密来储存密码"选项一般设置为"禁用"。下面简要介绍强制密码历史、密码最长使用期限、密码最短使用期限、密码长度最小值的含义与设置方法。

(1) 强制密码历史。Windows Server 2012 R2 中，"强制密码历史"的默认设置值为最多 24 个密码，它有助于确保旧密码不会连续被重新使用，而低值设置将允许用户持续循环使用数目很小的密码。要增强此策略设置的有效性，也可以结合"密码最短使用期限"的设置，以便密码无法被立即更改，这种组合使得用户很难重新使用旧密码。

(2) 密码最长使用期限。这项策略定义了破解密码的攻击者在密码过期之前能使用该密码访问计算机的期限，其默认值为 42 天，有效期取值范围为 0～999 天(0 天意味着密码永不过期)。定期更改密码可降低密码被攻破的风险，因为攻击者只要有足够的时间和计算能力就能够破解大多数密码，密码更改越频繁，攻击者可对其实施破解的时间就越少。但此值设置也不宜太低，密码更改太过频繁不便管理员记忆，反而会影响服务器的应用与管理。因此，密码最长使用期限的设置要权衡安全性和可用性需求，建议保留默认值 42 天。

(3) 密码最短使用期限。这项策略用来确定用户更改密码之前可以使用该密码的天数，其数值必须小于"密码最长使用期限"的设置值，默认值为 0 天，表示允许用户立即更改密码，取值范围为 0～999 天。建议将"密码最短使用期限"默认值设置为 1 天，将此设置与"强制密码历史"的低值设置相结合使用时，用户就可以循环使用相同的密码。例如，如果"密码最短使用期限"设置为 1 天且"强制密码历史"配置为 10 个密码，用户最短只需等待 10 天，就可以重新使用旧的收藏密码了。当然，这需要用户在这 10 天内每天更改其密码，然后才能重新使用密码。

(4) 密码长度最小值。这项策略确保密码至少具有指定个数的字符，长密码(8 个及以上字符)往往比短密码要强。使用"密码长度最小值"设置时，用户不能使用空白密码，必须使用特定个数的字符来创建密码。该数值在域控制器上默认为 7，在独立服务器上默认为 0，建议将其设置为 8 个字符，该长度足以提供相当强的安全性。如果设置得太长，一方面会使得输错密码而被锁定的次数增多；另一方面用户因记不住密码而往往将密码记在记录本上，从而导致密码失窃的可能性增大，反而不利于系统的安全性。

3．系统账号策略设置

在 Windows Server 2012 R2 中，有一些诸如 Guest 和 Administrator 的内置账号，它们不能被删除，但可以被重新命名。许多恶意代码的变种往往通过使用内置的管理员账号，企图窃取服务器的秘密。

(1) 修改 Administrator 账号。内置的管理员 Administrator 账号不能被停用，这意味着黑客可以反复尝试猜测该账户的密码，从而攻入计算机系统。因此，建议用户最好重新命名 Administrator 账号，且修改其描述信息，使系统具有更高的安全性。修改管理员账号的操作方法是：在“本地安全策略”窗口中，展开左窗格中的“安全设置”→“本地策略”→“安全选项”文件夹，如图 8-68 所示。双击右窗格中“账户：重命名系统管理员账户”策略，在弹出的对话框中即可重命名系统管理员账户名称(如改为 xywbj)。应尽量把管理员账户的名称伪装成普通用户，而不要使用 Admin、root 等名称。

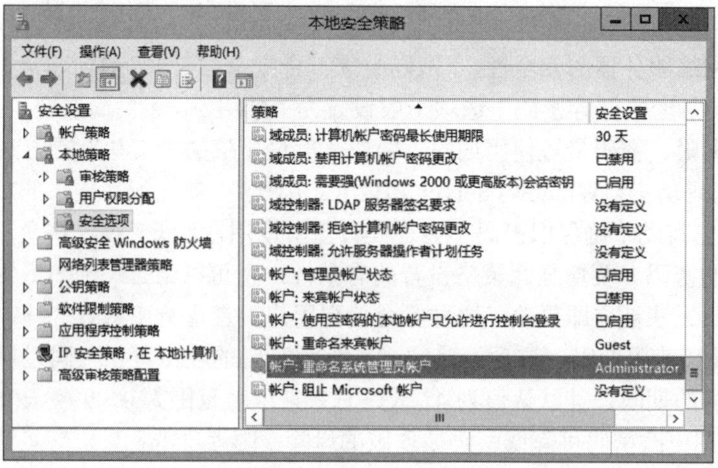

图 8-68 “本地安全策略”窗口中的安全选项设置

(2) 修改新系统管理员属性。更改对新系统管理员的描述信息，使其与默认描述信息不同，这样有助于防止账户被轻易识别。修改新系统管理员属性的方法是：打开“管理工具”窗口，双击“计算机管理”图标，打开“计算机管理”窗口，展开左窗格中的“系统工具”→“本地用户和组”→“用户”文件夹，中间窗格中就会列出所有的本地用户。右击系统管理员 xywbj 用户，在弹出的快捷菜单中选择“属性”命令，如图 8-69 所示。然后在打开的“xywbj 属性”对话框中，就可以将该账户默认描述信息“管理计算机(域)的内置账户”修改为用户所需的任意信息。

(3) 创建陷阱账号。将系统管理员改为其他名字后，可以建立一个名为 Administrator 的普通用户，将其权限设置为最低(什么事也干不了的那种)，并为其设置位数多且复杂的密码。这样可以迷惑外部攻击，借此耗费入侵者的大量时间，容易发现其入侵企图。创建陷阱账号的操作方法是：在“计算机管理”窗口的左窗格中选择“用户”文件夹，在中间窗格的空白处右击，在弹出的快捷菜单中选择“新用户”命令，在打开的“新用户”对话框中即可设置新的用户，将用户名设置为 Administrator，其描述设置为"管理计算机(域)的内置账户"。最后，打开该用户属性对话框，将其权限设置为受限制账号。

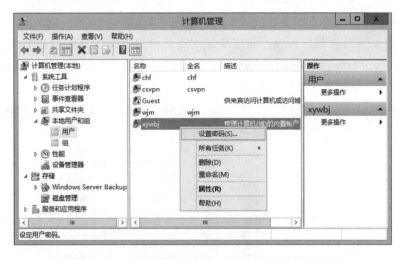

图 8-69　在"计算机管理"窗口中修改系统管理员属性

(4) 禁用 Guest 账号。Windows Server 2012 R2 中内置的 Guest 账号默认是被禁用的。但如果它被启用，则强烈建议将其禁用，操作方法是：在"计算机管理"窗口左窗格中选择"用户"文件夹，在中间窗格右击 Guest 账号，在弹出的快捷菜单中选择"属性"命令，打开"Guest 属性"对话框，勾选"账户已禁用"复选框并单击"确定"按钮即可。

4．关闭系统默认共享

Windows Server 2012 R2 安装后就会产生许多默认的共享文件夹，包括所有硬盘分区 (C、D、E、…)、系统工作目录 admin 以及 ipe，这为系统安全埋下了隐患。

在"计算机管理"窗口的左窗格中选择"系统工具"→"共享文件夹"→"共享"文件夹，在中间窗格就会列出系统中所有的默认共享，其名称都以"$"符号结尾，如 C$、IPC$、ADMIN$等。右击某个共享名，在弹出的快捷菜单中选择"停止共享"命令，如图 8-70 所示。此时将弹出一个警告对话框，单击"是"按钮即可删除该文件夹的共享。

图 8-70　"计算机管理"窗口中的"共享"选项

💡 **注意:** 上述方法只能临时删除默认共享,在服务器重启之后又会自动创建这些默认共享。为了彻底删除这些共享,必须通过注册表进行相关的设置。

通过注册表设置来彻底删除默认共享的方法如下:在命令提示符窗口中执行 regedit 命令,打开"注册表编辑器"窗口。在左窗格中依次展开 HKEY_LOCAL_MACHINE\SYSTEM\CurrentControlSet\Services\lanmanserver\parameters 键,在右窗格中添加 Autoshareserver 项,类型为 DWORD,键值设置为 0,如图 8-71 所示。

图 8-71 通过注册表删除默认共享

通过上述设置,重新启动计算机后,系统会自动删除 C$、D$、ADMIN$等默认共享。

由于 IPC$(Internet Process Connection)是共享"命名管道"的资源,它是为了让进程间能够通信而开放的命名管道,通过提供可信任的用户名和密码,连接双方计算机即可以建立安全的信道,并以此信道进行加密数据的交换,从而实现对远程计算机的访问。它既方便了管理员的管理,又导致了系统安全性能的降低。

可以通过注册表来禁用 IPC 连接,其方法是:在"注册表编辑器"左窗格中,依次展开 HKEY_LOCAL_MACHINE\SYSTEM\CurrentControlSet\Control\Lsa 键,然后修改右窗格中的 restrictanonymous 子键,将其值改为 1,即可禁用 IPC 连接。

三、Linux 防火墙 iptables 的配置与管理

配置 iptables 防火墙是 Linux 网络服务器最重要的安全技术手段之一。这里首先介绍防火墙以及 iptables 的技术原理、命令语法和服务控制,然后通过在新源公司的网络服务器上添加 iptables 防火墙并配置相应的包过滤策略,来提升整个企业网络的安全性。

1. 防火墙及其主要作用

防火墙是一种位于内部网络与外部网络之间,用来限制、隔离网络用户某些工作的安全防护系统,它按照预先设定的访问规则,允许或限制数据包传输通过。也就是说,如果没有防火墙的允许,企业内部的用户就无法访问互联网,互联网上的用户也无法访问企业

内部网中的资源，从而最大限度地阻止网络中的黑客攻击。

防火墙采用计算机硬件和软件相结合的技术，在互联网和局域网之间建立起一个安全网关，以保护内部网络免受非法用户的入侵。防火墙的主要作用有以下 3 个方面。

(1) 数据包过滤。数据包过滤是指监控通过(包括进入和流出)的数据包特征来决定放行或者阻止该数据包，从而屏蔽不符合既定规则的数据包，实现阻挡攻击、禁止外部或内部访问某些站点、限制每个 IP 的流量和连接数等功能。

(2) 数据包透明转发。防火墙一般架设在提供某些服务的服务器与请求服务的客户端之间，客户端对服务器的访问请求与服务器反馈给客户端的信息都需要经过防火墙的转发，因此大多数防火墙都具备网关的功能，并提供数据包的路由选择，实现网络地址转换(NAT)，从而满足局域网中主机内部 IP 地址也能顺利访问外部网络的应用需求。

(3) 对外部攻击进行检测、阻挡、记录和告警。如果检测到客户端发送的信息是防火墙设置所不允许的，防火墙会立即将其阻断，避免其进入防火墙后面的服务器；必要时防火墙可以将攻击行为记录下来，并向网络管理员发出警告。

2. 包过滤防火墙 iptables 简介

防火墙按照其工作方式不同，大致可分为包过滤型、应用级网关(也称代理服务型防火墙)和电路级网关 3 种基本类型。内置于 Linux 内核中的防火墙 iptables 就是一种包过滤型防火墙的技术实现，所以称为包过滤防火墙。

包过滤防火墙是在网络层(即 IP 层)实现的，其核心思想是检查所经过的每一个数据包的包头，包括源 IP 地址、目的 IP 地址、源端口、目的端口以及包的协议类型(TCP、UDP或 ICMP)和传输方向等信息，然后根据预先设定的规则进行比对，并按规则决定如何处理这个数据包，如丢弃(DROP)、放行(ACCEPT)或拒绝(REJECT)等。由于 TCP/IP 中的绝大多数服务都有标准的 TCP/UDP 端口，所以包过滤防火墙也包括对特定的服务进行过滤。只需将所有包含指定目的端口的包丢弃(即屏蔽指定端口)，就可以禁止特定的服务。

包过滤防火墙可以阻塞内部主机和外部主机或另外一个网络之间的连接，比如可以阻塞一些被视为有敌意的、不可信任的主机或网络连接到内部网络中。归纳起来，包过滤防火墙可以使用以下过滤策略。

(1) 拒绝/允许来自某主机或某网段的所有连接；

(2) 拒绝/允许来自某主机或某网段的指定端口的连接；

(3) 拒绝/允许本地主机或本地网络与其他主机或其他网段的所有连接；

(4) 拒绝/允许本地主机或本地网络与其他主机或其他网段的指定端口的连接。

Linux 从 1.1 内核就已经拥有防火墙功能。随着 Linux 内核的不断升级，内核中的防火墙也经历了 3 个阶段，即 2.0 内核采用的 ipfwadm，2.2 内核采用的 ipchains，2.4 内核及以后采用的功能更强大的 netfilter/iptabales。与大多数的 Linux 自带软件一样，这个防火墙系统也是免费提供的，它可以实现硬件防火墙中的常用功能，也可以在应用方案中作为硬件防火墙的替代品，完成封包过滤、封包重定向和网络地址转换等功能。

虽然 netfilter/iptabales 数据包过滤系统被称为单个实体，但它实际上是由 netfilter 和iptabales 两个组件构成的。其中，netfilter 组件也称为内核空间，是 Linux 内核中的一个安全框架，由一些表组成，每个表由若干个链组成，而每条链中又可以包含一条或数条规则；

iptabales 组件也称为用户空间,是提供给用户使用的一个工具,让用户能够方便地定制数据包过滤规则、控制防火墙配置。也可以这样理解:iptables 其实不是真正的防火墙,而是内核提供的一个命令行工具,通过它可以将用户的安全设定执行到内核中一个名叫 netfilter 的安全框架中,这个安全框架才是真正的防火墙。但人们往往从使用者角度忽略了内核空间的这个 netfilter 组件,总是习惯地把 Linux 自带的这个包过滤防火墙系统简称为 iptabales 防火墙(本书也用此简称)。

3. iptables 的基本工作原理

由上述介绍可知,iptables 是按照规则(Rule)来办事的。规则其实就是网络管理员预定义的条件,一般定义为"如果数据包头符合这样的条件,就这样处理这个数据包"。所有预定义的规则都存储在内核空间的数据包过滤表中,构成了表、链和规则三个层次的安全框架,这也是初学 iptables 时最难懂之处。因此,下面以 Web 服务器为例,从一个相对容易理解的角度切入,来讨论表、链、规则的概念及相互之间的关系。

如果架设 Web 服务的 Linux 内核中没有启用 iptables 防火墙,那么当客户端发送报文请求访问该服务器上的 Web 服务时,报文到达网卡后会通过内核的 TCP 协议(TCP/IP 协议栈是 Linux 内核的一部分)直接传输给用户空间中的 Web 服务,因为客户端报文的目标终点即为该 Web 服务所监听的套接字(IP:Port)上;当 Web 服务响应客户端请求时,发出的响应报文的目标终点则是客户端,而 Web 服务监听的 IP 和端口成了原点。这一请求与响应的过程不难理解,如图 8-72(a)所示。

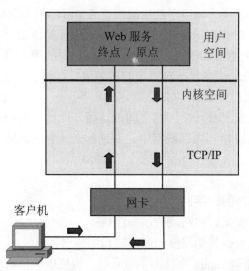 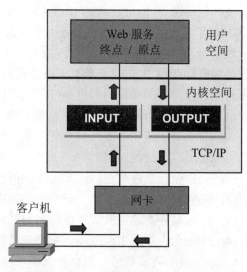

(a) 不启用 iptables 的 Web 访问请求与响应　　　(b) 添加 iptables 后的 Web 访问请求与响应

图 8-72　启用 iptables 防火墙前后的 Web 请求与响应过程

现在为架设 Web 服务的 Linux 系统上添加 iptables 防火墙,让包含在 Linux 内核空间中的 netfilter 起到"防火"作用,这就要在报文进入和流出 Web 服务所经过的 netfilter 位置处,分别设置一个叫做 INPUT(入站)和 OUTPUT(出站)的关卡,如图 8-72(b)所示。在每个关卡上都预先定义好一些规则(或条件),任何一个报文在经过这些关卡时都必须接受检查，只有符合放行条件的才能放行，而符合阻拦条件的则一律被阻止。这里把 INPUT 和 OUTPUT 称作"关卡"只是为了容易理解，而在 iptables 中被称为"链"。

其实上述描述的场景并不完善，因为内核在检查客户端发来的报文时，查看到报文中的目标地址有可能不是本机，而是其他服务器。这种情况下，如果本机的内核支持 IP 包的转发功能(IP_FORWARD)，就应该把这个报文转发给其他主机。因此，iptables 的内核空间中除了 INPUT 链和 OUTPUT 链，必定还需要设置与报文转发有关的其他几条链，分别是：PREROUTING(路由前)链、FORWARD(转发)链和 POSTROUTING(路由后)链。这样就构成了 iptables 防火墙的 5 条链，它们之间的关系如图 8-73 所示。

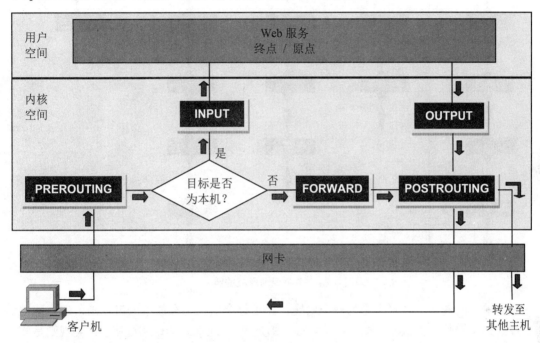

图 8-73　iptables 内核空间设置的 5 条链及其关系

由此可见，当服务器启用了 iptables 防火墙后，根据报文不同的访问目的，报文所经过的链就可能不同。如果报文需要转发，则报文就不会经过 INPUT 链发往用户空间，而是直接在内核空间中经过 FORWARD 链和 POSTROUTING 链转发出去。归纳起来，实际中根据报文的流向有以下 3 种常见的应用场景。

(1) 发送到本机某个进程的报文：PREROUTING→INPUT。

(2) 由本机转发的报文：PREROUTING→FORWARD→POSTROUTING。

(3) 从本机某个进程发出的报文(通常为响应报文)：OUTPUT→POSTROUTING。

4．链与表及其关系

回顾前面所说的 INPUT、OUTPUT 等这些"关卡"，为什么在 iptables 中要将它们称为"链"呢？这个问题可以这样理解，防火墙起"防火"作用的关键在于报文经过这些关卡时，必须匹配关卡上预设的规则，然后执行对应的动作。但是，一个关卡上可能不止一条规则，而是有很多条规则，如果把这些规则串到一根链条上来看，称之为"链"则更加形象，所以有时也称其为规则链，如图 8-74 所示。经过某个"链"的报文都要将这串链上的所有规则匹配一遍，如果有符合条件的规则，就执行该规则对应的动作。

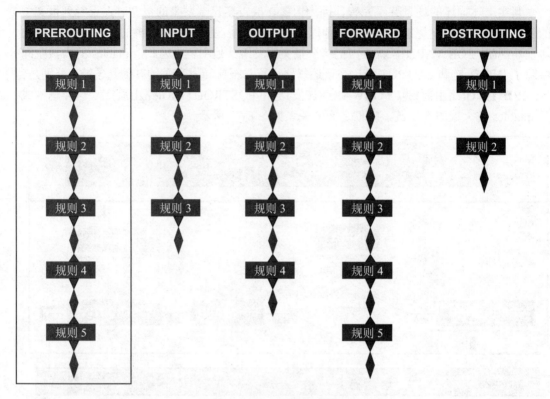

图 8-74　多个规则形成的链

　　理解了链的概念，再来思考另一个问题，就是每个链上都存放了一串规则，但不同链上的规则其实有些是相似的。比如，A 类规则都是对 IP 地址或端口的过滤，B 类规则是修改报文等。那么，是不是可以对链上的规则按功能进行分门别类，把实现相同功能的规则存放在一起呢？答案是肯定的。于是把具有相同功能的规则集合称为"表"，也就是把不同功能的规则存放到不同的表中进行管理。

　　iptables 预定义了 filter、nat、mangle 和 raw 共 4 个不同功能的表，用户定义的规则基本都在这 4 种功能范围内。但并不是每个链都会包含这 4 个表中存放的所有规则的，有的链中注定不会包含某类规则，就像有的"关卡"天生就不具备某些功能一样。这里把 5 个链的规则都存在于哪些表(或者说这 5 个关卡都拥有什么功能)归纳如下。

　　(1) PREROUTING 链的规则可存在于 raw 表、mangle 表和 nat 表。

　　(2) INPUT 链的规则可存在于 mangle 表和 filter 表。

　　(3) OUTPUT 链的规则可存在于 raw 表、mangle 表、nat 表和 filter 表。

　　(4) FORWARD 链的规则可存在于 mangle 表和 filter 表。

　　(5) POSTROUTING 链的规则可存在于 mangle 表和 nat 表。

　　但在实际使用中，却往往是通过"表"作为操作入口来对规则进行定义的。为此，这里把 iptables 定义的 4 个表的功能及其支持的链进行重新梳理，归纳为表 8-2。

表 8-2   iptables 中表的功能及其支持的链

表	功能	支持的链(表中的规则可以用于哪些链)
filter	用于数据包过滤设置，确定是否放行该数据包，是 netfilter 默认表也是最常用的表	INPUT、FORWARD 和 OUTPUT
nat	负责网络地址转换，修改数据包中的源、目的 IP 地址或端口，也是常用的表	PREROUTING、OUTPUT 和 POSTROUTING
mangle	用于数据包的特殊变更操作，为数据包设置标记，如修改 TOS 特性	PREROUTING、INPUT、FORWARD、OUTPUT 和 POSTROUTING
raw	确定是否对数据包进行状态跟踪，一般用于关闭链接追踪，以提高性能	PREROUTING 和 OUTPUT

最后还有一个问题需要指出，因为数据包经过一个链的时候，会将当前链的所有规则都匹配一遍，而相同功能类型的规则又汇聚在一个表中，那么哪些表中的规则放在链的前面或后面来进行匹配呢？这就需要约定一个优先级。当同一个链上包含有多个不同表中规则时，将按照 raw 表→mangle 表→nat 表→filter 表的优先级次序来执行匹配。

综上所述，这里将数据包通过 iptables 防火墙的流程总结为如图 8-75 所示。

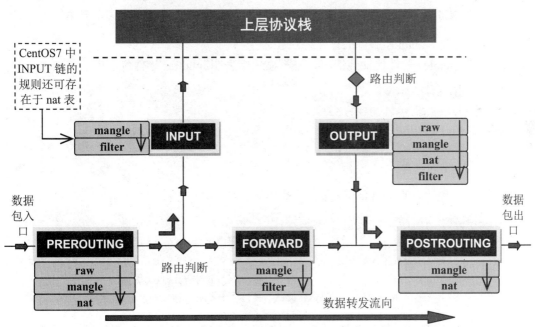

图 8-75   数据包通过 iptables 防火墙的流程

💡 注意：   本书介绍的 Linux 服务器是基于 CentOS 6 版本的，INPUT 链的规则只存在于 mangle 和 filter 表，而 nat 表里的规则不能用于 INPUT 链，这对于 Red Hat、Fedora、RHEL 等 Linux 版本中也是如此。但在 CentOS 7 中，INPUT 链的规则还可存在于 nat 表，或者说 nat 表中的规则还可以用于 INPUT 链，这一点在图中已经给予了特别注解。另外，除了 iptables 已设置的 5 条链外，为了方便用户管理，还可以在某个表内创建自定义链，通常是将针对某个应用程序设置的规则放置在自定义链中。但是，用户自定义的链是不能直接使用的，只能被 iptables 已有的某个默认的链当作动作去调用才能起作用，或者说自定义链需要"焊接"在某个默认链上才能被 iptables 使用。

5. iptables 命令格式与服务控制

在理解了 iptables 内核空间的安全框架和实现原理之后，最终还是要回到"规则"这个问题上来。网络管理员根据实际的"防火"需要来配置 iptables 防火墙，其实就是利用用户空间提供的 iptables 命令工具来设置和管理表、链中的一条条规则。

在 iptables 命令中，一条完整的 iptables 规则是由表名、命令选项、链名、匹配条件和目标动作 5 个要素组成的，其语法格式如下。

```
iptables [-t 表名] 命令选项 [链名] [匹配条件] [-j 目标动作]
```

注意：　表名和链名用于指定 iptables 命令所操作的表和链。如果不指定表，则默认为 filter 表；如果不指定链，则默认为指定表内的所有链。其中，链名和目标动作的英文名称必须使用大写。由于目标动作、命令选项和匹配条件的种类和使用方法较为复杂，限于篇幅不在此详细说明，请读者参阅附录 B。

下面给出控制 iptables 服务的操作方法和命令。

(1) 检查 iptables 软件包安装情况，以下显示则表明 iptables 软件包已完整安装。

```
# rpm -qa |grep iptables
iptables-devel-1.4.7-11.el6.i686
iptables-1.4.7-11.el6.i686
iptables-ipv6-1.4.7-11.el6.i686
#
```

(2) 启动、停止、重启 iptables 服务，操作命令如下。

```
# service iptables start          //启动 iptables 服务
# service iptables stop           //停止 iptables 服务
# service iptables restart        //重启 iptables 服务
# service iptables status         //查看 iptables 服务运行状态
    //若 iptables 服务已运行，则会显示每个表、链中所有已存在的规则
```

注意：　更准确、严格地来说，iptables 不能称之为真正意义上的"服务"，而应该算是内核提供的功能，因为它运行后并没有一个守护进程。但由于 iptables 与其他服务一样，可以使用 service 命令来进行启动、停止和重启等操作，所以人们也就习惯地将其称为服务了。

(3) 设置开机自动启动 iptables 服务，操作命令如下。

```
# chkconfig iptables on                          //将iptables服务设置为自动启动
# chkconfig --list iptables                       //查看iptables服务是否自动启动
iptables        0:off   1:off   2:on   3:on   4:on   5:on   6:off
        //可见在运行级别2、3、4、5上将开机自动启动iptables服务
#
```

(4) 保存和恢复 iptables 规则。当配置了 iptables 规则之后，应该使用 iptables-save 命令将 iptables 规则保存到一个指定的文件中，以便在 iptables 出现故障或者有其他需要的时候，能够使用 iptables-restore 命令将这些 iptables 规则迅速恢复，操作命令如下。

```
# iptables-save > /etc/iptables_save
        //将此前已配置的iptables规则保存到指定的/etc/iptables_save文件中
# iptables-restore < /etc/iptables_save
        //将保存在/etc/iptables_save文件中的iptables规则进行恢复(生效)
#
```

(5) 系统启动时使用保存的 iptables 规则。使用 service iptables save 命令可以将已配置的 iptables 规则默认保存到/etc/sysconfig/iptables 文件(iptables 服务配置文件)中，当 Linux 系统启动时会自动使用该文件所提供的规则进行恢复，操作命令如下。

```
# service iptables save                          //保存iptables规则到配置文件中
iptables: Saving firewall rules to /etc/sysconfig/iptables:[ OK ]
#
```

💡 **注意：** 执行 iptables 命令所设置的防火墙规则仅在关机前有效，系统重启后就不复存在了。一般来说，如果不是要让已建立的一个规则集在开机时自动生效，则应使用 iptables-save 命令将其保存到用户指定的文件中，特别是需要建立多个规则集时，可以存放到多个不同的文件中。虽然这些存放 iptables 规则集的文件不会随 Linux 系统启动而自动生效，但使用 iptables-restore 命令就可以迅速恢复并生效，如果将恢复规则的命令加入到随 Linux 系统启动而自动执行的 /etc/rc.d/rc.local 脚本中，或者将存放 iptables 规则的文件复制为 /etc/sysconfig/iptables 配置文件，这些方法都能便捷地将保存的 iptables 规则变成自动启动生效的 iptables 规则，读者要学会灵活应用。

6. 企业网络 iptables 防火墙配置实战

通过前面各个项目的实施，已经在新源公司内部网络中部署了 DNS、Web、FTP、E-mail 等服务器。现要求所有内网计算机能够访问 Internet，但只有 Web 站点需要对外发布，而 FTP 和 E-mail 服务器仅对内部员工开放，网络管理员可以通过外网进行远程管理。为了保证企业网络的安全性，需要添加 iptables 防火墙，并配置相应的策略。

添加了 iptables 防火墙的新源公司网络拓扑结构如图 8-76 所示。

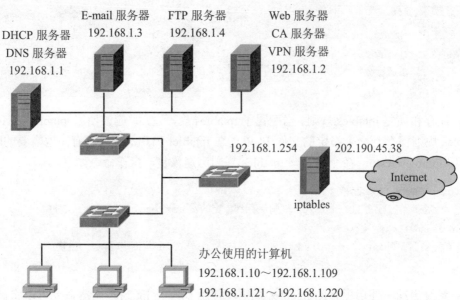

图 8-76 添加了 iptables 防火墙的新源公司网络拓扑结构

各服务器及办公用计算机的 IP 地址已在图中标出,这是在项目一和项目二中已经规划好的;配置 iptables 防火墙的服务器有两块网卡,外网接口为 eth0:202.190.45.38,内网接口为 eth1:192.168.1.254。根据公司的访问需求,需要开放的端口信息如表 8-3 所示。

表 8-3 需要开放的端口信息

服务名称	协议名称	端口号
Web 服务器	TCP	80
	UDP	
SSH 服务	TCP	22(管理员常用于远程管理的工具)
DNS 服务器	TCP	53
	UDP	
FTP 服务器	TCP	20、21
	UDP	
E-mail 服务器	TCP	TCP:25
	UDP	TCP/UDP:110、143、993、995
即时通信软件	TCP	80、8000、443、1863
	UDP	8000、4000

配置防火墙 iptables 的具体实施步骤如下。

步骤 1   清除原有策略。主要是针对默认的 filter 表和 nat 表,删除表中的链需要首先删除链中的所有规则(-F),然后删除空链(-X),最后将规则链归零(-Z),操作如下。

```
# iptables -F                                          //删除默认的 filter 表中的策略
# iptables -X
# iptables -Z
# iptables -t nat -F                                   //删除 nat 表中的策略
# iptables -t nat -X
# iptables -t nat -Z
```

步骤 2　设置默认策略。默认策略是指当比对完链上所有规则均不符合时，对数据包的默认处理方式。在 iptables 安装后，默认全部内置链都是开启的，这样并不利于安全管理。因此，这里设置默认策略为分别关闭 filter 表的 INPUT 和 FORWARD 链，开启 OUTPUT 链；而将 nat 表的 3 个链 PREROUTING、OUTPUT 和 POSTROUTING 全部开启。最后，鉴于有些服务的测试需要用回环地址，所以需要允许回环地址的通信。操作如下。

```
# iptables -P INPUT DROP                               //设置默认的 filter 表的默认策略
# iptables -P FORWARD DROP
# iptables -P OUTPUT ACCEPT
# iptables -t nat -P PREROUTING ACCEPT                 //设置 nat 表的默认策略
# iptables -t nat -P OUTPUT ACCEPT
# iptables -t nat -P POSTROUTING ACCEPT
# iptables -A INPUT -i lo -j ACCEPT
```

步骤 3　设置连接状态。添加连接状态设置的目的是简化防火墙配置操作，并提高检查效率，操作如下。

```
# iptables -A INPUT -m state --state ESTABLISHED,RELATED -j ACCEPT
```

步骤 4　设置相关服务端口。公司内网提供了多种网络服务，只要将表 8-3 所列的服务端口打开即可。这些开放端口的规则基本类似，以下仅给出部分配置命令且不再注释，其余请读者自行补齐。

```
# iptables -A FORWARD -p tcp --dport 80 -j ACCEPT
# iptables -A FORWARD -p tcp --dport 53 -j ACCEPT
# iptables -A FORWARD -p udp --dport 53 -j ACCEPT
# iptables -A INPUT -p tcp --dport 22 -j ACCEPT
# iptables -A FORWARD -p tcp --dport 25 -j ACCEPT
# iptables -A FORWARD -p tcp --dport 110 -j ACCEPT
# iptables -A FORWARD -p udp --dport 110 -j ACCEPT
# iptables -A FORWARD -p tcp --dport 143 -j ACCEPT
# iptables -A FORWARD -p udp --dport 143 -j ACCEPT
……
```

步骤 5　设置 NAT。内网地址为私有地址，无法在互联网上使用，因此必须将私有地址转换为服务器的外网地址，连接外网的接口为 eth0。另外，Web 服务器是允许外网访问的服务器，所以需要把内网 Web 服务器 IP 地址(192.168.1.2)映射到外网地址。

```
# iptables -t nat -A POSTROUTING -o eth0 -s 192.168.1.0/24 -j MASQUERADE
```

```
# iptables -t nat -A PREROUTING -i eth0 -p tcp --dport 80 -j DNAT --to-dest
ination 192.168.1.2:80
```

步骤 6　保存 iptables 配置。使用重定向命令来保存前面所设置的 iptables 规则集。

```
# iptables-save > /etc/iptables-save
```

小　结

　　由于纯文本的 HTTP 使用明文通信，也不验证通信方的身份，所以无法证明报文的完整性，很容易遭到恶意用户的窥视、伪装进而被篡改。于是将 HTTP 通信接口部分以 SSL/TLS 协议替代，或者说在 HTTP 通信中添加了认证、加密处理及摘要功能，产生了一种安全的 HTTP，即 HTTPS(HTTP Secure)。

　　SSL 采用"非对称"公开密钥加密机制，并采用认证机构(CA)颁发的数字证书实现身份验证，以确认公钥的真实性。数字证书就是一个经 CA 签名的、包含公钥及其拥有者信息的文件，它可以向值得信赖的、权威公正的国际知名第三方 CA 购买；也可以向某些社区认证供应商免费申请获得；而对于安全性要求不高、与用户彼此信任的场合，还可以采用由自己搭建的 CA 服务器来颁发自签名证书。公钥基础设施(PKI)是一套基于公钥的加密技术或理论，能够为所有网络应用(如电子商务、电子政务)提供数据加密和数字签名等服务，主要由认证机构和数字证书库、密钥备份及恢复系统和证书吊销系统、PKI 应用接口系统共 3 个部分组成。基于 SSL 的安全 Web 服务只是 PKI 应用的一个典型案例。

　　在 Windows Server 2012 R2 中，要采用自签名证书将 HTTP 访问的 Web 站点配置为基于 SSL 安全机制的 HTTPS 站点，必须首先安装"Active Directory 证书服务"角色及其包含的"证书颁发机构"和"证书颁发机构 Web 注册"两个角色服务，同时还需要安装"Web 服务器(IIS)"角色的"HTTP 重定向"和"跟踪"两个功能。AD 证书服务(AD CS)的两种设置类型与两种 CA 类型组合为企业根 CA、企业从属 CA、独立根 CA 和独立从属 CA 四种不同类型的 CA。由于本项目没有使用活动目录(AD)支持的域架构网络，而且搭建的是认证体系中唯一的 CA 服务器，所以必定是独立根 CA。在配置 AD 证书服务后，接下来要做的工作是：在 Web 服务器上生成证书申请、向证书服务器提交证书申请、证书服务器向 Web 服务器颁发证书、在 Web 服务器上安装证书、将证书绑定到需要 SSL 访问的站点。

　　Linux 平台下配置基于 SSL 的安全 Web 站点，总体上来说与 Windows 平台下的配置基本相同，也需要经过搭建 CA 证书服务器、为 Web 服务器颁发证书、将 Web 站点设置为要求 SSL 访问 3 个步骤。其中，前两项工作由 OpenSSL 软件实现；后一项工作则需要在 Web 服务器上安装并配置 mod_ssl 模块，使 SSL 与 httpd 相互配合与协作。但有一点需要注意，如果要使 Web 站点只能通过 HTTPS 访问，而不允许使用 HTTP 访问，则还需要在 Apache 主配置文件 httpd.conf 中禁用该站点 HTTP 服务 80 号标准端口的监听，因为基于 SSL 安全机制的 HTTPS 服务默认使用 443 号端口。

　　正是由于 Web 站点采用了自己搭建的 CA 服务器颁发的自签名证书实现身份验证，所以客户机浏览器第一次以"https://"协议头的 URL 访问该站点时，应安装所接收到的来自 Web 服务器的证书，并将其颁发机构存储为受信任的根证书颁发机构。虽然添加了 SSL 服

高职高专立体化教材　计算机系列

务的 HTTPS 站点提高了与客户机之间信息传输的安全性，但也因为加密通信会消耗更多 CPU 和内存资源而使浏览速度有所减慢。因此，通常只对那些保存敏感信息的网站(如需要用户输入密码或信用卡信息)使用 HTTPS 通信，而对于用户只能读取内容而不提交任何信息的只读型网站，纯文本通信的 HTTP 仍然是一种更高效的选择。

当然，PKI 技术的应用也仅仅只是安全领域的冰山一角，网络服务器的安全包括物理安全、网络安全、系统安全以及安全管理等方方面面，涉及多个学科领域，本书不可能将其全部囊括，只是从管理员的视角，通过对 Windows 服务器的备份与恢复操作、系统密码和账号策略等安全设置，以及对 Linux 防火墙 iptables 的原理剖析与应用，使读者对网络服务器的运维与安全设置有一些初步的认识，起到抛砖引玉的作用。

习　题

一、简答题

1. 解释下列名词：(1) CA；(2) 数字证书；(3) SSL；(4) HTTPS；(5) PKI。
2. PKI 系统主要由哪几部分组成？举例说明 PKI 技术的应用。
3. 数字证书可以通过哪几种途径获得？分别适用于哪些场合？
4. 在 Windows Server 2012 R2 中，要将 HTTP 站点配置为基于 SSL 安全机制的 HTTPS 站点(采用自签名证书)，需要安装什么角色、角色服务和功能？
5. Windows Server 2012 R2 PKI 采用了分层 CA 模型，在配置 AD 证书服务时，如何选择设置类型是企业 CA 还是独立 CA？如何选择 CA 类型是根 CA 还是从属 CA？
6. 在 Linux 中，要配置基于 SSL 的安全 Web 站点(采用自签名证书)，需要安装哪些软件和模块？总体上来说需要做哪些配置工作(大致步骤)？
7. 怎样在客户端访问基于 SSL 的安全 Web 站点？其默认端口号是多少？
8. 从整体上来说，网络服务器安全包括哪些方面？
9. 在 Windows Server 2012 R2 中，密码策略设置有哪些方面？强密码应符合哪些要求？
10. 按照工作方式不同，防火墙大致可分为哪几种类型？什么是包过滤防火墙？Linux 内核中的防火墙 iptables 预设了哪些链和表？

二、训练题

盛达电子公司在 IP 地址为 192.168.1.1 的服务器上，使用 Windows Server 2012 R2 平台架设了可供外网访问的 Web 站点，其域名为 www.sddz.com。由于该站点具有电子商务功能，为保证 Web 交易的安全，现欲利用 PKI 技术，将站点架设为基于 SSL 加密通信的安全 Web 站点，依靠自签名证书实现身份验证，以确保信息传递的安全性。

(1) 根据上述需求分析，详细设计项目实施方案，并完成盛达电子公司 CA 证书服务器以及基于 SSL 的安全 Web 站点的配置。
(2) 在客户端对基于 SSL 的安全 Web 站点进行访问测试。
(3) 按附录 C 中简化的文档格式，撰写 CA 及安全 Web 服务项目实施报告。

附录 A　Linux 系统管理基础

为了使未曾接触过 Linux 的初学者或者对 Linux 字符命令操作较生疏的读者，也能顺利实施 Linux 平台下的各项网络服务配置，在项目一部署 Linux 系统时介绍了部分基础知识和基本操作，但限于篇幅不可能将其全部囊括。因此，本附录将浓缩 Linux 系统管理的重点内容，包括 Linux 的文件与文件系统、使用 vi/vim 文本编辑器、Linux 中的软件安装等，同时还以简洁的表格方式罗列了 Linux 常用命令的功能、格式与操作示例，可作为 Linux 用户或系统管理员的常用命令速查工具。

一、Linux 的文件与文件系统

1. Linux 文件系统概述

文件是具有名字的一组相关信息的集合，也是外存上存放信息的基本单位。文件系统就是管理文件有关的软件和数据的集合，是操作系统五大功能模块之一，也是与用户操作使用计算机结合最紧密的部分。用户通过文件系统可以透明地按名查找和访问文件，而无须关心文件的物理存取过程。

Linux 最初使用的文件系统是 Minux，但它主要用于教学演示，功能很不完善。目前的 Linux 发行版本使用功能强大的 Ext3 或 Ext4 文件系统，它支持达 4TB 的分区容量，且支持 255 个字符的长文件名。从用户使用的角度来说，Ext 文件系统与 Windows 系统使用的 FAT、FAT32 和 NTFS 文件系统有较大的区别，甚至有些概念完全不同。正因为如此，很多习惯于使用 Windows 的用户在初学 Linux 时都会感觉困难，但一旦认识到这些概念和使用上的差别，就能很快学会并适应 Linux 系统管理的各项操作了。

Windows 将磁盘的每个分区看成是一个独立的磁盘，标识为 C:、D:等这样的盘符，每个盘都有一个根目录和独立的树状目录结构。但在 Linux 中并不把分区看作一个独立的磁盘，也没有盘符的概念，而是把整个存储空间看作一棵"树"，即只有一个根目录。在 Linux 系统启动时，把 Linux 的主分区挂载成根目录(/)，其他任何一个逻辑分区或存储设备(如光盘、U 盘、网络盘)都挂载到这棵树的某个目录下，如图 A-1 所示。

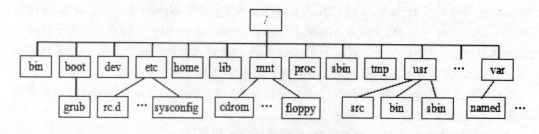

图 A-1　Linux 系统的目录结构

例如，把光盘挂载到/mnt/cdrom 目录下之后，那么查看该目录下的文件列表就是光盘中的文件列表了。

2．Linux 系统目录

Linux 安装完成后，在根目录下已经建立了许多默认的系统目录。这些目录按照不同的用途保存特定的文件，常用的系统目录如下。

(1) /bin——操作系统所需使用的各种命令程序和不同的 shell。

(2) /boot——系统启动时必须读取的文件，包括系统核心文件。

(3) /dev——保存外设代号的文件，实际是指向外设的指针。

(4) /etc——保存与系统设置和管理相关的文件，如 GRUB 配置文件 grub.conf、保存用户账号的 passwd 文件等。它包含许多子目录，如/etc/rc.d 下包含了启动或关机时所执行的脚本文件；/etc/X11 下包含了 X Window System 配置文件。

(5) /home——保存用户的专属目录(或称主目录)。在创建用户时，默认会自动在该目录下创建一个与用户名同名的目录，作为该用户的专属目录。

(6) /lib——保存一些共享的函数库。其中/lib/modules 目录下保存了系统核心模块。

(7) /lost+found——存放扫描文件系统时找到的错误片段文件，以等待处理。

(8) /misc——供管理员存放公共文件的空目录，仅管理员具有写权限。

(9) /mnt——默认用于挂载的目录，如/mnt/cdrom 常用于挂载光驱。

(10) /proc——保存内核与进程信息的虚拟文件，如通过 ps 查看的消息即从此读取。

(11) /root——系统管理员专用的目录，也就是 root 账号的主目录。

(12) /sbin——存放启动系统时需执行的程序，如 fsck、init、lilo 等。

(13) /tmp——供用户或某些应用程序存放临时文件，默认所有用户都可读/写/执行。

(14) /usr——用来存放系统命令、程序等信息。它包含有许多子目录，如/usr/bin 存放用户可执行的命令程序(如 find、gcc 等)；/usr/include 存放供 C 程序语言加载的头文件。

3．文件的分类与存取权限

Linux 中的任何一个文件都包括索引节点(也称 i 节点)和数据两部分。其中，索引节点内包含了文件名、权限、文件主、大小、存放位置、建立时间等信息。文件名最长可达 255个字符，可包含除斜杠(/)和空字符(NUL)以外的任何 ASCII 字符。

💡 注意：　在 Linux 系统中，文件名以及命令中的英文字母都是区分大小写的，而且文件名中可包含多个点(.)，甚至用点(.)开头表示该文件是隐藏文件。与 DOS 和 Windows 系统不同，Linux 没有用不同扩展名来表示不同文件类型的概念，通常在文件名后加上后缀只是用户的习惯用法。在对文件或目录进行操作(如列表、复制、移动、删除等)时，若要使用通配符来指定文件名上具有某种共同特征的一批文件，除了与 DOS 和 Windows 系统一样可以使用星号(*)和问号(?)通配符外，Linux 系统中还增加了方括号通配符，即用 "[以逗号间隔的字符列表]" 来表示该位置可以是列表中的任意一个，如果字符列表以感叹号(!)开头，则表示匹配列表之外的任意字符。

在 Linux 中，文件分为普通文件、目录文件和设备文件 3 种类型。

(1) 普通文件。普通文件属于无结构文件，只把文件作为有序的字节流序列提交给应用程序，由应用程序负责组织和解释，并把它们归并为 3 种类型：文本文件、数据文件和可执行二进制程序。可以用 file <filename>命令来查看文件类型。

(2) 目录文件。目录文件是一类特殊的文件,它构成文件系统的分层树状结构。每个目录中都有两个固有的特殊隐含目录,即当前目录本身(.)和当前目录的父目录(..)。

(3) 设备文件。Linux 把所有设备都视为特殊的文件,也就是面向用户的虚拟设备,实现了设备无关性。设备文件都存放在/dev 目录下,分为字符设备和块设备两大类,用于标识各个设备驱动程序。例如,IDE 接口的硬盘分区设备名为 hda1、hda2 等,其中 hd 表示 IDE 接口的硬盘,字母 a 表示第一个物理硬盘(相应可以有 b、c、d),数字 1 表示第 1 个分区,以此类推。又如,sda1 表示第一个 SCSI 接口硬盘的第 1 个分区,或者是 USB 接口上的 U 盘。再如,eth0 表示第 1 个以太网卡接口。

文件的存取权限总是针对用户而言的,Linux 中描述一个文件的存取权限是针对文件主、同组用户和其他用户这 3 类不同用户分别表达的;而每一类用户又规定了读(r)、写(w)和执行(x)这 3 种权限。其中,执行权限对于目录来说,是指可以打开目录并在目录中查找的权限。这里使用 ls -l 或 ll 命令以长格式(即详细格式)列出文件目录,来说明文件或目录详细信息的描述格式和含义,如图 A-2 所示。

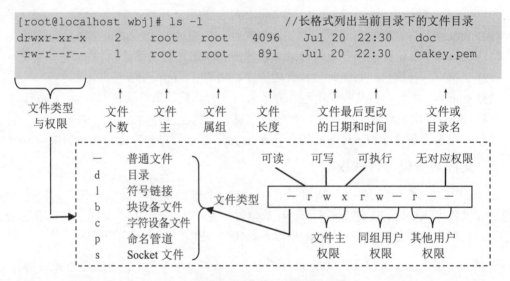

图 A-2　文件或目录详细信息的表达格式

其中,第 2 列所表示的文件个数,若此项为目录,则表示该目录所包含的文件或目录的个数;若此项为文件,则文件个数就是 1。另外,如果用 ls 命令以简略格式只列出文件或目录名称,则会用不同颜色表示不同的文件类型,如白色为普通文件,蓝色为目录,绿色为可执行文件,红色为压缩文件,浅蓝色为链接文件,黄色为设备文件等。

4. 文件系统的挂载与卸载

启动 Linux 系统时,只有安装 Linux 时创建的 Linux 分区才会自动被挂载到指定的目录,机器上的其他硬盘分区、外部连接的光盘和 U 盘等存储设备都不会自动被挂载。当用户要使用这些存储设备上的文件时,必须对它们进行手工挂载。

(1) 挂载命令的一般格式与用法。挂载文件系统命令 mount 的一般格式如下。

```
                    mount   [ 选项 ]   [ 设备名称 ]   [ 挂载点 ]
```

其中，设备名称指明在/dev 下相应的设备文件名；挂载点用于指定挂载到文件系统的哪个目录，常用的选项有以下两个：

- -t <文件系统类型>　指定设备的文件系统类型,常用的有 ext3(Ext3)、msdos(FAT16)、vfat(FAT32)、ntfs(NTFS)、iso9660(光盘标准文件系统)、cifs(Internet 文件系统)、auto(自动检测文件系统)等，如挂载 FAT16/32 文件系统可缺省该选项。
- -o <选项>　指定挂载文件系统时的选项，常用的有 ro(只读方式挂载)、rw(读写方式挂载)、user(允许所有用户挂载)、nouser(不允许普通用户挂载)、codepage=xxx(代码页，简体中文为 936)、iocharset=xxx(字符集，简体中文为 cp936 或 gb2312)。

💡 **注意：** 挂载点必须是一个已存在的空目录，它可以在整个目录树的任意位置，但系统管理员习惯上会在/mnt 下创建一个新的目录作为挂载点。

(2) 挂载光驱和 U 盘。以下是用于挂载光驱和 U 盘的命令示例。

```
[root@localhost ~]# mount -t iso9660 /dev/cdrom /mnt/cdrom       //挂载光驱
[root@localhost ~]# mkdir /mnt/udisk                //创建用于挂载 U 盘的 udisk 目录
[root@localhost ~]# mount /dev/sdb1 /mnt/udisk                    //挂载 U 盘
```

💡 **注意：** 如果用户的计算机上有内置光驱，则 Linux 安装后就会在/mnt 目录下自动创建一个名为 cdrom 的空目录，这就是用于挂载光驱的默认目录；如果用户使用的是外接光驱，则 cdrom 目录可能并不存在，所以就必须像挂载 U 盘之前创建 udisk 目录那样手动创建 cdrom 目录。

(3) 卸载光驱和 U 盘。凡是使用 mount 命令手工挂载的文件系统，在使用完毕或关机前都必须将其卸载，以免数据丢失。卸载文件系统的命令是 umount，其命令格式如下。

```
                    umount   [ 挂载点 ]
```

以下是用于卸载光驱和 U 盘的命令示例。

```
[root@localhost ~]# umount /mnt/cdrom                            //卸载光驱
[root@localhost ~]# umount /mnt/udisk                            //卸载 U 盘
```

(4) 将内置光驱设置为系统启动时自动挂载。如果希望硬盘的其他分区或其他存储设备能在 Linux 启动时就自动挂载好，可以在/etc/fstab 文件中添加要自动挂载的文件系统。该文件中的每一行包含 6 个字段，用空格或 Tab 分隔，其格式如下。

```
<file system>       <dir>       <type>       <options>       <dump>       <pass>
```

其中，<file system>为要挂载的文件系统(分区或存储设备)；<dir>为文件系统的挂载目录；<type>为要挂载的文件系统类型；<options>为挂载时使用的选项，如 ro(只读方式挂载)、rw(读写方式挂载)、user(允许任意用户挂载)、nouser(不允许普通用户即只允许 root 挂载)、defaults(使用文件系统的默认挂载参数)等，多个选项间用逗号(,)间隔；<dump>用 0 和 1 两个数字来决定是否对该文件系统进行备份，0 表示忽略，1 表示进行备份；<pass>用 0、1、2 三个数字来表示用 fsck 命令检查文件系统时的检查顺序，通常根目录应当获得最高的优先权 1，其他设备通常设置为 2，而 0 表示不检查文件系统。

以下是在/etc/fstab 中添加一行内容，使系统启动时自动挂载光驱的示例。

```
[root@localhost ~]# vim /etc/fstab                        //在文件最后添加如下一行内容
/dev/cdrom  /mnt/cdrom  iso9660 noauto,codepage=936,iocharset=gb2312   0   0
```

二、使用 vi/vim 文本编辑器

vi(Visual Interface)是 Linux 和 UNIX 系统字符终端下使用的标准全屏幕编辑器，vim(vi Improved)是 vi 的增强版。与 DOS 下的 Edit 编辑器使用菜单方式不同，vi/vim 采用不同工作模式切换的方法来完成各种编辑和命令操作，这正是不少初学者抱怨它不如 Edit 好用的主要原因。但一旦熟练使用之后，就会体验到 vi/vim 强大、便捷的编辑功能。

1. vi/vim 的启动与工作模式切换

```
[root@localhost wang]# vim abc.txt              //启动 vim 编辑当前目录下的 abc.txt 文件
```

vi/vim 编辑器有 3 种不同的工作模式：命令模式、输入模式和末行模式。刚进入编辑界面时处于命令模式下，3 种模式之间相互切换操作如图 A-3 所示。

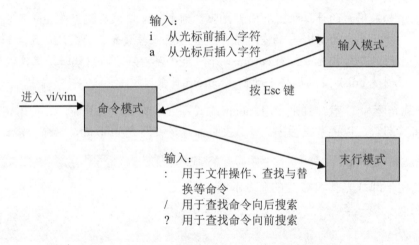

图 A-3　vi/vim 编辑器 3 种工作模式及其相互切换

2. 常用的文本编辑操作

进入 vi/vim 编辑器打开文本后，按 i 键即切换到输入模式下，就可以输入或修改文本的内容。此时的输入模式是处于插入方式(屏幕末行左侧会显示"-- INSERT --")，即输入的字符总是插入在当前光标位置的前面。如果按 Insert 键可以切换为改写方式(屏幕末行左侧会显示"-- REPLACE --")，即输入的字符总是替换当前光标位置上的字符。

输入模式下可以使用方向键逐个字符或逐行移动光标，使用 Home 键或 End 键移动光标至行首或行尾，使用 PageUp 键或 PageDown 键进行前、后翻页，使用 Backspace 键或 Delete 键逐个删除光标前或光标上的字符等，这些最基本的文本编辑操作这里不再详述。无论当前处于插入方式还是改写方式的输入模式，按 Esc 键都将切换到命令模式，下面给

出在命令模式下用于移动光标以及文本块的选中、复制、删除、粘贴等编辑操作方法。

(1) 光标移动。在命令模式下，除了输入模式下那些最基本的光标移动按键操作同样适用外，还经常使用以下命令来进行特殊的光标移动操作。

0——光标移至行首　　　　$——光标移至行尾
H——光标移至屏首　　　　M——光标移至屏幕中间行的行首　　　　L——光标移至屏幕末行的行首

(2) 选中要操作的一块内容。将光标移至块首字符，按 V 键后用方向键将光标移至块尾，此时选中的文本内容会反白显示。

(3) 复制、删除与粘贴命令。选中文本后，可使用以下按键执行所需的操作。

　　　　D——删除文本　　　　Y——复制文本　　　　P——粘贴文本　　　　U——恢复删除

💡 **注意:** 这里的"删除"操作相当于 Windows 系统中的"剪切"，所以删除与复制都会将选定的文本内容放到暂存区内，将光标移至目标位置后可用于粘贴。

(4) 针对一整行或连续多行的特殊操作命令如下。

dd：删除一整行；d2d：删除连续的两行；d3d：删除连续的三行…dnd：删除连续的 n 行
yy：复制一整行；y2y：复制连续的两行；y3y：复制连续的三行…yny：复制连续的 n 行

3．末行模式下的操作命令

在命令模式下，按冒号(:)、斜杠(/)或问号(?)键都将进入末行模式，此时在屏幕末行的行首会显示相应的字符，然后就可以进行以下操作。

(1) 文件操作。在命令模式下按冒号(:)键进入末行模式，然后输入如表 A-1 所示的命令即可完成相应的文件操作。

表 A-1　末行模式下的文件操作命令

输入命令	功能说明
q	退出 vi/vim 编辑器，用于文件内容未被修改过的情况
q!	强制退出 vi/vim 编辑器，不保存修改过的内容
wq	保存文件并退出 vi/vim 编辑器
wq!	强制保存文件并退出 vi/vim 编辑器，忽略只读(仅文件主或 root 可用)
e	添加文件，可赋值文件名称
n	加载赋值的文件

(2) 查找文本。在命令模式下按斜杠(/)键或问号(?)键进入末行模式(前者用于向后查找，后者用于向前查找)，然后在"/"或"?"后输入要查找的字符串并按 Enter 键，就会在文本中找到相应的字符串并将光标停留在第一个字符串的位置，此时按 n 键(向后)或 N 键(向前)就可以将光标定位到下一个找到的字符串位置。

(3) 替换文本。在命令模式下按冒号(:)键进入末行模式，输入如下格式的替换命令。

　　　　[范围]s/要替换的字串/替换为字串/[c,e,g,i]

其中，范围是指文本中需要查找并替换的范围，其表达有几种不同方式：用"*n,m*"表示从第 *n* 行至第 *m* 行；用 1,$表示第 1 行至最后一行，也可用%代表目前编辑的整个文档，注意范围后要跟一个小写字母 s。可选的[*c,e,g,i*]四个选项含义分别是：c 表示每次替换前会询问；e 表示不显示 error；g 表示不询问就全部替换；i 表示不区分大小写。

💡 **注意：** 在查找或替换操作后，被找到或被替换的字符串会呈高亮显示，如果要去掉这些字符串的高亮显示，可以在命令模式下按冒号(:)键进入末行模式，然后输入 noh 命令并按 Enter 键。

三、Linux 中的软件安装

Linux 中用于安装的软件包按其发行方式不同可分为源代码包和 RPM 包两大类，下面通过实例来简要说明这两类软件包的安装方法及操作步骤。

1. 源代码软件包的安装

源代码包(简称源码包)是将开发完成的软件源代码经过打包并压缩后直接发布的一种安装包。源代码软件包最常见的是后缀为.tar.gz 的包，这种软件安装包是采用 tar 工具将多个文件以及包含的子目录打包为一个文件，然后采用 gzip 工具对打包后的文件进行压缩而生成的。实际中还会遇到另一种后缀为.tar.bz2 的源代码包，它与.tar.gz 包相比只是在文件压缩时使用了压缩能力更强的 bzip2 工具。

从源码包的生成过程可见，要安装源码包，首先就要对其解压缩(简称解压)和解包，然后才能对软件进行配置、编译和安装。因此，相比后续将介绍的 RPM 包，源码包的安装过程稍显复杂，而且源码包通常不带软件的自动卸载程序，软件的升级、卸载等管理工作尤为困难。下面以安装一个小游戏"俄罗斯方块"为例，介绍源码软件包的完整安装过程。假设该游戏的软件包名为 ltris-1.0.19.tar.gz，且已下载并存放在/wbj 目录下。

(1) 使用 tar 命令将源代码软件包进行解压并解包。tar 命令不仅是用于文件打包/解包的实用工具，通过添加不同的选项或多个选项的组合，还可以同时实现对文件包的压缩/解压缩功能。该命令的一般格式和常用选项可参阅本附录的 Linux 常用命令速览。将游戏"俄罗斯方块"的源代码软件包 ltris-1.0.19.tar.gz 进行解压并解包的操作命令如下。

```
[root@localhost ~]# cd /wbj
[root@localhost wbj]# ls
lost+found   ltris-1.0.19.tar.gz    soft
[root@localhost wbj]# tar -xzvf ltris-1.0.19.tar.gz
    //…解包至当前目录，显示的解包处理信息略
[root@localhost wbj]# ls
lost+found  ltris-1.0.19    ltris-1.0.19.tar.gz     soft
    //可见增加了 ltris-1.0.19 目录，即为软件包释放后生成的目录
[root@localhost wbj]#
```

💡 **注意：** 通常在打包或解包时都希望看到处理文件信息的进度，所以 tar 命令用于打包并压缩文件时，–czvf 选项组合几乎是固定搭配；用于解压并解包时，–xzvf

选项组合也几乎是固定搭配。如果使用 tar 命令时要调用 bzip2 工具，只需把上述选项组合中的 z 换成 j 即可。这些选项组合请务必牢记。如果要单独将一个文件压缩成.gz 的文件，可以使用 gzip 命令；反过来，要解压一个.gz 的文件，可以使用 gunzip 命令，也可以使用带-d 选项的 gzip 命令。有关 gzip 和 gunzip 命令的具体使用这里不再展开细述。

(2) 对源代码软件进行配置、编译和安装。源代码软件包在解包时通常会在当前目录下生成一个与软件包名称一致的目录，释放的所有文件及子目录都存放在该目录下。接下来进入 ltris-1.0.19 目录，并进行软件的配置、编译和安装，操作步骤如下。

```
[root@localhost wbj]# cd ltris-1.0.19              //进入解包后生成的目录
[root@localhost ltris-1.0.19]# ls
  //…显示的文件目录略，通常在软件目录中都会有一个用于软件配置的 configure 脚本文件
[root@localhost ltris-1.0.19]# ./configure         //执行脚本进行软件配置
  //…显示的配置过程信息略，成功完成配置后将会生成用于编译的 Makefile 文件
[root@localhost ltris-1.0.19]# make                //对软件进行编译
  //…显示的编译过程信息略
[root@localhost ltris-1.0.19]# make install        //对软件实施安装
  //…显示的安装过程信息略，至此安装完成
[root@localhost ltris-1.0.19]# make clean          //清除编译产生的文件
[root@localhost ltris-1.0.19]# make distclean       //清除配置产生的文件
[root@localhost ltris-1.0.19]# cd /usr/local/bin
[root@localhost bin]# ls ltris
ltris                              //该文件即为软件的可执行程序(显示为绿色)
[root@localhost bin]#
```

注意： 有些源码包在解压解包后生成的目录中，可能 configure 文件放在某个下级目录中，如果没有 configure 文件而已有一个用于编译的 Makefile 文件，则可以跳过软件配置的步骤而直接执行编译和安装。还有一些俗称绿色软件的软件包，在解包后生成的目录中，直接就有与该软件同名的一个可执行脚本，运行它即可启动软件，无须进行配置、编译和安装。一般来说，解包后的软件目录中通常都有一个 README 或 INSTALL 等名称的说明文件，读者可以根据此类文件中描述的步骤来安装和使用软件。另外，很多初学者在安装后不知道运行软件的可执行程序是什么、放在哪个目录下，多数情况下可执行文件存放在/usr/local/bin 目录下，有时可能在/usr/bin 目录下，但文件名通常是软件包名开头的那个单词。例如，前面安装的 ltris-1.0.19.tar.gz 软件包，安装后的可执行文件名是/usr/local/bin/ltris(该软件只能在图形界面下运行)。当然，也可以在配置时指定安装位置，如使用下面的配置命令。

```
[root@localhost ltris-1.0.19]# ./configure --prefix=/usr/local/ltris
```

2. RPM 软件包的安装与管理

RPM(Redhat Packet Manager)是 Red Hat 公司开发的软件包管理器，而符合 RPM 规范

的软件安装包就称为 RPM 包，其典型格式为"软件名-版本号-释出号.体系号.rpm"。RPM 包其实是一个可执行程序形式的软件安装包，在终端字符界面下使用 rpm 命令就可以很方便地对软件进行安装、升级、卸载和查询等操作；而在图形界面下安装和管理软件则更为简便，如同 Windows 中使用"添加/删除程序"那样。RPM 遵循 GPL 版权协议，用户可以在符合 GPL 协议的条件下自由使用和传播。

一般来说，软件包的安装就是把包内的各个文件复制到特定的目录。但 RPM 安装软件包不仅如此，在软件安装前后还会做以下工作。

(1) 检查软件包的依赖。RPM 格式的软件包中通常有关于依赖关系的描述，如软件执行时需要什么动态链接库和其他程序以及版本号等。当 RPM 检查时发现所依赖的链接库或程序等不存在或不符合要求时，默认的做法是终止软件包的安装。

(2) 检查软件包的冲突。有的软件与某些软件不能共存，软件包的作者会将这种冲突记录到 RPM 包中。安装时若检测到有冲突存在，将会终止安装。

(3) 安装前执行脚本程序。此类程序由软件包的作者设定，需要在安装前执行，通常是检测操作环境、建立有关目录、清理多余文件等，为顺利安装做准备。

(4) 处理配置文件。用户往往会根据需要对软件的配置文件做相应的修改，rpm 命令对配置文件采取的措施是：将原配置文件先做一个备份(原文件名上再加.rpmorig 后缀)，而不是简单的覆盖，这样用户可以根据需要恢复配置，避免了重新设置带来的麻烦。

(5) 解压软件包并存放到相应位置。这是安装软件包最关键的部分，rpm 命令将软件包解压缩，把释放的所有文件存放到正确的位置，并正确设置文件的操作权限等属性。

(6) 安装后执行脚本程序。这是为软件的正确执行设定相关资源。

(7) 更新 RPM 数据库。安装完成后，rpm 命令将所安装的软件及相关信息记录到其数据库中，以便于以后升级、查询、校验和卸载。

(8) 安装时执行触发脚本程序。触发脚本程序是在软件包满足某种条件时才会被触发而执行的，通常用于软件包之间的交互控制。

💡 **注意：** 在下载 RPM 包的 FTP 站点上经常会看到 RPMS 和 SRPMS 的两种目录。其中，RPMS/下存放的就是.rpm 后缀的软件包，它们是由软件的源代码编译成可执行文件再包装成 RPM 包的；而 SRPMS/下存放的都是以.src.rpm 结尾的文件，是由软件的源代码直接包装而成的，要安装这类 RPM 软件包，必须使用"rpm --recompile 软件包名"格式的命令把源代码解包、编译并安装，如果使用"rpm --rebuild 软件包名"格式的命令，则还会在安装完成后把编译生成的可执行文件重新包装成 RPM 软件安装包。

rpm 命令的一般格式和常用选项可参阅本附录的最后部分。下面以一个中文终端软件 CCE 为例，介绍 RPM 软件包的安装以及查询、校验、安装和卸载等管理软件的方法。假设该软件的 RPM 包名为 cce-0.51-1.i386.rpm，且已下载并存放在/wbj 目录下。

```
[root@localhost bin]# cd /
[root@localhost /]# rpm -qa |grep cce                    //查询 CCE 软件包
[root@localhost /]#                                       //无显示表示未安装
[root@localhost /]# rpm -V cce                            //检验 CCE 软件包
```

```
package cce is not installed                              //显示未安装
[root@localhost /]# cd /wbj
[root@localhost wbj]# ls
cce-0.51-1.i386.rpm  lost+found  ltris-1.0.19  ltris-1.0.19.tar.gz  soft
[root@localhost wbj]# rpm -ivh cce-0.51-1.i386.rpm       //安装CCE软件包
Preparing...              ########################################### [100%]
   1:cce                  ########################################### [100%]
[root@localhost /]# rpm -qa |grep cce                     //查询CCE软件包
cce-0.51-1.i386                                           //显示已安装的该软件
[root@localhost wbj]# rpm -V cce                          //检验CCE软件包
[root@localhost wbj]#                                     //无显示表示已安装
[root@localhost wbj]# rpm -e cce                          //卸载CCE软件
[root@localhost wbj]#
```

注意： 管理员在安装软件时总是希望看到安装进度(hash 记号#)和一些附加信息，所以用 rpm 命令安装软件时，-ivh 选项组合几乎是固定搭配；上述用于查询软件的命令(选项-qa)也是一种习惯用法，这些选项组合务必牢记。

3. 使用 yum 在线安装和管理 RPM 软件包

虽然 RPM 在一定程度上简化了 Linux 中的软件安装与管理，但它只能用于安装已经下载到本地的 RPM 包，而且 RPM 包有一个很大的缺点就是文件的依赖性(关联性)太大，有时安装一个软件就要安装很多依赖的其他软件包，而用户事先又不了解与哪些软件包具有怎样的依赖关系，这又给软件的搜寻、下载和安装带来了新的麻烦。

yum(Yellow dog Updater Modified)能够自动处理 RPM 软件包之间的依赖关系，它是一个在 Fedora、Red Hat 以及 SUSE 中基于 RPM 的 Shell 前端软件包管理器，可以从指定的软件仓库中自动查找和下载要安装的软件及其所有与之依赖的 RPM 包，并自动完成安装。其中，软件仓库(Repository)也称为 yum 源，可以是由用户设定的本地软件池，也可以是网络服务器(HTTP 或 FTP 站点)。yum 起源于 Yellow Dog 这一 Linux 发行版的开发者 Terra Soft 研发的 yup，后经杜克大学的 Linux@Duke 开发团队改进为 yum。

要使 yum 能够自动查找、下载和安装软件，关键就是要配置可靠的 yum 源，或者说正确搭建 yum 服务器。yum 源配置文件存放在/etc/yum.repos.d 目录下，其文件名必须以.repo 结尾。默认情况下，CentOS 已经有一些 yum 源配置配置文件，用 vi 打开 CentOS-Base.repo 文件就可以看到 baseurl 路径为 CentOS 官网自身的一个 yum 源的路径。如果用户要创建和使用自己的 yum 源，可以将这些默认的配置文件先移到其他目录(如/opt)下，或者直接在/etc/yum.repos.d 目录下将配置文件重命名(如结尾再添加.bak)。当然，也可以先备份这些默认配置文件，然后用 vi 编辑 CentOS-Base.repo 文件，将其中的 baseurl 修改为自己需要的 yum 源的路径，如设置成国内的阿里云源 http://mirrors.aliyun.com/repo/Centos-6.repo。

注意： 无论是在/etc/yum.repos.d 目录下建立自己的 yum 源还是修改系统原有的默认 yum 源，切记要对默认的配置文件进行备份。事实上凡是要修改系统配置文件，都要养成先备份原始文件的习惯。

下面以建立本地 yum 源和外网 yum 源两个案例，来说明 yum 源的配置方法。

(1) 建立本地 yum 源。在服务器无法上网的情况下，可以直接将 CentOS 安装光盘上存放所有 RPM 软件包的/Packages 目录，或者将其中所有软件包文件复制到本地某个目录作为 yum 源来使用。这里假设已将光盘上所有 RPM 软件包复制在/centos6 目录下，则建立该本地 yum 源的方法如下。

```
[root@localhost wbj]# cd /
[root@localhost /]# mv /etc/yum.repos.d/* /opt              //备份默认 yum 源
[root@localhost /]# vi /etc/yum.repos.d/local.repo          //创建 local.repo
    //输入以下内容
[CentOS]                                           //资源标识，整个文本中唯一
name=CentOS                                        //资源名称，整个文本中唯一
baseurl=file:///centos6/                           //本地资源的路径
enabled=1                                //打开仓库，若为 0 则关闭仓库
gpgcheck=1                               //是否进行 GPG 检查，1 表示检查，0 表示不检查
    //GPG 检查是在使用 yum 安装软件时对软件输入公钥进行验证，看来源是否安全
    //若要检查，则设置 gpgkey，使用 file 协议导入公钥，其路径为系统自带的公钥存放位置
gpgkey=file:///etc/pki/rpm-gpg/RPM-GPG-KEY-CentOS-6         //保存退出
[root@localhost /]#
```

(2) 建立外网 yum 源。以建立 http://mirrors.163.com/上的软件资源为例，建立此外网 yum 源的方法如下。

```
[root@localhost /]# vi /etc/yum.repos.d/163.repo               //创建 163.repo
    //输入以下内容
[BASE]
name=centos6
baseurl=http://mirrors.163.com/centos/$releasever/os/$basearch
enabled=1
gpgecheck=1
gpgkey=http://mirrors.163.com/centos/RPM-GPG-KEY-CentOS-6       //保存退出
[root@localhost /] yum clean all               //清除缓存，通常在新建 yum 源后使用
[root@localhost /]
```

接下来就可以使用 yum 来安装和管理软件了。yum 提供了查找、安装、更新、删除指定的一个或者一组甚至全部软件包的命令，而且命令非常简洁好记。这里仅给出常用的 yum 命令使用格式与功能。

(1) yum check-update：列出所有可更新的软件清单。

(2) yum update：安装所有软件更新。

(3) yum install package_name：安装指定的软件。

(4) yum update package_name：更新指定的软件。

(5) yum list package_name：列出指定软件包包含的软件清单。

(6) yum remove package_name：删除指定的软件。

(7) yum search package_name：查找指定的软件。

(8) yum list installed：列出所有已安装的软件包。

(9) yum list extras：列出所有已安装但不在 yum 源内的软件包。

(10) yum info package_name：列出指定软件包的信息。

(11) yum provides package_name：列出软件包提供哪些文件。

(12) yum clean all：清除缓存目录(/var/cache/yum)下的软件包及旧的 headers。

💡 **注意：** 有些软件在安装过程中会出现一些提示信息，并要求用户输入 yes 或 no 来确认。为了简化安装过程，yum 命令在用于软件安装时还可以使用-y 选项，这样每当出现要求用户确认的提示时将全部自动选择为 yes，也就无须与用户交互了。最后还需要强调的是，这里介绍的 rpm 和 yum 都是 RedHat 系列(包括 RedHat、CentOS、Fedora、RHEL 等)Linux 系统使用的软件包管理工具；另一类 Debian 系列(包括 Debian、Ubuntu、Knoppix 等)Linux 系统使用的软件包管理工具是 dpkg，用于安装和管理格式(后缀)为.deb 的软件包。但这两大系列的 Linux 系统都支持 tar 包(源代码包)的安装。

四、Linux 常用命令速览

这里仅以列表形式给出 Linux 系统管理最常用的命令，以及这些命令最基本也最常见的选项和使用方法，如表 A-2 所示，以供读者速览。如果要更全面、深入地学习 Linux 系统管理命令，读者可以参阅其他的 Linux 操作系统基础教程、命令手册等相关资料，也可以使用"man 命令名"来查看指定命令的使用方法。

表 A-2　常用 Linux 命令的功能及基本使用方法

命令名	功 能	命令格式与常用选项	范例及说明

mkdir	创建目录	mkdir [选项] 目录名
		-m　新建目录的同时设置存取权限
		-p　若指定目录路径中某些目录不存在也一并创建，即一次创建多个目录
			# mkdir /wbj
			　//在根目录下创建 wbj 目录
			# mkdir -p /wbj/soft/game
			　//soft 和 game 一并被创建

rmdir	只能删除空目录	rmdir [选项] 目录名 -p　递归删除目录，当该目录删除后其父目录为空则一同被删除	# rmdir /wbj/soft/game 　//删除 game 目录
cd	改变当前工作目录	cd [目标目录] 注：目标目录可用绝对路径或相对路径描述。路径描述常用"."表示当前目录，".."表示父目录，"~"表示当前用户主目录，其他命令中用法相同	# cd /wbj/soft　//进入 soft 目录 # cd ..　　//回到父目录 # cd　　//改变至用户主目录 # cd ~/bin 　//改变至用户主目录下 bin 目录
pwd	显示当前工作目录	pwd	# pwd/root/bin 　//显示当前目录路径 # pwd　//当前目录绝对路径

命令名	功　能	命令格式与常用选项	范例及说明
ls	显示文件目录列表	ls [选项] [目录或文件名] -a　显示指定目录下所有子目录与文件，包括隐藏文件 -l　长格式显示文件目录的详细信息	# ls -l //长格式列文件目录 # ls /wbj　//列 /wbj 下文件目录 # ls /etc/i* //列 i 开头所有文件 # ls /etc/inittab　//列指定文件

cp	复制文件或目录	cp [选项] 源文件或目录 目标文件或目录
		-f　覆盖已存在的目标文件而不提示
		-i　与-f相反，覆盖目标文件之前给出提示要求用户确认 y/n
		-r　若复制的源和目标为目录，将递归复制该目录下所有的子目录和文件
			# cp /etc/inittab /bak
			　//将文件同名复制到 bak 下
			# cp /etc/inittab /bak/inittab.bak
			　//异(改)名复制到 bak 下
			# cp -f /wbj/a* /bak
			　//强行复制 a 开头的所有文件
			# cp -i a.txt b.txt c.txt /bak
			　//复制多个文件到 bak 下
			# cp -r /wbj/soft /
			　//将 soft 目录树复制到根下

mv	移动文件或目录	mv [选项] 源文件或目录 目标文件目录 选项用法与 cp 命令基本相同	# mv dd.txt abc.txt 　//此用法相当于文件改名

rm	删除文件或非空目录	rm [选项] 文件或目录列表
		-f　强制删除文件或目录而不提示
		-i　交互式删除，即删除前提示确认 y/n
		-r　递归删除指定目录及其包含的所有文件和子目录
			# rm -rf /wbj/bak
			　//强制删除 bak 目录且不提示
			# rm -i ab*
			　//交互删除当前目录下以 ab 开头的所有文件

cat	显示指定文件内容	cat [选项] 文件列表 -s　连续多个空白行压缩为一个空白行	# cat /wbj/a.txt /wbj/bak/b.txt 　//显示指定的两个文件内容
	连接多个文件内容重定向到指定文件	cat 文件列表 > 文件名	# cat a.txt b.txt c.txt >abc.txt 　//三个文件内容连接在一起后存入 abc.txt 文件
	键盘输入内容重定向到文件	cat > 文件名 注：执行该命令后光标在行首，键入一行或多行文件内容后，要按 Enter 键另起新行按 Ctrl+C 结束输入	# cat >/wbj/ab.txt My name is wbj. 　//此时按 Ctrl+C #

touch	修改文件目录时间或创建空文件	touch [选项][文件或目录]
		-a　将文件的存取时间改为系统当前时间
		-m　将文件的修改时间改为系统当前时间
		-d <日期时间>　更改为指定的时间而非系统时间，时间格式可包含月份、时区名等文字表述
		-t <日期时间>　与-d 相同，但时间格式使用年月日时分秒
		-r <参考文件>　设成与参考文件时间相同
			# cd /tmp
			# touch ab.txt　//创建空文件
			# touch -a ab.txt
			# touch -m ab.txt
			# touch -d "2 days ago"
			　//将文件时间改为 2 天前
			# touch -t 201401301759.50
			　//将文件时间改为 2014 年 1月 30 日 17 点 59 分 50 秒
			# touch -r /wbj/abc.txt ab.txt

命令名	功 能	命令格式与常用选项	范例及说明
more	分屏显示文件内容	more [选项] 文件列表 注：选项及命令用法与 cat 相似，文件内容较长时可分屏显示，常用于管道符后	# more /wbj/abc.txt # cat /wbj/abc.txt | more //按空格键往后翻页直至结束
less	分屏显示文件内容	less [选项] 文件列表 注：类似于 more，但有更强的互动操作界面，如同全屏幕编辑界面浏览文件	# less /wbj/abc.txt # cat /wbj/abc.txt | less //可用光标或翻页键，按 q 键退出

find	查找文件	find [起始目录] [查找条件]
		注：从指定的起始目录开始递归地搜索各个子目录，查找满足条件的文件。命令功能很强大，有很多种查找条件的选项，并可用-a(and)、-o(or)、-n(not)运算组成多个复合条件，常用选项有：
		-name filename 查找指定文件名的文件
		-user username 查找指定用户名的文件
		-group grpname 查找指定组名的文件
		-size n 查找大小为 n 块的文件
		-exec command 对匹配文件执行 command
			# find /wbj/ -name abc.txt
			//wbj 下搜索名为 abc.txt 文件
			# find /home/ -user wbj
			//home 下搜索 wbj 用户的文件
			# find / -name ifcfg* | more
			//从根开始查找所有以 ifcfg 开头的文件，并将查找结果分屏显示。注意：从根开始搜索需要运行较长时间

locate	查找文件	locate 文件名 注：该命令是从由系统每天的例行工作程序(Crontab)所建立的资料数据库中搜索指定文件，而不是从目录结构中进行搜索，因此比 find 搜索速度快	# locate /etc/inittab # locate /etc/in* # locate /wbj/abc.txt //有些未被 Crontab 收录进数据库的文件是找不到的
whereis	查找文件	whereis [选项] 文件名 注：该命令只能用于查找下列三类文件，缺省则返回所有找到的三类文件信息 -b 查找二进制文件 -s 查找源代码文件 -m 查找说明文件	# whereis –b find find: /bin/find /usr/bin/find # whereis –s find //未找到无返回信息显示
grep	筛选包含指定字符串的行	grep 字符串 注：该命令也可查找文件，但最常用于管道符"|"后面，在前一条命令的输出结果中筛选包含指定字符串的行	# rpm -qa | grep dhcp //查询所有已安装的软件包，并筛选出包含 dhcp 的行
sort	将文本文件内容排序后输出	sort [选项] [文件名] -b 忽略每行开头的空格字符 -c 检查文件是否已经按照顺序排序 -n 依照数值的大小排序 -r 以相反的顺序来排序 注：该命令也常用于管道符"|"后面，将前一条命令的输出结果排序后再输出	# cat /wang/test.txt banana apple # sort /wang/test.txt apple banana # ls / | sort

命令名	功 能	命令格式与常用选项	范例及说明
diff	比较并显示文本文件或目录的异同	diff [选项] 文件或目录 1 文件或目录 2 注：以逐行的方式比较两个文本文件的异同；若指定的是目录，则比较目录中相同文件名的文件，但默认不会比较其子目录。 -b 不检查空格字符的不同 -c 显示全部内容，并标出不同之处 -i 不检查大、小写的不同 -l 将结果交由 pr 程序来分页 -q 仅显示有无差异，不显示详细信息 -r 比较子目录中的文件 -w 忽略全部的空格字符	# cat aa.txt my name is wbj. +++++++++++ # cat bb.txt my name is wbj. ############# # diff aa.txt bb.txt 2c2 < +++++++++++ --- > ############# # diff -q aa.txt bb.txt Files aa.txt and bb.txt differ
cmp	显示两个文件不同之处信息	cmp [选项] 文件名 1 文件名 2 -l 给出两个文件不同的每个字节 ASCII -s 不显示比较结果，仅返回状态参数	# cmp aa.txt bb.txt aa.txt bb.txt differ :byte 17, line 2 # cmp -l aa.txt bb.txt
wc	统计文件行数、字数和字符数	wc [选项] 文件名 -l 统计文件的行数 -w 统计文件的字数 -c 统计文件的字符数 注：不加选项则默认为三者都统计	# wc aa.txt 2 5 32 aa.txt //表示 2 行 5 字 32 字符 # wc -c aa.txt 32 aa.txt
head	显示文件头部	head [选项] 文件名 -i 输出文件的前 i 行，默认为头 10 行	# head aa.txt # head -1 aa.txt
tail	显示文件尾部	tail [选项] 文件名 -i 输出文件最后 i 行，默认为尾 10 行 +i 从文件的第 i 行开始显示	# tail aa.txt # tail -1 aa.txt # tail +2 aa.txt

tar	文件打包或解包	tar [选项] [包文件名] [文件]
		-c 创建新的备份文件(即打包指定文件)
		-f 使用备份文件或设备(常为必选项)
		-r 把要存档文件追加到备份文件末尾
		-t 列出备份文件中所包含的文件
		-v 显示处理文件信息的进度
		-x 从备份文件中释放文件(即解包)
		-z 调用 gzip 来压缩或解压缩文件
		-j 调用 bzip2 来压缩或解压缩文件
		注：-z 选项使得 tar 命令用于打包文件的同时压缩文件、解压文件的同时解包文件。最常见的两种用法是：在安装原码软件包时，使用固定搭配的-xzvf 选项组合，将.tar.gz 后缀的包进行解压解包；使用固定搭配的-czvf选项组合，将文件打包并压缩为.tar.gz 后缀的包
			# tar -cf exam.tar /app/*
			  //打包文件
			# tar -rf exam.tar /wbj/help.txt
			  //在现有的包文件中追加文件
			# tar -tf exam.tar
			  //列出包文件中含哪些文件
			# tar -xzvf rp-pppoe-3.7.tar.gz
			  //解压解包 pppoe 源码包
			# tar -czvf exam.tar.gz /app/*
			  //将 app 下所有文件打包并压缩为 exam.tar.gz 包

命令名	功 能	命令格式与常用选项	范例及说明

ln	建立文件或目录的链接	ln [选项] 源文件或目录 目标文件或目录
		-s　　建立符号链接(Symbolic Link)
		注：链接有硬链接和符号链接两种。硬链接是指一个文件可以有多个名称，链接文件和被链接文件必须位于同一个文件系统，并且不能建立指向目录的硬链接；符号链接产生一个特殊的文件，其内容是指向另一个文件的位置，它可以跨越不同的文件系统
			# ln /wbj/abc.txt /abc.ln
			　//根目录下建立 abc.txt 的硬链接文件 abc.ln
			# ln -f /wbj/abc.txt /abc.ln
			　//目标存在时强制覆盖
			# ln -s /wbj/abc.txt abc.ln
			　//当前目录下建立 abc.txt 文件的符号链接文件 abc.ln

useradd 或 adduser	创建用户账号或将用户加入指定组	useradd [选项] 用户名
		-d <登入目录>　指定用户登入的起始目录
		-e <有效期限>　指定账号的有效期限
		-g <组>　　　指定用户所属的组
		-G <组名>　　指定用户加入的附加组
		注：如不指明登入目录(即用户主目录)，则自动在/home 下创建与用户名同名的目录作为用户主目录；UID 和 GID 根据已有用户和组数量自动编号的(≥501)；所建账号信息被自动保存在/etc/passwd 文件中
			# useradd user1
			　//创建 user1 用户
			# ls /home user1
			# useradd -d /wbj wbj
			　//创建 wbj 用户并指定主目录
			# useradd -g users wbj
			　//指定用户 wbj 隶属 users 组
			# useradd -G grp1 wbj
			　//指定用户 wbj 加入附加组 grp1，成为该组的成员

userdel	删除用户账号	userdel [选项] 用户名 -r　　删除用户的同时，将该用户主目录及其包含的文件一并删除；不带该参数则仅删除/etc/passwd 中的账号信息	# userdel wbj # userdel -r user1
usermod	修改用户账号属性	usermod [选项] 用户名 -l <账号名>　　修改用户账号名称 注：其他选项用法与 useradd 命令相同	# usermod -l wangbaojun wbj

passwd	设置用户密码	passwd [用户名]
		注：创建用户后应立即使用该命令为用户创建密码。只有超级用户才可以使用指定用户名格式的此命令，普通用户只能用不带参数的格式以修改自身的密码，两次密码输入正确后，该密码被加密存放在/etc/shdow 文件中
			# passwd wbj
			New password：
			Retype new password：
			　//注意输入密码时无显示
			# passwd
			　//注意当前 root 登录用不带用户名的命令则修改 root 密码

groupadd	创建用户组	groupadd [选项] 组名 -r　　　　　强制创建已存在的用户组 -g <组 ID>　指定新建组 ID，无此选项则自动从 501 开始编号，500 及之前保留给系统各项服务的账号使用 注：新建组后即可用 useradd 或 usermod 命令向该组添加用户；新建用户组信息被自动保存在/etc/group 文件中	# groupadd mygroup # adduser -g mygroup wbj 　//若已有用户 wbj，则将其加入 mygroup 组；若用户 wbj 不存在，则新建用户后加入组

续表

命令名	功 能	命令格式与常用选项	范例及说明
groupdel	删除用户组	groupdel 组名	# groupdel mygroup
groupmod	修改用户组属性	groupmod [选项] 组名 -g <组 ID> 修改指定组的 ID -n <组名> 修改指定组的组名	# groupmod -n myg mygroup
who	查看登录系统用户	who [选项] -q 只显示登录系统的账号名和总人数	# who root tty1 July 9 22 :44
id	显示用户 ID 及其所属组 ID	id [选项] [用户名] -a 显示用户名、标识及所属的所有组	# id # id root
whoami	显示当前终端上的用户	whoami [选项] --help 在线帮助 --version 显示版本信息	# whoami //注：此处两个选项在其他命令中都可以使用
last	显示登录过系统的用户信息	last [选项] [账号名] [终端号] -a 在末行显示登录系统的主机名或 IP -d 将 IP 地址转换成主机名 -x 显示关机、重启以及执行等级的改变等信息	# last # last tty2 # last -a wbj
login	用户登录	login	# login
logout	用户注销	logout	# logout
su	改变用户身份	su [选项] [用户名] -c 执行完指定指令后即恢复原来身份 -l 变更身份的同时变更工作目录以及其他环境变量 -m 变更身份时保留环境变量不变	$ su //未指定用户名则默认变更为 root 身份 Pawwword : # # exit //退出当前身份
chmod	改变文件或目录的存取权限	chmod {u|g|o|a} {+|-|=} {r|w|x} 文件或目录名 chmod [mode] 文件或目录名 符号法：也称相对设定方法。{u|g|o|a}指明用户类别，四个字母分别代表文件主、组用户、其他用户、所有用户；{+|-|=}分别表示添加、取消或赋予由{r|w|x}指定的读、写或执行权限 数字法：也称绝对设定方法。在表述文件或目录权限的 9 个字符位中，相应位有权限则为 1，无权限则为 0，mode 即为此 9 位二进制数转换而成的 3 位八进制数值	# ls -l /wbj/abc.txt -rwxr--r-- 1 root ... abc.txt # chmod g+wx /wbj/abc.txt # ls -l /wbj/abc.txt -rwxrwxr-- 1 root ... abc.txt # chmod a-x /wbj/abc.txt # ls -l /wbj/abc.txt -rw-rw-r-- 1 root ... abc.txt # chmod 754 /wbj/abc.txt # ls -l /wbj/abc.txt -rwxr-xr-- 1 root ... abc.txt # chmod 777 /wbj/abc.txt # ls -l /wbj/abc.txt -rwxrwxrwx 1 root ... abc.txt

续表

命令名	功　能	命令格式与常用选项	范例及说明
chown	改变文件或目录的所有权	chown [选项] 用户名 文件或目录名 -R　适用指定的是目录名，将更改该目录及其包含的子目录下所有文件的属主 注：一般由超级用户使用，普通用户只能将自身为属主的文件更改其所有权	# ls -l /wbj/abc.txt -rwxrwxrwx　1　root ... abc.txt # chown wbj /wbj/abc.txt # ls -l /wbj/abc.txt -rwxrwxrwx　1　wbj ... abc.txt
ps	显示系统中的进程	ps [选项] -A　显示所有进程 -a　显示当前终端上启动的所有进程 -u　显示较详细的信息，包括用户名或 ID -x　显示没有控制终端的进程，同时显示每个进程的完整命令、路径和参数	# ps # ps -a # ps -au # ps -aux # ps -aux |grep kded
pstree	以树状图显示进程	pstree [选项] -a　显示每个进程的完整指令 -h　特别标明现在执行的进程 -l　采用长格式显示树状图 -n　用进程 ID 排序(默认以进程名排序) -u　显示用户名	# pstree # pstree -a # pstree -l |grep e
top	实时动态显示各个进程的资源占用状况	top [选项] -d　　　　　指定屏幕刷新的间隔时间 -u <用户名>　指定用户名 -p <进程号>　指定进程 -n <次数>　　循环显示的次数 注：类似于 Windows 的任务管理器，可监测多方面信息的系统综合性能分析工具；默认刷新间隔时间为 5s；按 q 键退出	# top # top -d 10 # top -u wbj

kill	向进程发送信号或终止进程	kill [选项] 进程号
		-9　强行终止进程，即发送 KILL 信号
		-15　终止进程，即发送 TERM 信号
		-17　将进程挂起，即发送 CHLD 信号
		-19　激活挂起的进程，即发送 STOP 信号
		-l　列出全部的信息名称
		-s　指定发送给进程的信号名称
		注：进程号可通过 ps 命令查看，默认预设是发送 TERM 信号，即终止进程
			# kill -l
			　//列出全部信号名称
			# kill 1143　　//终止进程
			# kill -15 1143
			　//等同于 kill 1143
			# kill -9 1143
			　//强行终止进程 1143

df	检查磁盘空间占用情况	df [选项] [设备文件名] -a　显示所有文件系统的磁盘使用情况 -k　以 KB 为单位显示 -m　显示空间以 MB 为单位 -t　指定类型文件系统的空间使用情况	# df # df -a # df -am

续表

命令名	功 能	命令格式与常用选项	范例及说明
du	统计目录或文件占用磁盘空间情况	du [选项] [目录或文件名] -a 递归显示指定目录中各文件及子孙目录中各文件占用的数据块数 -b 以字节为单位(缺省以 KB 为单位) -s 只给出占用数据块总数(每块 1KB)	# du # du -a /wbj # du -s 　//不指定目录或文件名,则对当前目录进行统计
fdisk	磁盘分区或显示磁盘分区情况	fdisk [选项] [设备名] -u 列分区表时以扇区大小替代柱面大小 -l 列指定设备的分区表,如未指定设备则列出/proc/partitions 中设备的分区表	# fdisk /dev/hda # fdisk -l
free	查看系统内存的使用情况	free [选项] -k 以 K 字节为单位显示 -m 以 M 字节为单位显示	# free 　//默认(或加-b)以字节为单位
procinfo	显示系统状态	procinfo [选项] -a 显示所有信息	# procinfo
uname	显示系统版本信息	uname [选项] -a 显示完整的 Linux 版本信息	# uname -a
clear	清除屏幕	clear	# clear

date	显示或设置系统日期和时间	date [-u] [-d <字符串>] [+%时间格式符]
		date [-s <字符串>] [MMDDhhmmCCYYss]
		-d <字符串> 显示字符串指定的日期与时间,字符串必须用双引号
		-s <字符串> 根据字符串设置日期与时间
		时间格式符 (略)
		注:只有超级用户才有权限设置系统时间,普通用户只能显示系统时间
			# date
			Mon Nov 8 14:12:36 CST 2013
			# date +%r
			02:12:47 PM
			# date 042723592014.30
			　//将系统时间设为 2014 年 4 月 27 日 23 点 59 分 30 秒
			# date -s "+5 minutes"
			　//将系统时间设为 5 分钟后

cal	显示日历	cal [选项] [月份 [年份]] - j 显示给定月中的每一天是一年中的第几天(从 1 月 1 日算起) - y 显示当年整年的日历	# cal　　//默认为当前月日历 # cal -y　　//显示当前全年日历 # cal 2013　//显示 2013 全年日历 # cal 12 2014　//只显示指定月
man	显示命令帮助文件	man 命令名	# man cp
help	显示内部命令的帮助信息	help 命令名 -s 输出命令的短格式帮助信息,仅包括命令的格式 注:仅用于获得内部命令的帮助信息	# help adduser no help topics match 'adduser'. # help -s echo echo : echo [-neE] [arg ...]
type	查看命令类型	type 命令名	# type pwd　　//内部命令 pwd is a shell builtin # type cat　　//外部命令 cat is /bin/cat

命令名	功能	命令格式与常用选项	范例及说明
enable	关闭或激活指定的内部命令	enable [选项] [内部命令名] -a 显示系统中所有激活的内部命令 -n 关闭指定的内部命令，不加此选项则可重新激活被关闭的内部命令	# enable -a # enable -n echo # enable cat enable : cat not a shell builtin
runlevel	查看当前运行级别	runlevel	# runlevel N 3

shutdown	关机或重启系统	shutdown [选项] [时间] [警告信息]
		-h 关机
		-k 仅发送信息给所有用户，但不关机
		-r 关机后立即重新启动
		-f 快速关机，重启时跳过 fsck
		-n 快速关机，不调用 init 进程关机
		-t 指定延迟时间后执行 shutdown 指令
		-c 取消已经运行的延迟 shutdown 指令
			# shutdown -h now
			　//立刻关机
			# shutdown -h +10 "System needs a rest."
			　//10 分钟后关机并发送消息
			# shutdown -c
			　//取消前面的关机指令
			# shutdown -r 11 :50
			　//系统将在 11 :50 重启

reboot	重启系统	reboot [选项] -d 重启时不把数据写入/var/tmp/wtmp -f 强制重启，不调用 shutdown 功能 -i 重启之前先关闭所有网络界面 -w 仅把重启数据写入/var/log/wtmp 记录，并不真正重启系统	# reboot
halt	关闭系统	halt [选项] -p halt 之后，执行 poweroff 注：其余选项类似于 reboot 命令	# halt # halt -p

init	初始化运行级别	init 运行级别
		0 关闭系统
		1 单用户模式
		2 多用户模式，但不支持 NFS
		3 完全多用户模式
		4 未使用
		5 GUI 图形模式
		6 重启系统
			# init 0
			　//立即关闭系统
			# init 5
			　//初始化为图形模式。注意与 startx 操作不同，startx 是保留字符终端而进入图形界面
			# init 6
			　//立即重启系统

rpm	安装、升级、卸载和查询 RPM 软件	rpm [选项] [RPM 软件包名]
		-i 安装软件包
		-e 删除(卸载)软件
		-U 升级软件包
		-V 校验软件包
		-v 显示附加信息
		-h 显示安装进度的 hash 记号(#)
		-q 查询软件包
		注：安装 RPM 软件时，-ivh 几乎是固定选项组合；查询软件时常紧跟-a 选项可以查询所有安装的软件
			# rpm -qa |grep sendmail
			sendmail-cf-8.14.4-8.el6.noarch
			sendmail-8.14.4-8.el6.i686
			　//查询到两个包已安装
			# rpm -V cce
			package cce is not installed
			# rpm -ivh cce-0.51-1.i386.rpm
			　//安装软件包
			# rpm -e cce
			　//卸载软件包

续表

命令名	功 能	命令格式与常用选项	范例及说明

yum	在线安装和管理 RPM 软件	yum install package_name
		　//安装指定的软件
		yum update package_name
		　//更新指定的软件
		yum remove package_name
		　//删除指定的软件
		yum search package_name
		　//查找指定的软件
		yum clean all
		　//清除缓存的软件包及旧的 headers
		注：以上仅列出最常用的 yum 用法；使用 yum 自动下载和安装软件，关键要配置可靠的 yum 源，配置文件在/etc/yum.repos.d 目录下，文件名必须以.repo 结尾
			# yum install cce
			# yum info cce
			Installed Packages
			Name　　: cce
			Arch　　: i386
			Version　: 0.51
			Release　: 1
			Size　　: 7.8 M
			Repo　　: installed
			Summary　: CCE 0.51
			License　: GPL
			…

echo	显示提示信息	echo [选项] 字符串或环境变量 -n　　输出文字后不换行，默认则换行	# echo my name is wbj. # echo my name is wbj. > abc.txt
test	测试表达式值	test 测试表达式 注：可用于整数值、字符串比较，以及文件操作和逻辑操作；结果为 0 表示真，结果为非 0 表示假	# NUM1=55 # NUM2=0055 # test $NUM1 -ne $NUM2 # echo $? 1　　//输出 1 则上一命令为假 # test -d /etc/httpd # echo $? 0　　//输出 0 则上一命令为真
expr	计算整数表达式的值和字符运算	expr 表达式	# expr 3 + 5　　　//注意空格 8 # expr 3 * 5　　　//注意转义符 15 # num=5 # expr `expr 5 + 7` / $num 2

ifconfig	显示或设置网络接口参数	ifconfig [网络接口]
		注：显示网络接口参数，默认网络接口则显示所有网络接口参数。
		ifconfig [网络接口] [IP 地址] [netmask 子网掩码] [down] [up]
		注：设置网络接口参数。
		down　　关闭网络接口
		up　　启动网络接口
			# ifconfig	more
				　//分屏显示所有网络接口参数
				# ifconfig eth0
				　//显示 eth0 网络接口参数
				#　ifconfig　eth0　192.168.0.1
				netmask 255.255.255.0
				　//设置 eth0 网络接口参数
				# ifconfig eth0 down　//关闭 eth0
				# ifconfig eth0 up　　//启动 eth0

命令名	功　能	命令格式与常用选项	范例及说明
setup	进入文本菜单界面进行系统配置	setup 注：setup 菜单中的配置项可使用相应的命令直接进入子菜单，如： system-config-network //进入网络配置的文本菜单界面	# setup

service	启动、停止、重启系统服务或查看服务状态	service 服务名称 status/start/stop/restart
		status 　　查看系统服务状态
		start 　　启动系统服务
		stop 　　停止系统服务
		restart 　　重启系统服务
		注：仅用于临时启动或关闭服务
			# service network restart
			　//重启网络服务
			# service dhcpd status
			dhcpd is stopped
			　//查看 DHCP 服务运行状态

ntsysv	服务配置	ntsysv 注：进入服务配置的文本菜单界面，用于设置服务永久开启或关闭	# ntsysv

chkconfig	检查、设置系统的各种服务	chkconfig [--list] [服务名称]
		注：检查系统服务在各运行级别下是否自动启动
		chkconfig [--level n] [服务名称] [on/off]
		注：永久设置系统服务在指定运行级别下自动启动或否，其中 n 为运行级别，指定多个运行级别时数字可连写
			# chkconfig --list |more
			　//分屏显示所有系统服务在各
			　运行级别下是否自动启动
			# chkconfig --list httpd
			　//检查 httpd 服务是否自启动
			# chkconfig --level 35 httpd on
			　//将 httpd 服务设置为 3 级和 5
			　级别启动时自动启动

ip	管理路由、网络设备、策略路由和隧道等	ip [选项] 对象 {命令|help}
		常用对象：
		address 　设备上的协议(IP/IPv6)地址
		link 　网络设备
		maddress 　多播地址
		route 　路由表项
		rule 　路由规则
			# ip link show
			　//显示所有网络接口信息
			# ip link set eth0 up
			　//开启 eth0 网络接口
			# ip addr show
			　//显示网卡 IP 信息
			# ip addr add 192.168.0.1/24 dev eth0
			　//设置网卡 eth0 的 IP 地址

ping	测试网络连通性	ping 　[选项] 主机名或 IP 地址 -c <n> 　　指定发送 ICMP 数据包个数 注：与 Windows 中的 ping 命令不同的是，若不用-c 选项则默认会不停地发送 ICMP 数据包，按 Ctrl+C 才会终止	# ping -c 4 127.0.0.1 # ping -c 4 172.20.1.68 # ping -c 4 www.163.com
traceroute	追踪数据包的传输路由	traceroute [选项] 主机名或 IP 地址 注：通过发送小的数据包到目的设备直至返回，来测量它所经历的时间，默认每个设备测 3 次，输出结果包括每次测试的时间(ms)和设备名(如有的话)及其 IP 地址	# traceroute 210.33.156.5 # traceroute www.163.com

续表

命令名	功 能	命令格式与常用选项	范例及说明
nslookup	测试 DNS 服务器域名解析是否成功	nslookup nslookup 主机名或 IP 地址 注：执行不给定参数的命令会出现大于号(>)的命令提示符，再输入要求解析的域名或 IP 地址，要退出则执行 exit 命令	# nslookup > www.zjvtit.edu.cn Server:　　210.33.156.5 Address:　　210.33.156.5#53 Name:　　www.zjvtit.edu.cn Address: 60.191.9.25 　//以上显示正向解析成功
mtr	综合的网络连通性判断工具	mtr　[选项] 主机名或 IP 地址 -r　以报告模式显示 -c　每秒发送数据包个数，默认为 10 个 -n　不对 IP 地址做名解析 -s　指定 ping 数据包的大小 -a　设置发送包的 IP(用于多 IP 情况)	# mtr -r jtxx.zjvtit.edu.cn

netstat	查看整个 Linux 系统的网络状态信息	netstat　[选项]
		-a　显示所有连线中的 Socket
		-c　持续列出网络状态
		-i　显示网络界面信息表单
		-l　显示监控中的服务器的 Socket
		-n　直接使用 IP 而不通过域名服务器
		-p　显示正在使用 Socket 的程序名称
		-s　显示网络工作信息统计表
		-t　显示 TCP 传输协议的连线状况
		-u　显示 UDP 传输协议的连线状况
			# netstat -a
			　//列出所有的端口，包括监听的和未监听的
			# netstat -tnl | grep 443
			　//查看 443 端口是否被占用
			# netstat -t
			# netstat -ap | grep './server'
			　//找出程序运行的端口
			# netstat -ap | grep '1024'
			　//找出端口的程序名
			# netstat -nltp

附录 B　部分 Linux 配置与命令详解

在本书的 Linux 平台部署以及七个网络服务项目配置中，大多数较为简单的配置文件和命令都已经做过较详细的介绍。但有些内容非常丰富且较为复杂的配置文件和命令，限于篇幅，没有在项目中展开详述和深入剖析。本附录作为对这些内容的补充，以供读者参考和深入学习之用，包括 GRUB 配置与命令详解、Apache 配置文件 httpd.conf 详解、宏配置文件 sendmail.mc 详解和 iptables 规则及语法 4 个部分。

一、GRUB 配置与命令详解

在项目一部署 Linux 时已经介绍了 GRUB 的基本概念、设备命名和默认配置，并对默认引导的操作系统和延迟时间进行了简单设置。这里进一步详细介绍 GRUB 配置文件 grub.conf 中各配置行的说明、控制台应用以及可用命令。

1. GRUB 的用户界面

GRUB 的用户界面有 3 种：命令行模式、菜单模式和菜单编辑模式。

(1) 命令行模式。进入命令行模式后，GRUB 会给出一个命令提示符"grub>"，此时就可以输入命令，按 Enter 键执行。此模式下可执行的命令是在 menu.lst 中可执行命令的一个子集，允许类似于 Bash Shell 的命令行编辑功能。

(2) 菜单模式。当存在/boot/grub/menu.lst 文件时，系统启动后会自动进入该模式。菜单模式下用户只需用上、下箭头来选择要引导的操作系统或者执行某个命令块，菜单定义在 menu.lst 文件中，也可以从菜单模式按 C 键进入命令行模式，并且可以按 Esc 键从命令行模式返回菜单模式。菜单模式下按 E 键将进入菜单编辑模式。

(3) 菜单编辑模式。菜单编辑模式用来对菜单项进行编辑，其界面和菜单模式的界面十分相似，不同的是菜单中显示的是对应某个菜单项的命令列表。如果在菜单编辑模式下按 Esc 键，将取消所有当前对菜单的编辑，并回到菜单模式下。在编辑模式下选中一个命令行，就可以对它进行修改，修改完毕按 Enter 键，GRUB 将会提示用户确认。

2. 文件名称及 GRUB 的根文件系统

当在 GRUB 中输入包括文件的命令时，文件名必须直接在设备和分区后指定。绝对文件名的格式为如下。

```
( , ) /path/to/file
```

大多数时候可以通过在分区上的目录路径后加上文件名来指定文件。另外，也可以将不在文件系统中出现的文件指定给 GRUB，比如在一个分区最初几块扇区中的链式引导装载程序。为了指定这些文件，需要提供一个块列表，由它来逐块地告诉 GRUB 文件在分区中的位置。当一个文件是由几个不同的块组合在一起时，需要有一个特殊的方式来写块列表。每个文件片段的位置由一个块的偏移量以及从偏移点开始的块数来描述，这些片段以一个逗号分界的顺序组织在一起。

例如，块列表：0+50，100+25，200+1，它告诉 GRUB 使用一个文件，这个文件起始于分区的第 0 块，使用了第 0 块到第 49 块，第 99 块到 124 块，以及第 199 块。

当使用 GRUB 装载诸如 Windows 这样采用链式装载方式的操作系统时，知道如何写块列表是相当有用的。如果从第 0 块开始，那么可以省略块的偏移量。例如，当链式装载文件在第一块硬盘的第一个分区时，可以命名为：(hd0, 0)+1。

下面给出一个带类似块列表名称的 chainloader 命令。它是在设置正确的设备和分区作为根后，在 GRUB 命令行中给出的：chainloader+1。

GRUB 的根文件系统是用于特定设备的根分区，与 Linux 的根文件系统没有关系。GRUB 使用这个信息来挂载这个设备并从它载入文件。在 Red Hat Linux 中，一旦 GRUB 载入它自己的包含 Linux 内核的根分区，那么 kernel 命令就可以将内核文件的位置作为一个选项来执行。一旦 Linux 内核开始引导，它就设定自己的根文件系统，此时的根文件系统就是用户用来与 Linux 联系的那个根文件系统。而最初的 GRUB 根文件系统以及它的挂载都将被去掉。

3. GRUB 配置文件 grub.conf 中各配置项说明

(1) default=n，用来指定默认引导的操作系统项，n 表示默认启动第 $n+1$ 个 title 行所指定的操作系统。

(2) timeout=n，用来指定默认的等待时间(以秒为单位)，表示 GRUB 菜单出现后，用户在 n 秒内没有做出选择，将自动启动由 default 指定的默认操作系统。

(3) splashimage，用来指定开机画面文件所存放的路径和文件名。

(4) title，后面的字符串用来指定在 GRUB 菜单上显示的选项，通常是注明操作系统的名称和描述信息，如 CentOS 7.3、Windows 10 等。

(5) root(hd0, 7)，用来指定 title 所对应的操作系统的安装位置，此处是表示第 1 块硬盘的第 8 个分区。

(6) kernel，用来指定 title 所对应的操作系统内核的路径和文件名，以及传递给内核的参数，其中常用的参数有：ro 表示内核以只读方式载入；"root＝LABEL＝/"表示载入 kernel 后的根文件系统，此处表示 LABEL(标签)为 "/" 的那个分区。

(7) initrd，用来初始化 Linux 映像文件，并设置相应的参数。

(8) rootnoverify(hd0, 0)，与 root 配置项类似，也是用来指定 title 所对应的操作系统的安装位置，此处是表示第 1 块硬盘的第 1 个分区。在安装的 Windows 操作系统项中默认使用的是 rootnoverify，但有时候会出现 Windows 无法启动的情况，此时可以在 GRUB 中引导 Windows 项的段中，把 rootnoverify 改为 root。root 的意思是根，在这里是让 Linux 知道自己所处的位置，也就是 Linux 的根分区 "/" 所在的位置。

(9) chainloader+1，表示装入一个扇区的数据，然后把引导权交给它。GRUB 使用了链式装入器(chainloader)，由于它创建了从一个引导装入器到另一个引导装入器的链，所以这种技术被称为链式装入技术，可用于引导任何版本的 DOS 或 Windows 操作系统。

4. GRUB 控制台应用

下面以安装 GRUB 到硬盘上的过程为例，说明 GRUB 控制台的使用方法。

步骤 1　在 Linux 命令提示符(#)下执行 grub 命令，即可进入 GRUB 控制台，在提示符"grub>"后可以执行 GRUB 的命令。

```
[root@localhost ~]# grub
grub>
```

步骤 2　指定哪个硬盘分区将成为 GRUB 根分区，在这个分区的/boot/grub 目录下要有 stage1 和 stage2 两个文件，将它们复制到 hda8 的/boot/grub 目录中。执行以下命令。

```
grub>root (hd0,7)
```

步骤 3　指定将 GRUB 安装到 MBR 还是安装到 Linux 根分区，执行以下命令。

```
grub>setup (hd0)        #指定安装到 MBR，即指定整个硬盘而不必指定分区
grub>setup (hd0,4)      #指定安装到/dev/hda5 的引导记录中
```

步骤 4　退出控制台。命令如下。

```
grub>quit
```

步骤 5　重启系统，即可进入 GRUB 菜单界面，通过菜单来选择进入相应的操作系统。

💡 **注意：** GRUB 控制台与 Shell 一样具有命令行的自动补齐功能。在 Red Hat、Fedora 和 CentOS 6 等版本的 Linux 系统中，GRUB 使用的都是 GRUB-1.x 版本，而 CentOS 7 及以后(包括较新的 RHEL)都采用了 GRUB-2.x 版本，它比 GRUB-1.x 增强了许多功能，其配置文件更改为/boot/grub2/grub.cfg，脚本中的配置项格式也略有不同，读者可查阅相关资料进一步学习。

5. GRUB 可用命令详解

表 B-1 列出了 GRUB 的可用命令及其说明。其中，序号 1~4 是仅用于菜单的命令，不包括菜单项内部的启动命令；序号 5 是在菜单(不包括菜单项内部)和命令行模式下都可用的命令；序号 6 以后的是仅用于命令行模式或者菜单项内部的命令。

表 B-1　GRUB 可用命令及其说明

序号	命　令	说　明
1	default num	设置菜单中默认选项为 num(默认为 0，即第一项)，超时将启动该选项
2	fallback num	如果默认菜单项启动失败，将启动这个 num 后备选项
3	password passwd new-config-file	关闭命令行模式和菜单编辑模式，要求输入密码，如果密码输入正确，将使用 new-config-file 作为新的配置文件代替 menu.lst，并继续引导
4	timeout sec	设置超时，将在 sec 秒之后自动启动默认选项
5	title name ...	开始一个新的菜单项，并以 title 后的字串作为显示的菜单名
6	bootp	以 bootp 协议初始化网络设备
7	device drive file	把 BIOS 中的一个驱动器 drive 映射到一个文件 file。可以用这条命令创建一个磁盘映像或者当 GRUB 不能正确判断驱动器时进行纠正
8	dhcp	用 DHCP 协议初始化网络设备。实际上就是 bootp 的别名，两者等效

序号	命　令	说　明
9	color normal [highlight]	改变菜单颜色，normal 用于指定菜单中非当前选项的行的颜色，highlight 用于指定当前菜单选项的颜色。如果不指定 highlight，GRUB 将使用 normal 的反色来作为 highlight 颜色。指定颜色的格式是"前景色/背景色"，前景色和背景色的选择如下：black、blue、green、cyan、red、magenta、brown、light-gray。仅用于背景色的颜色如下：dark-gray、light-blue、light-green、light-cyan、light-red、light-magenta、yellow、white
10	rarp	用 RARP 协议初始化网络设备
11	setkey to_key from_key	改变键盘的映射表，将 from_key 映射到 to_key，注意这条指令并不是交换键映射，若要交换两个键的映射，需使用两次 setkey 命令，例如： grub> setkey capslock control grub> setkey control capslock
12	unhide partition	仅对 DOS/Windows 分区有效，清除分区表中的"隐藏"位
13	blocklist file	显示文件 file 所占磁盘块的列表
14	boot	仅在命令行模式下需要，当参数设置完成后用这条指令启动操作系统
15	cat file	显示文件 file 的内容，可用来得到某个操作系统的根文件系统所在的分区，例如：grub> cat /etc/fstab
16	chainloader ['--force'] file	把 file 装入内存进行 chainloader，除了能通过文件系统得到文件外，这条指令也可以用磁盘块列表的方式读入磁盘中的数据块，如+1 指定从当前分区读出第一个扇区进行引导。如果指定了--force 参数，则无论文件是否有合法的签名都强迫读入
17	cmp file1 file2	比较文件的内容，如果文件大小不一致，则输出两个文件的大小；如果两个文件的大小一致但在某个位置上的字节不同，则输出不同的字节和它们的位置；如果两个文件完全一致，则什么都不输出
18	configfile file	将 file 作为配置文件替代 menu.lst
19	embed stage1-2 device	如果 device 是一个磁盘设备的话，将 stage1-2 装入紧靠 MBR 的扇区内；如果 device 是一个 FFS 文件分区的话，将 stage1-2 装入此分区的第一个扇区。如果装入成功，则输出写入的扇区数
20	displaymem	显示出系统所有内存的地址空间分布图
21	find filename	在所有的分区中查找指定的文件 filename，输出所有包含这个文件的分区名。参数 filename 必须给出绝对路径
22	fstest	启动文件系统测试模式。打开这个模式后，每当有读设备请求时，输出向底层程序读请求的参数和所有读出的数据。输出格式为：先是由高层程序发出的分区内的读请求，输出"<分区内的扇区偏移, 偏移(字节数), 长度(字节数)>"；之后由底层程序发出的扇区读请求，输出"[磁盘绝对扇区偏移]"。可以用 intall 或 testload 命令关闭文件系统测试模式
23	geometry drive [cylinder head sector [total_sector]]	输出驱动器 drive 的信息

序号	命　　令	说　　明
24	help [pattern …]	在线命令帮助，列出符合 pattern 的命令列表。如果不给出参数，则将显示所有的命令列表
25	impsprobe	检测 Intel 多处理器，启动并配置找到的所有 CPU
26	initrd file …	为 Linux 格式的启动映像装载初始化的 ramdisk，并且在内存的 Linux setup area 中设置适当的参数
27	nstall stage1_file ['d'] dest_dev stage2_file [addr] ['p'] [config_file] [real_config_file]	这是用来完全安装 GRUB 启动块的命令，一般很少用到
28	ioprobe drive	探测驱动器 drive 使用的 I/O 接口，这条命令将会列出所有 drive 使用的 I/O 接口
29	kernel file …	装载内核映像文件。文件名 file 后可跟内核启动时所需要的参数，如果使用了这条命令，所有以前装载的模块都要重新装载
30	makeactive	使当前的分区成为活跃分区，这条指令的对象只能是 PC 上的主分区，不能是扩展分区
31	map to_drive from_drive	映射驱动器 from_drive 到 to_drive。这条指令在装载一些操作系统的时候可能是必需的，这些操作系统如果不是安装在第一个硬盘上可能不能正常启动，所以需要进行映射。使用示例如下： grub>map (hd0) (hd1) grub>map (hd1) (hd0)
32	module file …	对于符合 multiboot 规范的操作系统可以用这条指令来装载模块文件 file，file 后可以跟 module 所需要的参数。注意，必须先装载内核，再装载模块，否则装载的模块无效
33	modulenounzip file …	与 module 命令类似，唯一的区别是不对 module 文件进行自动解压
34	pause message …	输出字符串 message，等待用户按任意键继续
35	quit	退出 GRUB Shell。GRUB Shell 类似于启动时的命令行模式，不过它是在用户启动系统后执行/sbin/grub 而进入的，两者差别不大
36	read addr	从内存的地址 addr 处读出 32 位的值，并以十六进制显示出来
37	root device [hdbias]	将当前根设备设为 device。参数 hdbias 是用来告诉 BSD 内核在当前分区所在磁盘的前面还有多少个 BIOS 磁盘编号。例如，系统有一个 IDE 硬盘和一个 SCSI 硬盘，而用户的 BSD 安装在 IDE 硬盘上，此时就需要指定 hdbias 参数为 1
38	rootnoverify device [hdbias]	和 root 命令类似，但是不挂载该设备。这个命令用在当 GRUB 不能识别某个硬盘文件系统但是仍然必须指定根设备时
39	setup install_device [image_device]	安装 GRUB 引导程序在 install_device 上。该指令实际上调用的是更加灵活，但也更加复杂的 install 指令。如果 image_device 也指定了，则将在 image_device 中查找 GRUB 的文件映像，否则在当前根设备中查找该文件

序号	命令	说明
40	testload file	用来测试文件系统代码,它以不同方式读取 file 内容,并将得到的结果进行比较。若正确,则输出的"i=X, filepos=Y"中 X 和 Y 值应相等,否则说明有错误。通常该指令若正确执行,之后即可正确无误地装载内核
41	uppermem kbytes	强迫 GRUB 认为高端内存只有千字节的内存,GRUB 自动探测到的结果将变得无效。这条指令很少使用,可能只在一些古老的计算机上才有必要,通常 GRUB 都能够正确地得到系统的内存数量

二、Apache 配置文件 httpd.conf 详解

Apache 的主配置文件/etc/httpd/conf/httpd.conf 中包含了许多默认配置信息,下面说明该文件中各配置项的含义和作用。对于初学者来说,首先应掌握几个最重要的配置项,如设置服务器根目录、监听端口号、运行服务器的用户和用户组、根文档路径、根目录访问权限、Web 服务器默认文档等。

```
ServerTokens OS
```

ServerTokens 用于当服务器响应主机头信息时,显示 Apache 的版本和操作系统的名称。

```
ServerRoot "/etc/httpd"
```

ServerRoot 用于指定守护进程 httpd 的运行目录,httpd 启动后会自动将进程的当前目录改变为这个目录。因此,如果设置文件中指定的文件或目录是相对路径,那么真实路径就位于这个 ServerRoot 定义的路径之下。

```
ScoreBoardFile /var/run/httpd.scoreboard
```

httpd 使用 ScoreBoardFile 来维护进程的内部数据,因此通常不需要改变这个参数,除非管理员想在一台计算机上运行几个 Web 服务器,这时每个 Web 服务器都需要独立的配置文件 httpd.conf,并使用不同的 ScoreBoardFile。

```
#ResourceConfig conf/srm.conf
#AccessConfig conf/access.conf
```

这两个选项用于与使用 srm.conf 和 access.conf 配置文件的旧版本 Apache 兼容。如果没有兼容的需要,可以将对应的配置文件指定为/dev/null,表示不存在其他配置文件,而仅使用 httpd.conf 一个文件来保存所有的设置。

```
PidFile /var/run/httpd.pid
```

PidFile 指定的文件将记录 httpd 守护进程的进程号。由于 httpd 能自动复制其自身,因此系统中有多个 httpd 进程,但只有一个 httpd 进程为最初启动的进程,它作为其他 httpd 进程的父进程,对这个进程发送信号,将影响所有的子 httpd 进程。

```
Timeout 300
```

Timeout 定义客户程序和服务器连接的超时时间(单位为秒)，超过这个时间后服务器将断开与客户端的连接。

```
KeepAlive On
```

在 HTTP 1.0 中，一次连接只能请求一次 HTTP 传输，KeepAlive 选项用于支持 HTTP 1.1 版本的一次连接、多次传输功能，即保持连接功能，这样就可以在一次连接中传送多个 HTTP 请求。虽然只有较新的浏览器才支持这个功能，但建议设置为保持连接。

```
MaxKeepAliveRequests 100
```

在使用保持连接功能时，可以设置客户的最大请求次数。将其值设为 0 则支持在一次连接内进行无限次的传输请求。事实上没有客户程序在一次连接中请求太多的页面，通常达不到这个上限就完成连接了。

```
KeepAliveTimeout 15
```

在使用保持连接功能时，设置一次连接中的多次请求传输之间的时间间隔，如果服务器已经完成了一次请求，但一直没有接收到客户程序的下一次请求，在间隔超过了这个参数设置的值之后，服务器就会断开连接。

```
<IfModule prefork.c>
    StartServer              8
    MinSpareServers          5
    MaxSpareServers          20
    MaxClients               150
    ThreadsPerChild          50
    MaxRequestsPerChild      1000
</IfModule>
```

设置使用 prefork MPM 运行方式(Red Hat 默认方式)的参数。其中，StartServer 设置服务器启动时运行的进程数；MinSpareServers 表示 Apache 在运行时会根据负载自动调整空闲子进程的数目，若存在 5 个以下的空闲子进程，就创建一个新的子进程准备为客户提供服务；MaxSpareServers 表示若存在多于 20 个空闲子进程，就逐一删除子进程来提高系统性能；MaxClients 用于限制同一时间连接数的最大值；ThreadsPerChild 用于设置服务器使用进程的数目，它以服务器的响应速度为前提，数目太大则会变慢；MaxRequestsPerChild 用于限制每一个子进程在结束处理请求之前能处理的连接请求，设置值为 1000。

Web 以子进程方式提供服务，通常是一个子进程为一次连接服务。但这样造成的问题是每次连接都需要生成、退出子进程的系统操作，这些额外的处理过程会消耗计算机大量的处理能力。因此，最好的方式是一个子进程可以为多次连接请求服务，这样就避免了生成、退出进程的系统消耗。Apache 就采用了这样的方式，在一次连接结束后，子进程并不退出，而是停留在系统中等待下一次服务请求，这样就极大地提高了系统性能。

在处理过程中，子进程要不断地申请和释放内存，次数多了就会造成一些内存垃圾，从而影响系统的稳定性和系统资源的有效利用。因此，在一个副本处理过一定次数的请求之后，就可以让这个子进程副本退出，再从原始的 httpd 进程中重新复制一个干净的副本，这样就能提高系统的稳定性。每个子进程处理服务请求次数由 MaxRequestPerChild 定义，默认值为 30，这对于具备高稳定性特点的 FreeBSD 系统来说是过于保守的设置，可以设置为 1000 甚至更高。如果设置为 0，则表示支持每个副本进行无限次的服务处理。

```
<IfModule worker.c>
    ...
</IfModule>
```

以上代码设置使用 worker MPM 运行方式(默认使用 prefork MPM 运行参数)的参数。

```
<IfModule perchild.c>
    ...
</IfModule>
```

以上代码设置使用 perchild MPM 运行方式的参数。

```
#Listen 3000
#Listen 12.34.56.78:80
#BindAddress *
```

Listen 选项用于设置服务器的监听端口，即指定服务器除了监视标准的 80 端口之外还监视其他端口的 HTTP 请求。由于 FreeBSD 系统可以同时拥有多个 IP 地址，因此也可以指定服务器只监听某个 BindAddress </B>的 IP 地址的 HTTP 请求。如果没有配置这一项，则服务器会回应对所有 IP 的请求。

虽然使用 BindAddress 选项使服务器只回应一个 IP 地址的请求，但是通过使用扩展的 Listen 选项，仍然可以让 HTTP 守护进程响应其他 IP 地址的请求。此时 Listen 参数的用法与上述第 2 行相同，这种比较复杂的用法主要用于设置虚拟主机。此后可以用 VirtualHost 参数定义对不同 IP 的虚拟主机，然而这是较早的 HTTP 1.0 标准中设置虚拟主机的方法，每针对一个虚拟主机就需要一个 IP 地址，实际中用处并不大。在 HTTP 1.1 中，增加了对单 IP 地址多域名的虚拟主机的支持，使得虚拟主机的设置更具实际意义。

```
Include conf.d/*.conf
```

Include 用于将/etc/httpd/conf.d 目录下所有以 conf 结尾的配置文件包含进来。

```
LoadModule access_module modules/mod_access.so
LoadModule auth_module modules/mod_auth.so
...
LoadModule proxy_http_module modules/mod_proxy_http.so
LoadModule proxy_connect_module modules/mod_proxy_connect.so
```

LoadModule 用于动态加载模块。

```
<IfModule prefork.c>
    LoadModule cgi_module modules/mod_cgi.so
</IfModule>
```

以上代码表示当使用内置模块 prefork.c 时动态加载 cgi_module。

```
<IfModule worker.c>
    LoadModule cgid_module modules/mod_cgid.so
</IfModule>
```

以上代码表示当使用内置模块 worker.c 时动态加载 cgid_module。

```
User apache
```

User 用于设置运行 Apache 的用户，默认用户名为 apache。

```
Group apache
```

Group 用于设置运行 Apache 的用户组，默认用户组名为 apache。

```
#ExtendedStatus On
```

Apache 可以通过特殊的 HTTP 请求来报告自身的运行状态，设置 ExtendedStatus 为 On，可以让服务器报告更全面的运行状态信息。

```
ServerAdmin root@localhost
```

ServerAdmin 设置 Web 服务器管理员的 E-mail 地址。这将在 HTTP 服务出现错误的情况下传送信息给浏览器，以便让 Web 使用者和管理员联系，报告错误。习惯上使用服务器上的 webmaster 作为 Web 服务器的管理员，通过邮件服务器的别名机制，将发送到 webmaster 的电子邮件发送给真正的 Web 管理员。

```
UseCanonicalName Off
```

若关闭此项(Off)，当 Web 服务器需连接自身时，将以 ServerName:port 作为主机名，如 www.xinyuan.com:80；若打开此项(On)，将以 www.xinyuan.com port 80 作为主机名。

```
ServerName localhost
```

默认情况下无须指定 ServerName，服务器将自动通过名字解析来获得自己的名称。但如果服务器的名称解析有问题，如常见的反向解析不正确，或者没有正式的 DNS 名字，也可以在这里指定 IP 地址。如果 ServerName 设置不正确，Web 服务器将无法正常启动。

通常一个 Web 服务器可以具有多个名称，客户浏览器可以使用所有这些名称或 IP 地址来访问这台服务器，但在没有定义虚拟主机的情况下，服务器总是以自己的正式名称响应浏览器。ServerName 定义了 Web 服务器的正式名称，例如一台服务器名称(DNS 中定义了 A 记录)为 freebsd.exmaple.org.cn，同时为方便记忆还定义了一个别名(CNAME 记录)为 www.exmaple.org.cn，那么 Apache 自动解析得到的名称是 freebsd.example.org.cn，这样不管客户浏览器使用哪个名称发送请求，服务器总是告诉客户程序自己是这个正式名称。虽然这一般并不会造成什么问题，但是考虑到某一天服务器可能迁移到其他计算机上，此时通过更改 DNS 中的 www 别名配置就完成迁移任务，所以若不想让客户在其书签中使用这个服务器的地址，就必须使用 ServerName 来重新指定服务器的正式名称。

```
DocumentRoot "/var/www/html"
```

设置对外发布的超文本文档存放的路径，客户程序请求的 URL 就被映射为这个目录下的网页文件。当然，该目录下的子目录以及使用符号链接指出的文件和目录都能被浏览器访问，只是要在 URL 上使用同样的相对目录名。但要注意，符号链接虽然逻辑上位于根文档目录下，但实际上它也可以位于计算机上的任意目录中，因此可以使客户程序能访问那些根文档目录以外的目录，这样做虽然增加了灵活性，但同时也降低了安全性。Apache 在目录的访问控制中提供了 FollowSymLinks 选项来打开或关闭支持符号链接的特性。

```
<Directory />                           //设置 Web 服务器根目录的访问权限
    Options FollowSymLinks              //允许符号链接跟随，访问不在本目录下的文件
    AllowOverride None                  //禁止读取.htaccess 配置文件内容
</Directory>
```

Apache 可以对目录进行文档的访问控制，而访问控制可以通过以下两种方法来实现。

(1) 在配置文件 httpd.conf 或 access.conf 中针对每个目录进行设置。

(2) 在每个目录下设置访问控制文件，通常访问控制文件名称为.htaccess。

虽然这两个方法都能用于控制浏览器的访问，但由于使用配置文件的方法要求每次改动后都要重新启动 httpd 守护进程，这样做相对不够灵活。因此，实际中前一种方法主要用于配置服务器系统的整体安全控制策略；而后一种方法设置具体目录的访问控制则更加灵活方便。Directory 语句就是用来定义目录的访问限制的。上例中的设置是针对系统的根目录进行的，设置了允许符号链接的选项 FollowSymLinks，以及使用 AllowOverride None 禁止读取这个目录下的访问控制文件。

由于 Apache 对目录的访问控制设置能够被下级目录继承，因此对根目录的设置将影响到它的下级目录。由于 AllowOverride None 的设置，Apache 不需要查看根目录下的访问控制文件，也不需要查看以下各级目录下的访问控制文件，直至 httpd.conf 或 access.conf 中为某个目录指定了允许 Alloworride，即允许查看访问控制文件。如果从根目录就允许查看访问控制文件，则 Apache 就必须逐级查看访问控制文件，这对系统性能会造成影响。而默认关闭了根目录的这个特性，就使得 Apache 从 httpd.conf 中具体指定的目录向下搜寻，这样就减少了搜寻的级数。因此，对系统根目录设置 AllowOverride None，不但对于系统安全有帮助，也有益于系统性能。

```
<Directory "var/www/html">
    Options Indexes FollowSymLinks
    AllowOverride None
    Order allow,deny                    //先执行 allow 访问规则，后执行 deny 规则
    Allow from all                      //设置 allow 访问规则，允许所有连接
</Directory>
```

这里设置的是系统对外发布文档目录的访问权限。Options 选项用于定义系统对外发布文档所在目录的访问特性；而 AllowOverride 选项用于指明 Apache 是否去搜索每个目录下的访问控制文件.htacess 作为配置文件。Apache 配置文件 httpd.conf 和每个目录下的访问控制文件.htaccess 都可以设置文档目录的访问权限，前者是由管理员设置的，而后者是由目录的属主设置的。因此，管理员可以规定目录的属主是否能覆盖系统在配置文件 httpd.conf 中的设置，要实现这一目标就需要使用 AllowOverride 选项来定义配置文件 httpd.conf 中的

目录设置和用户目录下的安全控制文件的关系。

AllowOverride 选项可设置的值及其作用如表 B-2 所示。

表 B-2　AllowOverride 选项可设置的值及其作用

选项值	作　用
All	访问控制文件将覆盖系统配置(所有在.htaccess 文件里有的设置)
None	服务器将忽略访问控制文件的设置
Options	允许访问控制文件中可以使用控制目录特征的选项,包括 Options 和 XBitHak
FileInfo	允许访问控制文件中可以使用文件控制类型的选项,包括 AddEncoding、AddLanguage、AddType、DefaultType、ErrorDocument 和 LanguagePriority
Limit	允许对访问目录的客户机的 IP 地址和名字进行限制,包括 Allow、Deny 和 Order
Indexes	允许访问控制文件中可以使用目录控制类型的选项,包括 AddDescription、AddIcon、AddIconByEncoding、AddIconByType、DefaultIcon、DirectoryIndex、FancyIndexing、HeaderName、IndexIgnore、IndexOptions 和 ReadmeName
AuthConfig	允许访问控制文件中使用针对每个用户验证机制的权限选项,包括 AuthDBMGroupFile、AuthDBMUserFile、AuthGroupFile、AuthName、AuthType、AuthUserFile 和 Require,这使目录属主能使用密码和用户名来保护目录

Options 选项可设置的值及其作用如表 B-3 所示。

表 B-3　Options 选项可设置的值及其作用

选项值	作　用
All	所有的目录特性都有效(以下 MultiViews 的功能除外)
None	所有的目录特性都无效
MultiViews	允许多重内容被浏览,如果文档目录下有一个 foo.txt 文件,那么可以通过/foo 来访问到它,这对于一个多语言内容的站点比较有用
FollowSymLinks	允许使用符号链接,这将使浏览器有可能访问文档根目录(DocumentRoot)之外的文档。但要注意,即使服务器跟踪符号链接,它也不会改变用来匹配不同区域的路径名,如果该选项位于<location>配置段中,将会被忽略
SymLinksIfOwnerMatch	只有符号链接的目标与符号链接本身为同一用户所拥有时才允许访问,这个设置将增加一些安全性
Indexes	允许浏览器生成这个目录下所有文件的索引,使得这个目录下没有 index.html(或其他索引文件)时能向浏览器发送这个目录下的文件列表
ExecCGI	允许这个目录下的 CGI 程序执行
Includes	准许 SSI
IncludesNOEXEC	准许 SSI,但不可使用#exec 和#include 功能

此外,上例中还使用了 Order、Allow、Deny 等选项,这是 AllowOverride 设置为 Limit 时用来根据浏览器的域名和 IP 地址控制访问的一种方式。其中,Order 定义处理 Allow 和 Deny 的顺序,而 Allow、Deny 则针对名称或 IP 地址进行访问控制设置。上例使用 allow from all,表示允许所有的客户机访问这个目录,而不进行任何限制。

```
<LocationMatch "^/$">
    Options -Indexes
    ErrorDocument 403 /error/noindex.html
</LocationMatch>
```

以上选项设置对 Web 服务器的访问不生成目录列表，同时指定错误输出页面。

```
<IfModule mod_userdir.c>
    UserDir disable
</IfModule>
```

以上选项设置不允许为每个用户进行服务器的配置。

```
DirectoryIndex index.html index.html.var
```

很多情况下，URL 中并没有指定文档的名字，只是给出了一个目录名。此时 Web 服务器会自动返回这个目录中由 DirectoryIndex 定义的文件。DirectoryIndex 选项可以指定多个文件名，系统会在这个目录下顺序搜索文件。如果指定的所有文件都不存在，则 Web 服务器将根据系统设置，生成这个目录下的所有文件列表供用户选择。此时该目录的访问控制选项中的 Indexes 选项必须打开，以使服务器能够生成目录列表，否则将拒绝访问。

```
AccessFileName .htaccess                         //指定保护目录配置文件的名称
```

AccessFileName 定义每个目录下的访问控制文件的文件名，默认为.htaccess，可以通过更改这个文件，来改变不同目录的访问控制限制。

```
<Files ~ "^\.ht">                  //拒绝访问以.ht 开头的文件，保证.htaccess 文件不被访问
    Order allow,deny
    Deny from all
</Files>
```

除了可以针对目录进行访问控制之外，还可以根据文件名来设置访问控制，这就是 Files 选项的任务。使用 Files 选项，不管文件处于哪个目录，只要名称匹配，就必须接受相应的访问控制。这个选项对系统安全比较重要，例如，上例将拒绝所有的使用者访问.htaccess 文件，这样就避免了.htaccess 中的关键安全信息不至于被客户获取。

```
TypesConfig /etc/mime.types
```

TypesConfig 指定负责处理 MIME 格式的配置文件的存放位置，在 Red Hat Linux 中默认设置为/etc/mime.types，在 FreeBSD 下默认设置为/usr/local/etc/apache/mime.types。

```
DefaultType text/plain
```

DefaultType 指定默认的 MIME 文件类型为纯文本文件或 HTML 文件。如果 Web 服务器不能决定一个文档的默认类型，通常是因为文件使用了非标准的后缀，那么服务器就使用 DefaultType 定义的 MIME 类型将文件发送给客户浏览器。因此，将 MIME 类型设置为 text/plain 的问题是，如果服务器不能判断出文档的 MIME 类型，通常会认为这个文档是二进制文档；但使用 text/plain 格式发送回去，浏览器将只能在内部打开它，而不会有保存提

示，所以建议将其设置为 application/octet-stream，这样浏览器将提示用户进行保存。

```
<IfModule mod_mime_magic.c>
    MIMEMagicFile conf/magic
</IfModule>
```

以上选项设置当 mod_mime_magic 模块被加载时 Magic 信息码配置文件的存放位置。除了通过文件的后缀判断文件的 MIME 类型外，Apache 还可以进一步分析文件的一些特征来判断文件的真实 MIME 类型。这个功能是由 mod_mime_magic 模块来实现的，它需要一个记录各种 MIME 类型特征的文件，以进行分析判断。上面的设置是一个条件语句，如果载入这个模块，就必须指定相应的标志文件 magic 的位置。

```
HostnameLookups Off
```

通常服务器仅仅可以得到客户机的 IP 地址，如果要想获得客户机的主机名以进行日志记录和提供给 CGI 程序使用，就需要使用 HostnameLookups 选项。将其设置为 On，可打开 DNS 反向查找功能。但是这将使服务器对每次客户请求都进行 DNS 查询，增加了系统开销，使得反应变慢，因此默认设置为 Off。关闭选项之后，服务器就不会获得客户机的主机名，而只能记录客户机的 IP 地址。

```
ErrorLog /var/log/httpd-error.log
LogLevel warn
LogFormat "%h %l %u %t \"%r\" %>s %b \"%{Referer}i\" \"%{User-Agent}i\""
 combined
LogFormat "%h %l %u %t \"%r\" %>s %b" common
LogFormat "%{Referer}i -> %U" referrer
LogFormat "%{User-agent}i" agent
#CustomLog /var/log/httpd-access.log common
#CustomLog /var/log/httpd-referer.log referrer
#CustomLog /var/log/httpd-agent.log agent
CustomLog /var/log/httpd-access.log combined
```

以上选项定义了系统日志的形式，对于服务器错误记录，由 ErrorLog、LogLevel 来定义不同的错误日志文件及其内容。

对于系统的访问日志，默认使用 CustomLog 参数定义日志的位置；默认使用 combined 指定将所有的访问日志放在一个文件中。也可以通过在 CustomLog 中指定不同的记录类型将不同种类的访问日志放在不同的日志记录文件中，common 表示普通的对单页面请求的访问记录；referrer 表示每个页面的引用记录，由此可以看出一个页面中包含的请求数；agent 表示对客户机的类型记录。显然可以将现有的 combined 的设置行注释掉，并使用 common、referrer 和 agent 作为 CustomLog 的参数，来为不同种类的日志分别指定日志记录文件。

LogFormat 定义不同类型日志的记录格式，这里使用以%开头的宏定义，以记录不同的内容。如果这些参数指定的文件使用相对路径，那么就是相对于 ServerRoot 的路径。

```
ServerSignature On
```

有时当客户请求的网页并不存在时，服务器将生成错误提示文档。默认情况下，由于ServerSignature 选项设置为 On，错误提示文档的最后一行将包含服务器的名称、Apache 的版本等信息。有的管理员更倾向于不对外显示这些信息，就将该选项设置为 Off，或者设置为 E-mail，在错误提示文档的最后一行显示 ServerAdmin 的 E-mail 地址。

```
Alias /icons/ "/var/www/icons/"          //设置目录的访问别名
<Directory "/var/www/icons">             //设置 icons 目录的访问权限
    Options Indexes MultiViews
    AllowOverride None
    Order allow,deny
    Allow from all
</Directory>
```

Alias 选项用于将 URL 与服务器文件系统中的真实位置进行直接映射。一般文档在DocumentRoot 中进行查询，然而使用 Alias 定义的路径将直接映射到相应的目录下。因此，Alias 可用来映射一些公用文件的路径，如保存了各种常用图标的 icons 路径。这使得除了使用符号链接之外，文档根目录以外的目录也可以通过 Alias 映射提供给浏览器访问。

定义好映射的路径之后，应该使用 Directory 语句设置访问限制。

```
Alias /manual/ "/var/www/manual/"        //设置 Apache 使用手册的访问别名
<Directory "/var/www/manual/">           //设置 manual 目录的访问权限
    Options Indexes FollowSymLinks MultiViews
    AllowOverride None
    Order allow,deny
    Allow from all
</Directory>
```

与前面的配置类似，这里设置的是 Apache 使用手册文件(/var/www/manual/)的访问别名，以及该目录的访问权限。

```
<IfModule mod_dav_fs.c>
    DAVLockDB /var/lib/dav/lockdb
</IfModule>
```

以上选项指定 DAV 加锁数据库文件的存放位置。

```
ScriptAlias /cgi-bin/ "/var/www/cgi-bin/"     //设置 CGI 目录的访问别名
<IfModule mod_cgi-cgid.c>
    Scriptsock run/httpd.cgid
</IfModule>
<Directory "/var/www/cgi-bin/">               //设置 CGI 目录的访问权限
    AllowOverride None
    Options None
    Order allow,deny
    Allow from all
</Directory>
```

　　ScriptAlias 也是用于 URL 路径的映射，但与 Alias 不同的是，ScriptAlias 用于映射 CGI 程序的路径。这个路径下的文件都是 CGI 程序，通过执行它们来获得结果，而非由服务器直接返回其内容。默认情况下，CGI 程序使用 cgi-bin 目录作为虚拟路径。

　　由于 Red Hat Linux 中不使用 worker MPM 运行方式，所以不加载 mod_cgid.c 模块。

```
# Redirect old-URI new-URL
```

　　Redirect 选项用来重定向 URL。当浏览器访问 Web 服务器上的某个已经不存在的资源时，服务器就会返回给浏览器新的 URL，告诉浏览器从该 URL 中获取资源。这主要用于原来存在于服务器上的文档，在改变了位置之后，而又希望继续使用老 URL 能访问，以保持与以前的 URL 兼容。

```
IndexOptions FancyIndexing
AddIconByEncoding (CMP,/icons/compressed.gif) x-compress x-gzip
AddIconByType (TXT,/icons/text.gif) text/*
AddIconByType (IMG,/icons/image2.gif) image/*
AddIconByType (SND,/icons/sound2.gif) audio/*
AddIconByType (VID,/icons/movie.gif) video/*
AddIcon /icons/binary.gif .bin .exe
AddIcon /icons/binhex.gif .hqx
AddIcon /icons/tar.gif .tar
AddIcon /icons/world2.gif .wrl .wrl.gz .vrml .vrm .iv
AddIcon /icons/compressed.gif .Z .z .tgz .gz .zip
AddIcon /icons/a.gif .ps .ai .eps
AddIcon /icons/layout.gif .html .shtml .htm .pdf
AddIcon /icons/text.gif .txt
AddIcon /icons/c.gif .c
AddIcon /icons/p.gif .pl .py
AddIcon /icons/f.gif .for
AddIcon /icons/dvi.gif .dvi
AddIcon /icons/uuencoded.gif .uu
AddIcon /icons/script.gif .conf .sh .shar .csh .ksh .tcl
AddIcon /icons/tex.gif .tex
AddIcon /icons/bomb.gif core
AddIcon /icons/back.gif ..
AddIcon /icons/hand.right.gif README
AddIcon /icons/folder.gif ^^DIRECTORY^^
AddIcon /icons/blank.gif ^^BLANKICON^^
DefaultIcon /icons/unknown.gif
```

　　当一个 HTTP 请求的 URL 是一个目录时，服务器就会返回这个目录中的索引文件。但如果一个目录中不存在默认的索引文件，并且该服务器又许可显示目录文件列表时，服务器就会给出这个目录中的文件列表。为了使这个文件列表具有可理解性，而不仅仅是一个简单的列表，就需要进行以上设置。

如果使用了 IndexOptions FancyIndexing 选项，就可以使服务器生成的目录列表中针对各种不同类型的文档引用各种图标。而具体哪种文件使用哪种图标，则需要使用 AddIconByEncoding、AddIconByType 以及 AddIcon 分别依据 MIME 的编码、类型以及文件的后缀来定义。如果不能确定文档使用的图标，可使用 DefaultIcon 定义的默认图标。

```
#AddDescription "GZIP compressed document" .gz
#AddDescription "tar archive" .tar
#AddDescription "GZIP compressed tar archive" .tgz
ReadmeName README.html
HeaderName HEADER.html
```

当客户端请求的 URL 是一个目录时，服务器返回该目录中文件的列表，AddDescription 用于为指定类型的文件加入一个类型描述，而 ReadmeName 和 HeaderName 所指定文件的内容会同时显示在文件列表中。其中，ReadmeName 指定的服务器默认的 README 文件内容将会追加到文件列表的最后，而 HeaderName 指定的 HEADER 文件内容将会显示在文件列表的最前面。上例中指定的两个文件也可以不加后缀.html，如果在访问目录的权限配置中，Options 配置项中有 MultiViews，则服务器总是先找后缀.html 文件，如果不存在则继续找后缀为.txt 的文件，将纯文本内容添加到文件列表中。

```
IndexIgnore .??* *~ *# HEADER* README* RCS CVS *,v *,t
```

IndexIgnore 选项让服务器在列出文件列表时忽略相应的文件，这里使用模式匹配的方式定义文件名。

```
AddEncoding x-compress Z
AddEncoding x-gzip gz tgz
```

AddEncoding 设置在线浏览用户可以实时解压缩.Z、gz、tgz 类型的文件。并非所有浏览器都支持此功能。

```
AddLanguage en .en
AddLanguage fr .fr
AddLanguage de .de
AddLanguage da .da
AddLanguage el .el
AddLanguage it .it
LanguagePriority en da nl et fr de el it ja kr no pl pt pt-br ltz ca es sv tw
```

一个 HTML 文档可以同时具备多个语言的版本，如 file1.html 文档可具备 file1.html.en、file1.html.fr 等不同的版本，但每种表示语言的后缀都必须使用 AddLanguage 进行定义。这样服务器可以针对不同国家或地区的客户，通过与浏览器进行协商，发送不同的语言版本。而 LanguagePriority 定义不同语言的优先级，以便在浏览器没有特殊要求时，按照顺序使用不同的语言版本响应对 file1.html 的请求。

```
ForceLanguagePriority Prefer Fallback
```

Prefer 是指当有多种语言可以匹配时，使用 LanguagePriority 列表的第一项；Fallback

是指当没有语言可以匹配时，使用 LanguagePriority 列表的第一项。

```
AddDefaultCharset ISO-8859-1                    //设置默认字符集
```

　　AddDefaultCharset 用于设置浏览器端的默认编码，简体中文网站应设置为 GB2312。

```
AddCharset ISO-8859-1 .iso8859-1 .latin1        //设置各种字符集
AddCharset shift_jis .sjis
#AddType application/x-tar .tgz                  //添加新的 MIME 类型
#AddType application/x-httpd-php3 .phtml
#AddType application/x-httpd-php3-source .phps
...
```

　　AddType 选项可以为特定后缀的文件指定 MIME 类型，这里的设置将覆盖 mime.types 中的 MIME 类型设置。

```
#AddHandler type-map var                         //设置 Apache 对某些扩展名的处理方式
#AddHandler cgi-script .cgi
...
```

　　AddHandler 用于指定非静态的处理类型，即把文档定义为动态文档类型，需要进行处理才能向浏览器返回处理结果。例如，上面被注释的语句是将.cgi 文件设置为 cgi-script 类型，那么服务器将启动 CGI 程序。在配置文件、这个目录中的.htaccess 以及其上级目录的.htaccess 中必须允许执行 CGI 程序，这需要通过 Options ExecCGI 参数设定。

```
#AddType text/html .shtml
#AddHandler server-parsed .shtml
```

　　另一种动态处理的类型为 server-parsed，由服务器自身预先分析网页内的标记，并将标记更改为正确的 HTML 标记。由于 server-parsed 需要对 text/html 类型的文档进行处理，因此首先定义.shtml 为 text/html 类型。要支持 SSI，还应该首先在配置文件或.htaccess 中使用 Options Includes 允许该目录下的文档可以为 SSI 类型，或使用 Options IncludesNOExec 允许执行普通的 SSI 标记，但不执行其中引用的外部程序。

　　也可以使用 XBitBack 指定 server-parsed 类型。如果将 XBitBack 设置为 On，则服务器将检查所有 text/html 类型的文档，如果发现文件可执行，则认为它是服务器分析文档，需要服务器进行处理。推荐使用 AddHandler 进行设置，将 XBitBack 设置为 Off，因为使用 XBitBack 将对所有 HTML 文档执行额外的检查，会降低效率。

```
#AddHandler send-as-is asis
#AddHandler imap-file map
#AddHandler type-map var
```

　　上面被注释的 AddHandler 用于支持 Apache 的 asis、map 和 var 处理能力。

```
# Action media/type /cgi-script/location
# Action handler-name /cgi-script/location
```

　　因为 Apache 内部提供的处理能力有限，所以可以使用 Action 为服务器定义外部程序协助处理。这些外部程序与标准 CGI 程序相同，都是对输入的数据处理之后，再输出不同 MIME 类型的结果。例如，要定义一个特殊后缀 wri，需先执行 wri2txt 进行处理操作，再返回结果的操作，可以使用如下命令。

```
Action windows-writer /bin/wri2txt
AddHandler windows-writer wri
```

也可以直接使用 Action 定义对某个 MIME 类型预先进行处理。但如果文档后缀没有正式的 MIME 类型，还需要先定义一个 MIME 类型。

```
Alias /error/ "/var/www/error/"              //设置错误页面目录的访问别名
<IfModule mod_negotiation.c>                 //设置 error 目录的访问权限
<IfModule mod_include.c>
    <Directory "/var/www/error">
        Options Indexes NoExec
        AllowOverride None
        AddOutputFilter Includes html
        AddHandler type-map var
        Order allow,deny
        Allow from all
        LanguagePriority en es de fr
        ForceLanguagePriority Prefer Fallback
    </Directory>
    ErrorDocument 400 /error/HTTP_BAD_REQUEST.html.var
    ...
    ErrorDocument 506 /error/HTTP_VARIANT_ALSO_VARIES.html.var
</IfModule>
</IfModule>
```

如果客户请求的网页不存在或者没有访问权限等，服务器会生成一个错误代码，同时也会向客户浏览器传送一个标识错误的网页。ErrorDocument 用于设置当出现错误时应该回应给客户浏览器什么内容。ErrorDocument 的第一个参数为错误的序号，第二个参数为回应的数据，可以是简单的文本、本地网页、本地 CGI 程序以及远程主机上的网页。

```
BrowserMatch "Mozilla/2" nokeepalive                 //设置浏览器匹配
BrowserMatch "MSIE 4\.0b2;" nokeepalive downgrade-1.0 force-response-1.0
BrowserMatch "RealPlayer 4\.0" force-response-1.0
BrowserMatch "Java/1\.0" force-response-1.0
BrowserMatch "JDK/1\.0" force-response-1.0
```

BrowserMatch 选项用于为特定的客户程序设置特殊的参数，以保证对老版本浏览器的兼容，并支持新浏览器的新特性。

```
#ProxyRequests On
#Order deny,allow
#Deny from all
```

```
#Allow from .your_domain.com
#ProxyVia On
#CacheRoot "/usr/local/www/proxy"
#CacheSize 5
#CacheGcInterval 4
#CacheMaxExpire 24
#CacheLastModifiedFactor 0.1
#CacheDefaultExpire 1
#NoCache a_domain.com another_domain.edu joes.garage_sale.com
```

　　Apache 本身具有代理的功能，但需要加载 mod_proxy 模块。这可以使用 IfModule 语句进行判断。如果存在 mod_proxy 模块，就将 ProxyRequests 选项设置为 On，以打开代理支持。此后的 Directory 用于设置 Proxy 的访问权限，以及对 Cache 的各个选项进行设置。

```
#NameVirtualHost 12.34.56.78:80
#NameVirtualHost 12.34.56.78
#ServerAdmin webmaster@host.some_domain.com
#DocumentRoot /www/docs/host.some_domain.com
#ServerName host.some_domain.com
#ErrorLog logs/host.some_domain.com-error_log
#CustomLog logs/host.some_domain.com-access_log common
```

　　默认配置文件中被注释的这些内容提供了用于设置命名虚拟主机的一个范本。其中的 NameVirtualHost 用来指定虚拟主机使用的 IP 地址，这个 IP 地址将对应多个 DNS 名字，如果 Apache 使用了 Listen 选项控制了多个端口，那么就可以在这里加上端口号以进一步区分不同端口的不同连接请求。此后，使用 VirtualHost 语句，以 NameVirtualHost 指定的 IP 地址作参数，对每个名称都定义对应的虚拟主机。

　　虚拟主机是在一台 Web 服务器上为多个域名提供 Web 服务，并且每个域名都完全独立，包括具有独立的文档目录结构及设置，所以使用每个域名访问到的内容完全独立。

　　有两种设定虚拟主机的方式。基于 HTTP 1.0 标准的方式需要一个具备多 IP 地址的服务器，再配置 DNS 服务器，给每个 IP 地址分配不同的域名，最后才能配置 Apache，使服务器针对不同域名返回不同的 Web 文档。由于需要使用额外的 IP 地址，且每个提供服务的域名都要使用单独的 IP 地址，因此这种方式实现起来问题较多，也会影响网络性能。

　　HTTP 1.1 标准规定浏览器和服务器通信时，服务器能够跟踪浏览器请求的是哪个主机名字，因此可以利用这个新特性，使用更轻松的方式设定虚拟主机。这种方式不需要额外的 IP 地址，但需要新版本浏览器的支持，现已经成为建立虚拟主机的标准方式。

　　要建立非基于 IP 地址的虚拟主机，多个域名是必不可少的配置，因为每个域名对应一个虚拟主机。因此，需要更改 DNS 服务器配置，为服务器增加多个 CNAME 项，例如：

```
freebsd IN A 192.168.1.64
vhost1 IN CNAME freebsd
vhost2 IN CNAME freebsd
```

　　如果要为 vhost1 和 vhost2 设定虚拟主机，可以利用默认配置文件的虚拟主机设置范本

中的大部分选项来重新定义几乎所有针对服务器的设置。

```
NameVirtualHost 192.168.1.64
DocumentRoot /usr/local/www/data
ServerName freebsd.example.org.cn
DocumentRoot /vhost1
ServerName vhost1.example.org.cn
DocumentRoot /vhost2
ServerName vhost2.example.org.cn
```

需要注意的是，虚拟主机的地址一定要和 NameVirtualHost 定义的地址一致，Apache 才承认这些设置是为这个 IP 地址定义的。如果 Apache 只设置了一个 IP 地址，或者并非配置基于 IP 地址的多个虚拟主机，NameVirtualHost 以及后续的虚拟主机定义的 IP 地址可以用"*"替代，表示匹配任意一个 IP 地址。这样即使改变了 Web 服务器的 IP 地址，也无须修改此配置项，更适用于 Web 服务器是从 ISP 那里动态获取 IP 地址的情况。

对于服务器采用动态 IP 地址的另一种解决方法是，NameVirtualHost 和虚拟主机定义的 IP 地址处直接使用域名替代，例如 NameVirtualHost www.xxx.org，但这样服务器需要将域名映射为 IP 地址才能访问虚拟主机，也就不能使用 localhost、127.0.0.1、计算机名等这样的地址访问虚拟主机了。

```
# VirtualHost example:
# Almost any Apache directive may go into a VirtualHost container.
# The first VirtualHost section is used for requests without a known
# server name.
<VirtualHost 192.168.0.1>                       //第一个虚拟主机的 IP 地址
    ServerAdmin 111@xxx.com                     //第一个虚拟主机的管理员 E-mail
    DocumentRoot H:/web001                      //第一个虚拟主机的文档根目录
    ServerName www.xxx.org                      //第一个虚拟主机的域名
    ErrorLog logs/www.xxx.org-error.log           //第一个虚拟主机的错误日志
    CustomLog logs/www.xxx.org-access.log common   //第一个虚拟主机的数据
</VirtualHost>
<VirtualHost 192.168.0.2>                       //第二个虚拟主机的 IP 地址
    ServerAdmin 111@xxx.com                     //第二个虚拟主机的管理员 E-mail
    DocumentRoot H:/web002                      //第二个虚拟主机的文档根目录
    ServerName www.xxx2.org                     //第二个虚拟主机的域名
    ErrorLog logs/www.xxx2.org-error.log          //第二个虚拟主机的错误日志
    CustomLog logs/www.xxx2.org-access.log common //第二个虚拟主机的数据
</VirtualHost>
```

以上是一个虚拟主机定义的实例。以此类推，可以增加更多的虚拟主机。

三、宏配置文件 sendmail.mc 详解

在邮件服务器的配置过程中，SMTP 服务的配置相对比 POP3 服务的配置要复杂得多。

Linux 平台下 sendmail 服务的功能和性能，取决于其核心配置文件/etc/mail/sendmail.cf。但由于配置文件 sendmail.cf 中包含了大量的宏语句，内容十分复杂难懂，所以用户通过直接编辑该配置文件来架设符合需求的 sendmail 服务有较大的难度。

于是，sendmail 采用了一个语法较为简单、易懂的宏配置文件/etc/mail/sendmail.mc，并提供了两个软件包：配置文件包 sendmail-cf 和处理配置文件程序包 m4。只要用户安装了这两个软件包，就可以通过修改宏配置文件 sendmail.mc 来配置 sendmail 服务，然后使用 m4 程序，由 sendmail.mc 文件自动生成 sendmail.cf 文件，其命令如下。

```
# m4  /etc/mail/sendmail.mc > /etc/mail/sendmail.cf
```

以下是宏配置文件 sendmail.mc 的默认内容，其中的每个配置行进行了注解。

注意： 在 sendmail.mc 文件中，以 dnl #开头的行是说明性的注释；以 dnl 开头并以 dnl 结尾的行是被注释掉的配置行，行尾的 dnl 表示去掉此后的所有换行符。

```
divert(-1)dnl                                    //在生成配置文件时删除额外的输出
dnl #
dnl # This is the sendmail macro config file for m4. If you make changes to
dnl # /etc/mail/sendmail.mc, you will need to regenerate the
dnl # /etc/mail/sendmail.cf file by confirming that the sendmail-cf package is
dnl # installed and then performing a
dnl #
dnl #     /etc/mail/make
dnl #
include(`/usr/share/sendmail-cf/m4/cf.m4')dnl
    //将 sendmail 所需的规则 sendmail-cf/m4/cf.m4 文件包含进来
VERSIONID(`setup for linux')dnl
    //指出配置文件所针对的版本信息，可以任意值
OSTYPE(`linux')dnl
    //定义操作系统类型为 Linux，以获得 sendmail 所需文件的正确位置
dnl #
dnl # Do not advertize sendmail version.
dnl #
dnl define(`confSMTP_LOGIN_MSG', `$j Sendmail; $b')dnl
    //指定 SMTP 登录信息，不公告 sendmail 版本信息
dnl #
dnl # default logging level is 9, you might want to set it higher to
dnl # debug the configuration
dnl #
dnl define(`confLOG_LEVEL', `9')dnl
    //设置日志记录级别，默认日志记录级别为 9
dnl #
dnl # Uncomment and edit the following line if your outgoing mail needs to
dnl # be sent out through an external mail server:
```

```
dnl #
dnl define(`SMART_HOST', `smtp.your.provider')dnl
    //指定邮件服务器中继，如需通过外部邮件服务器发送邮件则取消注释并指定服务器
dnl #
define('confDEF_USER_ID', ''8:12'')dnl
    //指定以 mail 用户(UID:8)和 mail 组(GID:12)的身份运行守护进程
dnl define(`confAUTO_REBUILD')dnl
    //如果有必要，sendmail 将自动重建别名数据库
define(`confTO_CONNECT', `1m')dnl
    //将 sendmail 等待连接的最长时间设置为 1 分钟
define(`confTRY_NULL_MX_LIST', `True')dnl
    //设为 True，若接收服务器是 MX 记录指向的主机，则直接把邮件发送给自己的 MX 客户
define(`confDONT_PROBE_INTERFACES', `True')dnl
    //设为 True，sendmail 守护进程不会将服务器新增的网络接口加入配置视为有效地址
define(`PROCMAIL_MAILER_PATH', `/usr/bin/procmail')dnl
    //设置分发接收邮件程序(默认是 procmail)的路径
define(`ALIAS_FILE', `/etc/aliases')dnl
    //设置分发接收邮件的别名数据库文件路径
define(`STATUS_FILE', `/var/log/mail/statistics')dnl
    //设置分发接收邮件的状态文件的路径
define(`UUCP_MAILER_MAX', `2000000')dnl
    //设置 UUCP 邮件程序接收的最大信息(以字节计)，默认为 2M
define(`confUSERDB_SPEC', `/etc/mail/userdb.db')dnl
    //设置用户数据库文件的位置(该数据库中可替换特定用户的默认邮件服务器)
define(`confPRIVACY_FLAGS', `authwarnings,novrfy,noexpn,restrictqrun')dnl
    //限制邮件命令中的指定标志
define('confPRIVACY_FLAGS', 'authwarnings,novrfy,noexpn,restrictqrun')dnl
    //强制 sendmail 使用某种邮件协议，限制某些邮件命令的标志。如 authwarnings 表明
    //使用 X-Authentication-Warning 标题，并记录在日志文件中；novrfy 和 noexpn
    //设置防止请求相应的服务，restrictqrun 选项禁止 sendmail 使用-q 选项
define(`confAUTH_OPTIONS', `A')dnl
    //设置 SMTP 验证，仅在授权成功时，将 AUTH 参数加到邮件的信头中
dnl #
dnl # The following allows relaying if the user authenticates, and disallows
dnl # plaintext authentication (PLAIN/LOGIN) on non-TLS links
dnl #
dnl define(`confAUTH_OPTIONS', `A p')dnl                //设置使用明文登入
dnl #
dnl # PLAIN is the preferred plaintext authentication method and used by
dnl # Mozilla Mail and Evolution, though Outlook Express and other MUAs do
dnl # use LOGIN. Other mechanisms should be used if the connection is not
dnl # guaranteed secure.
dnl # Please remember that saslauthd needs to be running for AUTH.
```

```
dnl #
dnl TRUST_AUTH_MECH(`EXTERNAL DIGEST-MD5 CRAM-MD5 LOGIN PLAIN')dnl
    //允许 sendmail 使用明文口令以外的其他验证机制，忽略 access 中的设置，relay
    //那些通过 EXTERNAL、LOGIN、PLAIN、CRAM-MD5 或 DIGEST-MD5 等方式验证的邮件
dnl define(`confAUTH_MECHANISMS', `EXTERNAL GSSAPI DIGEST-MD5 CRAM-MD5 LOGIN
PLAIN')dnl
    //定义 sendmail 的认证方式(Outlook Express 支持的认证方式是 LOGIN)
dnl #
dnl # Rudimentary information on creating certificates for sendmail TLS:
dnl #      cd /etc/pki/tls/certs; make sendmail.pem
dnl # Complete usage:
dnl #      make -C /etc/pki/tls/certs usage
dnl #
dnl define(`confCACERT_PATH', `/etc/pki/tls/certs')dnl
dnl define(`confCACERT', `/etc/pki/tls/certs/ca-bundle.crt')dnl
dnl define(`confSERVER_CERT', `/etc/pki/tls/certs/sendmail.pem')dnl
dnl define(`confSERVER_KEY', `/etc/pki/tls/certs/sendmail.pem')dnl
    //以上 4 行用于启用证书(创建 sendmail TLS 证书基本信息的方法参见此前注释说明)
dnl #
dnl # This allows sendmail to use a keyfile that is shared with OpenLDAP's
dnl # slapd, which requires the file to be readble by group ldap
dnl #
dnl define(`confDONT_BLAME_SENDMAIL', `groupreadablekeyfile')dnl
    //如果密钥文件需要被除 sendmail 外的其他应用程序读取，那么显示以上行
dnl #
dnl define(`confTO_QUEUEWARN', `4h')dnl
    //设置邮件发送被延期多久之后向发送人发送通知消息，默认为 4 小时
dnl define(`confTO_QUEUERETURN', `5d')dnl
    //设置多长时间无法发送则返回一个无法传递的消息，默认为 5 天
dnl define(`confQUEUE_LA', `12')dnl          //设置排队接收邮件的系统负载平均水平
dnl define(`confREFUSE_LA', `18')dnl          //设置拒绝接收邮件的系统负载平均水平
define(`confTO_IDENT', `0')dnl
    //设置等待接收 IDENT 查询响应的超时值(默认为 0，永不超时)
dnl FEATURE(delay_checks)dnl
    //定义 FEATURE 宏用于设置一些特殊的 sendmail 特性
FEATURE(`no_default_msa', `dnl')dnl
    //允许 MSA 被 DAMEMON_OPTIONS 覆盖的默认设置
FEATURE(`smrsh', `/usr/sbin/smrsh')dnl
    //设置邮件发送器 smrsh 的存放路径，它是作为 sendmail 用来接收命令的简单 shell
FEATURE(`mailertable', `hash -o /etc/mail/mailertable.db')dnl
    //设置邮件发送器数据库 mailertable 的类型及存放路径
FEATURE(`virtusertable', `hash -o /etc/mail/virtusertable.db')dnl
    //指定虚拟邮件域数据库 virtusertable 的类型及存放路径，sendmail 读取该数据库
```

```
        //对虚拟域地址映射为实际地址，虚拟邮件域数据库文件由 virtusertable 文件生成，
        //其形式类似于 aliases 文件，即"虚拟域地址    真实地址"，中间用 Tab 键分开
FEATURE(redirect)dnl
        //支持 REDIRECT 虚拟域，允许拒绝接收已移走的用户的邮件并提供其新地址
FEATURE(always_add_domain)dnl
        //使得在所有发送邮件的本地邮件地址后面添加本地域名
FEATURE(use_cw_file)dnl
        //使用/etc/sendmail.cw 或/etc/mail/local-host-names 文件中定义的本地主机名
FEATURE(use_ct_file)dnl
        //使用/etc/sendmail.ct 文件中定义的可信用户，可信用户可以用另一个用户名发送
        //邮件而不会收到警告消息
dnl #
dnl # The following limits the number of processes sendmail can fork to accept
dnl # incoming messages or process its message queues to 20.) sendmail refuses
dnl # to accept connections once it has reached its quota of child processes.
dnl #
dnl define(`confMAX_DAEMON_CHILDREN', `20')dnl
        //限制 sendmail 可以分开接收传入消息或将其消息队列处理为20，sendmail 在达到
        //其子进程配额后拒绝接受连接
dnl #
dnl # Limits the number of new connections per second. This caps the overhead
dnl # incurred due to forking new sendmail processes. May be useful against
dnl # DoS attacks or barrages of spam. (As mentioned below, a per-IP address
dnl # limit would be useful but is not available as an option at this writing.)
dnl #
dnl define(`confCONNECTION_RATE_THROTTLE', `3')dnl        //限制每秒新连接的数量
        //这限制了由于新的 sendmail 进程而产生的开销，对 DoS 攻击或垃圾邮件攻击有用
dnl #
dnl # The -t option will retry delivery if e.g. the user runs over his quota.
dnl #
FEATURE(local_procmail, `', `procmail -t -Y -a $h -d $u')dnl
        //使用 procmail 作为本地邮件递送程序，并且指定其后启动参数
FEATURE(`access_db', `hash -T<TMPF> -o /etc/mail/access.db')dnl
        //指定使用 access 数据库的类型及存放路径，从 access.db 装载可以中继的域
FEATURE(`blacklist_recipients')dnl
        //允许根据 access 数据库的值过滤特定收件人的邮件，该特性对防止垃圾邮件有用
EXPOSED_USER(`root')dnl                          //禁止伪装发送者地址中出现 root 用户
dnl #
dnl # For using Cyrus-IMAPd as POP3/IMAP server through LMTP delivery uncomment
dnl # the following 2 definitions and activate below in the MAILER section the
dnl # cyrusv2 mailer.
dnl #
dnl define(`confLOCAL_MAILER', `cyrusv2')dnl
```

```
//定义通过 LMTP 传递将 Cyrus-IMAPd 用作 POP3/IMAP 服务器
dnl define(`CYRUSV2_MAILER_ARGS', `FILE /var/lib/imap/socket/lmtp')dnl
    //激活 cyrusv2 邮件器,指定 lmtp 文件的路径
dnl #
dnl # The following causes sendmail to only listen on the IPv4 loopback address
dnl # 127.0.0.1 and not on any other network devices. Remove the loopback
dnl # address restriction to accept email from the internet or intranet.
dnl #
DAEMON_OPTIONS(`Port=smtp,Addr=127.0.0.1, Name=MTA')dnl
    //设置 sendmail 作为 MTA 运行时监听的端口号及 IP 地址,默认只允许接收本地主机创建
    //的邮件,可将 127.0.0.1 改为此邮件服务器的 IP 地址;如果要允许接收从 Internet
    //或其他网络接口(如局域网)传入的邮件,则应注释掉此行或将 IP 地址改为 0.0.0.0
dnl #
dnl # The following causes sendmail to additionally listen to port 587 for
dnl # mail from MUAs that authenticate. Roaming users who can't reach their
dnl # preferred sendmail daemon due to port 25 being blocked or redirected find
dnl # this useful.
dnl #
dnl DAEMON_OPTIONS(`Port=submission, Name=MSA, M=Ea')dnl
    //当 25 端口被阻塞或重定向而无法到达首选 sendmail 邮件守护程序时,指定 sendmail
    //从认证的 MUAS 中额外地从端口 587 监听邮件
dnl #
dnl # The following causes sendmail to additionally listen to port 465, but
dnl # starting immediately in TLS mode upon connecting. Port 25 or 587 followed
dnl # by STARTTLS is preferred, but roaming clients using Outlook Express can't
dnl # do STARTTLS on ports other than 25. Mozilla Mail can ONLY use STARTTLS
dnl # and doesn't support the deprecated smtps; Evolution <1.1.1 uses smtps
dnl # when SSL is enabled-- STARTTLS support is available in version 1.1.1.
dnl #
dnl # For this to work your OpenSSL certificates must be configured.
dnl #
dnl DAEMON_OPTIONS(`Port=smtps, Name=TLSMTA, M=s')dnl
    //设置 sendmail 附加监听 465 端口,为此必须配置 OpenSSL 认证
dnl #
dnl # The following causes sendmail to additionally listen on the IPv6 loopback
dnl # device. Remove the loopback address restriction listen to the network.
dnl #
dnl DAEMON_OPTIONS(`port=smtp,Addr=::1, Name=MTA-v6, Family=inet6')dnl
    //设置 sendmail 附加监听 IPv6 回环地址设备
dnl #
dnl # enable both ipv6 and ipv4 in sendmail:
dnl #
dnl DAEMON_OPTIONS(`Name=MTA-v4, Family=inet, Name=MTA-v6, Family=inet6')
```

```
                //在 sendmail 中同时启用 IPv4 和 IPv6
dnl #
dnl # We strongly recommend not accepting unresolvable domains if you want to
dnl # protect yourself from spam. However, the laptop and users on computers
dnl # that do not have 24x7 DNS do need this.
dnl #
FEATURE(`accept_unresolvable_domains')dnl
                //接收未解析域名的文件，使得能够接收域名不可解析的主机发送来的邮件。如有需要使
                //用邮件服务器的客户机(如拨号计算机)，启用该选项；关闭该选项有助于防止垃圾邮件
dnl #
dnl FEATURE(`relay_based_on_MX')dnl
dnl #
dnl # Also accept email sent to "localhost.localdomain" as local email.
dnl #
LOCAL_DOMAIN(`localhost.localdomain')dnl
                //使域名 localhost.localdomain 作为本地计算机名被接受，通常可改为服务器域名
dnl #
dnl # The following example makes mail from this host and any additional
dnl # specified domains appear to be sent from mydomain.com
dnl #
dnl MASQUERADE_AS(`mydomain.com')dnl
                //使来自该主机的邮件和任何其他指定的域伪装为都从 mydomain.com 发送
dnl #
dnl # masquerade not just the headers, but the envelope as well
dnl #
dnl FEATURE(masquerade_envelope)dnl              //伪装不仅仅是标题，还有信封
dnl #
dnl # masquerade not just @mydomainalias.com, but @*.mydomainalias.com as well
dnl #
dnl FEATURE(masquerade_entire_domain)dnl
                //伪装不仅仅是@mydomainalias.com，还包括@*.mydomainalias.com
dnl #
dnl MASQUERADE_DOMAIN(localhost)dnl
dnl MASQUERADE_DOMAIN(localhost.localdomain)dnl
dnl MASQUERADE_DOMAIN(mydomainalias.com)dnl
dnl MASQUERADE_DOMAIN(mydomain.lan)dnl
dnl #
MAILER(smtp)dnl                                  //声明 smtp 作为投递代理
MAILER(procmail)dnl                              //声明 procmail 作为投递代理
dnl MAILER(cyrusv2)dnl                           //声明 cyrusv2 作为投递代理
```

　　虽然 sendmail 配置模板文件 sendmail.mc 的内容也很复杂，但对于配置一个基本功能的邮件服务器来说，其中需要修改的最重要的两行是文本第 116 行和第 155 行。另外，有关使用虚拟用户数据库的配置行是第 79 行。下面再次单独列出这 3 个配置行，并进行详细

说明(此处所指的行号都是针对 CentOS 6.5 版本中原始配置文件而言的)。

(1) 文本第 116 行。通常将其中的 127.0.0.1 改为此邮件服务器的 IP 地址或 0.0.0.0。

```
dnl DAEMON_OPTIONS(`Port=smtp,Addr=127.0.0.1, Name=MTA')dnl
//只允许中继来自服务器自身的邮件。通常将 127.0.0.1 改为此邮件服务器的 IP 地址，以
//允许中继到达本邮件服务器的邮件；为扩大侦听范围，即允许中继来自 Internet 或其他
//网络接口传入的邮件，也常常将 127.0.0.1 改为 0.0.0.0，或者注释掉此行
```

(2) 文本第 155 行。通常将 localhost.localdomail 改为邮件服务器的本地域。

```
LOCAL_DOMAIN(`localhost.localdomain')dnl
//设置邮件服务器的域，默认为 localhost.localdomain，通常将其改为邮件服务器的域名
```

(3) 文本第 79 行。用于配置虚拟邮件用户数据库，这与 Apache 类似。

```
FEATURE(`virtusertable', `hash -o /etc/mail/virtusertable.db')dnl
//使 sendmail 读取虚拟邮件域数据库文件/etc/mail/virtusertable.db 的内容，对
//虚拟域地址映射为实际地址。虚拟邮件域数据库文件由/etc/mail/virtusertable 文件
//生成，该文件形式类似于 aliases 文件，即"虚拟域地址　真实地址"，以 Tab 键分开
```

表 B-4 列出了/etc/mail/virtusertable 的使用示例及其说明。

表 B-4　将虚拟域地址映射为真实地址示例

示　例	说　明
someone@xinyuan.com localuser	发送给 someone@xinyuan.com 的邮件现在要发送给本机的用户 localuser
@xinyuan.com test@testdomain.com	所有发往 xxx@xinyuan.com 的邮件都会被发送到 test@testdomain.com
@xinyuan.com %1@testdomain.com	user1@xinyuan.com 的邮件被发送到 user1@testdomain.com，user2@xinyuan.com 的邮件被发送到 user2@testdomain.com 等
@xinyuan.com %1abc@testdomain.com	user1@xinyuan.com 的邮件被发送到 user1abc@testdomain.com，user2@xinyuan.com 的邮件被发送到 user2abc@testdomain.com 等

与根据 access 生成数据库文件 access.db 的方法相同，由 virtusertable 生成数据库文件 virtusertable.db 的操作命令如下。

```
# makemap hash virtusertable.db < virtusertable
```

💡 注意：　要想使虚拟域用户能够工作需要，有以下前提：①配置 DNS，并设置虚拟域的 MX 记录；②将虚拟域添加到文件/etc/mail/local-host-names 中作为本地域别名；③将虚拟域添加到文件/etc/mail/access 并使用 RELAY 选项，使该虚拟域用户的邮件允许通过此邮件服务器中继到任何其他邮件服务器。

四、iptables 规则及语法详解

网络管理员根据实际的"防火"需要来配置 iptables 防火墙，其实就是利用用户空间提

供的 iptables 工具来设置和管理表、链中的一条条规则。在 iptables 命令中，一条完整的规则由表名、命令选项、链名、匹配条件和目标动作 5 个要素组成，其语法格式如下。

```
iptables [-t 表名] 命令选项 [链名] [匹配条件] [-j 目标动作]
```

其中，表和链的作用和指定方法已在项目八中进行了深入阐述，下面详细介绍常用的目标动作、命令选项以及匹配条件的使用方法。

1．目标动作

目标动作使用-j 参数来指定，指当指定匹配条件符合时如何处理这个数据包，如允许通过、拒绝、丢弃或跳转(Jump)给其他链处理等。目标动作也是 iptables 命令真正要执行的任务，常用的目标动作如表 B-5 所示。

表 B-5　iptables 命令常用的目标动作

目标动作	描　　述
ACCEPT	允许数据包通过
DROP	丢弃数据包
REJECT	拒绝数据包，丢弃数据包的同时给发送者发送没有接受的通知
LOG	数据包的有关信息被记录到日志文件(默认为/var/log)中
TOS	改写数据包的 ToS(Type of Service，服务类型)值
QUEUE	中断过滤程序，将数据包放入队列，交给其他程序处理。通过自行开发的处理程序，可以进行其他应用，如计算联机费用等
RETURN	结束在目前规则链中的过滤程序，返回主规则链继续过滤，如果把自定义规则链看成是一个子程序，则此动作相当于提早结束子程序并返回到主程序中
SNAT	改写数据包的源 IP 地址为某特定 IP 地址或 IP 范围，可以指定端口对应的范围。进行完此处理动作后，将直接跳往下一个规则链(mangle:postrouting)
DNAT	改写数据包的目的 IP 地址为某特定 IP 地址或 IP 范围，可以指定端口对应的范围。进行完此处理动作后，将直接跳往下一个规则链(filter:input 或 filter:forward)
REDIRECT	将数据包重定向到另一个端口，进行完此处理动作后，将会继续比对其他规则。该功能可以用来实现通透式代理服务或者保护 Web 服务器
MASQUERADE	这是 SNAT 的一种特殊形式，但与 SNAT 略有不同，适用于动态分配 IP 的拨号连接，从而实现 IP 伪装，因为无须指定要伪装成哪个 IP，IP 会从网卡自动读取
MIRROR	映射数据包，也就是将源 IP 地址与目的 IP 地址对调后，将数据包送回，进行完此处理动作后将中断过滤程序
MARK	将数据包标上某个代号，以便作为后续过滤的条件判断依据。进行完此处理动作后，将会继续比对其他规则

2．命令选项

命令选项用于指定管理 iptables 规则的操作方式，如插入、增加、删除、查看等。常用的命令选项及其功能和应用示例如表 B-6 所示。

高职高专立体化教材　计算机系列

表 B-6　iptables 常用命令选项及其功能和应用示例

命令选项	功　能	示例及说明
-A --append	在指定链的链尾添加规则	示例：iptables -A INPUT -i eth0 -s 192.168.1.0/24 -j ACCEPT //在 INPUT 链中添加规则，该规则允许 eth0 网络接口流入中来自 192.168.1.0/24 子网的所有数据包
-D --delete	从指定链中删除匹配的规则	示例：iptables -D INPUT 8 iptables -D FORWARD -p tcp -s 192.168.1.12 -j ACCEPT //以上为删除指定链中规则的两种方法：前一种是以编号来表示被删除的规则；后一种是以整条的规则来匹配策略
-R --replace	在指定链中替换匹配的规则	示例：iptables -R FORWARD 2 -p tcp -s 192.168.1.0 -j ACCEPT //如果源或目的地址是以名字而不是以 IP 地址表示，且解析出的 IP 地址多于一个，那么这条命令是失效的
-I --insert	以指定规则号在所选链中插入规则	示例：iptables -I FORWARD 2 -p tcp -s 192.168.1.0 -j ACCEPT //与-R 的使用范例相比，不同之处在于该命令是在相应的位置前面插入一条规则，而不是替换
-L --list	列出指定链或所有链中的规则	示例：iptables -L　　　　　　　　　//列出所有链的规则 iptables -t nat -L　　　　　//列出 nat 表中的所有规则 iptables -L INPUT　　　　　//列出 INPUT 链中的所有规则
-F --flush	在指定链或所有链中删除所有规则	示例：iptables -F　　　　　　　　//清除 iptables 已有的全部规则 iptables -t nat -F　　　　//清除 nat 表中的所有规则
-N --new	创建用户自定义链	示例：iptables -N tcp_allowed　　//自定义名称为 tcp_allowed 的规则链 //如果希望对数据包作定制的处理，可以自己定义新的链
-X --delete	删除用户自定义链	示例：iptables -X tcp_allowed //删除用户自定义的 tcp_allowed 规则链
-P --pollicy	设置指定内置链的默认规则策略	示例：iptables -P INPUT DROP //将规则链的默认处理策略设置为 DROP，即丢弃数据包；而通常默认值为 ACCEPT，即接受不符合任何规则的数据包
-Z --zero	指定链中规则的包字节计数器清零	示例：iptables -Z INPUT　　//将 INPUT 链中所有规则的包字节计数器清零 iptables -Z INPUT 1　//将 INPUT 链中 1 号规则的包字节计数器清零 //包字节计数器用来计算同一个包出现次数，归零常用于过滤阻断式攻击
-E --rename	更改用户自定义链名称	示例：iptables -E WWW OOO //更改用户自定义链 WWW 的名称为 OOO
-v	列详细信息	示例：iptables -vL　　　　　　　　//详细列出所有链的规则
-n	数字输出	示例：iptables -nL　　　　　//IP 地址和端口号以数字格式显示
-x	扩大数字	示例：iptables -xL　　　　　//显示包和字节计数器的精确值

💡 注意：　其中，-A/D/R/I 选项是针对指定链中的规则进行操作，其余大写字母的选项都是针对链(-N/X 是对用户自定义链)的管理；最后 3 个小写字母的选项通常与-L 或-S(表中未列出，与-L 类似但显示方式不同)组合使用，此时-v/n/x 必须放在前面，比如-vL 就是正确用法，反之若使用-Lv 则会提示错误信息"iptables: No chain/target/match by that name."；使用-P 选项设置指定内置链的默认规则策略，通常有两种方法：一种是先用下列前 3 条命令允许所有的数据包通

过，然后再禁止有危险的数据包通过防火墙；另一种是先用下列后 3 条命令禁止所有的数据包通过，然后再根据需要允许特定的数据包通过防火墙。

```
# iptables -P INPUT ACCEPT                              //允许所有的包
# iptables -P OUTPUT ACCEPT
# iptables -P FORWARD ACCEPT
#
# iptables -P INPUT DROP                                //禁止所有的包
# iptables -P OUTPUT DROP
# iptables -P FORWARD DROP
```

3. 匹配条件

匹配条件在一条 iptables 策略中通常是必须的，用于指定如何匹配一个数据包，除非设置了规则链的默认策略。匹配条件又分为基本匹配条件和扩展匹配条件两大类。

(1) 基本匹配条件。这是在设置和管理规则时可以直接使用，并且适用于所有规则的一类匹配条件，主要用于匹配数据包中的协议、源和目的 IP 地址以及数据包流入和流出的网络接口等，在实际的 iptables 防火墙配置中也最为常用。

(2) 扩展匹配条件。这是需要依赖一些扩展模块才能使用的一类匹配条件，或者说在使用扩展匹配条件之前需要指定相应的扩展模块。除了匹配源端口(source-port)、匹配目的端口(destination-port)、匹配 ICMP 类型(icmp-type)、匹配 TCP 标志(tcp-flags)这几个较为常用的匹配条件外，扩展匹配条件还包括 limit、owner、tos、statistic、time、ttl、multiport、state、mark、mac、comment 和 quota 等。

例如，匹配指定的端口总是要以指定匹配的协议(TCP 或 UDP)为前提条件的，在使用--source-port(可简用--sport)选项匹配源端口，或者使用--destination-port(可简用--dport)选项匹配目的端口之前，必须使用-m 选项指定对应的 tcp 或 udp 模块。但因为实际在设置和管理 iptables 规则时，通常在匹配端口之前先使用-p tcp 或-p udp 匹配协议，而扩展模块名称又恰好与协议名称相同，所以往往缺省了指定扩展模块的-m 选项，iptables 默认会调用与-p 选项指定的协议名称相同的扩展模块。

与基本匹配条件相比，扩展匹配条件较为繁多和复杂，有些也并不常用。因此，这里先给出 iptables 常用匹配条件的功能描述及使用示例，包括基本匹配条件以及常用的 4 个扩展匹配条件，如表 B-7 所示。其他更多的扩展匹配条件将在表后予以简单的功能说明，读者在学会 iptables 基本配置之后可查阅有关资料来进一步深入学习。

表 B-7 iptables 常用匹配条件的功能描述及使用示例

匹配条件	功能描述及使用示例
-p protocol	描述：匹配指定的协议。协议可用名称表示，如 tcp、udp、icmp 等，也可用对应的整数表示，如 tcp 为 1、udp 为 17、icmp 为 6；若无该匹配条件则默认指 all，但 all 仅表示 tcp、udp、icmp 这 3 种协议，而不是指 /etc/protocol 文件中包含的所有协议；协议前加一个前缀 "!" 表示取反(逻辑非)，指除该协议外的所有协议 示例：iptables -A INPUT -p tcp -j ACCEPT iptables -A OUTPUT -p icmp --icmp-type echo-reply -j ACCEPT

匹配条件	功能描述及使用示例
-s address[/mask]	描述：匹配源地址。地址通常有 4 种表示形式：①单个地址如 192.168.1.48，也可以写为 192.168.1.48/32 或 192.168.1.48/255.255.255.255；②网络地址如 192.168.1.0，或 192.168.1.0/24 或 192.168.1.0/255.255.255.0；③地址加逻辑非前缀"!"，如"!192.168.1.0"表示除该地址段外的所有地址；④不跟地址表示所有地址，也可以写成 0.0.0.0/0 示例：iptables -A INPUT -s 192.168.0.5 -j ACCEPT 　　　iptables -A INPUT -s 192.168.0.0/24 -j ACCEPT
-d address[/mask]	描述：匹配目的地址。地址的表示形式与-s 中的源地址一样 示例：iptables -I INPUT -d 192.168.0.1 -p tcp --dport 80 -j ACCEPT 　　　iptables -A OUTPUT -s 127.0.0.1 -d 127.0.0.1 -o lo -j ACCEPT
--sport port1[:port2]	描述：匹配源端口。该匹配条件通常以-p 选项匹配 tcp 或 udp 为前提，若不指定匹配端口，则表示匹配指定协议所有端口。虽然端口号也可用 /etc/services 文件中标注的相应服务名称替代，但这样会增加系统的额外开销，所以建议直接指定端口号；若在端口号前添加"!"表示取反，即指定除该端口以外的其他所有端口；可以同时指定多个连续的端口号，但无法标识端口不连续的情况 示例：iptables -A INPUT -p tcp --sport 80 -j ACCEPT
--dport port1[:port2]	描述：匹配目的端口。该匹配条件及端口指定的说明与匹配源端口相同 示例：iptables -A INPUT -p tcp --dport 22 -j ACCEPT
-i name	描述：匹配数据包被接收的接口名称(只适用于包流入 INPUT、FORWARD 和 PREROUTING 链)，如 eth1、ppp0 等；接口名称结尾处的数字也可用 "+"通配符，如 eth+，表示匹配从所有以太接口流入的数据包 示例：iptables -A INPUT -i eth0 -j ACCEPT
-o name	描述：匹配将被发送数据包的接口名称(只适用于从 FORWARD、OUTPUT 和 POSTROUTING 链流出的数据包)，接口名称指定方法与-i 相同 示例：iptables -A FORWARD -o ppp+ -j ACCEPT 　　　iptables -A FORWARD -i eth0 -o eth1 -p　tcp -j ACCEPT
-f	描述：指定数据包的第二个和以后的 IP 碎片 示例：iptables -A FORWARD -f -s 192.168.0.0/24 -d 192.168.1.200 -j ACCEPT
-c packets bytes	描述：使管理员可以初始化规则的数据包和字节计数器(INSERT、APPEND 和 REPLACE 操作)
--icmp-type {type[/code]|typename}	描述：匹配 ICMP 类型。与 TCP 和 UDP 不同，ICMP 包是根据其类型进行匹配的。ICMP 类型可以使用十进制数值或相应的名称表示，数值是在 RFC792 中定义的；类型名称可以使用"iptables -p icmp -h"命令查看。该匹配条件中也可以在 ICMP 类型前加"!"取反，表示匹配除该类型以外的所有 ICMP 包 示例：iptables -A INPUT -p icmp --icmp-type echo-request -j ACCEPT 　　　iptables -A OUTPUT -p icmp --icmp-type echo-reply -j ACCEPT

匹配条件	功能描述及使用示例
--tcp-flags mask comp	描述：匹配 TCP 标记。有两个参数，第一个参数提供检查范围，第二个参数提供被设置的条件。该匹配操作可以识别以下标记：SYN、ACK、FIN、RST、URG 和 PSH，或者用 ALL 来指定所有标记，用 NONE 来表示未选定任何标记 示例：iptables -A FORWARD -p tcp --tcp-flags ALL SYN,ACK -j ACCEPT

其他扩展匹配条件的主要功能简要说明如下。

(1) limit——匹配过滤器限制速率。使用 limit 可以对指定规则的日志数量加以限制，以免被信息的洪流淹没；还可以控制某条规则在一段时间内的匹配次数（即可以匹配的数据包数量），这样就能够减少 DoS SYN Flood 攻击（拒绝服务攻击的一种方式）的影响。

(2) owner——匹配本地产生的数据包的创建者相关特性，包括用户名、用户 UID、群组名和群组 GID 以及关联的套接字（Socket）。该匹配只适用于 OUTPUT 和 POSTROUTING 链，转发的数据包没有任何 Socket 关联它们，内核线程的数据包中也有一个 Socket，但通常没有所有者。

(3) tos——匹配数据包的 TOS(Type Of Service，服务类型)字段。TOS 是 IP 包头的一部分，由 8 个二进制位组成，包括一个 3 位的优先权字段(现在已被忽略)、4 位的 TOS 子字段和 1 位未用位(必须置 0)。

(4) statistic——匹配基于一些统计条件的数据包，包括设置规则匹配的模式(random 或 nth)；为数据包设置概率(0～1，只工作在 random 模式)；设置每 n 个数据包中匹配 1 个包(只工作在 nth 模式)；设置计数器初始值(0≤P≤n-1，默认为 0，只工作在 nth 模式)。

(5) time——匹配数据包到达的指定时间/日期范围，包括--datestart、--datestop、--timestart 和--timestop 指定 UTC，以及--monthdays、--weekdays、--localtz 等选项。

(6) ttl——匹配 IP 包头中的 TTL(Time To Live)字段值。TTL 字段是一个 8 位二进制数值，一旦经过一个处理它的路由器，其值就会减 1。当 TTL 字段的值减为 0 时，数据包就会被认为不可转发而被丢弃，并发送 ICMP 报文通知源主机。

(7) multiport——匹配一组源端口或目的端口，最多可以指定 15 个端口。该匹配条件只能在使用-p tcp 或-p udp 时结合使用，也可以用 port1:port2 方式指定一个端口范围。

💡 注意：　不能在一条 iptables 规则中同时使用标准端口匹配和多端口匹配，比如以下这条规则就是错误的。

```
# iptables -A INPUT -p tcp --dport 53 -m multiport --dport 21,23 -j ACCEPT
```

(8) state——匹配数据包的连接状态(当前可用的有 INVALID、ESTABLISHED、NEW 和 RELATED 等 4 种)。状态匹配扩展要有内核中的连接跟踪代码的协助，因为它是从连接跟踪机制中得到数据包的状态。每个连接都有一个默认超时值，连接时间一旦超过了这个值，则该连接就会从连接跟踪的记录数据库中删除，也就是说该连接就不再存在了。

(9) mark——匹配数据包中被设置的 mark 值。mark 值只能由内核更改，它不是数据包本身的一部分，而是在包穿越计算机的过程中由内核分配的和它相关联的一个字段，可能被用来改变数据包的传输路径或过滤。

　　(10) mac——匹配源 MAC 地址(物理地址)。MAC 地址是一个 48 位二进制数，采用每个字节转换成 16 进制数并以冒号(:)间隔的形式，如 00:26:2D:FD:6B:5C。

　　(11) comment——允许添加注释到任何规则。需要先使用-m 选项加载 comment 扩展模块，再用--comment 添加注释，注释内容应加双引号。

　　(12) quota——为每个数据包递减一个字节计数器实现网络配额。需要先使用-m 选项加载 quota 扩展模块，再用--quota 指定以字节为单位的配额数量。

附录 C 项目文档

一、项目规划书

项目组成员	
项目背景	
需求分析	
方案设计	1. 项目拓扑结构设计

续表

2. 网络服务器配置方案设计

<table>
<thead>
<tr><th>服务器名称</th><th>IP 地址</th><th>域名</th><th>实施平台</th></tr>
</thead>
<tbody>
<tr><td>DHCP 服务器</td><td></td><td></td><td></td></tr>
<tr><td>DNS 服务器</td><td></td><td></td><td></td></tr>
<tr><td>Web 服务器</td><td></td><td></td><td></td></tr>
<tr><td>FTP 服务器</td><td></td><td></td><td></td></tr>
<tr><td>E-mail 服务器</td><td></td><td></td><td></td></tr>
<tr><td>VPN 服务器</td><td></td><td></td><td></td></tr>
<tr><td>CA 服务器</td><td></td><td></td><td></td></tr>
</tbody>
</table>

方案设计

项目组成员分工

<table>
<thead>
<tr><th>姓名</th><th>项目职务</th><th>工作职责</th></tr>
</thead>
<tbody>
<tr><td>教师</td><td>项目经理</td><td></td></tr>
<tr><td>成员 A</td><td>项目执行经理</td><td></td></tr>
<tr><td>成员 B</td><td>安全评估顾问</td><td></td></tr>
<tr><td>成员 C</td><td>信息技术顾问</td><td></td></tr>
<tr><td>成员 D</td><td>系统管理员</td><td></td></tr>
<tr><td>成员 E</td><td>系统管理员</td><td></td></tr>
<tr><td>成员 F</td><td>系统管理员</td><td></td></tr>
</tbody>
</table>

<table>
<tbody>
<tr><td>项目执行经理
(签字)</td><td>年　月　日</td><td>项目经理
(教师评分)</td><td>年　月　日</td></tr>
</tbody>
</table>

二、项目实施报告

项目组成员	
项目名称	
需求分析	
方案设计	
实施方法与步骤	
小结	

报告人 (签字)		年　月　日	项目经理 (教师评分)	年　月　日

高职高专立体化教材　计算机系列

三、个人工作总结

本人在项目中承担的工作任务	
工作中遇到的问题及解决方案	
收获与体会	

项目组成员 (签字)		年　月　日	项目经理 (教师评分)		年　月　日

参 考 文 献

[1] 王宝军. 网络服务器配置与管理(Windows 2008+Linux)[M]. 北京: 清华大学出版社, 2015.

[2] [美]Mark Minasi. 精通 Windows Server 2012 R2[M]. 5 版. 张楚雄, 孟秋菊, 译. 北京: 清华大学出版社, 2015.

[3] 戴有炜. Windows Server 2012 R2 系统配置指南[M]. 北京: 清华大学出版社, 2016.

[4] 戴有炜. Windows Server 2012 R2 网络管理与架站[M]. 北京: 清华大学出版社, 2017.

[5] 於岳. Linux 应用大全. 服务器架设[M]. 北京: 人民邮电出版社, 2014.

[6] 林天峰, 谭志彬. Linux 服务器架设指南[M]. 2 版. 北京: 清华大学出版社, 2014.

[7] 原建伟, 李延香. Linux 系统管理与服务配置[M] . 北京: 中国铁道出版社, 2017.

[8] 何世晓. Linux 网络服务配置详解[M]. 北京: 清华大学出版社, 2011.

[9] 施威铭研究室. Linux 命令详解词典[M]. 北京: 机械工业出版社, 2008.

[10] 江锦祥, 王宝军. 计算机网络与应用[M]. 2 版. 北京: 科学出版社, 2009.

[11] 杨海艳, 冯理明, 王月梅. CentOS 系统配置与管理[M]. 北京: 电子工业出版社, 2017.

[12] 付爱英, 曾勃炜, 徐知海, 等. 在 Sendmail 中实现 SMTP 认证的技术方案[J]. 计算机与现代化, 2005 年(7).

[13] Microsoft. Windows Server 2012 R2 and Windows Server 2012. https://docs.microsoft.com/zh-cn/previous -versions/windows/it-pro/windows-server-2012-R2-and-2012/hh801901(v=ws.11), 2016.

[14] Microsoft. 根证书认证管理. https://docs.microsoft.com/en-us/previous-versions/windows/it-pro/windows -server-2008-R2-and-2008/cc754841(v=ws.11), 2009.

[15] 深博. Windows Server 2012 R2 服务器应用与架站. https://edu.csdn.net/course/detail/7178, 2018.

[16] 深博. Windows Server 2012 R2 网络应用. https://edu.csdn.net/course/detail/7178, 2018.

[17] 深博. Windows Server 2012 R2 系统配置与管理. https://edu.csdn.net/course/play/7177/144833, 2018.

[18] bug 发现与制造. Windows Server 2012 R2 FTP 服务介绍及搭建. https://blog.csdn.net/KamRoseLee/ article/details/79287834, 2018.

[19] ZLB. Windows Server 2012 R2 设置. https://www.cnblogs.com/z_lb/p/4221055.html, 2015.

[20] Linux 公社. Linux 实现 HTTPS 方式访问站点. http://www.linuxidc.com/Linux/2012-08/69429.htm.

[21] IT 专家网. 帮您选择一款最好的免费邮件服务器. http://news.ctocio.com.cn/97/12060097.shtml.

[22] knightysa. linux 服务 sendmail 邮件服务. http://www.cnblogs.com/knightysa/p/9363592.html.

[23] 寂寞暴走伤. sendmail 宏配置文件 sendmail.mc 详解. http://blog.chinaunix.net/uid-30212356-id-5081418 .html, 2014.

[24] 一片绿叶黄. VPN 连接常见错误的解决方法. https://blog.csdn.net/a1234a56/article/details/72834801, 2017.

[25] sixfish2013. linux 下 VPN 协议 PPTP、L2TP、OpenVPN 区别与配置使用详解. https://blog.csdn.net/ sixfish2013/article/details/68937432/, 2017.

[26] CoderZhuang. HTTPS 协议详解. https://www.cnblogs.com/zxj015/p/6530766.html, 2017.

[27] 朱双印. iptables 详解(1): iptables 概念. http://www.zsythink.net/archives/1199/, 2017.